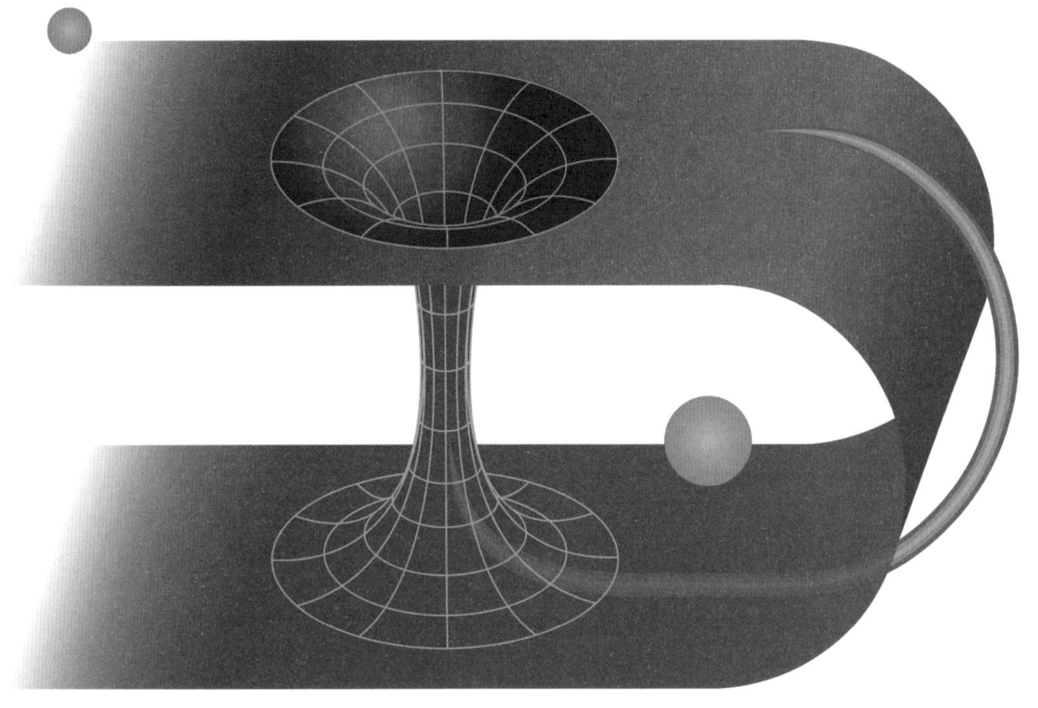

数据科学技术

文本分析和知识图谱

苏海波 刘译璟 易显维 苏 萌 著

清华大学出版社
北 京

内 容 简 介

数据科学的关键技术包括数据存储计算、数据治理、结构化数据分析、语音分析、视觉分析、文本分析和知识图谱等方面。本书的重点是详细介绍文本分析和知识图谱方面的技术。文本分析技术主要包括文本预训练模型、多语种文本分析、文本情感分析、文本机器翻译、文本智能纠错、NL2SQL问答以及ChatGPT大语言模型等。知识图谱技术主要包括知识图谱构建和知识图谱问答等。本书将理论介绍和实践相结合，详细阐述各个技术主题的实现路线，并对应用于业界算法大赛中的技术方案和技巧进行源代码解读，帮助读者深入理解技术原理。最后，本书还介绍了文本分析和知识图谱技术在政务、公共安全、应急等多个行业中的智能应用实践案例。

本书适合具备Python和机器学习技术基础的高等院校学生、文本分析（或者自然语言处理）以及知识图谱领域的算法工程师和研究机构的研究者阅读，也适合数据科学和人工智能领域的研究者作为参考书。

图书在版编目（CIP）数据

数据科学技术：文本分析和知识图谱 / 苏海波等著. —北京：清华大学出版社，2024.1
ISBN 978-7-302-64970-0

Ⅰ. ①数… Ⅱ. ①苏… Ⅲ. ①数据处理 Ⅳ. ①TP274

中国国家版本馆CIP数据核字（2023）第224935号

责任编辑： 赵　军
封面设计： 王　翔
责任校对： 闫秀华
责任印制： 宋　林
出版发行： 清华大学出版社

网　　址：https://www.tup.com.cn，https://www.wqxuetang.com
地　　址：北京清华大学学研大厦A座　　邮　　编：100084
社 总 机：010-83470000　　邮　　购：010-62786544
投稿与读者服务：010-62776969，c-service@tup.tsinghua.edu.cn
质量反馈：010-62772015，zhiliang@tup.tsinghua.edu.cn

印 装 者： 三河市铭诚印务有限公司
经　　销： 全国新华书店
开　　本： 190mm×260mm　　**印　　张：** 21.5　　**字　　数：** 580千字
版　　次： 2024年1月第1版　　**印　　次：** 2024年1月第1次印刷
定　　价： 129.00元

产品编号： 102750-01

前　言

欢迎阅读《数据科学技术：文本分析和知识图谱》。本书是作者在数据科学领域多年技术积累和业务实践的结晶。数据科学作为一门引领时代的技术和领域，正在以前所未有的速度发展和演进。在本书中，我们将深入探讨数据科学背后的关键技术，特别是文本分析和知识图谱等领域，为读者提供相关的技术知识和实践指导。

我们生活在一个信息爆炸的时代，每天都产生着海量的文本数据。如何从这些数据中提取有价值的信息和知识成为当下数据科学的核心任务之一。文本分析技术作为数据科学的重要组成部分，可以帮助我们从文本中挖掘出隐藏的信息，理解人类语言的含义和情感，并做出准确的预测和决策。同时，随着多语种文本分析、文本情感分析、文本机器翻译等技术的发展，文本分析正日益成为跨语言交流、智能问答、智能创作等领域的关键技术。

另一个本书关注的关键技术是知识图谱。知识图谱通过将现实世界的信息进行结构化和连接，构建出了一个庞大的知识库，可以帮助我们更好地理解和组织知识。知识图谱技术在语义搜索、智能问答、关联分析等领域发挥着重要的作用。本书将详细介绍知识图谱的构建过程、知识图谱问答系统的实现以及结构化知识NL2SQL问答等相关技术，旨在帮助读者深入理解并应用知识图谱技术。

在过去的几年里，大语言模型技术得到了蓬勃发展，为数据科学的进步做出了巨大贡献。其中，ChatGPT作为大型预训练语言模型的代表之一，具备惊人的生成能力，能够产生流畅、富有逻辑的文本。ChatGPT已经在智能对话、自动写作、语言理解等多个领域取得了突破性的应用。本书也将重点介绍ChatGPT这一领域的前沿技术，并介绍它在文本分析和知识图谱等领域的应用。

数据科学技术的发展势头迅猛，已经深入到政务、公共安全、应急等多个行业，推动了各个领域智能应用的快速发展。本书的最后一部分将重点展现文本分析和知识图谱技术在这些行业中的实际应用案例，以此向读者展示数据科学在解决实际问题时发挥的关键作用。

数据科学是一个巨大而广阔的领域。通过本书的技术原理讲解和案例呈现，我们希望能够帮助读者全面了解数据科学的技术要点和前沿动态，深入掌握文本分析和知识图谱等关键技术，并为读者提供实际应用的指导和启示。相信通过阅读本书，您将能够更好地应对数据科学的挑战，并为实现智能化的未来贡献自己的力量。

祝您阅读愉快，收获满满！

本书主要内容

本书共分为11章，详细介绍了数据科学的各项关键技术，重点围绕文本分析和知识图谱方面的技术。

第1章主要介绍数据科学的定义和关键技术，数据科学的关键技术包括数据存储计算、数据治理、结构化数据分析、语音分析、视觉分析、文本分析和知识图谱等。

第2章主要回顾文本分析技术的发展史，内容包括Transformer（变换器）模型结构、预训练模型结构及其变种、AI加速硬件GPU和TPU、预训练模型中TPU的使用，以及预训练模型的常见问题和源码解读等方面。

第3章主要介绍多语种文本分析的背景，以及多语种文本分析的各种技术，包括Polyglot模型、Multilingual BERT模型、XLM模型、XLMR模型等，还对这些模型的实验效果进行了讨论，并对模型的源代码进行解读。

第4章主要介绍文本情感分析的背景、目标和挑战以及技术发展历程。还涵盖了需求分析、实际应用和开发平台的构建，情感分析比赛中采用的方案。最后，对这些方案的源代码进行解读。

第5章主要介绍文本机器翻译的背景和各种机器翻译技术，包括规则方法、统计方法、神经网络、注意力机制和Transformer模型等。此外，还涵盖了机器翻译比赛中采用的方案，并对这些方案的源代码进行解读。

第6章主要介绍文本智能纠错的背景以及各种智能纠错技术，具体包括业界主流的解决方案和实践案例，此外，还介绍了智能纠错比赛和相关方案，并对这些方案的原理和源代码进行解读。其中包括 GECToR、MacBERT、PERT、PLOME等。

第7章主要介绍知识图谱构建的背景和构建范式，涵盖知识的定义、结构化数据、半结构化数据和非结构化数据的抽取方案。对于非结构化信息抽取，重点介绍了实体识别、关系识别和事件抽取的各种方案。最后，介绍了生成式统一模型抽取技术。

第8章主要介绍知识图谱问答的技术原理，包括信息检索方法和语义解析方法，然后讲解知识图谱问答的具体技术实现方案和对源码进行解读。

第9章主要介绍结构化知识NL2SQL问答的背景和NL2SQL技术，具体包括X-SQL、IRNET、SQLNET等。还将介绍NL2SQL比赛和相关方案，并对这些方案的源代码进行解读。

第10章主要介绍ChatGPT大语言模型的定义和背景，以及ChatGPT的发展历程，概述了GPT-1、 GPT-2、GPT-3三代模型的原理，以及ChatGPT的实现原理，包括大模型的微调技术、能力来源、预训练和微调等。还阐述了ChatGPT的应用，包括提示工程、应用场景和优缺点，并介绍了开源大模型ChatGLM、LLaMA的原理。

第11章主要介绍智慧政务、公共安全、智慧应急等多个行业在文本分析和知识图谱方面的实践案例。针对每个案例，介绍了具体的案例背景、解决方案、系统架构和实现过程，最后对案例进行总结。

致　谢

本书由苏海波、刘译璟、易显维和苏萌共同编写完成。其中，第1章由刘译璟编写，第2~5章、第7章、第10章由苏海波编写，第6章、第8章、第9章由易显维编写，第11章由苏萌编写。另外，本书的编写还得到了杜晓梦、赵群、黄子珍、左祥、郑义、赵硕等同事的协助，在此表示感谢。

在编写本书的过程中，我们参考了大量的相关论文和他人的文献。这些优秀的研究工作为我们提供了宝贵的参考和启发，使本书的内容更加准确和全面。对此，我们表示衷心的感谢。

此外，我们要感谢出版社编辑对这本书的重视。他们在本书的出版工作中提供了大力的协助、进行了反复校正和润色，保证了本书的质量，使本书能够顺利出版。

资源下载

本书提供了源代码，可以扫描下方二维码下载。

如果下载有问题，请联系booksaga@126.com，邮件主题为“数据科学技术：文本分析和知识图谱”。

最后，我们衷心感谢所有关心和支持本书的读者。正是因为你们的关注和鼓励，给予了我们持续前行的动力。我们希望本书能为你们提供有价值的知识和观点，同时也愿意听到你们的反馈和建议，以便我们不断改进完善本书。

在编写本书的过程中，我们面临了许多挑战和困难，但也获得了无数宝贵的经验和成长。我们对每个人的付出和贡献心存感激，并相信本书将为数据科学技术的学习者、从业者和研究者带来实际的帮助和启发。

编　者

2023 年 11 月

目 录

第1章 什么是数据科学

本章主要介绍数据科学的定义和关键技术，数据科学的关键技术包括数据存储计算、数据治理、结构化数据分析、语音分析、视觉分析、文本分析和知识图谱等，本章对每一项关键技术进行基本的介绍。

1.1 数据科学的定义

1.1.1 数据科学的背景

新一代信息技术进入生产成熟期。数字经济迎来战略机遇期，市场推崇务实和价值，企业和人才必须具备很强的综合实力。数字经济迎来战略机遇期。数字经济正在成为重组全球要素资源、重塑全球经济结构、改变全球竞争格局的关键力量，发展数字经济是把握新一轮科技革命和产业变革新机遇的战略选择。“十四五”的重点是产业数字化，即数字技术赋能传统行业，这是对数据科学的极大利好。

市场更加理性，推崇务实和价值。行业拥抱数字技术的过程，也是传统文化和创新文化融合的过程。传统行业关注场景、注重实效、追求性价比的风格，势必使得只有能解决最复杂场景问题的数字技术企业才有市场空间，这类企业只有将场景、技术和数据深度融合才能创造价值。

数字技术企业需要具备端到端的场景解决方案构建能力。当前，产业数字化处于孵化阶段，行业场景解决方案还不成熟，无法做到精细化分工，这就要求先行者必须打通数据集成、数据治理、数据分析、数据应用的全流程，形成端到端的解决方案。也势必要求先行者掌握数据科学的理论、方法和技术，具备业务分析、数据建模和应用、工程实现等全方位的数据价值实现能力。

数据科学人才需求旺盛，产、学、研协同势在必行。在产业数字化进程中，行业客户和数字技术企业都需要具备数据素养的复合型人才，这必须依靠高校和企业携手培养人才，更需要兼具理论、方法、工具和实践的平台支撑学科建设。

1.1.2 数据科学的定义

数据科学是为数字经济提供基础与技术支撑的学科，是有关数据价值链实现过程的基础理论与方法学。它运用建模、分析、计算和学习融合的方法研究从数据到信息、从信息到知识、从知识到决策的转换，并实现对现实世界的认知与操控。

其中数据价值链是由“数据集成－数据治理－数据建模－数据分析－数据应用”组成的一个数据价值增值过程，如图 1-1 所示。

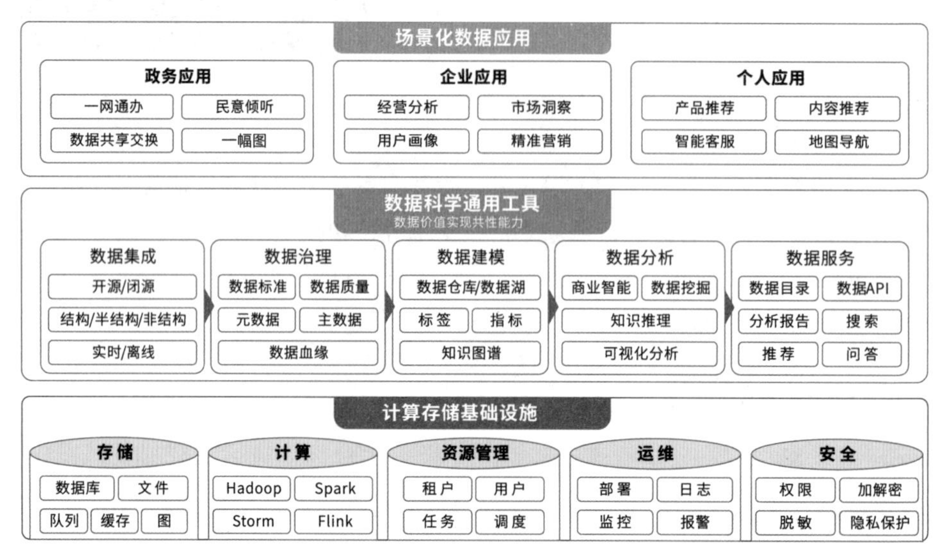

图 1-1 数据科学的组成

数据科学和大数据有着密切的关系，对大数据应用提供了强有力的支撑。随着大数据技术的不断发展和深度应用，大数据应用系统相比传统信息化系统表现出更高的技术难度和复杂度。通常来说，大数据应用的技术架构包含如图 1-1 所示的三个层次：

（1）场景化数据应用。面向业务用户的应用系统，按照用户群体大致可分为政务应用、企业应用和个人应用等类别。数据应用系统服务于特定的业务场景，为用户提供有价值的数据并利用数据驱动业务流程和决策，其中有价值的数据来自中间层数据科学通用工具。

（2）数据科学通用工具。面向数据工程师、数据科学家和数据分析师，帮助他们高效地开展数据集成、治理、建模、数据分析和服务等各项工作，快速实现数据的价值。数据科学通用工具一方面依赖底层计算存储基础设施，另一方面又必须对底层的基础能力进行提炼、封装和组合，让用户专注于核心的数据价值实现，免于陷入底层设施复杂的技术选型和环境配置。

（3）计算存储基础设施。面向系统工程师，帮助他们构建大数据系统必需的存储、计算和管理能力。计算存储基础设施层的技术复杂性体现在两个方面：①本层包含众多相对独立且专业程度较高的技术组件，例如仅数据存储组件便可分为关系数据库、文件系统、消息队列、缓存、图数据库、搜索引擎等多种类型，它们适用于不同的应用场景，一个应用往往需要组合使用多种存储组件，这就导致了大数据系统在底层基础设施的设计和管理上具有不可避免的复杂性；②存储计算基础设施层虽然有大量开源软件可供选择，但开源软件的使用门槛较高，往往需要系统工程师进行大量的选型、适配、配置和二次开发工作，以打造出更加集成、方便、安全和兼容性良好的产品。

大数据、数据科学、人工智能、数据智能这些领域有很多交集，容易发生混淆，下面给出它们的联系和区别：

- 大数据包含计算存储基础设施、数据科学通用工具、场景化数据应用三个细分领域，其中数据科学通用工具是大数据价值实现的关键，也是数据科学的研究重点。
- 数据科学研究数据价值链中的理论、技术和方法，侧重多模态数据融合、数据建模、知识发现、分析洞察、数据可视化、数据解释等方面。数据科学会应用统计学、信息学、人工智能、管理学、社会学等多领域的知识。
- 人工智能以实现模拟人的智能为目标，包括感知、认知、决策和行动，侧重智能的数学表示、构建和应用方面的理论和技术。
- 数据智能是指利用大数据和人工智能技术，用数据描述并分析现实和驱动业务智能化，更侧重场景化数据应用方面。

1.2 数据科学的关键技术

数据科学的关键技术包括数据存储计算、数据治理、结构化数据分析、语音分析、视觉分析、文本分析、知识图谱等。数据科学平台围绕数据价值转化过程，将数据科学中的关键技术统一到一个平台上，打通数据集成、数据治理、数据建模、数据分析、数据应用各阶段，让数据科学团队中的每个成员都只需专注于核心业务问题，免于陷入复杂的技术环境。数据科学团队中包含如下角色。

- 数据工程师：可通过平台完成数据采集 / 汇聚、数据存储 / 治理、数据 ETL（Extract-Transform-Load，提取 - 转换 - 加载）等工作。自研集成引擎，支持多种数据源接入，通过可视化方式完成多源异构数据集成；提供数据目录、数据质量、数据血缘等治理能力；支持流批一体计算、低代码开发模式，支持工作流编排。处理后的数据可接入知识生产、知识应用工具中。
- 数据分析师：可通过平台完成数据分析、数据应用等工作。通过利用数据工程师加工后的数据，采用数据探查、数据可视化、行业模型、知识应用等工具展开数据分析，各工具之间数据互联互通，并支持以编码方式进行数据分析。
- 数据科学家：平台提供了自然语言处理（Natural Language Processing，NLP）、智能语音、计算机视觉等方面的预训练模型，同时支持自助式机器学习、AutoML、MLOps 等能力供数据科学家构建机器学习模型，可将训练得到的模型注册为服务，供数据分析使用。

数据科学平台致力于解决数据价值转化过程中的共性需求，为数据工程师、数据分析师和数据科学家群体提供能力全面、交互自然、知识驱动的通用工具，高效构建数据应用。数据科学平台的功能架构如图 1-2 所示。

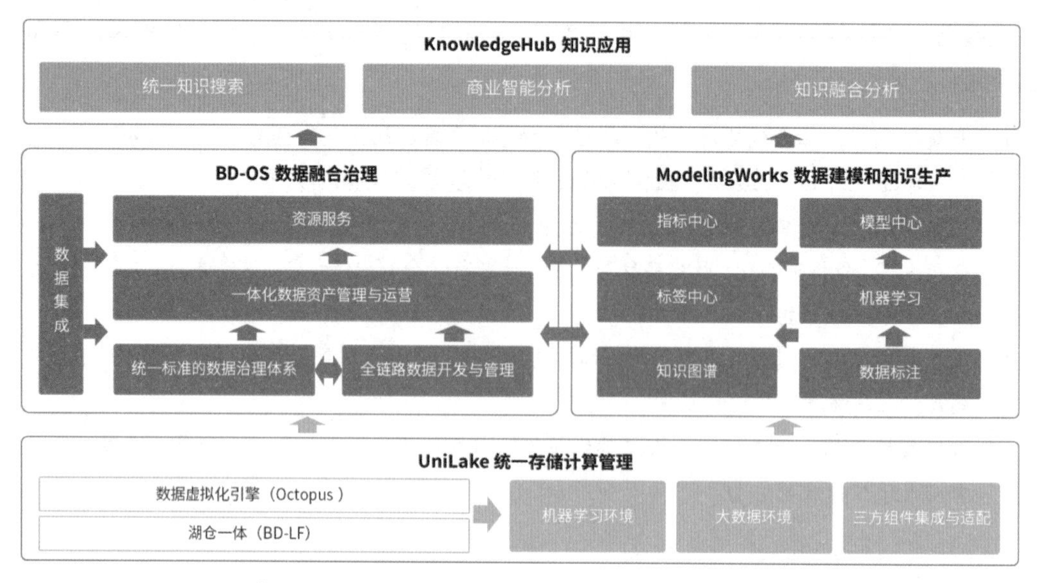

图 1-2 数据科学平台的功能架构

为了让用户专注于数据价值的实现，从各种技术组件的复杂配置和相互适配中解脱出来，数据科学平台提供了统一的湖仓一体架构，屏蔽了底层存储和计算组件的技术细节，并基于此提供了数据融合治理、数据建模与知识生产、知识应用三类专业工具集。平台的主要功能说明如下。

- 湖仓一体架构：支持外部数据源物理入湖和虚拟入湖，支持结构化、半结构化和非结构化数据，并提供统一的元数据、数据权限和安全管理。支持 Hive、Spark、Flink 等大数据处理引擎，以及 R、TensorFlow、PyTorch 等机器学习工具，支持批流一体计算，支持联邦查询。支持通过标准 SQL 访问湖仓数据。
- 数据融合治理：高效集成网络开源数据、业务系统、日志文件、IoT（Internet of Things，物联网）数据、人工填报信息等多种数据源。支持关系数据库的探查和变化数据捕获（Change Data Capture，CDC）。支持多种数据处理任务的开发和统一调度。支持完善的数据治理体系，包括数据标准管理、元数据管理、数据生命周期管理、数据质量管理、主数据管理等。支持数据资产的管理和运营。通过数据资源目录提供数据库、文件、API 等多种数据服务方式。
- 数据建模与知识生产：平台提供了统一的多模态数据建模能力，包括数据标注、机器学习、模型管理等，提供了在线 Notebook 和低代码的模型构建能力，并且内置了多种机器学习算法和开箱即用的 AI 模型。这些模型可以用于构建业务知识，平台支持标签、指标和知识图谱三种常见的知识表示形式，并提供了对应的知识生产和管理能力。
- 知识应用：平台提供了统一知识搜索，可以快速检索数据湖、数据仓库、数据资源、标签、指标、知识图谱，支持全文检索、图文搜索、以图搜图、内容推荐等能力。平台提供敏捷 BI（Business Intelligence，商业智能），可以快速分析数据仓库、标签和指标数据。平台还提供了知识图谱分析和推理工具，支持实体分析、关联分析、时空分析、图谱挖掘等多种数据分析手段。平台统一管理领域内的数据标准、数据加工算子、数据仓库模型、知识图谱本体模型、分析算法等知识，并运用这些知识增强数据治理、数据建模和知识生产、知识应用的全过程。

1.2.1 数据存储计算

数据存储计算位于数据科学的基础层，它提供了数据存储、计算和分析的基础设施，为数据科学家提供了处理和分析大规模数据的能力，具体包括数据存储、处理、分析和管理等方面的技术，如分布式存储（Distributed Storage）技术、分布式计算技术、分布式分析技术、资源管理技术等。这些技术为数据科学家提供了强大的数据处理和分析能力，可以帮助他们更好地探索和理解数据。

1. 分布式存储系统

分布式存储技术的定义：将数据按照一定的分布算法分散存储在多台独立的存储节点上，实现多节点并行访问的存储技术。

常见的用户数据存储主要是分布式文件及对象存储，支撑不同类型的数据进行原始格式的保障。在分布式文件存储中，文件被分成小块并存储在多台服务器上，通过文件系统进行管理和访问。每个文件块都有一个独立的标识符，可以根据该标识符定位文件块并从多个服务器中获取数据以组合成完整的文件。这种架构通常用于需要大量读取和写入的应用程序，例如视频流、科学计算和大规模数据分析，并且一半的文件系统也支持通过 Fuse 方式挂载成本地磁盘路径，这样使用方可以通过本地文件方式进行访问和使用。常见的文件系统包括 HDFS（Hadoop Distributed File System，Hadoop 分布式文件系统）、Ceph、GlusterFS、FastDFS 等。

1）分布式文件系统

HDFS 为 Hadoop 提供数据存储能力，以 HDFS 为例的典型分布式文件系统架构如图 1-3 所示。

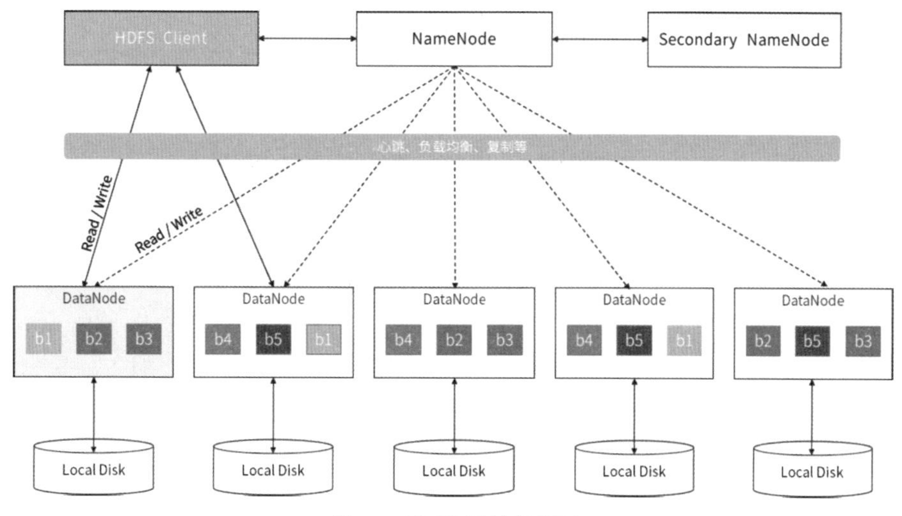

图 1-3 HDFS 系统架构图

在 HDFS 中，一个文件被分成一个或多个数据块，这些数据块存储在一组 DataNode 上。

NameNode 会根据副本数量和数据块所在节点的负载情况来确定数据块的复制位置。这样可以保证在某个 DataNode 节点失效的情况下，数据仍然可用。NameNode 是一个中心服务器，它负责管理文件系统的命名空间（Namespace），包括文件和目录的创建、删除、重命名等操作。此外，NameNode 还负责管理数据块的元数据信息，如数据块的副本数量、所在 DataNode 节点的位置等。NameNode 会将这些元数据信息存储在内存中，并定期持久化到本地磁盘上，以保证集群的可靠性和一致性。

DataNode 是 HDFS 集群中的从属节点，一般每个节点都会有一个 DataNode。DataNode 负责管理它所在节点上的存储，并处理文件系统客户端的读写请求。它会向 NameNode 定期发送心跳信息，以保证它的可用性。此外，DataNode 还负责处理数据块的创建、删除和复制等操作。

2）对象存储

在对象存储中，文件被视为对象，并将对象存储在无须文件系统的分散节点上。每个对象都有一个唯一的标识符和元数据，例如创建时间、大小和内容类型等。这种架构通常用于需要大规模存储和访问数据的应用程序，例如云存储和内容分发网络（Content Delivery Network，CDN）。另外，随着云计算和大数据技术的兴起，存储与计算分离变得越来越普遍。云计算提供了一个可伸缩的基础设施平台，使得用户可以根据需要增加或减少计算资源。同时，大数据技术使得分布式存储和计算变得更加高效和可靠。例如，TensorFlow 分布式计算框架允许用户在多个计算机节点上并行训练深度学习模型，从而加快训练速度。目前主流的计算与分析框架也支持对象存储的数据访问，并且兼容各云厂商的对象存储服务，如阿里云的 OSS、华为云 OBS、Azure Blob Storage、AWS S3 等。常见的开源对象存储系统包括 Ceph、Swift、MinIO 等。

Ceph 是一种可扩展的分布式存储系统，可以提供对象存储、块存储和文件存储等服务，其基础架构如图 1-4 所示。

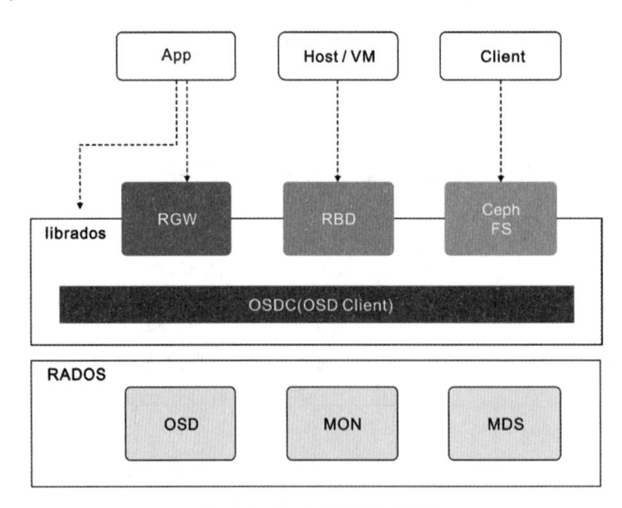

图 1-4 Ceph 系统架构图

以 Ceph 为代表的架构，与 HDFS 不同的地方在于该架构中没有中心节点。

按照其分层的架构，最底层是 RADOS 集群，它提供了高可靠性的数据存储和管理功能。

RADOS 集群实现了分布式的基本特征，包括数据可靠性保护、分布式一致性和故障检测与恢复等。上层的存储形态包括块存储、文件存储和对象存储等，它们都以对象为粒度进行数据存储。Ceph 集群为客户端提供了丰富的访问形式，比如对于块存储可以通过动态库或者块设备的方式访问。其中，动态库提供了 API，用户通过该 API 可以访问块存储系统。

大多数对象存储系统（包括 Ceph、S3、Swift、MinIO）除满足对象存储的能力外，也提供文件存储和块存储的服务能力，以满足不同类型的存储需求。主流的分布式存储对比如表 1-1 所示。

表1-1　存储系统对比表

存储系统	Ceph	Swift	HDFS	MonIO
开发语言	C++	Python	Java	AGPLv3
协议	LGPL	Apache	Apache	Golang
数据存储方式	对象/文件/块	对象	文件	对象
在线扩容	支持	支持	支持	支持
冗余备份	支持	支持	支持	支持
单点故障	不存在	不存在	存在（NameNode）	不存在
跨集群同步	不支持	支持	不支持	不支持
易用性	中等，官方文档详细	复杂，官方文档详细	复杂，官方文档详细	简单，官方文档详细
使用场景	大、中、小文件	OpenStack对象存储	Hadoop底层文件存储	轻量化文件存储
FUSE挂载	支持	支持	支持	支持
访问接口	POSIX	POSIX	不支持POSIX	POSIX

2. 全文搜索

全文检索（Full-Text Search）是一种基于文本的信息检索技术，通过对文本数据建立索引并支持文本查询，可以高效地进行文本信息检索。通常情况下，全文检索引擎会将文本数据切割成若干词项（Term），并对这些词项进行索引。当用户输入查询词（Query）时，全文检索引擎会对索引进行搜索，返回符合条件的文本数据。全文检索不同于关系数据库的模糊查询，它不仅能够精确匹配查询条件，还能够匹配近义词、拼写错误、词形变化等文本变化。在很多需要文本检索的场景下，如搜索引擎、电子商务网站、社交媒体、新闻门户等，全文检索技术都得到了广泛应用。

对于数据科学来说，只要涉及基于关键字的内容搜索都会涉及全文搜索的技术，开源的全文搜索技术一般都是基于 Lucene 实现的。主流的开源搜索框架包括 ElasticSearch 和 Solr。

Lucene 是一个开源的全文检索工具包，提供了构建搜索引擎的基础架构。它可以让开发者快速构建自己的搜索引擎，并支持多种编程语言。ElasticSearch 和 Solr 都是基于 Lucene 的开源搜索框架，它们在 Lucene 的基础上进一步扩展了搜索功能，提供了更完整的搜索引擎解决方案。ElasticSearch 和 Solr 都支持分布式搜索、实时搜索、自动化索引等高级功能，并且提供了友好的 REST API，可以方便地与其他应用程序集成。

目前，开源搜索引擎的选型主要还是以 ElasticSearch 为主，提供实时搜索、分布式搜索、自动索引、支持多语言等能力。此外，它可以处理大量数据，并且能够在几乎所有类型的数据中执行实时搜索和分析。在 ElasticSearch 中，数据被存储在分片中，并且分片会在多台服务器之间自动分布，以确保数据的可用性和高性能，对外可以通过简单的 RESTful API 进行交互。

此外，ElasticSearch 也提供了强大的数据分析能力，并且与主流的大数据框架进行了打通，如基于 Spark/Flink 访问 ElasticSearch 等场景。

3. 图数据库

维基百科把图数据库定义为一个使用图结构进行语义查询的数据库，它使用点、边和属性来表示和存储数据。这种数据结构使得图数据库在许多应用场景中比关系数据库和其他传统数据库更有效，例如社交网络分析、推荐系统、网络安全等。

目前主流的开源图数据库包括 Neo4j、JanusGraph、HugeGraph、Nebula Graph 等。其中，Neo4j 是最早的图数据库之一，但受限于企业版本闭源、社区版本只能单机模式等诸多限制，很多公司也都基于自身的业务开始图数据库的研发，并提交到开源社区，开源图数据库的发展也日益活跃。以百度开源的 HugeGraph 为例，能够与大数据平台无缝集成，有效解决海量图数据的存储、查询和关联分析需求。HugeGraph 支持 HBase 和 Cassandra 等常见的分布式系统作为其存储引擎来实现水平扩展。HugeGraph 可以与 Spark GraphX 进行链接，借助 Spark GraphX 图分析算法（如 PageRank、Connected Components、Triangie Count 等）对 HugeGraph 的数据进行分析挖掘。

图数据库有原生和非原生存储两种存储方式。原生图数据库使用图专用的存储引擎，对图数据进行优化存储和索引。这样能够更加高效地支持图查询，但是也意味着原生图数据库可能对图数据的处理能力更为有限，例如在扩展性和兼容性方面可能会存在一定的局限性，而非原生图数据库通常使用已有的 NoSQL 存储技术作为存储引擎，相对来说更加灵活，但也需要自行实现图查询的算法和数据结构，可能会对性能和查询能力产生一定的影响。同时，非原生图数据库通常具有更好的扩展性和兼容性，能够更加容易地集成到现有的技术栈中。Neo4j 属于原生图，而 HugeGraph 则属于非原生图的存储形式。

4. NoSQL 数据库

NoSQL 是指非关系数据库（Not only SQL），它是一种提供灵活、可扩展的处理和管理大量结构化和非结构化数据的数据库管理系统。与传统的关系数据库不同，NoSQL 数据库不使用固定的模式来组织和存储数据，而是使用动态模式来实现灵活的数据建模和检索。

NoSQL 数据库有多种类型，包括文档数据库、键值数据库和列式数据库等。文档数据库（如 MongoDB）将数据存储在文档中，这些文档可以是不同的结构和类型。键值数据库（如 Redis）使用键 - 值对存储数据。列式数据库（如 HBase、ClickHouse）使用列来存储相关的数据，而不是以行的方式，这样存储可以减少数据扫描，提供更高的性能。

NoSQL 数据库通常被用于高并发场景和大数据处理场景，如 Web 应用程序、移动应用程序、物联网、社交媒体和游戏等。相比传统的关系数据库，NoSQL 数据库具有更好的可扩展性、更高的性能和更灵活的数据模型。

主流的 NoSQL 数据库包括 Redis、HBase、MongoDB 等。

1）Redis 的介绍

Redis 是一种开源的、基于内存的数据存储系统，是流行的键值数据库，它支持多种数据结构，如字符串、哈希表、列表、集合和有序集合等。Redis 提供了类似于键 - 值对的存储方式，可以将数据保存在内存中或者持久化到磁盘中。Redis 提供了快速的读写速度、高可用性和数据持久化等功能，还支持事务、Lua 脚本、发布 / 订阅等高级功能。

Redis 常用于缓存、消息队列、实时计数器、实时消息传递等各种应用场景。Redis 的设计理念是追求简单、高性能、灵活性和可扩展性，并且提供了多种编程语言的客户端库，如 Python、Java、Ruby 等，使得它容易被集成到不同的应用程序中。

2）HBase 的介绍

HBase 是一个开源的、面向列的分布式数据库，它使用 Hadoop 作为其底层的分布式文件系统。HBase 源自于 Google 的 Bigtable 系统，并且被设计用于存储非结构化和半结构化数据。与传统的关系数据库不同，HBase 采用了基于列的存储模式，这意味着它能够高效地处理具有大量列但行数较少的数据集。

HBase 是基于 Google 的 Bigtable 论文实现的，其数据模型由“表”“行”和“列族”组成。表是 HBase 中的基本单元，每个表可以包含多个行和列族。每个行都有一个唯一的行键和多个列族，每个列族可以包含多个列。每个列都有一个唯一的列限定符和一个时间戳，用于标识不同版本的数据。HBase 还支持复杂的数据类型，如数组和嵌套的对象。并且，由于其基于 Hadoop 生态系统，HBase 可以与其他 Hadoop 组件集成，包括 Hive、MapReduce、Spark 等。

在使用上，HBase 可以处理海量的数据，支持横向扩展，可以通过增加节点来扩展集群的容量，HBase 还提供了强大的数据查询和过滤功能，可以使用行键、列限定符、时间戳等条件来查询和过滤数据，因而适合需要快速读写和随机访问大规模数据的存储，如实时数据处理、日志分析、推荐系统和社交网络等场景。

3）MongoDB 介绍

MongoDB 通常被称为文档数据库，其内部定义了一种类似于 JSON 的 BSON 结构来存储数据。它的数据模型由文档（Document）、集合（Collection）、数据库（Database）组成。文档是 MongoDB 中的基本单元，每个文档都是一个 BSON 文档，可以包含不同的字段和值。集合是一组文档的容器，每个集合都有一个唯一的名称，并且可以包含多个文档，可以理解为关系数据库中的表。数据库是 MongoDB 中的一个物理容器，每个数据库可以包含多个集合。MongoDB 不需要预定义数据模式，允许文档具有不同的结构和类型，并且可以直接扩展结构。MongoDB 具有很高的可扩展性和性能，可以处理大量的数据和高并发请求。它支持自动分片和副本集，可以通过添加节点来水平扩展集群的容量和提高数据可用性。MongoDB 还提供了强大的查询和聚合功能，可以使用索引、聚合等功能来查询和分析数据。此外，MongoDB 还支持 ACID（Atomicity、Consistency Isolation 和 Durability，原子性、一致性、隔离性和持久性）事务和多种数据存储引擎。其主要特点如下。

- 面向集合：数据以集合的形式存储，每个集合都有唯一标识名，并且可以包含无限数量的文档。
- 模式自由：集合中的文档可以是任意数据类型，不需要定义固定的模式，即使是不同的数据类型也可以存储在同一个集合中。
- 文档型：MongoDB 存储的数据是键 - 值对的集合，每个文档类似于关系数据库中的一条记录，可以包含任意数量的键 - 值对，值可以是任何数据类型。

此外，MongoDB 还提供了文件的存储模块 GridFS，在 GridFS 中，分为 fs.filsy 与 fs.chunks。fs.files 存储文件的元数据信息，包括文件名、文件类型、文件大小、上传时间等。而 fs.chunks 存储文件的数据，将大文件分割成多个小的 chunk（默认 256KB），每个 chunk 作为 MongoDB 的一个文档存储在 chunks 集合中。chunks 集合中的每个文档都包含 chunk 数据、文件 ID 以及当前 chunk 在整个文件中的位置等信息。

在使用上，MongoDB 适用于需要灵活性和可扩展性的应用场景，例如：

- 网站实时数据：MongoDB 非常适合实时地插入、更新与查询，并具备网站实时数据存储所需的复制及高度伸缩性。
- 数据缓存：由于性能很高，MongoDB 也适合作为信息基础设施的缓存层。MongoDB 通过持久化缓存层可以避免数据穿透导致底层数据库压力过大。
- 利用 GridFS 进行大量小文件的存储，如图片、文档的存储等。
- 对象或 JSON 数据存储：MongoDB 的 BSON 数据格式非常适合文档化格式的存储及查询。

5. 数据湖

数据湖（Data Lake）是一个以原始格式存储数据的存储库或系统，具有如下几个特点。

- 存储所有类型和格式的数据：数据湖可以存储结构化、半结构化和非结构化的数据，包括文本、图像、音频和视频等各种类型的数据。
- 无须预定义架构：数据湖不需要在存储数据之前预定义数据结构，这使得数据湖能够处理各种不同类型的数据，包括新的和未知的数据类型。
- 聚合数据：数据湖可以将来自不同来源的数据聚合到一个地方，这使得数据分析师和数据科学家可以使用单个数据源来执行各种分析任务。
- 大规模数据处理：数据湖可以处理大规模的数据，因为它通常运行在云计算环境中，具有可扩展性和弹性，能够自动调整资源来满足工作负载。
- 数据访问控制：数据湖可以为不同用户和应用程序提供不同级别的访问权限，并保护敏感数据不被未经授权的人员访问。

开源的数据湖架构主要基于 Delta Lake、Iceberg 和 Hudi 进行构建，整体架构如图 1-5 所示。数据湖架构整体分为 4 层，分别说明如下。

- 最底层是分布式文件系统，各云厂商通常基于自有的对象存储服务，如阿里的对象存储服务（OSS）、Amazon S3 和华为的对象存储服务（OBS）等。私有云环境，可以选择用户自己维护的 HDFS，或者选择 MinIO 等开源对象存储系统。

- 第二层是数据加速层。数据湖架构是一个存储计算分离的架构，如果所有的数据访问都远程读取文件系统上的数据，那么性能和成本开销都很大。如果能把经常访问的一些热点数据缓存在计算节点本地，这就非常自然地实现了冷热分离，一方面能收获不错的本地读取性能，另一方面还节省了远程访问的带宽，这层一般会选择开源的 Alluxio。

图 1-5　开源数据湖架构图

- 第三层是 Table Format 层，主要是把一批数据文件封装成一个有业务意义的 Table，提供 ACID、Snapshot、Schema、Partition 等表级别的语义。一般对应着开源的 Delta、Iceberg、Hudi 等项目。
- 最上层是不同计算场景下的计算引擎。其中，开源的常见计算引擎包括 Spark、Flink、Hive、Presto、Hive MR 等。这批计算引擎可以同时访问数据湖中同一张表。

从数据湖的技术架构可以看出，Delta Lake、Iceberg 和 Hudi 位于第三层，为大数据分析提供了一种开放的表格式。

首先 Delta Lake 作为开源项目由 Databricks（Apache Spark 的创建者）维护，因此与 Spark 深度集成以实现读写操作。它还支持 Presto、AWS Athena、AWS Redshift Spectrum 和 Snowflake 的读取操作，提供 ACID 事务支持、版本控制、数据修复和一致性保证等功能。而 Hudi 是由 Uber 开源的开源数据技术，在 Hadoop 和 Apache Spark 之上提供了一种高效、可靠和可伸缩的数据湖解决方案，支持对列式数据格式的增量更新，支持从多个来源摄取数据，包括通过 Spark 从外部数据源（如 Apache Kafka）读取数据，支持从 Apache Hive、Apache Impala 和 PrestoDB 等读取数据。Iceberg 作为新兴的数据湖框架之一，抽象出“表格格式”（Table Format）这一中间层。Iceberg 既独立于上层的计算引擎（如 Spark 和 Flink）和查询引擎（如 Hive 和 Presto），也和下层的文件格式（如 Parquet、ORC 和 Avro）相互解耦。Iceberg 的架构和实现并未绑定于某一特定引擎，它实现了通用的数据组织格式，利用此格式可以方便地与不同引擎（如 Flink、Hive、Spark）对接。

Delta Lake、Hudi、Iceberg 三个开源项目都是为了解决数据湖架构中的数据管理和处理问题而设计的。整体功能类似，但它们各自定位又略有差异。

- Delta Lake 的定位是流批一体的数据处理，它能够在批处理和流处理之间自动切换，支持增量更新和查询，并且具有 ACID 事务特性，能够保证数据的一致性和可靠性。
- Hudi 的初衷场景是增量的 Upserts，能够高效地支持数据的插入、更新和删除操作，并且能够通过分区和索引等方式加速数据的查询。它的特点是支持多种存储格式，可以根据数据的特点和需求选择不同的存储方式。

- Iceberg 的目标是做一个通用的 Table Format，它的设计原则是解耦计算引擎和存储系统，能够支持多种计算引擎和存储格式。Iceberg 的特点是数据版本管理和快照机制，能够实现增量更新和查询，并且支持多版本数据的回溯和恢复。

1.2.2 数据治理

当下数据已经成为政府和企业决策的重要手段与依据，同时近年来政府也多次提出推进和加快政府及企业的数字化转型进程。在数字化转型的建设过程中，数据治理体系建设一直是业界探索的热点。但与传统要素不同的是，数据是无形的，且数据是孤岛林立的、杂乱的，要想发挥数据价值，提升数据治理能力是必要举措。

面对政府和企业数据多样化、数据需求个性化、数据应用智能化的需求，数据治理需求急剧增加，如何做好数据治理以及提升数据治理能力成为政府和企业共同的需求。以数字政府为例，面向数据本身的管理与治理市场还处于大规模的人力投入阶段，相对较离散，正是技术和治理能力颠覆的最佳发力点。我们结合多年政府各个部门及各类企业数据治理项目的经验，提出数据治理项目开展过程中数据治理平台应具备四大能力：聚、治、通、用，以及项目实施总体指导思想：PDCA（Plan-Do-Check-Act，计划、执行、检查和行动）。

数据治理平台的四大能力建设说明如下。

- 聚：数据汇聚能力，面对数据来源各异、数据类型纷繁多样、数据时效要求不一等各类情况，数据治理首先能把各类数据接入平台中，“进的来”是第一步。
- 治：狭义的数据治理能力，包括数据标准、数据质量、元数据、数据安全、数据生命周期、主数据。核心是保证数据标准的统一、借助元数据掌握数据资产分布情况及影响分析和血缘关系、数据质量的持续提升、数据资产的安全可靠、数据资产的淘汰销毁机制以及核心主数据的统一及使用。
- 通：数据拉通整合能力，原始业务数据分散在各业务系统中，数据组织以满足业务流转为前提。后续数据需求是根据实际业务对象开展的而非各业务系统，所以需要根据业务实体重新组织数据。比如政府单位针对人的综合分析通常会涉及财产、教育程度、五险一金、缴税、家庭成员等，需要以身份证号拉通房管局、交通局、教育局、人社局、税务局、卫健委等多个委办局数据。数据拉通整合能力是后续满足多样化需求分析的基础，是数据资产积累沉淀的根基，也是平台建设的另一个重点。
- 用：数据服务能力，数据资产只有真正赋能于前端业务才能发挥实际效用，所以如何让业务部门快速找到并便利地使用所需数据资产是数据治理平台的另一项核心能力。

项目实施总体指导思想 PDCA 包括如下 4 个方面。

- P：Plan，标准、规划、流程制定。
- D：Do，产品工具辅助落地。
- C：Check，业务技术双重检查保证。

- A：Action，持续优化提升数据质量及服务。

结合数据治理项目实际落地实施过程以四大能力构建、PDCA 实施指导思想提出了 PAI 实施方法论，即流程化（Process-Oriented）、自动化（Automation）、智能化（Intelligence）三化论，以逐步递进方式不断提升数据治理能力，为政府和企业后续的数据赋能业务及数据催生业务创新打下坚实基础。

- 流程化将数据治理项目执行过程进行流程化梳理，同时规范流程节点中的标准输入输出，并将标准输入输出模板化。另外，对各流程节点的重点注意事项进行提示。
- 自动化针对流程化之后的相关节点及标准输入输出进行自动化开发，减轻人力负担，让大家将精力放在业务层面及新技术拓展上，避免重复人力工作，如自动化数据接入及自动化脚本开发等。
- 智能化针对新项目或新领域，结合历史项目经验及沉淀给出推荐内容，比如模型创建、数据质量稽核规则等。

1. 数据治理流程化

因数据治理类项目通常采用瀑布式开发模式，核心流程包含需求、设计、开发、测试、上线等阶段，流程化是将交付流程步骤进行详细分解并对项目组及客户工作内容进行提炼及规范，明确每个流程的标准输入、输出内容。其中需求、概要设计和详细设计为执行过程中的核心流程节点，将针对这三部分进行详细讲解。

1）需求调研

（1）需求调研流程

数据调研是整个项目的基础，既要详细掌握业务现状及数据情况，又要准确获取客户需求，明确项目建设目标。数据调研总体分成三个大的时间节点，包括需求调研准备、需求调研实施及需求调研后期的梳理确认。

需求调研准备包括调研计划确定、调研前准备，具备条件的尽量开一次调研需求见面会（项目启动会介绍过的可以不需要再组织）。其中调研前准备需对客户的组织架构及业务情况进行充分的了解，以便在后续的调研实施阶段有的放矢，使调研内容更为翔实，客户需求把控更为准确。

调研实施阶段一般组织两轮调研，第一轮主要是了解业务运转现状、对接业务数据以及客户需求。第二轮针对具体的业务和数据的细节问题进行确认，以及分析后的客户需求与客户确认。对于部分系统的细节问题以线下方式对接，不再做第三轮整体调研。需求调研后期主要是针对客户需求、客户业务及数据现状进行内外部评审并确认签字，以《需求规格说明书》形式明确本期项目建设目录。

（2）需求调研工作事项

表 1-2 描述了需求调研过程关键节点的客户方、项目组工作内容及输入输出，并说明了需求调研阶段的总体原则、调研方式及相关要求。

表1-2 需求调研工作事项

<table>
<tr><th>工作项</th><th>执行人</th><th>工作内容</th><th>输入</th><th>输出</th><th>备注</th></tr>
<tr><td rowspan="2">业务系统初次调研</td><td>项目组</td><td>负责对模板内容进行培训讲解</td><td rowspan="2">《源系统技术侧调研填报模板V1.0》
《源系统业务侧调研模板V1.0》
“问题-系统级”工作表</td><td rowspan="2">《源系统技术侧调研填报模板V1.0》
《源系统业务侧调研模板V1.0》
各系统《业务流程图》
各系统《管理流程图》</td><td rowspan="2"></td></tr>
<tr><td>客户方</td><td>1. 协调各业务系统管理人员参加模板讲解培训
2. 各业务系统管理人员组织认真填写下发的数据普查模板，按时反馈</td></tr>
<tr><td rowspan="2">业务系统二次调研</td><td>项目组</td><td>1. 项目组对收集回来的模板信息进行整理、汇总，并对表、字段级问题进行整理
2. 对疑问进行再次调研、沟通
3. 查看系统真实数据情况</td><td rowspan="2">《源系统技术侧调研填报模板V1.0》
《源系统业务侧调研模板V1.0》</td><td rowspan="2">《源系统业务侧调研模板V1.0》</td><td rowspan="2">源系统技术、业务调研表内容整理，并整理业务调研表级及字段级问题，系统真实数据查看；每个系统真实数据查看问题汇总预计3~5天，再次调研预计1~3天</td></tr>
<tr><td>客户方</td><td>协调对应系统负责人配合项目答疑，讲解数据现状</td></tr>
<tr><td rowspan="2">系统需求调研</td><td>项目组</td><td>1. 根据招投标文件整理需求调研模板，细化需调研的问题（如数据接入系统范围）
2. 对系统使用人员进行需求访谈（业务、管理、技术人员）
3. 制定需求追踪矩阵
4. 编制《需求规格说明书》
5. 根据业务需求调整原型</td><td rowspan="2">《招标文件》
《投标文件》
《需求调研模板V1.0》系统原型</td><td rowspan="2">《需求调研模板》
《需求追踪矩阵模板V1.0》
《需求规格说明书》系统原型</td><td rowspan="2">1. 总体原则：
a. 需求“宽进严出”，本期不做内容可做二期三期需求输入
b. 我们做方向引导，客户多说，争取把业务现状、问题、改善方案都讲出来
2. 调研方式：问卷、访谈、系统/原型试用等
3. 要求：调研录音、访谈纪要或其他总结内容</td></tr>
<tr><td>客户方</td><td>1. 协调后期系统使用人员配合项目需求调研
2. 确认需求优先级及本期范围</td></tr>
<tr><td>需求评审及确认</td><td>项目组</td><td>准备评审所需的材料</td><td>《需求规格说明书》系统原型</td><td>《需求规格说明书》
需求确认签字
系统原型
《评审会议纪要》</td><td>各功能项在需求规格说明书中</td></tr>
</table>

（3）需求调研注意事项

具体的需求调研有如下注意事项。

- 需求收集：关键干系人需求，真正用户是谁及其需求，需求获取前置问题，包括客户管什么、重点关注什么、目前如何管理、欠缺什么、重复劳动有哪些。
- 需求验证：3W 验证，包括谁来用、什么场景下用、解决哪些问题以及原型草图。
- 需求管理：核心需求（需求需融入业务流程并发挥实际效用），识别是否行业共性（有余力则做，没有就算了，项目管理角度不需要，行业角度需要）。
- 需求确认：形成文字版需求规格说明书，务必签字确认（后续可以更改，大变更需记录）。

2）概要设计

数据治理项目概要设计主要涵盖网络架构、数据流架构、标准库建设、数据仓库建设 4 部分内容。总体目标是明确数据如何进出数据治理平台（明确网络情况）、数据在平台内部如何组织及流动（数据流架构及数据仓库模型）以及数据在平台内部应遵循哪些标准及规范（标准库）。每部分具体工作事项及输入、输出如表 1-3 所示。

表1-3　概要设计的组成

工作项	执行人	工作内容	输入	输出	备注
网络架构	项目组	1. 根据原型、需求及现有网络情况进行网络架构设计 2. 确认硬件规划及部署方案	现有网络情况后续使用人员及访问方式	《网络架构图》 《集群硬件规划及部署方案》	总体输出《概要设计说明书模板V1.0》
	客户方	1. 提供现有网络情况 2. 后续平台使用人员及访问方式统计			
数据流架构	项目组	根据原型及需求进行数据流设计	《需求规格说明书》系统原型	《数据流程图》 《实时数据标准接入方案》	
	客户方	评审并确认整体数据流程			
标准库范围	项目组	根据需求规格说明书及系统建设过程中涉及的标准收集标准	已有标准	数据库设计与运行管理标准 共享交换标准 接口管理标准 数据元标准 资源目录体系	
	客户方	提供现有系统中已有标准（包括引用标准和内部使用标准）			
仓库模型	项目组	1. 根据业务输入确认核心主题域 2. 梳理业务逻辑，确认核心实体	《源系统业务侧调研模板V1.0》 《源系统技术侧调研填报模板V1.0》 各系统《业务流程图》	《业务架构图》 全部主题域及关键实体CDM	
	客户方	1. 评审并确认主题域主题 2. 评审并确认核心实体逻辑模型			

（1）网络架构

网络架构要明确硬件部署方案、待接入系统网络情况、后续使用人群及访问系统方式，以便满足数据接入及数据服务需求。

（2）数据流示意图

数据流架构要明确各类数据的处理方式及流向，以便确认后续数据加工及存储方式。

（3）数据标准内容示意图

数据标准内容示意图如图 1-6 所示，标准库建设要明确平台所遵循的各类标准及规范，以保证平台建设过程的统一规范，为后续业务赋能打下坚实基础。

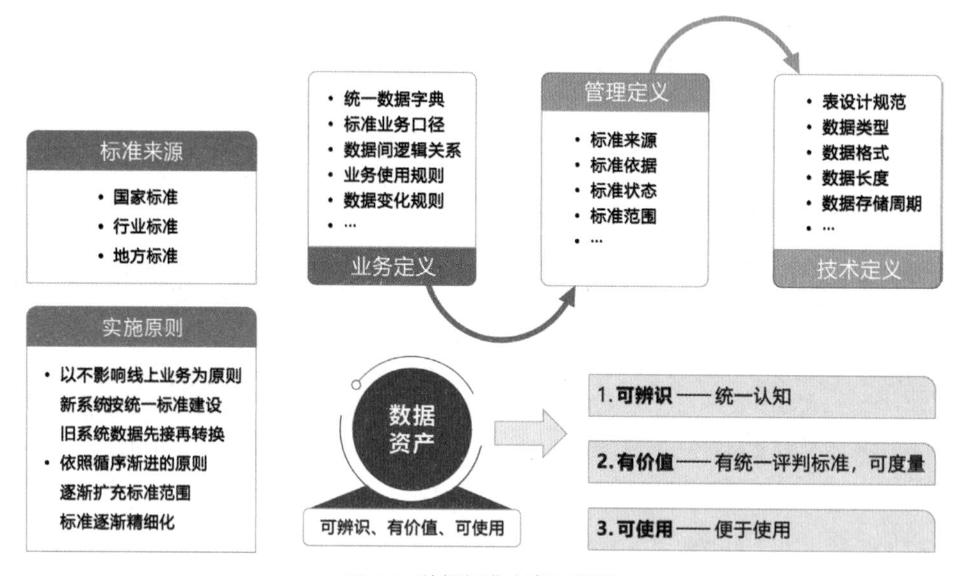

图 1-6 数据标准内容示意图

（4）数据仓库主题域及核心实体示意图

数据仓库建设要明确主题域及关键实体，明确后续数据拉通整合的实体对象，以更好地支撑繁杂多变的数据需求。

原始库是数据仓库和业务系统对接的缓冲，负责数据的抽取，建设时要使用贴源模型作为理论支持，即保证以源系统字段为基础，只增加处理时间的控制字段等，不对数据表结构做任何修改，不做逻辑计算，以保证源系统的数据能够准确、完整、高效地接入数据仓库中。原始库中的数据一般采用分区保存，数据存储时效较短，一般数据保留一周（按日分区或一天一张表）。

资源库从原始库抽取数据，数据结构保持不变，保留全部历史数据记录，会从数据存储空间及后续数据使用角度对数据的存储进行确认，如使用增量、历史拉链等方式记录历史数据。同时，要对数据做标准化以及数据质量的清洗，对于数据质量符合要求的，会放到资源库中存储，不符合要求的会放到问题库，用以反馈给业务系统进行问题处理和数据的清洗。

主题库要求按照主题的方式进行数据处理，数据从资源库获取，把针对同一主题的、联系较为紧密的数据集中到一起。主题的设计要遵循行业共识，应优先使用行业内通用、具有共识的主题结构，对于没有通用行业主题规范的，应由最终用户和数据仓库设计人员共同设计完成。主题库的建设要遵循主题域模型，数据按照主题进行归纳；数据结构按照三范式的规范对不同来源的数据进行整合，重新进行设计，并且要求保持数据结构的扩展性和兼容性。对于常用的数据公共属性，会补充相应的字段属性做冗余处理，比如获取地区信息后可以补充相对应的省份名称和编码。

专题层要按照业务需求定制开发，数据从主题层获取。专题库下的一个专题至少对应一个具体的应用。专题库常用的是以维度模型存储指标数据，维度模型的结构清晰、条理简单，易于业务任务理解和使用，建设维度模型只需根据业务需求梳理维度和分析指标，即可构建对应的维度表和事实表，常见的维度模型结构为星型模式，数据专题示意图如图 1-7 所示。

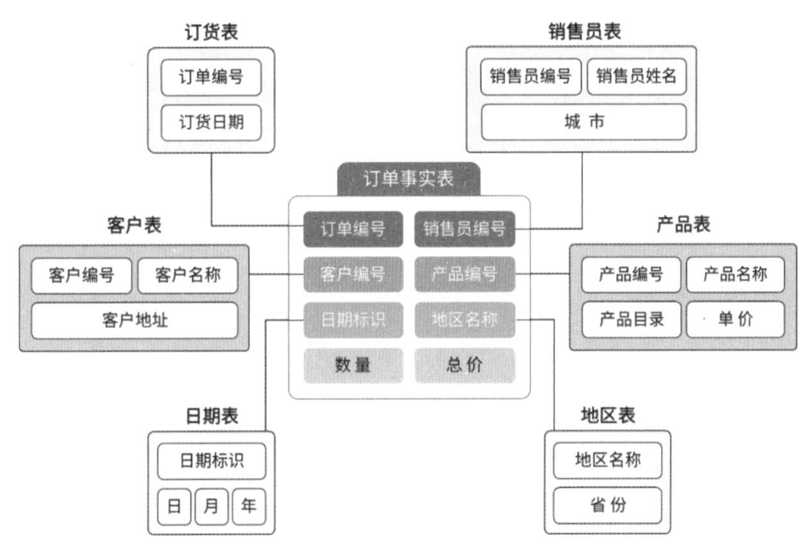

图 1-7　数据专题示意图

配置库是独立于上面 4 个库之外的一个共性库，用于存储整个数据治理过程中共性使用的信息，保证数据治理过程中规范、标准的统一。比如标准代码库，负责维护数据治理过程中需要使用的标准代码，这些代码在资源库的数据清洗、质量稽核以及专题库维度模型的构建中都要使用。

实时数据区的数据结构与业务系统相同，数据时效性要求较高，采取实时及准实时的方式将数据从业务系统中同步进行相应的加工计算，直接为应用提供数据支持。

3）详细设计

详细设计针对项目实际落地的工作模块分别进行设计，明确每部分实现的设计，具体模块、工作内容、输入、输出如表 1-4 所示。

表1-4 详细设计的组成

工作项	执行人	工作内容	输入	输出	备注
数据标准设计	项目组	1. 获取数据元标准（命名、类型、精度、代码值等信息） 2. 与信息部门沟通集成技术，根据讨论结果制定集成标准	《字段命名自动化模板V1.0》 《标准代码表模板V1.0》	《字段命名自动化模板V1.0》 《标准代码表模板V1.0》	输出包含：PDM、标准命名词库、字段匹配、词根命名（标准命名获取包含分词、翻译，最终形成标准命名词库，需梳理标准数量不同、工期不同；目前未包含：共享交换、目录、接口等标准，评审确认后形成终版
	客户方	协调信息部门技术人员参与集成技术、方案沟通讨论、标准制定			
批量数据接入设计	项目组	1. 配置接入模板 2. 配置工作流	《源系统技术侧调研填报模板V1.0》	《数据接入模板V1.0》 《工作流配置模板V1.0》	目前批量数据库对接方式可以直接批量生成（包含工作流调度），其他方式目前需要手动配置，会同步生成初始化全量脚本
	客户方	确认初始化方案（时间、方式），确认日常数据抽取方案	《数据连接方式清单》		
实时数据接入设计	项目组	1. 统计实时接入清单并确认接入方案 2. 画实时数据流程图	《源系统技术侧调研填报模板V1.0》 《实时数据标准接入方案》	《实时接入清单》 《实时接入数据流程图》	提供实时接入标准方案及示例代码，通过配置即可实现数据接入汇总
	客户方	确认历史数据接入方案，接入频率	《数据连接方式清单》		
模型设计	项目组	1. 梳理业务逻辑确认逻辑模型 2. 自动生成物理模型	《源系统业务侧调研模板V1.0》 《源系统技术侧调研填报模板V1.0》 《字段命名自动化模板V1.0》	LDM、PDM（PowerDesigner) 《数据元标准》 《建表DDL》	《数据元标准》代替《数据字典》
Mapping设计	项目组	设计Mapping关系，确认处理算法	逻辑模型 《Mapping关系模板V1.0》 《数据处理配置模板V1.0》	《Mapping关系模板V1.0》 《数据处理配置模板V1.0》	
	客户方	Mapping关系确认			

（续表）

<table>
<tr><th>工作项</th><th>执行人</th><th>工作内容</th><th>输 入</th><th>输 出</th><th>备 注</th></tr>
<tr><td rowspan="2">工作流设计</td><td>项目组</td><td>根据系统资源、业务优先级、各系统数据到达时间确认并发及优先级及依赖</td><td rowspan="2">《集群硬件规划及部署方案》
业务优先级</td><td rowspan="2">工作流设计</td><td rowspan="2"></td></tr>
<tr><td>客户方</td><td>确认业务优先级</td></tr>
<tr><td rowspan="2">数据质量稽核</td><td>项目组</td><td>1. 制定数据清洗方案
2. 配置数据质量稽核规则
3. 配置数据质量工作流</td><td rowspan="2">《数据清洗方案》
《字段命名自动化模板V1.0》
《标准代码表模板V1.0》
《Mapping关系模板V1.0》</td><td rowspan="2">数据清洗
《数据质量稽核规则库》
数据质量稽核工作流
《数据质量报告》</td><td rowspan="2">源系统数据最好可以修改，如果协调有问题可先记录，后期再修改</td></tr>
<tr><td>客户方</td><td>1. 协调技术人员参与清洗方案制定
2. 协调技术人员进行指标加工核对
3. 确认数据稽核规则及是否阻断任务</td></tr>
<tr><td rowspan="2">主数据</td><td>项目组</td><td>1. 主数据范围确认
2. 主数据标准制定
3. 主数据管理标准制定
4. 数据集成标准制定
5. 数据清洗</td><td rowspan="2">《源系统技术侧调研填报模板V1.0》
《标准代码表模板V1.0》
《数据连接方式清单》
《数据清洗方案》</td><td rowspan="2">《主数据范围表》
《主数据流程图》
《主数据标准》
《主数据管理标准》
《主数据系统集成标准规范》</td><td rowspan="2"></td></tr>
<tr><td>客户方</td><td>1. 主数据范围确认
2. 协调业务人员，参与分类标准、编码标准和属性标准制定
3. 协调业务人员，参与数据维护、修改、变更流程、模板制定
4. 协调信息部门技术人员参与集成技术、方案沟通讨论、标准制定
5. 协调业务人员评审清洗方案，协调技术人员参与清洗方案制定</td></tr>
<tr><td rowspan="2">数据安全</td><td>项目组</td><td>1. 梳理数据分级
2. 收集并梳理数据访问、加密、脱敏清单
3. 配置数据访问策略
4. 配置加密及脱敏规则
5. 数据安全管理标准制定</td><td rowspan="2">组织架构及角色清单
《数据字典》
《数据资源目录》</td><td rowspan="2">《数据分级》
《数据密级清单》
《加密存储清单》
《脱敏清单》
《数据安全管理标准》</td><td rowspan="2"></td></tr>
<tr><td>客户方</td><td>1. 协调任务人员及管理人员确认数据分级
2. 协调业务人员提供数据访问、加密、脱敏清单
3. 组织业务人员统一并确认以上规则
4. 确认数据安全管理标准</td></tr>
</table>

（续表）

工作项	执行人	工作内容	输 入	输 出	备 注
数据生命周期管理	项目组	1. 制定各表数据保留策略 2. 配置各表或层级清理配置 3. 制定数据生命周期管理标准制定	《数据字典》 《数据生命周期配置清单V1.0》 《集群硬件规划及部署方案》	《数据生命周期配置清单V1.0》 《数据生命周期管理逻辑架构图》 《数据生命周期管理标准》	
	客户方	协调业务人员，参与数据全生命周期管理标准制定及确认数据保留策略			
指标库加工	项目组	1. 收集指标及加工过程 2. 整理冲突、有歧义等指标 3. 整理最终指标库	指标集及指标加工规则	《原子指标库》	
	客户方	1. 协调业务人员提供指标加工业务口径 2. 协调技术人员提供指标加工技术口径 3. 组织业务人员统一并确认冲突或歧义指标业务口径计算规则			
数据资源目录设计	项目组	进行数据目录新增、修改、变更等管理标准制定	《需求规格说明书》 数据资源目录管理流程	《数据资源目录》 《数据资源目录管理标准》	
	客户方	协调业务人员，参与数据维护、修改、变更流程、模板制定			
数据共享交换设计	项目组	1. 进行数据新增、修改、变更等全生命周期管理标准制定 2. 梳理共享交换数据清单 3. 梳理每项数据入参、出参信息 4. 数据调用限制策略（每分钟调用数、黑白名单等） 5. 梳理共享交换权限体系	用户、角色清单 《数据共享交换清单》 数据共享交换配置信息	《数据交换配置清单》 《数据共享交换管理标准》 《数据开放共享数据权限配置清单》	
	客户方	1. 协调业务人员，参与数据维护、修改、变更流程、模板制定 2. 协调业务人员参与共享交换数据入参、出参信息制定及调用限制策略 3. 协调业务人员参与权限体系制定			

2. 数据治理自动化

在将数据治理项目流程化以后，整个工作内容及具体工作产出已经比较明确了，但是发现流程中会涉及大量的开发工作，同时发现很多工作具有较高的重复性或相似性，开发使用的流程及技术都是一样的，只是配置不同，因此针对流程化以后各节点的自动化开发应运而生。通过配置任务的个性化部分，然后统一生成对应的开发任务或脚本即可完成开发。

自动化处理一般有两种实现路径，其一是采购成熟数据治理软件，其二是自研开发相应工具。其中数据治理过程中可实现自动化处理的流程节点（如“工序”，标蓝色部分），如图 1-8 所示。

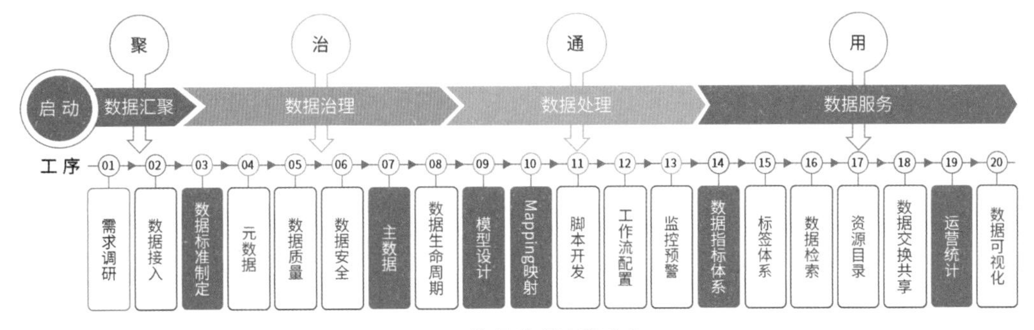

图 1-8　数据治理流程节点

对于需求调研、模型设计等流程节点，因为涉及线下的访谈、业务的理解，更多的是与人的沟通交流，进而获取相应的业务知识及需求，并非单纯的计算机语言，同时“因人而异”的情况也比较常见，所以这部分相关工作暂时还以人工为主。因数据接入、脚本开发及数据质量稽核在日常工作中占用时间较长，下面将详细讲解这三部分内容。

1）批量数据接入

数据接入是所有数据治理平台的第一步，批量数据接入占数据接入工作量的 70%~90%。自动化处理即将任务个性化部分进行抽象化形成配置项，通过配置任务的抽象化配置项，进而生成对应的任务。批量数据接入抽象以后的配置项如下。

- 源系统：源系统数据库类型。
- 源库名：源系统数据库库名称（数据库的链接方式在其他地方统一管理）。
- 源表名：源系统数据库库表名称。
- 目标系统：目标数据库类型。
- 目标库：目标数据库库名称。
- 目标表：目标数据库库表名。
- 增 / 全量：1 表示全量接，0 表示增量接。

使用 Sqoop、DataX 等方式可以批量生成对应命令或配置文件，实现批量生成接入作业，实现自动化数据接入工作，数据接入效率提升 75% 以上，后续只需验证数据接入正确性即可。对于数据接入来说，大数据平台主流的开源工具有 Sqoop、DataX、Kettle 等。

（1）Sqoop

Sqoop 可以理解为连接关系数据库和 Hadoop 的桥梁，主要有两个方面的能力：①将关系数据库（如 MySQL、Oracle、Postgres 等）的数据导入 Hadoop 及其相关的系统中，如 Hive 和 HBase；②将数据从 Hadoop 系统中抽取并导出到关系数据库。Sqoop 工具的底层工作原理本质上是执行 MapReduce 任务。由于实现方式是 MapReduce 任务，因此具体到接入任务控制，可以高效、可控地利用资源，可以通过调整任务数来控制任务的并发度，其采集效率也很高。Sqoop 整体围绕 Hadoop 生态建立，必须依赖 Hadoop，无法独立运行，因此整体服务相对较重。

（2）DataX

DataX 是阿里开源的一个异构数据源离线同步工具，主要用于实现包括关系数据库（MySQL、Oracle 等）、HDFS、Hive、ODPS、HBase、FTP 等各种异构数据源之间稳定高效的数据同步功能。DataX 采用 Framework +Plugin 架构构建，将数据源读取和写入抽象成为 Reader/Writer 插件。这样每接入一套新数据源，该新加入的数据源即可实现和现有的数据源互通。DataX 具有简单化、轻量化、易扩展的特点，因此很多公司的数据平台都在使用，可进行相关的数据源扩展，并作为 ETL 工具的后端引擎集成。

其核心原理如下：

- DataX 完成单个数据同步的作业，我们称之为 Job，DataX 接收到一个 Job 之后，将启动一个进程来完成整个作业的同步过程。DataX Job 模块是单个作业的中枢管理节点，承担了数据清理、子任务切分（将单一作业计算转换为多个子 Task）、TaskGroup 管理等功能。
- DataX Job 启动后，会根据不同的源端切分策略，将 Job 切分成多个小的 Task（子任务），以便于并发执行。Task 便是 DataX 作业的最小单元，每一个 Task 都会负责一部分数据的同步工作。
- 切分多个 Task 之后，DataX Job 会调用 Scheduler 模块，根据配置的并发数据量，将拆分的 Task 重新组合，组装成 TaskGroup（任务组）。每一个 TaskGroup 负责以一定的并发方式运行分配好的所有 Task，默认单个任务组的并发数量为 5。
- 每一个 Task 都由 TaskGroup 负责启动，Task 启动后，会固定启动 Reader → Channel → Writer 的线程来完成任务同步工作。
- DataX 作业运行起来之后，Job 监控并等待多个 TaskGroup 模块任务完成，等待所有 TaskGroup 任务完成后 Job 成功退出。

（3）Kettle

Kettle 是一款基于 Java 的开源的 ETL 工具，它允许管理来自不同数据库的数据，把各种数据放到一个壶里，然后以一种指定的格式流出。Kettle 提供一个图形化的用户操作环境，使用比较方便和简单，具有数据迁移、文件解析、数据关联比对、数据清洗转换能力。由于操作比较方便和简单，并且具有完全可视化的页面，很多厂商的 ETL 工具会基于 Kettle 定制。

以上内容主要针对的是离线接入的场景。在实际项目中，还要考虑到数据实时接入的场景，或者数据提供方不允许使用 SQL 方式访问数据库，防止对原有业务产生影响，这时候就会涉及

CDC（Change Data Capture，变更数据捕获）接入技术，CPC 技术是数据库领域非常常见的技术，主要用于捕获数据库的一些变更，然后把变更数据发送到下游。通常业内聊的 CDC 技术主要是基于数据库日志解析进行实现的。由于是基于日志解析实现的，不同的数据库的形式并不一致，因此没有一个引擎可以处理所有的数据库。目前常用的方案主要通过 Canel 实现 MySQL 的 CDC 能力，通过 Logminer 实现 Oracle 的 CDC 能力。以 Canel 的实现方式为例，其本质是模拟 MySQL Slave 的交互协议，伪装自己为 MySQL Slave，向 MySQL Master 发送 dump 协议，MySQL Master 收到 dump 请求，开始推送 Binlog 给 Slave（即 Canal），最后 Canal 解析 Binlog 对象。很多数据库 CDC 都是采用这种方案进行实现的。

这里我们重点介绍的是 Debezium 组件，Debezium 是 Apache Kafka Connect 的一组源连接器，使用 CDC 从不同的数据库中获取更改。它可以对接 MySQL、PostgreSQL、SQL Server、Oracle、MongoDB 等多种 SQL 及 NoSQL 数据库，把这些数据库的数据持续以统一的格式发送到 Kafka 的主题，供下游进行实时消费。与 Canel、Logminer 等组件不同，Debezium 支持多类型的数据库，因此，很多公司将其作为基础引擎进行选型。

此外，随着实时处理技术的发展，Flink 也拥有 CDC 能力，Flink CDC 底层封装了 Debezium，支持通过 SQL 方式实现数据库的实时接入。

百分点的 CDC 接入技术底层基于 Debezium 进行日志解析，将数据接入分为数据读取和数据写入两个阶段，全流程可视化地实现 CDC 实时接入。此外，还具有以下特性：

- 支持分布式和高可用的部署方式，在数据量增长的情况下可以快速扩容来处理数据。
- 支持多种接入模型，如增量、全量、断点续传等。
- 提供友好的可视化支持，不需要了解底层技术即可实现 CDC 任务的配置。

2）脚本开发

资源库、主题库的加工脚本占整体开发工作的 50%~80%，同时经过对此部分数据加工方式进行特定分析，结合 Mapping 文档，选定以上数据处理方式的一种即可自动生成资源库或主题库对应的脚本，开发效率得到大幅度提升，整体效率提升 60% 以上（模型及 Mapping 设计尚需人工处理）。

3）数据质量

数据质量是指在业务环境下，数据符合消费者的使用目的，能满足业务场景具体需求的程度。数据质量一般由完整性、有效性、正确性、唯一性、及时性和合理性等特征来描述。

- 完整性是指数据信息是否完整，描述的数据、属性及关系存在或不存在，包括但不限于记录完整性、属性完整性、关系完整性等。
- 有效性，是指数据内容是否遵循了标准规范，满足一定的格式，或符合标准定义的值域要求。
- 正确性，是指数据内容是否符合预定的逻辑要求，如年龄字段不能取负数。
- 唯一性，是指数据信息是否唯一，包含数据的主键信息是否唯一，数据信息的部分或全部是否唯一。

- 及时性，是指及时记录和传递相关数据，满足业务对信息获取的时间要求。
- 合理性，是指数据信息是否符合预定义的业务逻辑要求。

数据质量是数据价值的根本。基于上述特征，数据质量管理贯穿着数据治理的全过程，并且不是一蹴而就的，不同的处理阶段对质量控制的要求也有所不同，表 1-5 所示的内容供读者参考。

表1-5 质量控制要求表

评估项	数据接入	数据处理
记录完整性	√	
属性完整性	√	√
关系完整性	√	√
格式有效性		√
值域有效性		√
接入及时性	√	
更新及时性		√
主键唯一性		√
数据唯一性		√
数据正确性		√
业务合理性		√

数据质量是 PDCA 实施总体指导思想的关键一步，是发现数据问题以及检查数据标准规范落地的必需环节。针对具体的规则，可以通过产品和自助开发来实现，只需进行相应配置即可实现自动化检查。

4）元数据

元数据，最常见的定义就是“描述数据的数据”。元数据管理是对元数据的创建、存储、整合、控制的一整套流程，目的是支持基于元数据的相关需求和应用。通过元数据管理能够让开发和业务人员快速地了解数据的上下游关系及本身的含义，精准定位需要查找的数据，减少数据研究的时间成本，提高效率。

常见的开源元数据管理工具包括 Apache Atlas、LinkedIn DataHub 等。

- Atlas 元数据治理框架，可以为 Hive、HBase、Kafka 等提供元数据管理功能，它为 Hadoop 集群提供了包括数据分类、集中策略引擎、数据血缘、安全和生命周期管理在内的元数据治理核心能力。Atlas 可以帮助企业构建其数据资产目录，对这些资产进行分类和管理，并为数据分析师和数据治理团队提供围绕这些数据资产的协作功能。但其主要管理对象还是围绕 Hadoop 生态的大数据组件，对企业各类业务系统使用的传统数据库生态并不支持。
- DataHub 是由 LinkedIn 的数据团队开源的一款提供元数据搜索与发现的工具，能够从不同的平台（比如 MySQL、Airflow、Superset）将元数据同步到 DataHub，实现了从数据源到 BI 工具的全链路的血缘打通。DataHub 提供统一的元数据搜索和治理，能降低开发人员的数据探索复杂性。

对于元数据管理系统来说，可以从元数据采集、元数据管理、元数据分析三个方面进行评估。

（1）元数据采集

从各种工具中，把各种类型的元数据采集进来；对于数据科学平台来说，元数据采集一般是从源系统接入的。如果企业已经拥有数仓，那么数仓也可以看作元数据采集的一个数据源，将已有的元数据从数仓接入，还未接入的从源系统接入。

（2）元数据管理

实现元模型统一、集中化管理，提供元模型的查询、增加、修改、删除、元数据关系管理、权限设置等功能，让用户直观地了解已有元模型的分类、统计、使用情况、变更追溯，以及元数据间的血缘联系。其中包含如下几个重要能力。

- 元数据存储：使用相应的存储策略来对元数据进行存储，要求在不改变存储架构的情况下扩展元数据存储的类型。
- 元数据维护：元数据维护就是对信息对象的基本信息、属性、被依赖关系、依赖关系、组合关系等元数据的新增、修改、删除、查询、发布等操作，支持根据元数据字典创建数据目录，打印目录结构，根据目录发现、查找元数据，查看元数据的内容。元数据维护是基本的元数据管理功能之一，技术人员和业务人员都会使用这个功能来查看元数据的基本信息。
- 元数据审核：元数据审核主要是审核已采集到元数据仓库中但还未正式发布到数据资源目录中的元数据。审核过程中支持对数据进行有效性验证并修复一些问题，例如缺乏语义描述、缺少字段、类型错误、编码缺失或不可识别的字符编码等。
- 元数据版本管理：在元数据处于一个相对完整、稳定的时期，或者处于一个里程碑结束时期，可以对元数据定版以发布一个基线版本，以便日后对存异的或错误的元数据进行追溯、检查和恢复。
- 元数据变更管理：用户可以自行订阅元数据，当订阅的元数据发生变更时，系统将自动通知用户，用户可根据指引进一步在系统中查询变更的具体内容及相关的影响分析。

（3）元数据分析

基于采集的各类元数据，通过元数据存储策略提供统一的数据地图，帮助用户全面盘点和整理数据资产。其重要能力通常包含数据资产地图、血缘分析和影响分析。

- 数据资产地图：按数据域对企业数据资源进行全面盘点和分类，并根据元数据字典自动生成企业数据资产的全景地图。该地图可以告诉你有哪些数据，在哪里可以找到这些数据，能用这些数据干什么。同时，也可以展现数据与其他数据的关系，以及它们的关系是怎样建立的。关联度分析是从某一实体关联的其他实体及其参与的处理过程两个角度来查看具体数据的使用情况，形成一张实体和所参与处理过程的网络，如表与 ETL 程序、表与分析应用、表与其他表的关联情况等。

- 血缘分析：血缘分析会告诉你数据来自哪里，经过了哪些加工。其价值在于当发现数据问题时，可以通过数据的血缘关系追根溯源，快速定位到问题数据的来源和加工过程，减少数据问题的复杂度。
- 影响分析：影响分析会告诉你数据去了哪里，经过了哪些加工。其价值在于当发现数据问题时，可以通过数据的关联关系向下追踪，发现谁在使用这些数据，降低问题带来的影响。

最后，元数据管理是数据治理的关键，我们要知道数据的来龙去脉，才能对数据进行全方位的管理、监控和洞察。从自动化的角度，元数据的范围也是贯穿数据治理的整个过程的，在这个过程中，元数据管理除针对数据模型的元数据管理外，也可以针对上述实现的数据接入任务、数据开发任务、DQC 任务的元数据进行识别，并且实现全链路的血缘智能识别和关联。例如，对接入任务的上下游识别、SQL 的血缘自动解析、QQC 及调度的资源关联等。由此可以实现元数据的管理和分析能力。

3. 数据治理智能化

经过自动化阶段后，数据治理流程中的数据仓库模型设计、Mapping 映射等阶段依旧有非常多人工处理工作，这些工作大部分跟业务领域知识及实际数据情况强相关，依赖专业的业务知识和行业经验才可进行合理的规划和设计。如何快速精通行业知识和提升行业经验是数据治理过程中新的“拦路虎”。如何更好地沉淀和积累行业知识，自动提供设计和处理的建议是数据治理“深水区”面临的一个新挑战。数据治理智能化将为我们的数据治理工作开辟一个“新天地”。

在整个数据治理流程中，智能化发挥作用的节点（如“工序”，标红色部分）如图 1-9 所示。

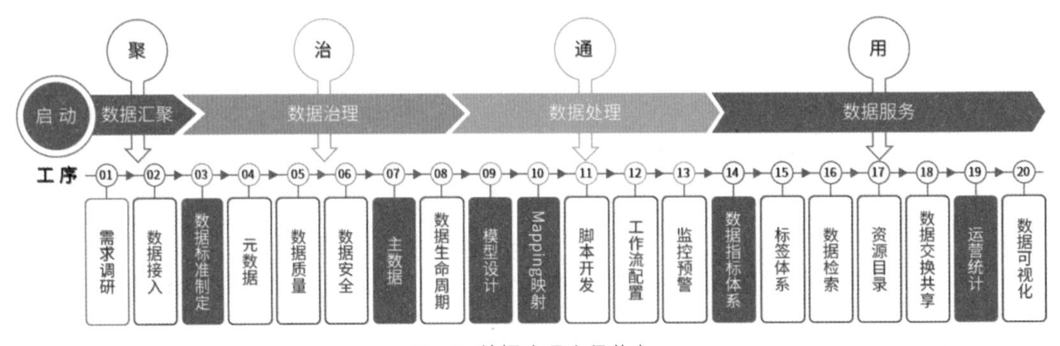

图 1-9 数据治理流程节点

实现智能化的第一步是积累业务知识及行业经验，形成知识库。数据治理知识库应包括标准文件、模型（数据元）、DQC 规则及数据清洗方案、脚本数据处理算法、指标库、业务知识问答库等，具体涵盖如下内容。

- 标准文件：在 2B 和 2G 行业，尤其是 2G 行业，国家、行业、地方都发布了大量的标准文件，在业务和技术层面都进行了相关约束，并对新建业务系统的开发提供了指导。标准文件知识库涵盖几个方面：① 国标、行标、地标等标准的在线查看，② 相关标准的在线全文检索，③ 标准具体内容的结构化解析。

- 数据元（模型）：对于不同行业来说，技术标准中的命名以及模型是目前大家都比较关注的，也是在做数据中各类项目以及数据治理项目比较耗时的地方，在金融领域已经比较稳定的主题模型在其他行业尚未形成统一，所以做 2B 和 2G 市场的企业如何能沉淀出特定行业的数据元标准甚至是主题模型，对于行业理解及后续同类项目交付就至关重要。具体包括实体分类、实体名称、中文名称、英文名称、数据类型、引用标准等。
- DQC（Data Quality Control，数据质量稽核）&数据清洗方案数据治理的关键点是提升数据治理，所以不同行业及各个行业通用的数据质量清洗方案及数据质量稽核的沉淀就尤为重要，比如通用规则校验，身份证号为 18 位校验（15 转 18），手机号为 11 位校验（如有国际电话需加国家代码），以及日期格式、邮箱格式等。
- 脚本开发：在数据类项目中，数据 Mapping 确认以后就是具体的开发了，由于数据处理方式的共性，可以高度提炼成特定类型的数据处理，比如交易流水一般采用追加的方式，每日新增数据加入进来即可。此过程中的步骤都可以通过自动化程序来实现，同时借助上面沉淀的具体标准内容，进一步规范化脚本开发。
- 指标库：对于一个行业的理解一定程度上体现在行业指标体系的建立，行业常用指标是否覆盖全、指标加工规则是否有歧义是非常重要的两个考核项，行业指标库的建立对于业务知识的积累至关重要。
- 业务知识问答库：行业知识积累的最直观体现是业务知识问答库的建立，各类业务知识都可以逐步沉淀到问答库中，并以问答等多种交互方式更便利地服务于各类使用人员。比如生态环境领域 AQI 的计算规则，空气常见污染因子、各类污染指标的排放限值等，都能够以问答的形式进行沉淀。基于以上知识的不断沉淀积累，在数据治理开展过程中即可进行智能化推荐。在做实体及属性认定时，结合 NLP 技术和知识库规则即可进行相似度认定推荐。并且随着行业知识的不断积累和完善，后期可以直接推荐行业主题模型及主数据模型，以及针对实体及属性的数据标准、数据质量检查规则。

流程化是数据治理工作开展的第一步，是自动化和智能化的基础，将数据治理各节点开展过程中用到的内容进行梳理并规范，包括业务流程图、网络架构图、业务系统台账等，行业知识梳理完善以后形成行业版知识（抽离通用版），如标准文件梳理，包括代码表整理和数据元标准整理（数据仓库行业模型对应标准梳理）。

自动化是将流程化标准后的工作进行自动化开发，涉及仓库模型设计、标准化、脚本开发、DQC、指标体系自动化构建，包括自动化程序生成和自动化检查。自动化程序生成一是解放生产力，提高效率；二是提升开发的规范化。自动化检查包括：

- 发现数据问题，出具质量报告（唯一性、空值等通用问题）。
- 行业知识检查（行业版内置，不同行业关注的重要数据问题，并且会不断完善知识库）。

智能化是在流程化、自动化基础上针对数据拉通整合、主题模型、数据加工检查给出智能化建议，减少人工分析的工作。

总体思路是先解决项目上的标准化执行问题，然后提升建设效率及处理规范化问题（自动化处理），最后基于业务知识的沉淀最终实现全流程智能化构建。

1.2.3 结构化数据分析

近年来，随着互联网技术的日益发展，用户越来越多地使用多媒体数据进行信息的传输和交流。这为数据科学技术带来了新的挑战。除文本、日志、表格等传统的数据格式外，数据科学的相关技术还必须支持语音、图像以及视频等多媒体数据。如何从这些多媒体数据中获取有用的信息，并且对其进行结构化处理，成为数据科学技术不可缺的组成部分。

1. 结构化与非结构化数据

在信息社会，信息可以划分为两大类：一类信息能够用数据或统一的结构加以表示，我们称之为结构化数据，如数字、符号；另一类信息无法用数字或统一的结构表示，如文本、图像、声音、网页等，我们称之为非结构化数据。

具体而言，结构化数据可以使用关系数据库表示和存储，表现为二维形式的数据，即数据库。其一般特点是数据以行为单位，一行数据表示一个实体的信息，每一行数据的属性是相同的，比如企业ERP、财务系统、医疗HIS数据库、教育一卡通、政府行政审批以及其他核心数据库等。非结构化数据是数据结构不规则或不完整，没有预定义的数据模型，不方便用数据库二维逻辑表来表现的数据，包括所有格式的办公文档、文本、图片、HTML、各类报表、图像和音频/视频信息等。相对于传统的在数据库中或者标记好的文件，由于非结构化数据的非特征性和歧义性，因此更难理解。

结构化数据与非结构化数据之间除存储方式不同外，最大的区别是分析两种类型数据的简便程度不同。用于分析结构化数据的工具模型以及方法已经较为成熟，但是用于挖掘分析非结构化数据的工具仍处于新生或发展阶段。

2. 结构化数据分析的常用模型

1）有监督学习

（1）分类模型

分类模型是指通过让机器学习与训练已有的数据，从而预测新数据的类别的一种模型方法。通常在已有分类规则标签，需要预测新数据的类别的情况下使用分类模型，如通过男士的年龄、长相、收入、工作等特征指标数据，预测女士是否见面等。分类模型的常见方法包括：

① 决策树。决策树就是一棵树，一棵决策树包含一个根节点、若干内部节点和若干叶节点；叶节点对应于决策结果，其他每个节点则对应于一个属性测试；每个节点包含的样本集合根据属性测试的结果被划分到子节点中；根节点包含样本全集，从根节点到每个叶节点的路径对应一个判定测试序列。因此，决策树的学习过程可以总结为特征选择、决策树生成和剪枝三个部分。

② KNN模型。KNN的分类原理是通过先计算待分类物体与其他物体之间的距离，再统计

距离最近的 K 个邻居，最后对于 K 个最近的邻居，它们属于哪个分类最多，待分类物体就属于哪一类。

K 近邻算法的三个基本要素：K 值的选择、距离度量和分类决策规则。

- K 值的选择：K 取值较小时，模型复杂度高，训练误差会减小，泛化能力减弱；K 取值较大时，模型复杂度低，训练误差会增大，泛化能力有一定的提高。因此，K 值选择应适中，K 值一般小于 20，可以采用交叉验证的方法选取合适的 K 值。
- 距离度量：KNN 算法是利用距离来度量两个样本间的相似度的。距离越大，差异性越大；距离越小，相似度越大。常用的距离表示方法有欧式距离、曼哈顿距离、闵可夫斯基距离、切比雪夫距离、余弦距离。在兴趣相关性比较上，角度关系比距离的绝对值更重要。
- 分类决策规则：KNN 算法一般使用多数表决方法，即由输入实例的 K 个邻近的多数类决定输入实例的类。这种思想也是经验风险最小化的结果。

③ SVM 模型。SVM 就是构造一个“超平面”，并利用“超平面”对不同类别的数进行划分，同时使得样本集中的点到这个分类超平面的最小距离，即分类间隔最大化。

④ 逻辑回归。逻辑回归是一个分类算法，它可以处理二元分类以及多元分类。逻辑回归的假设函数为：

$$h_\theta(X) = g(X_\theta) = \frac{1}{1+e^{-X\theta}}$$

其中 X 为样本输入，$h_\theta(X)$ 为模型输出，θ 为要求解的模型参数。设 0.5 为临界值，当 $h_\theta(X)>0.5$ 时，即 $x_\theta>0$ 时，y=1；当 $h_\theta(X)<0.5$ 时，即 $x_\theta<0$ 时，y=0。模型输出值 $h_\theta(X)$ 在 [0,1] 区间内取值，因此可以从概率角度进行解释：$h_\theta(X)$ 越接近 0，则分类为 0 的概率越高；$h_\theta(X)$ 越接近 1，则分类为 1 的概率越高；$h_\theta(X)$ 越接近临界值 0.5，则无法判断，分类准确率会下降。

⑤ 朴素贝叶斯。朴素贝叶斯分类（Naive Bayes Classifier，NBC）是以贝叶斯定理为基础并且假设特征条件之间相互独立的方法，先通过已给定的训练集，以特征词之间独立作为前提假设，学习从输入到输出的联合概率分布，再基于学习到的模型，输入 X 求出使得后验概率最大的输出 Y。

⑥ 人工神经网络。人工神经网络（Artificial Neural Network，ANN）简称神经网络（Neural Network，NN），是基于生物学中神经网络的基本原理，在理解和抽象了人脑结构和外界刺激响应机制后，以网络拓扑知识为理论基础，模拟人脑的神经系统对复杂信息的处理机制的一种数学模型。该模型以并行分布的处理能力、高容错性、智能化和自学习等能力为特征，将信息的加工和存储结合在一起，以其独特的知识表示方式和智能化的自适应学习能力引起各学科领域的关注。它实际上是一个由大量简单元件相互连接而成的复杂网络，具有高度的非线性，能够进行复杂的逻辑操作，具有非线性关系。神经网络分为以下三种类型的层。

- 输入层：神经网络最左边的一层，通过这些神经元输入需要训练观察的样本，即初始输入数据的一层。

- 隐藏层：介于输入与输出之间的所有节点组成的一层。帮助神经网络学习数据间的复杂关系，即对数据进行处理的层。
- 输出层：由前两层得到神经网络的最后一层，即最后结果输出的一层。

（2）回归分析模型

回归分析是一种预测性的建模技术，它研究的是因变量（目标）和自变量（预测器）之间的关系。这种技术通常用于预测分析时间序列模型以及发现变量之间的因果关系。例如，司机的鲁莽驾驶与道路交通事故数量之间的关系，最好的研究方法就是回归。回归分析的常用方法如下：

① 线性回归。线性回归是利用数理统计中的回归分析来确定两种或两种以上的变量间相互依赖的定量关系的一种统计分析方法，运用十分广泛。其表达形式为 $y=w'x+e$，e 为误差，服从均值为 0 的正态分布。在回归分析中，只包括一个自变量和一个因变量，且二者的关系可用一条直线近似表示，这种回归分析称为一元线性回归分析。如果回归分析中包括两个或两个以上的自变量，且因变量和自变量之间是线性关系，则称为多元线性回归分析。如果自变量是二次方及以上，就称为多项式回归。线性回归对数据的要求很高，要求自变量相互独立、残差呈正态分布、方差齐性。从业务场景来说，线性回归可以使用的业务场景很多，只要自变量和因变量都是连续变量就可以使用回归模型，如 GDP、淘宝双十一销售额等。

② 岭回归与 LASSO 回归。岭回归是一种专用于共线性数据分析的有偏估计回归方法，实质上是一种改良的最小二乘估计法，通过放弃最小二乘法的无偏性，以损失部分信息、降低精度为代价获得回归系数更为符合实际、更可靠的回归方法，对病态数据的拟合要强于最小二乘法。LASSO 的基本思想是在回归系数的绝对值之和小于一个常数的约束条件下，使残差平方和最小化，从而能够产生某些严格等于 0 的回归系数，得到可以解释的模型。将 LASSO 应用于回归，可以在参数估计的同时实现变量的选择，较好地解决回归分析中的多重共线性问题，并且能够很好地解释结果。

（3）时间序列模型

时间序列（时序）是指将同一个统计指标的数值按其发生的时间先后顺序排列而成的数列。时序分析的主要目的是根据已有的历史数据对未来进行预测。时序数据本质上反映的是某个或者某些随机变量随时间不断变化的趋势，而时序预测方法的核心就是从数据中挖掘出这种规律，并利用其对未来做出估计。时序预测在商业领域有着广泛的应用，常见的应用场景包括销量和需求预测、经济和金融指标预测、设备运行状态预测等。企业参考预测结果制定不同期限的生产、人员和运输计划，以及长期战略规划。时间序列分析的常用方法如下：

① 多元线性回归。时序预测最朴素的方法是使用多元线性回归。具体做法是将下一时期的目标作为回归模型中的因变量，将影响目标的相关因素作为特征。以销量预测问题为例，影响目标的相关因素包括当期的销量、下一时期的营销费用、门店属性、商品属性等。为了捕捉时间信息，我们同时从日期中提取时间特征。以月度频率数据为例，常用的时间特征包括：将月份转化为 0-1 哑变量，编码 11 个变量；将节假日转化为 0-1 哑变量，可简单分为两类，即“有

假日”和“无假日”；或赋予不同编码值，如区分国庆节、春节、劳动节等。

② 时间序列分解。时间序列分解（Time Series Decomposition）主要用于理解时序的特点，也可以用作预测。其基本思想是任何时序中的规律可以分为长期趋势变动（Trend）、季节变动（Seasonality，即显式周期，特点是固定幅度、长度的周期波动）和循环变动（Cycles，即隐式周期，周期长但不具严格规则的波动）。时间序列分解使用加法模型（Additive Model）或乘法模型（Multiplicative Model）将原始时序分解为上述三类规律和不规则变动。在对时序分解之后，我们就可以对这三个部分分别使用平滑模型或回归模型进行建模，最后将这三个部分根据加法或乘法模型合并，得到预测值。

③ 指数平滑。指数平滑法的原理是对时间序列的趋势和季节性建模。指数平滑法由布朗（Robert G. Brown）于 1959 年提出。布朗认为，时间序列的态势具有稳定性或规则性，所以时间序列可被合理地顺势推延，最近的过去态势在某种程度上会持续到最近的未来，所以将较大的权值放在最近的数据上。指数平滑法使用了所有时间序列历史观察值的加权和来对未来进行预测。其中，权值随着数据的远离，逐渐趋近为零，这意味着，越靠近的观察值，其对预测的影响越大，这与实际生活中随机变量的特性是相符的，故指数平滑法是一种有效而可靠的预测方法。

④ ARIMA 模型。ARIMA 模型的目的是对时间序列的自回归特征建模。ARIMA(p, d, q) 包括自回归过程（AR）、移动平均过程（MA）和差分项（I）。参数中，p 为自回归项数，d 为时间序列成为平稳时所做的差分次数，q 为移动平均项数。根据 AIC 准则选择最合适的（p, d, q）组合。ARIMA 模型的一般形式为

$$(1-\phi_1 B-\cdots-\phi_p B^p)(1-B)^d y_t = c+(1+\theta_1 B+\cdots+\theta_q B^q)e_t$$

其中，为延迟算子，表示时间序列的上一时刻；为差分的阶数；p 为自回归阶数；q 为移动平均阶数；c 为常数参数。

⑤ 机器学习。机器学习方法是多元线性回归方法的拓展，重点在于使用更加复杂的特征工程技巧提取时序特征。在创建完特征后，使用常用的算法进行拟合，例如 XGBoost 和 LightGBM。

2）无监督学习

（1）聚类模型

聚类算法是对大量未标注数据，按照数据的内在相似性将数据集划分为多个组，这些相似的组被称作簇。处于相同簇中的数据实例彼此相同，处于不同簇中的实例彼此不同。聚类和分类的区别主要如下。

- 聚类（Clustering）：是指把相似的数据划分到一起，具体划分的时候并不关心这一类的标签，目标就是把相似的数据聚合到一起。
- 分类（Classification）：是把不同的数据划分开，其过程是通过训练数据集获得一个分类器，再通过分类器来预测未知数据。

聚类的常用方法如下：

① K-Means 聚类。K-Means 算法的运算原理是每一次迭代都确定 K 个类别中心，将数据点归到与之距离最近的中心点所在的簇，将类别中心更新为它的簇中所有样本的均值，反复迭代，直到类别中心不再变化或小于某个阈值。

② DBSCAN 聚类。DBSCAN 通过检查数据集中每点的 Eps 邻域来搜索簇，如果点 p 的 Eps 邻域包含的点多于 MinPts 个，则创建一个以 p 为核心对象的簇；然后，DBSCAN 迭代地聚集从这些核心对象直接密度可达的对象，这个过程可能涉及一些密度可达簇的合并；当没有新的点添加到任何簇时，该过程结束。

③ 层次聚类。层次聚类的聚类原理是先计算样本之间的距离，每次将距离最近的点合并到同一个类。然后，计算类与类之间的距离，将距离最近的类合并为一个大类。不停地合并，直到合成一个类。其中类与类的距离的计算方法有最短距离法、最长距离法、中间距离法、类平均法等。比如最短距离法，将类与类的距离定义为类与类之间样本的最短距离。层次聚类算法根据层次分解的顺序分为自底向上和自顶向下，即凝聚的层次聚类算法和分裂的层次聚类算法。

④ 高斯混合聚类。高斯混合模型（Gaussian Mixed Model，GMM）指的是多个高斯分布函数的线性组合，理论上 GMM 可以拟合出任意类型的分布，通常用于解决同一集合下的数据包含多个不同的分布的情况（或者是同一类分布但参数不一样，或者是不同类型的分布，比如正态分布和伯努利分布）。

高斯混合聚类采用概率模型来表达聚类原型。GMM 用于聚类时，假设数据服从混合高斯分布（Mixture Gaussian Distribution），那么只要根据数据推出 GMM 的概率分布就可以了，GMM 的 K 个分量实际上对应 K 个 Cluster 。根据数据来推算概率密度通常被称作密度估计。

（2）降维

数据降维即为降低数据的维度，在机器学习领域中，所谓的降维是指采用某种映射方法将原高维空间中的数据点映射到低维度的空间中。降维可应用于很多业务场景中，它可以降低时间复杂度和空间复杂度，节省了提取不必要特征的开销，避免维度爆炸；还可以起到去噪的作用，去掉数据集中夹杂的噪声，例如信号数据处理中，通过降维操作提高数据信噪比来提高数据质量。此外，还可以利用降维实现数据的可视化和对样本进行特征提取。在有些业务场景下，我们可以利用因子分析等降维方法进行权重计算和综合评分。

降维的常用方法如下：

① 主成分分析（Principal Component Analysis，PCA）。构造原变量的一系列线性组合形成几个综合指标，以去除数据的相关性，并使低维数据最大限度保持原始高维数据的方差信息，核心是把给定的一组相关变量（维度）通过线性变换转换成另一组不相关的变量，这些新的变量按照方差依次递减的顺序排序。第一变量具有最大方差，称第一主成分，第二变量的方差次大，称第二主成分。PCA 本质上是将方差最大的方向作为主要特征，并且在各个正交方向上将数据“离

相关”，也就是让它们在不同正交方向上没有相关性。

② 线性判别（Linear Discriminant Analysis，LDA）。线性判别将高维的模式样本投影到最佳鉴别矢量空间，以达到抽取分类信息和压缩特征空间维度的效果，投影后保证模式样本在新的子空间有最大的类间距离和最小的类内距离，即模式在该空间有最佳的可分离性。线性判别通过一个已知类别的“训练样本”来建立判别准则，并通过预测变量来为未知类别的数据进行分类。

③ 因子分析（Factor Analysis，FA）。因子分析是指研究从变量群中提取共性因子的统计技术，因子分析可在许多变量中找出隐藏的具有代表性的因子。将相同本质的变量归入一个因子，可减少变量的数目，还可检验变量间关系的假设。下面对因子分析进行举例说明，从而对因子分析的作用有一个直观的认识。

④ LASSO 变量选择。LASSO 是由 1996 年 Robert Tibshirani 首次提出的，全称是 Least Absolute Shrinkage and Selection Operator。该方法是一种压缩估计。它通过构造一个惩罚函数得到一个较为精炼的模型，使得它压缩一些回归系数，即强制系数绝对值之和小于某个固定值；同时设定一些回归系数为零。因此，保留了子集收缩的优点，是一种处理具有复共线性数据的有偏估计。LASSO 本质上是基于 L1 正则化的原理，当输入的特征变量较多时，通过剔除相关性小的特征变量实现特征选择，减少输入的特征变量个数，从而达到降维的目的。LASSO 回归的基本原理如以下公式所示：

$$Q(\beta)=\|y-X\beta\|^2+\lambda\|\beta\|_1 \Leftrightarrow \operatorname{argmin}\|y-X\beta\|^2 \ \text{s.t.} \sum|\beta_j| \leqslant s$$

上述公式的偏差绝对值求和即为 L1 正则化，L1 正则化构建了特征变量系数的稀疏矩阵，使得不重要的特征变量的权重系数为 0。

3. 结构化数据分析的常见流程

1）数据输入

（1）离线数据接入

离线数据接入包括如下类型的数据。

- CSV 类型的数据：所需算法包或函数为 pandas.read_csv。
- DAT 类型的数据：所需算法包或函数为 pandas.read_table。
- Excel 类型的数据：所需算法包或函数为 pandas.read_excel。
- TXT 类型的数据：所需算法包或函数为 open、deadlines、close。

（2）数据框数据接入

① MySQL 数据库。Python 数据库接口支持非常多的数据库，可以选择适合项目的数据库，例如 MySQL、PostgreSQL、Microsoft SQL、Informix、Interbase、Oracle、Sybase。所需算法包

或函数为 PyMySQL，它是在 Python 3.x 版本中用于连接 MySQL 服务器的一个库。连接数据库前需要准备的项目如下：一个 MySQL 数据库，并且已经启动；可以连接该数据库的用户名和密码。有一个有权限操作的 Database。

② Hive 数据库。所需算法包或函数包括 sasl、thrift、thrift_sasl、pyhive 等，其中 sasl 采用 0.2.1 版本，选择适合自己的版本即可。

2）探索性数据分析

（1）探索性数据分析的目的

探索性数据分析（Exploratory Data Analysis，EDA）是指对已有数据在尽量少的先验假设下通过统计、作图、制表、方程拟合、计算特征量等手段探索数据的结构和规律的一种数据分析方法，该方法在 20 世纪 70 年代由美国统计学家 J.K.Tukey 提出。传统的统计分析方法常常先假设数据符合一种统计模型，然后依据数据样本来估计模型的一些参数及统计量，以此了解数据的特征。但实际中往往有很多数据并不符合假设的统计模型分布，这导致数据分析结果不理想。探索性数据分析则是一种更加贴合实际情况的分析方法，它强调让数据自身“说话”，通过这种方法我们可以更加真实、直接地观察到数据的结构及特征，为后续建模提供重要的洞见。

（2）探索性数据分析方法

探索性数据分析的主要方法包括单变量分析、多变量相关性分析、多变量交叉分析。

① 单变量分析。单变量分析是使用统计方法对单一变量进行描述，捕捉其特征。从统计学的角度来看，单变量分析就是对统计量的估计过程。

- 频率和众数：频率（Frequency）可以简单定义为属于一个类别的观测值占总数据的比例，这里类别对象可以是分类模型中不同的类，也可以是一个区间或一个集合。众数（Mode）是指具有最高频率的类别对象。
- 百分位数：对于有序数据，百分位数（Quantile）是一个重要的统计量。给定一个变量 x，x 的 p 百分位数 x_p 满足：这个变量有的 x% 数据小于 x_p。百分位数能让我们了解数据大小分布情况。
- 中心度量：均值和中位数。对于连续数据，均值（Mean）和中位数（Median）是度量数据中心最常用的统计量，其中中位数即 50% 百分位数。均值对数据中的离群点比较敏感，一些离群点的存在能显著影响均值的大小，而中位数能较好地处理离群点的影响，二者视具体情况使用。
- 离散度量：极差和方差。极差（Range）和方差（Variance）是常用的统计量，用来观察数据分布的宽度和分散情况。极差是样本中最大值与最小值的差值，它可以标识数据的最大散布，但若大部分数值集中在较窄的范围内，极差反而会引起误解，此时需要结合方差来认识数据。方差是每个样本值与全体样本值的平均数之差的平方值的平均数。

② 多变量相关性分析。多变量相关性分析的常用统计量有协方差、相关系数。协方差越接近 0 表明两个变量越不具有（线性）关系，但协方差越大并不表明越相关，因为协方差的定义中没有考虑变量量纲的影响。相关系数考虑了变量量纲的影响，因此是一个更合适的统计量。相关系数的取值在 [-1,1] 上，相关系数为 -1 表示两个变量完全负相关，相关系数为 1 表示两个

变量完全正相关，0 则表示不相关。相关系数是序数型的，只能比较相关程度大小（绝对值比较），并不能做四则运算。

3）数据预处理

（1）数据处理的目的

在真实数据中，我们拿到的数据可能包含大量的缺失值，可能包含大量的噪声，也可能因为人工录入错误（比如，医生的就医记录）导致有异常点存在，这对我们挖据出有效信息造成了一定的困扰，所以我们需要通过一些方法尽量提高数据的质量。

（2）数据处理的环节

数据处理主要包含数据预处理和特征工程两部分，特别是对于数据预处理工作，多个数据源的数据集成工作，数据压缩、数据维度立方体构建、行列转换（宽表或纵表）等数据规约工作，数据离散化等数据变换工作，大批量数据、相对标准化的数据处理工作等，可以利用大数据技术进行批量分布式处理，即通过 ETL 流程进行数据预处理，而不必放在特征工程环节进行处理。第一，提高了数据质量；第二，减少了数据量；第三，得到了最想要的规范数据。这样尽可能把“最合适”的数据输出到后续特征工程的过程中，可以让整个建模过程更加模块化，提高模型性能和可读性。

（3）数据处理的定位

① 数据处理的定位。一个 ML 项目大致可以总结成如图 1-10 所示的流程，从图 1-10 可以看到数据贯穿整个建模的核心流程，同时可以看到数据处理包含数据预处理和特征工程两部分。数据预处理有 4 个任务：数据清洗、数据集成、数据变换和数据规约。

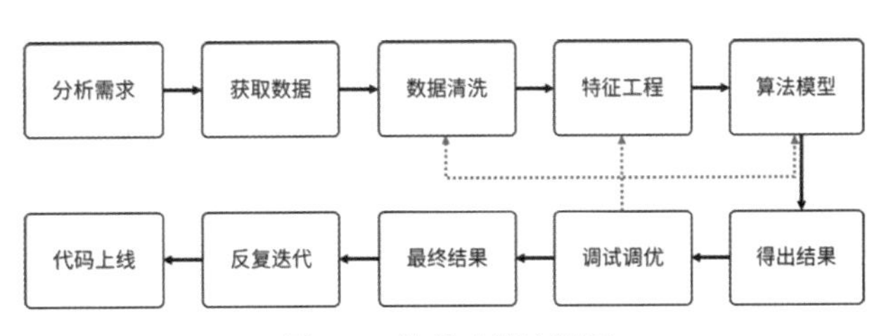

图 1-10　数据建模流程图

② 数据处理的重要性。这里引用来自“纽约时报”的一篇报道（Jim Liang 的一个观点），本质上是说数据科学家在他们的时间中有 50%～80%的时间花费在收集和准备不规则数据的更为平凡的任务中，然后才能探索有用的金块。

4）特征工程

（1）特征工程的概述与定位

特征工程是对原始数据进行一系列工程处理，将其提炼为特征，作为输入供算法和模型使用。从本质上来讲，特征工程是一个表示和展现数据的过程。在实际工作中，特征工程旨在去除原始数据中的杂质和冗余，设计更高效的特征以刻画求解的问题与预测模型之间的关系。

（2）特征工程方法论

① 特征理解

- 特征工程的两种常用数据类型分别是结构化数据和非结构化数据。结构化数据可以看作关系数据库中的一张表，每一列都有清晰的定义，包含数值型和类别型两种基本类型，每一行数据表示一个样本信息。非结构化数据包括文本、图像、音频、视频数据，包含的信息无法用一个简单的数值表示。

- 特征工程的定量和定性数据。定量数据指的是一些数值，用于衡量某件东西的数量。定性数据指的是一些类别，用于描述某件东西的性质。特征工程的定量和定性数据描述如表1-6所示。

表1-6 特征工程表

等级	属性	案例	描述性统计	可视化
定类	离散无序	血型（A/B/O/AB型） 性别（男女） 货币（人民币/美元/日元）	频率 占比 众数	条形图 饼图
定序	有序比较	期末成绩（A/B/C/D） 问卷答案（非常满意/满意/一般/不满意）	频率 众数 中位数 百分位数	条形图 饼图 箱型图
定距	数据差别	温度	频率 众数 中位数均值 标准差	条形图 饼图 箱型图 直方图
定比	连续	收入、重量	均值 标准差	饼图 箱型图 直方图

② 特征构造

目标是增强数据表达，添加先验知识。如果我们对变量进行处理之后，效果仍不是非常理想，就需要进行特征构造了，也就是衍生出新变量。统计量特征扩展，统计量构造新的特征，主要有以下思路：

- 基于业务规则、先验知识等构建新特征。
- 利用Pandas的group by操作可以创造出以下几种有意义的新特征，如中位数、均值、众数、标准差、最大值、最小值等。仅仅将已有的类别和数值特征进行以上的有效组合，就能够大量增加优秀的可用特征。
- 结合日期与时间型特征构造长、中、短期统计量（如年、月、周、日、时、分、秒），如近7日夜间（0:00～6:00）平均登录次数。

特征分箱包括如下方法。

- 自定义分箱：指根据业务经验或者常识等自行设定划分的区间，然后将原始数据归类到各个区间中。
- 等频分箱：等频分箱如图1-11所示，将数据分成几等份，每等份数据里面的个数是一样的。区间的边界值要经过选择，使得每个区间包含大致相等的实例数量。比如说N=10，每个区间应该包含大约 10% 的实例。

- 等距分箱：等距分箱如图 1-12 所示，按照相同宽度将数据分成几等份。从最小值到最大值，均分为 N 等份，这样，如果 A、B 分别为最小值和最大值，则每个区间的长度为 W=(B-A)/N，则区间边界值为 A+W,A+2W,⋯,A+(N-1)W 。这里只考虑边界，每等份里面的实例数量可能不相等。缺点是受到异常值的影响比较大。

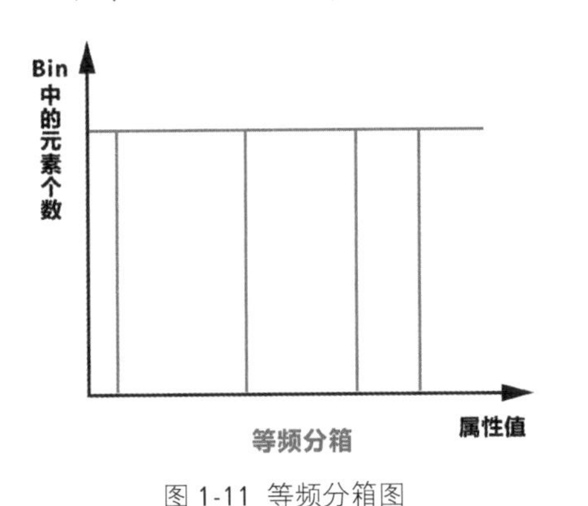

图 1-11　等频分箱图

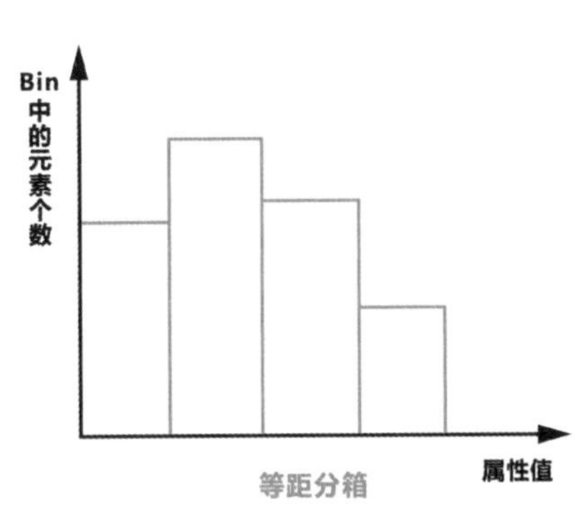

图 1-12　等距分箱图

- Best-KS 分箱：KS（Kolmogorov-Smirnov）用于对模型风险区分能力进行评估，指标衡量的是好坏样本累计部分之间的差距。KS 值越大，表示该变量使得正、负客户的区分程度越大。通常来说，KS>0.2 表示特征有较高的准确率。强调一下，这里的 KS 值是变量的 KS 值，而不是模型的 KS 值。KS 的计算方式：计算每个评分区间的好坏账户数。计算各每个评分区间的累计好账户数占总好账户数的比率（good %）和累计坏账户数占总坏账户数的比率（bad %）。计算每个评分区间累计坏账户比与累计好账户占比差的绝对值（累计 bad% - 累计 good%），然后对这些绝对值取最大值即得到 KS 值。
- 卡方分桶：自底向上的（基于合并的）数据离散化方法。它依赖于卡方检验：具有最小卡方值的相邻区间合并在一起，直到满足确定的停止准则。
- 时间切片特征拓展：在 SQL 中比较容易处理类似“近 n 个月的金额之和 / 最大值 / 最小值 / 平均值”这样的变量，使用 sum(case when date then amount else 0 end) 即可，如果出差在外，只能处理离线数据，不能使用数据库，这个时候就要用 Python 来构造时间切片类的特征。

③ 特征变换

连续值无量纲化，具体包括如下步骤：

- 标准化。转换为 Z-score，使数值特征列的算术平均为 0，方差（以及标准差）为 1。不免疫 outlier（离群值）。

$$x' = \frac{x-\mu}{\sigma}$$

- 归一化。将一列的数值除以这一列的最大绝对值。MinMaxScaler 方法线性映射到 [0，1]，不能免疫异常值。MaxAbsScaler 方法线性映射到 [-1，1]，不能免疫异常值。
- 分布变换：利用统计或数学变换来减轻数据分布倾斜的影响。使原本密集区间的值尽可能分散，原本分散区间的值尽量聚合。这些变换函数都属于幂变换函数族，通常用来创建单调的数据变换。它们的主要作用在于能够帮助稳定方差，始终保持分布接近正态分布并使得数据与分布的平均值无关。log 变换通常用来创建单调的数据变换。它的主要作用在于帮助稳定方差，始终保持分布接近正态分布并使得数据与分布的平均值无关。因为 log 变换倾向于拉伸那些落在较低的幅度范围内自变量值的范围，倾向于压缩或减少更高幅度范围内的自变量值的范围，从而使得倾斜分布尽可能接近正态分布。所以针对一些数值连续特征的方差不稳定，特征值重尾分布我们需要采用 log 化来调整整个数据分布的方差，属于方差稳定型数据转换。box-cox 变换是另一个流行的幂变换函数簇中的一个函数。该函数有一个前提条件，即数值型值必须先变换为正数（与 log 变换所要求的一样）。一旦出现数值是负的，使用一个常数对数值进行偏移是有帮助的，box-cox 变换可以明显地改善数据的正态性、对称性和方差相等性，对许多实际数据都是行之有效的。

- 离散变量处理：标签编码（Label Encoder）是对不连续的数字或者文本进行编号，编码值是介于 0 和 n_classes-1 之间的标签。独热编码（One Hot Encoder）用于将表示分类的数据扩维。最简单的理解为用 N 位状态寄存器编码 N 个状态，每个状态都有独立的寄存器位，且这些寄存器位中只有一位有效，只能有一个状态。标签二值化（Label Binarizer）功能与独热编码一样，但是独热编码只能对数值型变量二值化，无法直接对字符串型的类别变量编码，而标签二值化可以直接对字符型变量二值化。

④ 特征选择

特征选择的目标是降低噪声，平滑预测能力和计算复杂度，增强模型预测性能。当数据预处理完成后，我们需要选择有意义的特征输入机器学习的算法和模型进行训练。通常来说，从以下两个方面考虑来选择特征。

- 特征是否发散：如果一个特征不发散，例如方差接近 0，也就是说样本在这个特征上基本上没有差异，这个特征对于样本的区分并没有什么用。
- 特征与目标的相关性：这点比较显而易见，与目标相关性高的特征，应当优选选择。除方差法外，这里介绍的其他方法均从相关性考虑。

根据特征选择的形式又可以将特征选择方法分为以下 3 种。

- 过滤法（Filter）：按照发散性或者相关性对各个特征进行评分，设定阈值或者待选择阈值的个数来选择特征。
- 包装法（Wrapper）：根据目标函数（通常是预测效果评分），每次选择若干特征或者排除若干特征。
- 嵌入法（Embedded）：先使用某些机器学习的算法和模型进行训练，得到各个特征的权值系数，根据系数从大到小选择特征。类似于 Filter 方法，但是通过训练来确定特征的优劣的。

5）模型训练和优化

（1）模型开发迭代

模型的开发和迭代是一个不断试验和尝试的过程。从数据清洗到特征工程再到模型训练是一个迭代的过程，其中每一步可以视为一种模型设置，都可以尝试。下面列举一些面临的选择：

- 使用多少历史数据进行训练，是否放弃较早的数据？
- 特征工程该怎么做，模型中使用哪些特征？
- 使用哪个算法，超参数如何选择？

对于上述问题，我们要认识到目前没有一套完整的理论支撑应该如何决定每一步的最佳方法，模型开发和科学研究一样，是一个试验和迭代的过程。因此，我们应该系统化地设计和进行试验，验证不同假设，找到最佳方法。

（2）超参数优化

在机器学习模型中，需要人工选择的参数称为超参数。比如随机森林中决策树的个数、人工神经网络模型中隐藏层的层数和每层的节点个数、正则项中的常数大小等。超参数选择不恰当，就会出现欠拟合或者过拟合的问题。而在选择超参数的时候，有两个途径，一个是凭经验微调，另一个是选择不同大小的参数，代入模型中，挑选表现最好的参数组合。挑选超参数的一种方法是手动调整，但是这么做非常耗费开发时间。项目中一般使用自动化的搜索方法优化超参数。常见的优化方法包括网格搜索（Grid Search）和随机搜索（Random Search）。

① 网格搜索。网格搜索即穷举搜索，在所有候选的参数选择中，通过循环遍历尝试每一种可能性，表现最好的参数就是最终的结果。其原理就像是在数组中找到最大值。这种方法的主要缺点是比较耗时。

② 随机搜索。我们在搜索超参数的时候，如果超参数个数较少（三四个或者更少），那么可以采用网格搜索，一种穷尽式的搜索方法。但是当超参数个数比较多的时候，我们仍然采用网格搜索，那么搜索所需的时间将会呈指数级上升。所以有人就提出了随机搜索的方法，随机在超参数空间中搜索几十、几百个点，其中就有可能有比较小的值。这种做法比上面稀疏化网格的做法快，而且实验证明，随机搜索法的结果比稀疏网格法稍好。

（3）模型集成

训练模型时，如果模型表现遇到瓶颈，主要提升方法是增加数据源和特征工程。如果计算资源允许，另一个常用方法是模型集成（Model Ensemble）。模型集成的基本思想是将多个准确率较高但相关性低的基础模型通过某种方式结合成一个集成模型。通俗来讲，每个基础模型可以理解为一个专家的意见，而多个专家通过投票可以做出更加准确的预测。在实际项目中，模型集成一般能够提升效果，是机器学习中最接近“免费的午餐”的方法。当然，模型集成是有代价的，训练多个模型就需要多倍的迭代和训练时间，同时集成模型不易于解释。模型集成具体包括如下方法：

① 投票法（Voting）。投票法针对分类任务。最简单的多数投票法是让所有基础模型的预测结果以少数服从多数的原则决定最终预测结果。除多数投票法外，也可以对基础模型的预测结果进行加权，常用方法是按照基础模型损失加权，即预测结果乘以 1/loss。

② 平均法（Averaging）。平均法针对回归任务，按字面意思就是对所有基础模型的预测结果进行平均。同投票方法，也可以使用加权平均方法，按照基础模型的损失加权。

平均法有一个问题，就是不同的基础模型结果的度量可能不一致，造成波动较小模型的权重较低。为了解决这个问题，人们提出了排序平均（Rank Averaging），也就是先将不同模型的结果归一化之后再进行平均。

③ 堆叠法（Stacking）。堆叠法就是将基础模型（Level 1 模型）的结果输入另一个非线性模型（Level 2 模型），如 GBDT，让模型自行学习最佳的结果合并方法。

6）模型部署

（1）模型结果输出

① 输出为文件

- CSV 文件：使用 pandas.DataFrame.to_csv。
- JSON 文件：使用 pandas.DataFrame.to_json。
- 带有格式的 XLSX 文件：使用 XlsxWriter，该库可以通过 Python 生成带有格式、公式、图表、超链接的 XLSX 文件。
- 序列化（Serialization）：使用 pickle 或 joblib，序列化方法可以保存 Python 中各种类型的对象，例如训练好的模型。

② 输出到数据库

- 关系数据库：使用数据库特有的连接程序库，使用 JDBC 或 ODBC 驱动。
- HDFS 和 Hive：连接 Hive 可以继续使用 JDBC 驱动，但无法批量写入数据，建议自定义函数，先将文件写入本地，再用 Hadoop 命令将文件移动到集群中，最后用 hive 命令加载数据。

（2）模型调用

① 一次性调用

- 适用场景：模型结果一次性输出。

② 定时脚本调用

- 适用场景：模型为固定时间周期调用，例如每日 6 点预测前一日的新数据。
- 使用流程：在工作流中创建 Shell 脚本执行模型主程序、创建工作流、工作流发布和定时上线。

③ API 调用

- 适用场景：模型根据实时 HTTP 请求调用，例如通过页面单击触发模型。
- 使用流程：基于 FastAPI 或 Flask 建立 API。

（3）模型日志

模型在运行时需要利用日志（Log）监控，以便监控模型可能出现的问题。常用的方法是结合 print 函数和 shell 信息捕捉，或者使用 Python 中的 logging 库。

① print 函数：最简单和直接的日志方法是使用 Python 中的 print 函数打印各类日志信息。例如，一般机器学习任务会拆解为特征工程和模型训练两个阶段。每个阶段可以打印开始和结束信息。当模型部署和自动调度后，由于无法人工观察模型运行情况，因此需要将 Python 程序的输出信息（stdout 和 stderr）进行重新指向，并保存在日志文件中。

② logging 库：使用 print 函数捕捉日志很简单，但当面临较为复杂的程序时有一些限制。首先，无法区分日志信息类型，例如将日志信息分为 MESSAGE 和 BUG。其次，如果想增加时间戳，需要额外定义 wrapper function。如果项目有需求，使用 Python 中的 logging 库可以解决上述问题。

7）模型可视化

（1）代码级可视化

① 为什么需要模型可视化

- 将以下三部分黑箱的内容对客户进行透明化，让整个过程易于客户理解。
- 把现实生活中的问题抽象成数学模型，并且很清楚模型中不同参数的作用（场景和模型的链接）。
- 利用数学方法对这个数学模型进行求解，从而解决现实生活中的问题（建模过程），包括对输入的数据进行数据概览，对经过特征处理的数据进行可视化，对训练之前的参数矩阵进行可视化，训练过程还会有数据可视化的工程，对训练之后的数据进行可视化。
- 评估这个数学模型，是否真正解决了现实生活中的问题，解决的如何（效果和可解释性）。

② 工具介绍

接下来介绍几个 Python 中的可视化数据库。

- Matplotlib：是一个非常基础的 Python 可视化库，其中文学习资料比较丰富，其中最好的学习资料是其官方网站的帮助文档。
- Seaborn：Seaborn 库旨在以数据可视化为中心来挖掘与理解数据，它提供的面向数据集的制图函数主要是对行列索引和数组的操作，包含对整个数据集进行内部的语义映射与统计整合，以此生成信息丰富的图表。
- Pyecharts：是由我国开发人员开发的。与 Matplotlib、Seaborn 等可视化相比，Pyecharts 更符合国内用户的使用习惯。Pyecharts 的目的是实现 Echarts 与 Python 的对接，以便在 Python 中使用 Echarts 生成图表。
- Missingno：通过使用视觉摘要来快速评估数据集的完整性，而不是通过大篇幅的表格。它可以根据热力图或树状图的完成度或点的相关度对数据进行过滤和排序。
- Bokeh：基于 JavaScript 实现交互式可视化，它是原生 Python 语法，可以在 Web 浏览器中实现美观的视觉效果。它的优势在于能够创建交互式的网站图，可以很容易地将数据输出为 JSON 对象、HTML 文档或交互式 Web 应用程序。Bokeh 还支持流媒体和实时数据。

- HoloViews：是一个开源的 Python 库，旨在使数据分析和可视化更加简便，可以用非常少的代码完成数据分析和可视化。
- ggplot：是基于 R 语言的 ggplot2 包和 Python 的绘图系统。ggplot 的运行方式与 Matplotlib 不同，它允许用户对组件进行分层以创建完整的绘图。例如，用户可以从轴开始画，然后添加点，接着添加线、趋势线等。虽然图形语法被认为是绘图的“直观”方法，但经验丰富的 Matplotlib 用户可能需要时间来适应这个新的方式。

8）模型结果可解释性分析

（1）什么是模型的可解释性

模型在训练的过程中会学习到偏差（Bias），导致模型的泛化性能下降。如果模型具有较强的可解释性，就可以协助调试偏差，帮助模型调优。以借贷问题为例，我们的业务目标是向好客户提供贷款，但仅仅使用机器学习方法只能最小化逾期率，同时也要考虑到需要消除对特定客群的偏见，所以我们不仅需要最小化模型的损失函数，还需要在合规和低风险的情况下尽可能地促进业务增长。显然，仅仅使用模型的损失函数来评估是不够的。

（2）为什么进行模型解释

① 模型改进。通过可解释分析可以指导特征工程。一般我们会根据一些专业知识和经验来构建特征，同构分析特征的重要性，可以挖掘更多有用的特征，尤其是在交互特征方面。当原始特征众多时，可解释性分析变得尤为重要。

② 模型的可信度和透明度。在我们构建模型时，需要权衡两个方面，是仅仅想要知道预测的结果是什么，还是想了解模型为什么给出这样的预测。在一些低风险的情况下，我们不一定需要知道决策是如何做出的，比如推荐系统（广告、视频或者商品推荐等）。但是在其他领域，比如在金融和医疗领域，模型的预测结果将会对相关人员产生巨大的影响，因此有时候我们依然需要专家对结果进行解释。从长远来看，更好地理解机器学习模型可以节省大量时间，防止收入损失。如果一个模型没有做出合理的决策，我们可以在应用这个模型并造成不良影响之前就发现这一问题。

③ 识别和防止偏差。方差和偏差是机器学习中广泛讨论的话题。有偏差的模型经常由有偏见的事实导致，如果数据包含微妙的偏差，模型就会学习下来并认为拟合很好。一个有名的例子是，用机器学习模型来为囚犯建议定罪量刑，这显然反映了司法体系在种族不平等上的内在偏差。所以作为数据科学家和决策制定者来说，理解我们训练和发布的模型如何做出决策，可以帮助我们事先预防偏差的增大并及时消除它们。

（3）可解释性的范围

① 算法透明度（Algorithm Transparency）。算法透明度指的是如何从数据中学习一个模型，更加强调模型的构建方式以及影响决策的技术细节。比如使用卷积神经网络（Convolutional Neural Network，CNN）对图片进行分类时，模型做出预测，是因为算法学习到了边或者其他纹理。算法透明度需要弄懂算法知识，而不是数据以及学到的模型。对于简单的算法，比如线性模型，

具有非常高的算法透明度。复杂的模型如深度学习，人们对模型内部了解较少，透明度较差，这将是一个非常重要的研究方向。

② 全局可解释（Global Interpretability）。为了解释模型的全局输出，需要训练模型了解算法和数据。这个层级的可解释性指的是，模型如何基于整个特征空间、模型结构和参数等因素做出决策，哪些特征是重要的，以及特征之间的交互会产生什么影响。模型的全局可解释性可以帮助我们理解不同特征对目标变量分布的影响。在实际情况下，当模型具有大量参数时，人们很难想象特征之间是如何相互作用的，以得到这样的预测结果。然而，某些模型在这个层级是可以解释的。例如，我们可以解释线性模型的权重，以及树模型是如何划分分支和得到节点预测值的。

③ 局部可解释（Local Interpretability）。局部可解释性更加关注单个样本或一组样本。这种情况下，我们可以将模型视为一个黑盒，不再考虑模型的复杂情况。对于单个样本，我们可以观察到模型给出的预测值和某些特征之间可能存在的线性关系，甚至可能是单调关系。因此，局部可解释性比全局可解释可能更加准确。

4. 常见结构化数据分析场景

1）客户管理模型

（1）客户特征细分。一般客户的需求主要是由其社会和经济背景决定的，因此对客户的特征细分，就是对其社会和经济背景所关联的要素进行细分。这些要素包括地理（如居住地、行政区、区域规模等）、社会（如年龄范围、性别、经济收入、工作行业、职位、受教育程度、宗教信仰、家庭成员数量等）、心理（如个性、生活形态等）、消费行为（如置业情况、购买动机类型、品牌忠诚度、对产品的态度等）、客户线上行为（逛、买、比、晒、享）等要素。

（2）客户价值细分。不同客户给企业带来的价值并不相同，有的客户可以连续不断地为企业创造价值和利益，因此企业需要为不同客户规定不同的价值。在经过基本特征的细分之后，需要对客户进行高价值到低价值的区间分隔（例如大客户、重要客户、普通客户、小客户等），以便根据 20% 的客户为项目带来 80% 的利润的原理重点锁定高价值客户。客户价值区间的变量包括客户响应力、客户销售收入、客户利润贡献、忠诚度、推荐成交量等。

（3）客户共性需求细分。依托客户细分的聚类技术，提炼客户的共同需求，以客户需求为导向精确定义企业的业务流程，为每个细分的客户市场提供差异化的营销组合。可以根据不同的数据情况和需要选择不同的聚类算法来进行客户细分。

（4）客户潜客营销模型。企业的发展至关重要，而客户的多少往往在企业发展中占有关键作用。老客户是企业收入来源的稳定部分，但是企业要谋求发展必须靠新的血液，也就是潜在客户。因此，潜在客户的寻找和营销尤为重要。所谓潜在客户，是指对企业的产品或服务存在需求和具备消费能力的待开发客户，这类客户往往很难发现或者不知道如何发掘。而在当今大数据环境下，依靠大量的客户数据及合适的数据挖掘手段，就能构建出一些有效的潜客挖掘模型，利用这些模型能精确地找出潜在客户，从而为营销做好充分准备。

（5）客户生命周期细分。过去几年，各行业获客成本都在直线攀升，部分行业已达数千元

/新客。以电商行业为例，2016年至今，获客成本增长5倍。这意味着随着消费升级，人口红利见顶，企业将迎来一场“存量博弈”。但是现在大多企业注重单次交易的购买价值，常以优惠补贴等促销形式，对单次获客投入高成本，以此促进成交来提高业绩，而这种利益驱动下的成交只会使得企业成本居高不下。如果企业能最大限度地利用和挖掘顾客的价值，从而延长客户生命周期，提升客户生命周期价值，有效摆脱对获客与促销高成本投入但低转化的依赖，这时企业将获得更高的利润。

（6）客户细分组合与应用。在对客户群进行细分之后，会得到多个细分的客户群体，但是，并不是得到的每个细分都是有效的。细分的结果应该通过下面几条规则来测试：与业务目标相关的程度；可理解性和是否容易特征化；基数是否足够大，以便保证一个特别的宣传活动；是否容易开发独特的宣传活动等。

2）销量预测与库存预警

梳理影响销售预测的内外部因素，构建销售预测指标体系，采集关键节点数据，建立销售预测模型体系，对总部、分公司、经营部、客户的总量、分尺寸、分型号的销售进行逐级预测。尽可能多因素地考虑，选择最优的预测模型，提高销售预测准确率，进而提高商业库存周转率。建立动态安全库存模型，满足总部、分公司、客户的分型号安全库存建议与预警。对总部、分公司、客户（有商业库存数据的客户），分型号提供合理的补货建议。

1.2.4 语音分析

语音数据作为多媒体数据的一种表现形式，在日常交流中发挥着重要的作用。对语音数据的处理又叫作语音分析，主要包括声纹识别和语音识别，分别说明如下。

1. 声纹识别

近年来，许多智能语音技术服务商开始布局声纹识别领域，声纹识别逐渐进入大众视野。随着技术的发展和在产业内的不断渗透，声纹识别的市场占比也逐年上升，但目前声纹识别需要解决的关键问题还有很多。接下来梳理声纹识别技术的发展历史，并分析每一阶段的关键技术原理，以及遇到的困难与挑战，希望能够让大家对声纹识别技术有进一步的了解。

声纹（Voiceprint）是用电声学仪器显示的携带言语信息的声波频谱。人类语言的产生是人体语言中枢与发音器官之间一个复杂的生理物理过程，不同的人在讲话时使用的发声器官（舌、牙齿、喉头、肺、鼻腔）在尺寸和形态方面有着很大的差异，所以任何两个人的声纹图谱都是不同的。每个人的语音声学特征既有相对稳定性，又有变异性，不是绝对的、一成不变的。这种变异可来自生理、病理、心理、模拟、伪装，也与环境干扰有关。尽管如此，由于每个人的发音器官都不尽相同，因此在一般情况下，人们仍能区别不同的人的声音或判断是不是同一人的声音。因此，声纹也就成为一种鉴别说话人身份的识别手段。

声纹识别是生物识别技术的一种，也叫作说话人识别，是一项根据语音波形中反映说话人生理和行为特征的语音参数自动识别语音说话者身份的技术。首先需要对发音人进行注册，即输入发音人的一段说话音频，系统提取特征后存入模型库中，然后输入待识别音频，系统提取特征后经过比对打分，从而判断所输入音频中说话人的身份。从功能上来讲，声纹识别技术应有两类，分别为 1:N 和 1:1。前者用于判断某段音频是若干人中的哪一个人所说的，后者则用于确认某段音频是否为某个人所说的。因此，不同的功能适用于不同的应用领域，比如公安领域中重点人员布控、侦查破案、反电信欺诈、治安防控、司法鉴定等经常用到的是 1:N 功能，即辨认音频是若干人中的哪一个人所说的，而 1:1 功能则更多应用于金融领域的交易确认、账户登录、身份核验等。

从技术发展角度来说，声纹识别技术经历了三个大阶段：

- 第一阶段，基于模板匹配的声纹识别技术。
- 第二阶段，基于统计机器学习的声纹识别技术。
- 第三阶段，基于深度学习框架的声纹识别技术。

1）模板匹配的声纹识别

最早的声纹识别技术框架是一种非参数模型，特点在于基于信号比对差别，通常要求注册和待识别的说话内容相同，属于文本相关，因此局限性很强。

此方法将训练特征参数和测试的特征参数进行比较，两者之间的失真（Distortion）作为相似度。例如矢量量化（Vector Quantization，VQ）模型和动态时间规整法（Dynamic Time Warping，DTW）模型。DTW 通过将输入待识别的特征矢量序列与训练时提取的特征矢量进行比较，通过最优路径匹配的方法来进行识别。而 VQ 方法则是通过聚类、量化的方法生成码本，识别时对测试数据进行量化编码，以失真度的大小作为判决的标准。

2）基于统计机器学习的技术框架

由于第一阶段只能用于文本相关的识别，即注册语音的内容需要跟识别语音的内容一致，因此具有很强的局限性，同时受益于统计机器学习的快速发展，声纹识别技术也迎来了第二阶段。此阶段可细分为 4 个小阶段，即 GMM → GMM-UBM/GMM-SVM → JFA → GMM-iVector-PLDA。

（1）高斯混合模型

高斯混合模型（Gaussian Mixture Model，GMM）的特点在于采用大量数据为每个说话人训练（注册）模型。注册要求很长的有效说话人语音。高斯混合模型是统计学中一个极为重要的模型，其在机器学习、计算机视觉和语音识别等领域均有广泛的应用，甚至可以算是神经网络和深度学习普及之前的主流模型。GMM 之所以强大，在于其能够通过对多个简单的正态分布进行加权平均，从而用较少的参数模拟出十分复杂的概率分布。

在声纹识别领域，高斯混合模型的核心设定是：将每个说话人的音频特征用一个高斯混合模型来表示。采用高斯混合模型的动机也可以直观地理解为：每个说话人的声纹特征可以分解为一系列简单的子概率分布，例如发出的某个音节的概率、该音节的频率分布等。这些简单的概率分布可以近似地认为是正态分布（高斯分布）。但是由于 GMM 规模越庞大，表征力越强，其负面效应也会越明显：参数规模会等比例膨胀，需要更多的数据驱动 GMM 的参数训练才能得到一个更加通用（或泛化）的 GMM 模型。

假设对维度为 50 的声学特征进行建模，GMM 包含 1024 个高斯分量，并简化多维高斯的协方差为对角矩阵，则一个 GMM 待估参数总量为 1024（高斯分量的总权数）+1024×50（高斯分量的总均值数）+1024×50（高斯分量的总方差数）=103424，超过 10 万个参数需要估计。

这种规模的变量即使是将目标用户的训练数据量增大到几个小时，都远远无法满足 GMM 的充分训练要求，而数据量的稀缺又容易让 GMM 陷入一个过拟合（Over-fitting）的陷阱中，导致泛化能力急剧衰退。因此，尽管一开始 GMM 在小规模的文本无关数据集合上表现出了超越传统技术框架的性能，但它却远远无法满足实际场景的需求。

（2）高斯混合背景模型（GMM-UBM）和支持向量机（GMM-SVM）

GMM-VBM 模型的特点在于使用适应模型的方法减少建模注册所需要的有效语音数据量，但对跨信道分辨能力不强。由于前面使用 GMM 模型对数据的需求量很大，因此 2000 年前后，DA Reynolds 的团队提出了一种改进的方案：既然没法从目标用户那里收集到足够的语音，那就换一种思路，可以从其他地方收集到大量非目标用户的声音，积少成多，我们将这些非目标用户数据（声纹识别领域称为背景数据）混合起来充分训练出一个 GMM，这个 GMM 可以看作对语音的表征，但由于它是从大量身份的混杂数据中训练而成的，因此不具备表征具体身份的能力。

该方法对语音特征在空间分布的概率模型给出了一个良好的预先估计，我们不必再像过去那样从头开始计算 GMM 的参数（GMM 的参数估计是一种称为 EM 的迭代式估计算法），只需要基于目标用户的数据在这个混合 GMM 上进行参数的微调即可实现目标用户参数的估计，这个混合 GMM 就叫通用背景模型（Universal Background Model，UBM）。

UBM 的一个重要优势在于它是通过最大后验估计（Maximum A Posterior，MAP）的算法对模型参数进行估计，避免了过拟合的发生。MAP 算法的另一个优势是我们不必再去调整目标用户 GMM 的所有参数（权重、均值、方差），只需要对各个高斯成分的均值参数进行估计，就能实现最好的识别性能。这样待估计的参数一下减少了一半多（103424 → 51200），越少的参数也意味着更快地收敛，不需要那么多的目标用户数据即可完成对模型的良好训练。

GMM-UBM 系统框架是 GMM 模型的推广，用于解决当前目标说话人数据量不够的问题。通过收集其他说话人的数据进行预先训练，并利用 MAP 算法的自适应将预先训练过的模型向目标说话人模型进行微调。这种方法可以显著减少训练所需要的样本量和训练时间（通过减少训练参数）。

但是 GMM-UBM 缺乏对应信道多变性的补偿能力，因此后来 WM Campbell 将支持向量机（Support Vector Machine，SVM）引入到 GMM-UBM 的建模中，通过将 GMM 每个高斯分量的均值单独拎出来，构建一个高斯超向量（Gaussian Super Vector，GSV）作为 SVM 的样本，利用 SVM 核函数的强大非线性分类能力，在原始 GMM-UBM 的基础上大幅提升了识别的性能，同时基于 GSV 的一些规整算法，例如扰动属性投影（Nuisance Attribute Projection，NAP）、类内方差规整（Within Class Covariance Normalization，WCCN）等，在一定程度上补偿了由于信道易变形对声纹建模带来的影响。

（3）联合因子分析法

联合因子分析法（Joint Factor Analysis，JFA）的特点在于分别建模说话人空间、信道空间以及残差噪声，但每一步都会引入误差。在传统的基于 GMM-UBM 的识别系统中，由于训练环境和测试环境的失配问题，导致系统性能不稳定。于是 Patrick Kenny 在 2005 年左右提出了一个设想：既然声纹信息可以用一个低秩的超向量子空间来表示，那么噪声和其他信道效应是不是也能用一个不相关的超向量子空间进行表达呢？基于这个假设，Kenny 提出了联合因子分析的理论分析框架，将说话人所处的空间和信道所处的空间做了独立不相关的假设，在 JFA 的假设下，与声纹相关的信息全部可以由特征音空间（Eigenvoice）进行表达，并且同一个说话人的多段语音在这个特征音空间上都能得到相同的参数映射，之所以实际的 GMM 模型参数有差异，这个差异信息是由说话人差异和信道差异这两个不可观测的部分组成的，公式如下：

$$M=s+c$$

其中，s 为说话人相关的超矢量，表示说话人之间的差异；c 为信道相关的超矢量，表示同一个说话人不同语音段的差异；M 为 GMM 均值超矢量，表述为说话人相关部分 s 和信道相关部分 c 的叠加，如图 1-13 所示。

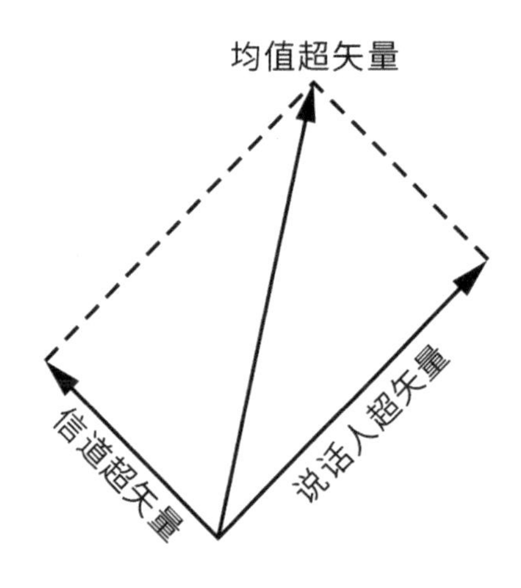

图 1-13　均值超矢量

如图 1-13 所示，联合因子分析实际上是用 GMM 超矢量空间的子空间对说话人差异及信道差异进行建模，从而可以去除信道的干扰，得到对说话人身份更精确的描述。JFA 定义的公式如下：

$$s=m+Vy+Dz$$

$$C=Ux$$

其中，s 为说话人相关的超矢量，表示说话人之间的差异；m 为与说话人以及信道无关的均值超矢量；V 为低秩的本征音矩阵；y 为说话人相关因子；D 为对角的残差矩阵；z 为残差因子；c 为信道相关的超矢量，表示同一个说话人不同语音段的差异；U 为本征信道矩阵；x 为与特定说话人的某一段语音相关的因子。这里的超参数集合 {V,D,U} 即为需要评估的模型参数。有了上面的定义公式，我们可以将均值超矢量重新改写为如下形式：

$$M=m+Vy+Dx+Dz$$

为了得到 JFA 模型的超参数，我们可以使用 EM 算法训练出 UBM 模型，使用 UBM 模型提取 Baum-Welch 统计量。尽管 JFA 对于特征音空间与特征信道空间的独立假设看似合理，但绝对的独立同分布的假设是一个过于强的假设，这种独立同分布的假设往往为数学的推导提供了便利，却限制了模型的泛化能力。

（4）基于 GMM 的 I-Vector 方法及 PLDA

I-Vector 方法的特点在于统一建模所有空间，进一步减少注册和识别所需的语音时长，使用 PLDA 分辨说话人的特征，但噪声对 GMM 仍然有很大影响。N.Dehak 提出了一个更加宽松的假设：既然声纹信息与信道信息不能做到完全独立，那就用一个超向量子空间对两种信息同时建模，即用一个子空间同时描述说话人信息和信道信息。这时候，同一个说话人，无论怎么采集语音，采集了多少段语音，在这个子空间上的映射坐标都会有差异，这也更符合实际情况。这个既模拟说话人差异性又模拟信道差异性的空间称为全因子空间（Total Factor Matrix），每段语音在这个空间上的映射坐标称作身份认证（Identity-Vector，I-Vector）向量，I-Vector 向量的维度通常也不会太高，一般在 400~600。

I-Vector 方法采用一个空间来代替这两个空间，这个新的空间可以成为全局差异空间，它既包含说话人之间的差异，又包含信道间的差异。所以 I-Vector 的建模过程在 GMM 均值超矢量中不严格区分说话人的影响和信道的影响。这一建模方法的动机来源于 Dehak 的又一研究：JFA 建模后的信道因子不仅包含信道效应，也夹杂着说话人的信息。I-Vector 中 Total Variability 的做法（M=m+Tw）将 JFA 复杂的训练过程以及对语料的复杂要求瞬间降到了极致，尤其是将 Length-Variable Speech 映射到了一个固定且低维（Fixed and Low-Dimension）的身份认证向量上。于是，所有机器学习算法都可以用来解决声纹识别的问题了。现在，主要用的特征是 I-Vector。这是通过高斯超向量基于因子分析而得到的，是基于单一空间的跨信道算法，该空间既包含说话人空间的信息，也包含信道空间信息，相当于用因子分析方法将语音从高维空间投影到低维。可以把 I-Vector 看作一种特征，也可以看作简单的模型。最后，在测试阶段，我们只要计算测试语音 I-Vector 和模型的 I-Vector 之间的余弦（cosine）距离，就可以作为最后的得分。这种方法也通常被作为基于 I-Vector 说话人识别系统的基线系统。

I-Vector 简洁的背后是它舍弃了太多的东西，其中就包括文本差异性，在文本无关识别中，由于注册和训练的语音在内容上的差异性比较大，因此我们需要抑制这种差异性。但在文本相关识别中，又需要放大训练和识别语音在内容上的相似性，这时候牵一发而动全身的 I-Vector

就显得不是那么合适了。虽然 I-Vector 在文本无关声纹识别上表现非常好，但是在看似更简单的文本相关声纹识别任务上，I-Vector 表现得并不比传统的 GMM-UBM 框架更好。I-Vector 的出现使得说话人识别的研究一下子简化抽象为一个数值分析与数据分析的问题：任意的一段音频，无论长度怎样，内容如何，最后都会被映射为一段低维度的定长 I-Vector。只需要找到一些优化手段与测量方法，在海量数据中能够将同一个说话人的几段 I-Vector 尽可能分类得近一些，将不同说话人的 I-Vector 尽可能分得远一些。并且 Dehak 在实验中还发现，I-Vector 具有良好的空间方向区分性，即便在 SVM 进行区分，也只需要选择一个简单的余弦核就能实现非常好的区分性。I-Vector 在大多数情况下仍然是文本无关声纹识别中表现性能最好的建模框架，学者们后续的改进都是基于对 I-Vector 进行优化，包括线性区分分析（Linear Discriminant Analysis，LDA）、概率线性判别分析（Probabilistic Linear Discriminant Analysis，PLDA）甚至是度量学习（Metric Learning）等。

概率线性判别分析是一种信道补偿算法，被用于对 I-Vector 进行建模、分类，实验证明其效果最好。因为 I-Vector 中既包含说话人的信息，也包含信道信息，而我们只关心说话人信息，所以才需要做信道补偿。我们假设训练数据语音由 i 个说话人的语音组成，其中每个说话人有 j 段自己不同的语音。那么，我们定义第 i 个人的第 j 条语音为 x_{ij}。根据因子分析，我们定义 x_{ij} 的生成模型为：

$$x_{ij}=\mu+Fh_i+Gw_{ij}+\epsilon_{ij}$$

PLDA 模型训练的目标就是输入一堆数据 x_{ij}，输出可以最大限度地表示该数据集的参数 $\theta=[\mu,F,G,\Sigma]$。由于我们现在不知道隐藏变量 h_i 和 W_{ij}，因此还是使用 EM 算法来进行求解。

在 PLDA 中，我们计算两条语音是否由说话人空间中的特征 h_i 生成，或者由 h_i 生成似然程度，而不用去管类内空间的差异。下面给出得分公式：

$$\text{score}=\log\frac{p(\eta_1,\eta_2\mid H_s)}{p(\eta_1\mid H_d)p(\eta_2\mid H_d)}$$

以上公式中，η_1 和 η_2 分别是两个语音的 I-Vector 矢量，这两条语音来自同一空间的假设为 H_s，来自不同的空间的假设为 H_d。其中 $p(\eta_1,\eta_2|H_s)$ 为两条语音来自同一空间的似然函数；$p(\eta_1|H_d)$、$p(\eta_2|H_d)$ 分别为 η_1 和 η_2 来自不同空间的似然函数。通过计算对数似然比，就能衡量两条语音的相似程度。比值越高，得分越高，两条语音属于同一说话人的可能性越大；比值越低，得分越低，则两条语音属于同一说话人的可能性越小。

3）基于深度神经网络的技术框架

随着深度神经网络技术的迅速发展，声纹识别技术逐渐采用了基于深度神经网络的技术框架，目前有 DNN-iVector-PLDA 和最新的 End-2-End。

（1）基于深度神经网络的方法（D-Vector）

深度神经网络（Deep Neural Networks，DNN）的特点在于可以从大量样本中学习到高度抽象的音素特征，同时它具有很强的抗噪能力，可以排除噪声对声纹识别的干扰。在论文 Deep *Neural Networks for Small Footprint Text-Dependent Speaker Verification* 中，作者对 DNN 在声纹识别中的应用做了研究。

DNN 经过训练可以在帧级别对说话人进行分类。在说话人录入阶段，使用训练好的 DNN 用于提取来自最后隐藏层的语音特征。这些说话人特征或平均值即 D-Vector，用作说话人特征模型。在评估阶段，为每个话语提取 D-Vector 与录入的说话人模型相比较进行验证。实验结果表明，基于 DNN 的 D-Vector 与常用的 I-Vector 在一个小的声音文本相关的声纹验证集上相比，具有更良好的性能表现。

深度网络的特征提取层（隐藏层）输出帧级别的说话人特征，将其以合并平均的方式得到句子级别的表示，这种 utterance-level 的表示即深度说话人向量，简称 D-Vector。计算两个 D-Vectors 之间的余弦距离得到判决打分。类似主流的概率统计模型 I-Vector，可以通过引入一些正则化方法（线性判别分析（LDA）、概率线性判别分析（PLDA）等），以提高 D-Vector 的说话人区分性。此外，基于 DNN 的系统在噪声环境中更加稳健，并且在低错误拒绝上优于 I-Vector 系统。最后，D-Vector-SV 系统在进行安静和嘈杂的条件分别以 14%和 25%的相对错误率（Equal Error Rate，EER）优于 I-Vector 系统。

（2）端到端（End-to-End）深度神经网络

端到端（End-to-End）深度神经网络的特点在于由神经网络自动提取高级说话人的特征并进行分类。随着端到端技术的不断发展，声纹识别技术也进行了相应的尝试，百度在论文 *an End-to-End Neural Speaker Embedding System* 中提出了一种端到端的声纹识别系统。

Deep Speaker 是一个系统，包含一个说话人识别的流程，包括语音前端处理 + 特征提取网络（模型）+ 损失函数训练（策略）+ 预训练（算法）。

文中设定了一个 ResBlock，如图 1-14 所示：3×3 的卷积核 + ReLU 激活 +3×3 的卷积核。ResBlock 最后激活函数的输出：a[L+1]=g(z[L+1]+a[L])，残差的核心就体现在这个 a[L] 中。其中，z[L+1] 为输入数据经过块中的（Cov、ReLU、Cov）得到的输出。

layer name	structure	stride	dim	# params
conv64-s	5x5,64	2x2	2048	6K
res64	[3x3,64; 3x3,64] x3	1x1	2048	41Kx6
conv128-s	5x5,128	2x2	2048	209K
res128	[3x3,128; 3x3,128] x3	1x1	2048	151Kx6
conv256-s	5x5,256	2x2	2048	823K
res256	[3x3,256; 3x3,256] x3	1x1	2048	594Kx6
conv512-s	5x5,512	2x2	2048	3.3M
res512	[3x3,512; 3x3,512] x3	1x1	2048	2.4Mx6
average	-	-	2048	0
affine	2048x512	-	512	1M
ln	-	-	512	0
triplet	-	-	512	0
total				24M

图 1-14 ResCNN

- conv64-s：单纯的卷积层。卷积核尺寸为 5×5（卷积核实际上是 5×5×c，其中 c 为输入数据的通道数）；个数为 64，也就代表着输出数据的第三维；步长为 2×2，会改变数据维度的前 2 维，也就是高和宽。
- res64：是一个 ResBlock（残差块），并不是一层网络，实际层数是这个 ResBlock 中包含的层数，这里残差块中包含 2 个卷积层：卷积核尺寸为 3×3，个数为 64，步长为 1×1（也就是上文的 Cov+ReLU+Cov，也就是 2 层，中间激活层不算）。后面的乘 3 是指有 3 个 ResBlock。所以说这个 res64 部分是指经过 3 个 ResBlock，而且每一个 ResBlock 中包含 2 个卷积层，其实是 6 层网络。

- average 层，本来数据是三维的，分别代表（时间帧数 × 每帧特征维度 × 通道数），通道数也就是经过不同方式提取的每帧的特征（Fbank 或 MFCC 这种）。将时间平均，这样一段语音就对应一段特征了，而不是每一帧都对应一段特征。
- affine 层：仿射层，就是将维度 2048 的特征变为 512 维。
- ln 层（Length Normalization Layer）：标准化层，特征标准化之后，用得到的向量来表示说话者语音。

关于 dim（维度）这一列，开始时输入的语音数据是三维的：（时间帧数 × 每帧特征维度 × 通道数）。这里时间帧数根据语音长度可变，每帧特征维度为 64，通道数为 3（代表 Fbank、一阶、二阶）。所以输入维度为时间帧数 ×64×3。经过第一层 conv64-s 后：因为卷积层步长 2×2，所以时间帧数和每帧特征维度都减半了，特征维度变为 32，通道数变为卷积核个数 64。32×64=2048，也就是 dim 的值。所以，这里的 dim 指的是除去时间维的频率特征维度。训练的时候，使用 Triplet loss 作为损失函数，如图 1-15 所示。通过随机梯度下降使得来自同一个人的向量相似度尽可能大，不是同一个说话者的向量相似度尽可能小。

该论文在三个不同的数据集上演示了 Deep Speaker 的有效性，其中既包括依赖于文本的任务，也包含独立于文本的任务。其中一个数据集 UIDs 包含大约 250 000 个说话人，这是目前所知文献中最大规模的。实验表明，Deep Speaker 的表现显著优于基于 DNN 的 I-Vector 方法，具体实验数据如图 1-16 所示。

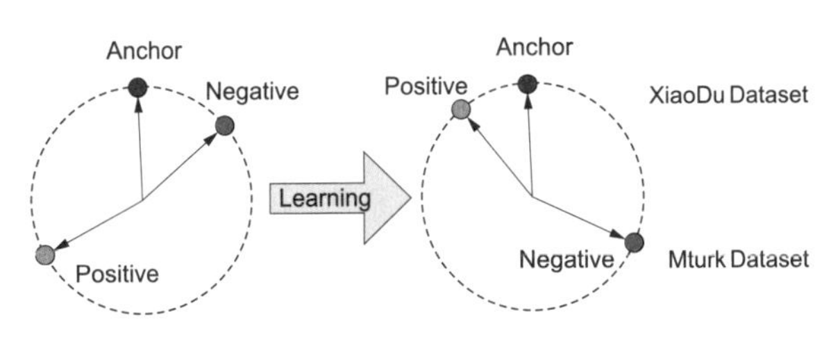

图 1-15 Triplet loss

UIDs Dataset

	#spkr	#utt	#utt/spkr	dur/utt
Train250k	249,312	12,202,181	48.94	3.72s
Train50k	46,835	2,236,379	47.75	3.66s
Eva200	200	3,800	19	4.25s

XiaoDu Dataset

	#spkr	#utt	#utt/spkr	dur/utt
train	11,558	89,227	7.72	1.56s
test	844	10,014	11.86	1.48s

Mturk Dataset

	#spkr	#utt	#utt/spkr	dur/utt
train	2,174	543,840	250.16	4.16s
test	200	4,000	20	4.31s

图 1-16 Deep Speaker 实验结果

比如，在一个独立于文本的数据集上，Deep Speaker 在说话人验证任务上达到了 1.83% 的等错误率（EER），并且在 100 个随机采样的候选者的说话人识别任务上得到了 92.58% 的准确度。相比基于 DNN 的 I-Vector 方法，Deep Speaker 的 EER 下降了 50%，准确度提高了 60%。

总结：从声纹识别技术发展综述中，不难看出，声纹识别的研究趋势正在快速朝着深度学习和端到端方向发展，其中最典型的就是基于句子层面的做法。在网络结构设计、数据增强、损失函数设计等方面还有很多的工作要做，还有很大的提升空间。

2. 语音识别

在人工智能飞速发展的今天，语音识别技术成为很多设备的标配，过去5年间，语音识别的需求逐渐爆发。然而，目前语音识别相关的应用及使用场景仍具有局限性，因此，国内外众多企业纷纷开始探索语音识别的新算法新策略。接下来从技术发展的角度出发，深入分析语音识别技术不同发展阶段的模型构建和优化，以及未来发展趋势。

简单地说，语音识别技术就是将计算机接收到的音频信号转换为相应的文字。语音识别技术从20世纪50年代出现，发展到现在已有半个多世纪的历史。经过多轮技术迭代，语音识别已经从最早的孤立数字识别发展到今天复杂环境下的连续语音识别，并且已经应用到各种电子产品中，为人们的日常生活带来许多便利。

从技术发展的历史来讲，语音识别技术主要经历了三个时代，即基于模板匹配的技术框架、基于统计机器学习的技术框架和最新的端到端技术框架。近年来，得益于深度学习技术突破性的进展，以及移动互联网的普及带来的海量数据的积累，语音识别已经达到了非常高的准确率，在某些数据集上甚至超过了人类的识别能力。

随着识别准确率的提升，研究者们的关注点也从语音识别的准确率渐渐转移到了一些更加复杂的问题上，比如多语种混合语音识别。该问题涉及多语种混合建模、迁移学习和小样本学习等技术。对某些小语种来说，由于无法获得足够多的训练样本，因此如何从小样本数据中构建可靠的语音识别系统成为一个待解决的难题。

接下来将重点介绍语音识别技术不同发展阶段经历的重要技术框架，包括传统的GMM-HMM和DNN-HMM，以及最新的端到端方法等。

1）GMM-HMM/DNN-HMM

从GMM-HMM开始讲起，GMM-HMM基本使用HTK或者Kaldi进行开发。在2010年之前，整个语音识别领域都是在GMM-HMM中做一些文章。

我们的语音通过特征提取后，利用高斯混合模型（Gaussian Mixed Mode，GMM）来对特征进行建模。这里的建模单元是cd-states。建模单元在GMM-HMM时代，或者DNN-HMM时代，基本没有太多创新，大多使用tied triphone，即senone。

2）DNN-HMM

在2010年前后，由于深度学习的发展，整个语音识别的框架开始转变成DNN-HMM。其实就是把原来用GMM对特征进行建模，转换成用神经网络建模。由于神经网络从2010年至今不断发展，各种不同的结构不断出现，也带来了不同的效果。DNN模型可以是纯DNN模型、CNN模型或LSTM模型等。整个模型层只是在GMM基础上进行替换。在这个时代，模型结构整体上都是各种调优，最经典的模型结果就是谷歌的CLDNN模型和LSTM结构。*Context-Dependent Pre-Trained Deep Neural Networks for Large-Vocabulary Speech Recognition*是公认的第一篇研究DNN-HMM的论文。而后，谷歌、微软等公司在这一算法上不断推进。相对传统的

GMM-HMM 框架，DNN-HMM 在语音识别任务上可以获得全面的提升。DNN-HMM 之所以取得巨大的成功，通常被认为有三个原因：第一，DNN-HMM 舍弃了声学特征的分布假设，模型更加复杂精准；第二，DNN 的输入可以采用连续的拼接帧，因而可以更好地利用上下文的信息；第三，可以更好地利用鉴别性模型的特点。

3）端到端语音识别

端到端语音识别是近年来业界研究的热点，主流的端到端方法包括 CTC、RNN-T 和 LAS。

传统的模型训练还是比较烦琐，而且特别依赖 HMM 这套架构体系。真正脱离 HMM 的是 CTC。CTC 在一开始是由 Hinton 的博士生 Grave 发现的。CTC 框架虽然在学习传统的 HMM，但是抛弃了 HMM 中一些复杂的东西。CTC 从原理上就解释得比 HMM 好，因为强制对齐的问题存在不确定因素或者状态边界有时分不清楚，但 HMM 必须要求分一个出来。

而 CTC 的好处就在于，它引入了 blank 的概念，在边界不确定的时候就用 blank 代替，用尖峰来表示确定性。所以边界不准的地方就可以用 blank 来替代，而我们觉得确信的东西用一个尖峰来表示，这样尖峰经过迭代就越来越强。CTC 在业界的使用有两个办法，有人把它当作声学模型使用，有人把它当作语音识别的全部。但目前工业界系统都只把 CTC 当作声学模型来使用，其效果更好。纯端到端的使用 CTC 进行语音识别效果还是不够好。

这里讲一下 Chain 模型，Chain 模型源自 Kaldi。Kaldi 当时也想做 CTC，但发现在 Kaldi 体系下 CTC 效果不好，但 CTC 的一些思想特别好，后来 Dan Povey 发现可以在此基础上做一些优化调整，于是就把 Chain 模型调好了。但在 Kaldi 体系里，Chain 模型的效果的确比原来模型的效果要更好，这个在 Dan Povey 的论文中有解释。

CTC 时代的改进让语音识别技术朝着非常好的方向发展，CTC 还有一个贡献就是前面提到的建模单元，CTC 把建模单元从原来的 cd-states 调整为 cdphone，或到后面的音节（Syllable），或到后面的字级别（Char）。因此，端到端的语音识别系统中很少使用前面细粒度的建模。目前很多公司的线上系统都是基于 LSTM 的 CTC 系统。

CTC 在业界用得最成功的论文是 *Fast and Accurate Recurrent Neural Network Acoustic Models for Speech Recognition*，论文里探索出来在 CTC 领域比较稳定的模型结构是 5 层 LSTM 的结构。这篇文章从 LSTM 是单向还是双向，建模单元是 cdstate、ciphone 还是最终的 cdphone 等问题进行探究。性能最优的是 cdphone 的双向 LSTM 的 CTC 系统。但是由于双向在线上流式处理不好处理，因此单向 LSTM 的性能也是可以接受的。

整体 CTC 阶段，以 Alex Graves 的论文为主线，论文中从 timit 小数据集，到最终谷歌上万小时的数据集，一步一步验证了 CTC 算法的威力，引领了语音界的潮流。CTC 是语音界一个比较大的里程碑的算法。

接下来介绍注意力（Attention）机制。注意力机制天然适合 Seq2Seq 模型，而语音天然就是序列问题。LAS 的全称为 Listen，Attended and Spell，此模型拉开了纯端到端语音识别架构的序幕。LAS 目前应该是所有网络结构里面最好的模型，性能也是最好的，这点毋庸置疑，超过了原来基于 LSTM-CTC 的 Baseline。然而，LAS 的主要限制在于它需要接收所有的输入，这对于流式解码来说是不允许的，这一致命的问题影响了这种算法的推进，也引起了众多研究者的关注。当然，最好的办法就是减少 Attention 对输入的依赖，因此推出了一个叫 Mocha 的算法，该算法以后有机会再介绍。

CTC 算法虽然是一个里程碑式的算法，但 CTC 算法也有缺陷，比如要求每一帧是条件独立的假设，比如要想性能好，需要外加语言模型。一开始的 LAS 模型效果也不够好。后来谷歌的研究者们经过各种算法演练，各种尝试，最终提出了流式解码，性能也更好。但是严格来说，谷歌的流式模型也不是 LAS 模型，如果不考虑流式解码，LAS 模型结构肯定是最优的。

RNN-T：和 LAS 模型类似的还有一个 RNN-T 算法，它天然适合流式解码。RNN-T 也是 Grave 提出的，此算法在 2012 年左右就提出来了，但是并没有受到广泛关注，直到谷歌把它运用到 Pixel 手机里才开始流行起来。RNN-T 相比 CTC，继承了 blank 机制，但对原来的路径做了约束。相比 CTC，RNN-T 的约束更合理，所以整体性能也比 CTC 好。但是 RNN-T 较难训练，一般需要把 CTC 模型当作预训练模型的基础进行训练。此外，RNN-T 的显存极易爆炸，因此有很多人在改进显存的应用。谷歌在 2020 ICASSP 的论文中写着用 RNN-T 结合 LAS，效果超过了基于 LSTM-CTC 的 Baseline 方案。

Transformer/Conformer（变换器 / 整形器）：Transformer 和 Conformer 是目前性能最好的模型。Transformer 模型是从 NLP 借鉴到 ASR 领域的，在 ESPnet 的论文里证明，Transformer 模型在各个数据集上效果比 RNN 或者 Kaldi 模型都好。同样，在谷歌的论文 *FastEmit: Low-latency Streaming ASR with Sequence-Level Emission Regularization* 中，同样在 LibriSpeech 上，Conformer 模型比 LSTM 或者 Transformer 模型好。

最后，为什么大家都去研究端到端模型，其实可以从两方面来考虑：第一，端到端模型把原来传统的模型简化到最简单的模型，抛弃了传统的复杂的概念和步骤；第二，其实整个端到端模型用很小的模型结构就可以达到原来几十吉字节模型的效果。谷歌论文的原文里写着：

In this section, we compare the proposed RNN-T+LAS model (0.18G inmodel size) to a state-of-the-art conventional model. This model uses alow-frame-rate (LFR) acoustic model which emits contextdependent phonemes(0.1GB), a 764k-word pronunciation model (2.2GB), a 1st-pass 5-gramlanguage-model (4.9GB), as well as a 2nd-pass larger MaxEnt language model(80GB). Similar to how the E2E model incurs cost with a 2nd-pass LASrescorer, the conventional model also incurs cost with the MaxEnt rescorer. Wefound that for voice-search traffic, the 50% computation latency for the MaxEntrescorer is around 2.3ms and the 90% computation latency is around 28ms. InFigure 2, we compare both the WER and EP90 of the conventional and E2E models.The figure shows that for an EP90 operating point of 550ms or above, the E2Emodel has a better WER and EP latency tradeoff compared to the conventionalmodel. At the operating point of matching 90% total latency (EP90 latency + 90%2nd-pass rescoring computation latency) of E2E and server models, Table 6 showsE2E gives a 8% relative improvement over conventional, while being more than400-times smaller in size.

但端到端模型真正与业务相结合时，遇到的问题还是很明显的，比如不同场景下模型如何调整？遇到一些新词的时候 LM 如何调整？针对此类问题，学术界和工业界都在寻找新的解决方案。

1.2.5 视觉分析

除语音外，图像和视频同样是多媒体数据的重要表现形式。从图像和视频中提取有用的信息对数据科学领域来说非常重要。比如，通过人脸识别或者物体识别，可以将包含相同人脸或者物体的照片进行归类保存。通过内容识别，可以有效地判断视频中包含的场景，从而有效地对视频进行管理。对图像和视频数据的处理又叫作视觉分析。

计算机视觉（Computer Vision，CV）是一门综合性的学科，是极富挑战性的重要研究领域，目前已经吸引了来自各个学科的研究者参加到对它的研究之中。本小节梳理计算机视觉技术的基本原理和发展历程，针对其当前主要的研究方向及落地应用情况进行深入剖析，并分享百分点科技在该领域的技术研究和实践成果。

计算机视觉是人工智能的一个领域，它与语音识别、自然语言处理共同成为人工智能最重要的三个核心领域，也是应用最广泛的三个领域，计算机视觉使计算机和系统能够从数字图像、视频和其他视觉输入中获取有意义的信息，并根据这些信息采取行动或提出建议。如果人工智能使计算机能够思考，那么计算机视觉使它们能够看到、观察和理解。计算机视觉的工作原理与人类视觉大致相同，只是人类具有领先优势。人类视觉具有上下文生命周期的优势，可以训练如何区分对象，判断它们有多远、它们是否在移动，以及图像中是否有问题等情况。计算机视觉训练机器执行这些功能，不是通过视网膜、视神经和视觉皮层，而是用相机、数据和算法，能够在更短的时间内完成。因为经过培训以检查产品或观察生产资产的系统可以在一分钟内分析数千个产品或流程，发现不易察觉的缺陷或问题，所以它可以迅速超越人类的能力。

1. 计算机视觉的工作原理

计算机视觉需要大量数据，它一遍又一遍地运行数据分析，直到辨别出区别并最终识别出图像。例如，要训练计算机识别咖啡杯，需要输入大量咖啡杯图像和类似咖啡杯的图像来学习差异并识别咖啡杯。现在一般使用深度学习中的卷积神经网络（Convolutional Neural Networks，CNN）来完成这一点，也就是说最新的科研方向和应用落地绝大多数都是基于深度学习的计算机视觉的。

CNN 通过将图像分解为具有标签或标签的像素来帮助机器学习或深度学习模型“观察”，使用标签来执行卷积（对两个函数进行数学运算以产生第三个函数）并对其“看到”的内容进行预测。神经网络运行卷积并在一系列迭代中检查其预测的准确性，直到预测开始成真，然后以类似于人类的方式识别或查看图像。就像人类在远处观察图像一样，CNN 首先识别硬边缘和简单形状，然后在运行其预测的迭代时填充信息。

2. 计算机视觉的发展历程

60 多年来，科学家和工程师一直在努力开发让机器查看和理解视觉数据的方法。实验始于 1959 年，当时神经生理学家向一只猫展示了一系列图像，试图将其大脑中的反应联系起来。他们发现它首先对硬边或线条做出反应，从科学上讲，这意味着图像处理从简单的形状开始，比如直边。

大约在同一时期，第一个计算机图像扫描技术被开发出来，使计算机能够数字化和获取图像。1963 年达到了另一个里程碑，当时计算机能够将二维图像转换为三维形式。在 1960 年代，人工智能作为一个学术研究领域出现，这也标志着人工智能寻求解决人类视觉问题的开始。

1974 年引入了光学字符识别（Optical Character Recognition，OCR）技术，该技术可以识别以任何字体或字样打印的文本。同样，智能字符识别（Intelligent Character Recognition，ICR）可以使用神经网络破译手写文本。此后，OCR 和 ICR 进入文档和发票处理、车牌识别、移动支付、机器翻译等常见应用领域。

1982 年，神经科学家 David Marr 确定视觉是分层工作的，并引入了机器检测边缘、角落、曲线和类似基本形状的算法。与此同时，计算机科学家 Kunihiko Fukushima 开发了一个可以识别模式的细胞网络。该网络称为 Neocognitron，在神经网络中包含卷积层。

到 2000 年，研究的重点是物体识别，到 2001 年，第一个实时人脸识别应用出现。视觉数据集如何标记和注释的标准化出现在 2000 年。2010 年，李飞飞所带领的团队为了提供一个非常全面、准确且标准化的可用于视觉对象识别的数据集创造出了 ImageNet。它包含跨越 1000 个对象类别的数百万个标记图像，并以此数据集为基础每年举办一次软件比赛，即 ImageNet 大规模视觉识别挑战赛（ILSVRC），为当今使用的 CNN 和深度学习模型奠定了基础。2012 年，多伦多大学的一个团队将 CNN 输入图像识别竞赛中。该模型称为 AlexNet，它是由 Yann LeCun 于 1994 年提出的 Lenet-5 衍变而来的，显著降低了图像识别的错误率。第二名 TOP-5 错误率为 26.2%（没有使用卷积神经网络），AlexNet 获得冠军，错误率为 15.3%。在这一突破之后，错误率下降到只有几个百分点（到 2015 年分类任务错误率只有 3.6%）。

3. 计算机视觉的主要研究方向

人类应用计算机视觉解决的最重要的问题是图像分类、目标检测和图像分割，按难度递增，其中图像分割主要包含语义分割、实例分割、全景分割。

在传统的图像分类任务中，我们只对获取图像中存在的所有对象的标签感兴趣。在目标检测中，我们更进一步，尝试在边界框的帮助下了解图像中存在的所有目标以及目标所在的位置。图像分割通过尝试准确找出图像中对象的确切边界并将其提升到一个新的水平，以下用图例简单地介绍它们是如何工作的。

1）图像分类

图像分类（Image Classification）识别图像中存在的内容，即图像所属类别，通常结果为一个带有概率的分类结果，一般取概率最高的类别为图像分类结果。

2）目标检测

目标检测（Object Detection）将物体的分类和定位合二为一，识别图像中存在的内容和检测其位置。

3）图像分割

语义分割（Semantic Segmentation）是将图像中属于某个类别的每个像素进行分类的过程，因此可以将其视为每个像素的分类问题。

实例分割（Instance Segmentation）是目标检测和语义分割的结合，在图像中将目标检测出来，然后对每个像素打上标签，实例分割与语义分割的不同之处在于它只为检测出的目标像素打上标签，不需要将全部像素打上标签，并且语义分割不区分属于同类别的不同实例，实例分割需要区分同类别的不同实例，为每个目标打上 id 标签（使用不同颜色区分不同的人和车）。

全景分割（Panorama Segmentation）是语义分割和实例分割的结合，即要将图像中的每个像素打上类别标签，又要区分出相同类别中的不同实例。

4. 计算机视觉的技术原理

图像分类和目标检测是很多计算机视觉任务背后的基础，接下来将简单地说明一下它们的运行原理。

1）图像分类的运行原理

图像分类的实现主要依靠基于深度学习的卷积神经网络。卷积神经网络是一类包含卷积计算且具有深度结构的前馈神经网络（Feedforward Neural Networks，FNN），是深度学习的代表算法之一。卷积神经网络具有表征学习（Representation Learning）能力，能够按其阶层结构对输入信息进行平移不变分类（Shift-Invariant Classification），因此也被称为平移不变人工神经网络（Shift-Invariant Artificial Neural Networks，SIANN）。

那么人工神经网络（Artificial Neural Networks，ANN）又是什么呢？它是一种模仿生物神经网络（动物的中枢神经系统，特别是大脑）结构和功能的教学模型或计算模型，用于对函数进行估计或近似。人工神经网络由大量的人工神经元相互连接进行计算，大多数情况下人工神经网络能在外界信息的基础上改变内部结构，是一种自适应系统。

典型的人工神经网络具有以下三个部分。

- 网络结构：定义了网络中的变量和它们的拓扑关系。
- 激活函数：定义了神经元如何根据其他神经元的活动来改变自己的激励值。
- 学习规则：定义了网络中的权重如何随着时间推进而调整。

了解完人工神经网络后，接下来继续了解卷积神经网络，它分为输入层、隐藏层和输出层，具体如图 1-17 所示。

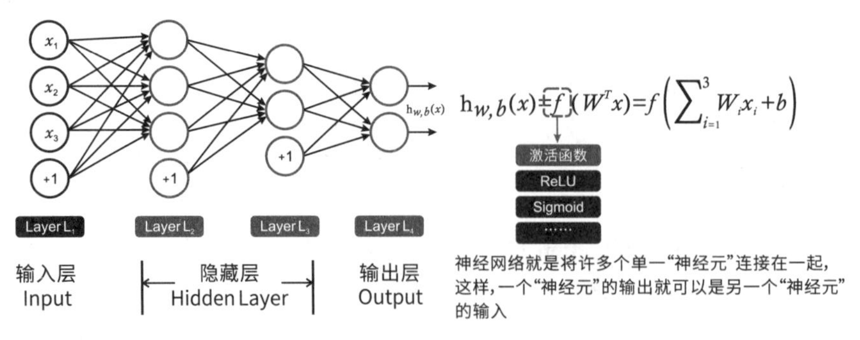

图 1-17　卷积神经网络原理图

输入层接收的是图像的三维数组，数组的形状大小为图像宽度、图像高度、图层数，数组的值为每一个图像通道逐个像素点的像素值。隐藏层主要包括卷积层（Convolutional Layer）、池化层（Pooling Layer）和全连接层（Fully-Connected Layer）。卷积层的功能是对输入数据进行特征提取，其内部包含多个卷积核，组成卷积核的每个元素都对应一个权重系数和一个偏差量，类似于一个前馈神经网络的神经元。卷积层内每个神经元都与前一层中位置接近的区域的多个神经元相连，区域的大小取决于卷积核的大小，也称作感受野，其含义可类比视觉皮层细胞的感受野。卷积核在工作时会有规律地扫过输入特征，在感受野内对输入特征做矩阵元素乘法求和并叠加偏差量。卷积层还包括卷积参数和激励函数，使用不同的参数或函数，可以用来调节卷积层卷积后获得的结果。在卷积层进行特征提取后，输出的特征图会被传递至池化层进行特征选择和信息过滤。池化层包含预设定的池化函数，其功能是将特征图中单个点的结果替换为其相邻区域的特征图统计量，可降低图像参数，加快计算，防止过拟合。卷积神经网络中的全连接层等价于传统前馈神经网络中的隐藏层（或称为隐含层）。全连接层位于卷积神经网络层隐藏层的最后部分，并只向其他全连接层传递信号。特征图在全连接层中会失去空间拓扑结构，被展开为向量并通过激励函数。在一些卷积神经网络中，全连接层的功能可由全局均值池化（Global Average Pooling）取代，全局均值池化会将特征图每个通道的所有值取平均，可降低计算量，加快运行速度，防止过拟合。卷积神经网络中输出层的上游通常是全连接层，因此其结构和工作原理与传统前馈神经网络中的输出层相同。对于图像分类问题，输出层使用逻辑函数或归一化指数函数（Softmax Function）输出分类标签。

卷积就像是拿扫描仪（滤波器，Filter）扫描图片，扫描仪扫完的结果一个一个压在一起，后面再用扫描仪接着扫，这里只展示了一个滤波器，实际上图片是有厚度的，也就是通道数（Channel），有图层，同样滤波器也是有厚度的，会获取不同通道的特征图。

图像分类网络的发展经历了 LeNet、AlexNet、GoogleNet、VGG、ResNet、MobileNet、EfficientNet 等阶段，其中由何恺明提出的 ResNet（残差神经网络）对近几年的图像分类乃至计算机视觉发展起到了至关重要的作用。ResNet 的产生简单来说就是为了更好地获取特征，人们希望使用更深层次的网络来实现，但是随之而来会出现很多问题，如梯度弥散（Vanishing Gradient）、梯度爆炸（Exploding Gradient）等，还会出现网络的退化，反向传播（Back Propagation）时无法有效地将梯度更新到前面的网络层，导致前面的网络层无法正确更新参数，实际上超过 20 层的网络的效果反而不如之前，于是何恺明提出了 ResNet 来解决这个问题。

由于 ResNet 有残差连接（Skip Connection），梯度能够畅通无阻地通过各个残差块（Res Blocks），使得深层次的卷积神经网络也能够正常有效地运行。

2）目标检测的运行原理

目标检测可分为两个关键的子任务：目标分类和目标定位。目标分类任务负责判断输入图像或所选择图像区域（Proposals）中是否有感兴趣类别的物体出现，输出一系列带分数的标签表明感兴趣类别的物体出现在输入图像或所选择图像区域中的可能性。目标定位任务负责确定输入图像或所选择图像区域中感兴趣类别的物体的位置和范围，输出物体的边界框、物体中心或物体的闭合边界等，通常使用边界框（Bounding Box）来表示物体的位置信息。

算法模型大体可以分成两大类别：

- One-Stage 目标检测算法，这类检测算法不需要 Region Proposal 阶段，可以通过一个 Stage 直接产生物体的类别概率和位置坐标值，如 YOLOV3/4/5/X、SSD、RetinaNet。
- Two-Stage 目标检测算法，这类检测算法将检测问题划分为两个阶段，第一个阶段首先产生候选区域（Region Proposals），包含目标大概的位置信息，然后第二个阶段对候选区域进行分类和位置精修，如 Faster R-CNN。除此之外，还有 Anchor-Free 检测方法，构建模型时将目标作为一个点，即目标 BBox 的中心点。我们的检测器采用关键点估计来找到中心点，并回归到其他目标属性，不再需要进行非极大值抑制（Non-Maximum Suppression，NMS) 等操作，如 CenterNet 等。

目前目标检测在落地应用中主要还是以 One-Stage 的 YOLO 系列为主，它既能够充分地保证项目运行的实时性，又能保证较高的模型准确率。其中 YOLOV3 可谓是目标检测发展的里程碑。YOLOV3 的主干网络为 Darknet53，主要由不同尺寸参数的卷积层和残差块组成，并进行多尺度融合训练，能够适应更多不同尺寸大小的图片，拥有较快的运行速度。现在广泛应用的 YOLOV4/V5/X 都是由 YOLOV3 衍变而来的。

5. 计算机视觉前沿技术

随着计算机视觉技术的不断发展，除图像分类、目标检测、图像分割等主要方向外，还有很多新的技术不断产生，生成式对抗网络（Generative Adversarial Networks，GAN）就是其中一个非常有代表性 的技术。GAN 是一种深度学习模型。模型通过框架中（至少）两个模块：生成模型（Generative Model）和判别模型（Discriminative Model）的互相博弈学习产生相当好的输出。原始 GAN 理论上并不要求 G（Generator）和 D（Discriminator）都是神经网络，只需要能拟合相应生成和判别的函数即可。但实际应用中一般使用深度神经网络作为 G 和 D 。一个优秀的 GAN 应用需要有良好的训练方法，否则可能由于神经网络模型的自由性而导致输出不理想。

GAN 的基本原理其实非常简单，这里以生成图片为例进行说明。假设我们有两个网络：G 和 D。正如它的名字，它们的功能分别是：G 是一个生成图片的网络，它接收一个随机的噪声 z，通过这个噪声生成图片，记作 G(z)。D 是一个判别网络，用于判别一幅图片是不是“真实的”。

它的输入参数是 x，x 代表一幅图片，输出 D(x) 代表 x 为真实图片的概率，如果为 1，就代表 100% 是真实的图片，而输出为 0，代表不可能是真实的图片。在训练过程中，生成网络 G 的目标就是尽量生成真实的图片来欺骗判别网络 D。而 D 的目标就是尽量把 G 生成的图片和真实的图片区分开来。这样，G 和 D 构成了一个动态的“博弈过程”。最后博弈的结果是什么？在最理想的状态下，G 可以生成足以“以假乱真”的图片 G(z)。对于 D 来说，它难以判定 G 生成的图片究竟是不是真实的，因此 D(G(z)) = 0.5。这样我们的目的就达成了：我们得到了一个生成式的模型 G，它可以用来生成图片。

由 GAN 和 GAN 衍生的网络在近几年也迸发出许多创新性的应用，例如风格迁移、图像修复、图像生成等。下面这组图展示了使用风格迁移技术完成时间风格迁移、智能上色、人脸风格迁移等功能。

6. 计算机视觉落地应用

计算机视觉是目前人工智能应用中最为广泛与普遍的，且早已深入日常生活与工作的多方面，典型的应用如生物特征识别中的人脸识别。人脸识别已经广泛应用在人证比对、身份核验、人脸支付、安防管控等各个领域。

现在主流的人脸识别技术多使用黄种人和白种人的面部特征进行模型开发和训练，并且样本中的光照条件良好，因此可以从图片中较好地识别和分析黄种人和白种人的人脸，但是，由于深肤色（如黑人）人脸图像的纹理特征较不明显，并且反光较强，因此现有的人脸识别方法对深肤色人脸的识别和分析存在缺陷，尤其无法应对中偏重黑人人脸光照不佳的情况，不能在视频和照片中很好地识别和分析深肤色人脸，也就是说，现有的人脸识别方法很难对深肤色人脸的特征进行有效分析和提取，从而导致对深肤色人脸的识别准确率较低。

我们采用了创新的方法，如增加拉普拉斯变换融合到图像图层等，采用基于深度学习的图像识别技术较好地解决了深肤色人种人脸识别的问题。主要流程如下。

1）人脸检测

人脸检测和关键点检测步骤采用了级联结构的卷积神经网络，可以适应环境变化和人脸不全等问题，且具有较快的检测速度。该方法规避了传统方法劣势的同时，兼具时间和性能两个优势。一幅图片中绝大部分区域容易区分出非人脸区域，只有少部分区域包含人脸和难以区分的非人脸区域。为加快检测速度，我们设计使用三级分类器，使得性能逐级提高。一般算法中只包含一个回归器，如果候选框与真实人脸框相差较大，则无法进行有效的回归。我们使用多级回归器，每一级回归器皆可让结构更接近真实人脸框，在多级回归后结果更准确。为实现对人脸/非人脸分类、人脸框回归、人脸关键点回归等预测，我们设计出基于多任务的深度学习模型。多任务学习提升了各个子任务的性能，达到 1+1 大于 2 的效果。在实现多任务共享深度学习模型参数的同时，较大地减少了模型运算量，大幅提高了人脸检测速度。

2）人脸识别

特征提取步骤采用了深层次的残差卷积神经网络，且具有优化的损失函数，对比传统方法可以更快、更好地提取人脸特征，增加类间距，减少类内距，获得更好的人脸识别效果。该技术在残差卷积神经网络的基础上增加了更多的 Shortcut 网络连接与 Highway 卷积层连接，保证了特征生成网络中能够兼具挖掘出人脸样本图像中的浅层与深层纹理特征，并将多重纹理特征进行组合，生成可分性更强的人脸特征，增强人脸识别的准确率。同时，在特征生成网络中加入了多尺度融合机制，在卷积层中加入了多尺度视觉感受，保证了同一人在多方位图片中的人脸特征空间距离接近，有效提升同一分类的图像产生更好的聚类，进而提高人脸识别的准确率。

针对不同肤色人种的人脸识别，尤其是深肤色人种，我们使用提取纹理，通过对原始人脸图像进行拉普拉斯变换后得到的变换人脸图像描述人脸图像中的纹理强度，因此，由该原始人脸图像及该变换人脸图像进行拼接后得到的四通道人脸图像，相较于原始人脸图像来说，人脸纹理特征较明显，这样在基于深肤色人脸的四通道人脸图像进行特征提取时，可以更高效地获取人脸图像的纹理特征，进而可以提高深肤色人脸识别的准确率，业务流程示例如图 1-18 所示。

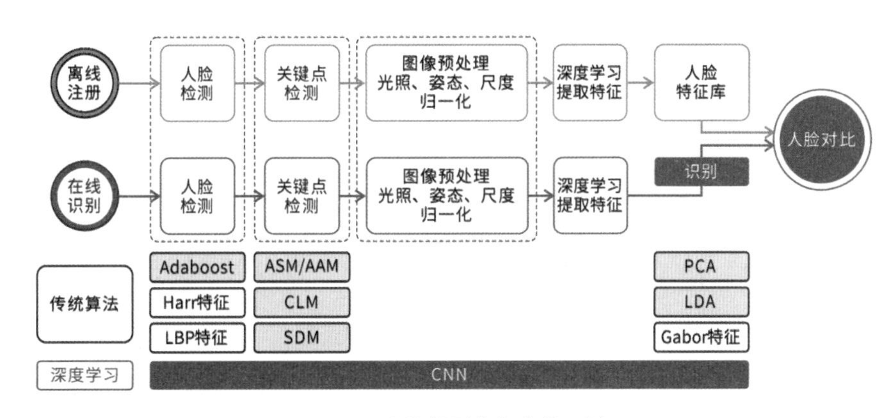

图 1-18 人脸识别业务流程示例

计算机视觉在光学字符识别领域的应用同样很广泛，如文档识别、证件识别、票据识别、视频文字识别、车牌识别等。车牌识别即识别图像中包含车牌的车牌号。基于深度学习的方法获取车牌在图像中的区域并进行光学文字识别。

车牌检测和关键点检测步骤采用了级联结构的卷积神经网络，可以适应车牌的不同倾斜角度、环境变化和车牌不全等问题，还能够将倾斜的车牌进行矫正对齐，方便车牌号识别，且具有较快的检测速度。车牌号识别采用深层卷积神经网络并加以连接式时序分类损失函数，可准确地识别不定长文字序列，具有较强的泛化性。同时，我们还采用了细粒度识别技术，能够精确地识别车型，甚至能够区分具体车型，如红旗 H9。

总结一下，如今计算机视觉已经广泛应用于人们日常生活的众多场景中。随着深度学习的飞速发展，计算机视觉融合了图像分类、目标检测、图像分割等技术，已在工业视觉检测、医疗影像分析、自动驾驶等多个领域落地应用，为各行各业捕捉和分析更多信息。

1.2.6 文本分析

数据科学是一门研究如何从数据中提取有用信息的学科。而文本分析则是数据科学领域中一个非常重要的分支，可以帮助我们从大量的文本数据中提取有用的信息，了解文本数据中隐藏的洞见，并发现趋势和模式。数据科学和文本分析的结合能够让我们更好地利用文本数据中的信息，做出更加准确的决策。

数据科学和文本分析密不可分，文本数据是人类生产和交流信息的主要方式之一，随着数字化和互联网技术的发展，海量的文本数据不断涌现。数据科学旨在从数据中提取价值信息，以支持决策和创新。文本分析是数据科学中的一个重要领域，它致力于利用自然语言处理和机器学习技术对文本数据进行处理、分析和挖掘，从中提取有用的信息。

数据科学和文本分析的关系也可以从技术的角度来看。数据科学需要处理大量的数据，文本数据是其中一个重要的组成部分，但与结构化数据相比，文本数据的处理更加复杂和困难。文本数据具有天然的不确定性、模糊性和主观性，它们往往需要经过预处理、特征提取、模型训练和评估等多个环节才能够得到有用的信息。数据科学家需要掌握自然语言处理、机器学习和深度学习等多种技术，才能够有效地处理文本数据。

本书中文本分析的重要技术主要介绍预训练模型、多语种文本分析、文本情感分析、文本机器翻译、文本智能纠错等。

1. 预训练模型

在文本分析技术中，预训练模型是一种非常重要的技术手段。随着深度学习技术的不断发展，预训练模型已经成为自然语言处理领域的热门研究方向之一。本书中将介绍文本分析技术中预训练模型的相关内容。预训练模型是指在大规模语料库上进行无监督训练，从而学习出一定的语言表示，并将其作为下游自然语言处理任务的初始化参数或特征。预训练模型的思想是将大规模数据的统计规律内化到模型的权重参数中，通过对预训练模型进行微调，可以使得模型在目标任务上表现出更好的性能。

在文本分析技术中，预训练模型主要应用在两个方面：语言模型和表示学习。语言模型是指给定一个文本序列，预测下一个单词或者生成一段新的文本。通过预训练语言模型，可以学习到一个通用的语言表示，这个表示可以用于下游任务，例如文本分类、命名实体识别等。表示学习是指学习文本的向量表示，通过预训练模型可以学习到高质量的文本表示，这些表示可以用于相似度计算、聚类分析等任务。

预训练模型的应用越来越广泛，当前比较热门的预训练模型有 BERT（Bidirectional Encoder Representations from Transformers）、GPT（Generative Pre-trained Transformer）、RoBERTa（Robustly Optimized BERT Pre-Training Approach）等。BERT 是一种双向 Transformer 编码器，通过对大量语料进行预训练，得到了一个通用的语言表示。GPT 则是一种单向 Transformer 编码器，它可以生成新的文本序列。RoBERTa 是在 BERT 的基础上进行改进，通过更大规模的语料和更长的训练时间来提高模型的性能。预训练模型是文本分析技术中的重要手段之一，它能够学习到通用的语言表示，并可以用于下游任务的初始化和特征提取。当前已经有很多高质量的预训练模型可供使用，可以根据实际需求进行选择和微调，以得到更好的效果。

2. 多语种文本分析

多语种文本分析是指对多种语言的文本进行分析和处理的技术。随着全球化的不断深入和国际交流的增多，多语种文本分析变得越来越重要。多语种文本分析需要处理不同语言之间的差异和变化。语言之间的差异包括语法、词汇和发音等方面，这些都需要考虑到。因此，多语种文本分析需要使用自然语言处理技术来解决这些问题。自然语言处理技术可以处理语言中的语法和词汇问题，同时可以进行文本分类、关键词提取和情感分析等任务。

多语种文本分析在很多领域都有着广泛的应用。在商业领域中，多语种文本分析可以帮助企业了解不同语言用户的需求和反馈，从而改进产品和服务。在政府领域中，多语种文本分析可以帮助政府了解不同语言区域的民意和情况，从而制定更好的政策和措施。在文化领域中，多语种文本分析可以帮助人们了解不同语言的文化背景和特点，从而促进文化交流和沟通。

多语种文本分析技术在现代社会中具有重要的作用和意义。随着全球化的不断发展，这种技术将变得越来越重要，并且将在更多的领域得到应用和发展。

3. 文本情感分析

情感分析是文本分析领域的一项重要技术，旨在通过自然语言处理和机器学习等技术手段识别和分析文本中的情感色彩，如正面、负面或中性等情感倾向。情感分析技术被广泛应用于社交媒体分析、品牌管理、市场调研等领域，以帮助企业了解消费者对其品牌或产品的情感倾向，从而制定更有效的营销策略和改进方案。

在社交媒体分析领域，情感分析技术可以帮助企业快速了解消费者对其品牌或产品的看法，从而及时回应消费者的需求和投诉。例如，一些社交媒体监测工具可以通过对社交媒体上用户的评论和反馈进行情感分析，帮助企业发现并解决用户的不满意，提高用户满意度和口碑。

在品牌管理领域，情感分析技术可以帮助企业了解其品牌在公众心目中的形象和评价，从而进行品牌定位和形象塑造。例如，在一些消费品牌的宣传和广告中，情感分析技术可以帮助企业更好地了解消费者的需求和情感倾向，制定更有效的广告策略和宣传口径，提高品牌形象和知名度。

在市场调研领域，情感分析技术可以帮助企业了解其产品在市场上的表现和评价，从而进行产品改进和创新。例如，在一些产品上市前，企业可以通过情感分析技术对市场上的相关产品进行评价和比较，找到自身的优势和不足，从而进行产品的改进和创新，提高市场竞争力。

虽然情感分析技术在文本分析领域具有广泛的应用前景和优势，但它也面临一些挑战和限制。例如，情感分析技术需要对不同的语境和文化背景进行适配和调整，以保证情感分析的准确性和有效性；此外，情感分析技术也需要不断地进行模型训练和优化，以适应不断变化的语言和文本环境。尽管如此，随着技术的不断发展和进步，相信情感分析技术在未来将会有更为广泛和深入的应用。

4. 文本机器翻译

机器翻译是文本分析技术中的一项重要技术，它能够将一种自然语言翻译成另一种自然语言。这项技术广泛应用于多语种文本分析、跨语言信息检索、国际化网站和应用程序等领域。

文本机器翻译早期采用的是基于规则的方法，但由于规则过于复杂，难以覆盖所有语言规则，导致翻译质量不佳。近年来，随着深度学习技术的发展，文本机器翻译逐渐采用基于神经网络的方法，其中以 Transformer 模型最为知名。Transformer 模型在机器翻译中的应用已经取得了极大的成功。该模型利用自注意力机制来学习源语言和目标语言之间的关系，避免了基于规则的传统翻译方法中所面临的规则复杂、翻译不准确等问题，进一步提高了翻译质量。

机器翻译技术的应用非常广泛，它可以帮助企业、政府机构和个人快速翻译各种文本，例如新闻报道、政策文件、商业合同、用户手册、社交媒体帖子等。机器翻译技术还可以帮助企业实现全球化，扩大市场，降低翻译成本，提高效率。此外，机器翻译技术还可以与其他文本分析技术结合使用，例如情感分析、实体识别和关系抽取等，以提高翻译质量和准确性。

机器翻译技术在文本分析领域具有重要的应用价值，它可以帮助人们更快速、更准确地理解和传递信息。随着人工智能和自然语言处理技术的不断发展，机器翻译技术的性能和应用范围也将不断扩大。未来，机器翻译技术将更加智能化，能够理解更复杂的语言结构和上下文，并能够根据不同的应用场景进行个性化的翻译。因此，机器翻译技术将成为未来文本分析领域不可或缺的一部分。

5. 文本智能纠错

文本智能纠错是指利用自然语言处理技术自动检测文本中的错误，并进行修正的技术。这项技术在许多场景下都具有重要意义，比如在撰写邮件、新闻稿、论文等文本时，错误的出现会影响读者对文本的理解和信任度。智能纠错能够对文本中出现的语法错误、拼写错误、语义错误等进行自动纠错。

智能纠错技术的应用场景非常广泛。在商业领域，智能纠错技术可以帮助企业提高客户服务质量、改善用户体验等。例如，在在线客服系统中，智能纠错技术可以快速地识别并自动纠正用户输入的问题描述，减少用户的烦恼和困扰。在学术研究中，智能纠错技术可以帮助研究人员进行文本数据的分析和挖掘，发现其中隐藏的信息和规律。

智能纠错技术相比传统的人工纠错方式具有很多优势。首先，智能纠错技术可以大幅度提高纠错的效率，尤其是在大规模文本处理方面。其次，智能纠错技术能够提高纠错的准确性，避免了人工纠错中的主观因素和误差。

当前，利用预训练模型来实现文本智能纠错的方法已经被广泛应用。例如，Google 在 2018 年推出的 BERT 模型中加入了一个任务——掩码语言模型（Masked Language Model，MLM），通过该任务可以让模型自动学习纠错的能力。同时，一些基于 BERT 的文本智能纠错工具，如 Microsoft 的 Editor 和 Grammarly 等，也在市场上广受欢迎。

文本分析技术已经成为数据科学中不可或缺的一部分。随着技术的不断进步，文本分析的应用场景也越来越广泛。预训练模型、多语种文本分析、文本情感分析、文本机器翻译、文本智能纠错等技术的不断发展为文本分析的应用提供了强有力的支持和推动。随着人工智能技术的不断发展，文本分析技术还将有更广泛的应用和更深入的研究。

1.2.7 知识图谱

在数据科学的实践中，行业客户对知识图谱的应用诉求愈发强烈，核心需求是将行业数据知识化，并通过搜索、推荐、问答，以及用知识辅助进行更加智能的决策。因此，如何将结构化和非结构化数据有效地治理起来，进行数据和知识挖掘，提取当中有价值的信息，并以可视化分析为政府和企业决策提供支持，成为当今亟待解决的问题。知识图谱作为大数据知识工程的典型代表，知识图谱技术近年来取得了长足进步，并在一系列实际应用中取得了显著效果。知识图谱之所以备受关注是因为业界普遍认为知识图谱是实现机器认知智能的基础。

但随着应用的深化，知识图谱的落地过程单靠其所代表的知识智能本身这套技术体系和范式已经难以解决很多问题：一是数据获取和治理困难；二是在知识层面，小样本、低资源情况下知识的表示和获取代价仍然非常大；此外，获取知识之后，在应用、服务能力方面也存在很多挑战。因此，未来破题的关键在于要突破以知识图谱为代表的知识智能的边界，向认知智能这样的智能新形态发展。认知智能作为数据智能、知识智能的融合创新产物，将是知识图谱等知识工程技术发展的必然归宿。近些年，人工智能逐渐从感知智能向认知智能发展，知识图谱则是实现认知智能的关键技术方法，在构建出知识图谱后，可以实现各种智能场景应用。未来知识图谱一定会深入各行各业，只有掌握通用的人工智能技术，并将技术和业务需求对应起来，才能真正发挥出知识图谱的价值，解决行业问题。

目前，半自动化结合人工是业内构建知识图谱所采用的主流方式，从长远来看，完全靠机器自动化，一点都不投入人工，目前不现实，也不可能存在。现在有很多知识图谱构建工程化的工具，在解决如何高效地抽取实体关系，如何做出映射、如何融合，以及如何通过预训练模型减少需要标注数据的数量等问题方面，只能说随着技术的发展和工具的发展，人工的工作量会逐渐降低，人工的效率会越来越高。但到什么时候，采用机器构建的比例比人工构建更多，现在还不好衡量，这是一个逐渐发展的过程。

另外，“人在闭环”是认知智能行业落地的必由之路，即在知识图谱构建和应用的过程中，人必须参与。必须要有人在，这是一个责任问题。机器适合做数据密集型和经验密集型的工作。而人适合做价值判断型或情感密集型的工作。任何一个在现实中有意义的业务，它的价值一定来自人。如果没有人的话，这个东西是没有价值的，所以不可能离开人。当前，已经进入一个从数据到知识的“智变”时代，随着大数据、知识图谱、自然语言处理（Natural Language Processing，NLP）等数据智能技术的进一步成熟，数据中的价值将不断被挖掘利用，帮助人们做出合理决策。

1.3 本章小结

数字经济迎来战略机遇期。数字经济正在成为重组全球要素资源、重塑全球经济结构、改变全球竞争格局的关键力量，发展数字经济是把握新一轮科技革命和产业变革新机遇的战略选择。“十四五”的重点是产业数字化，即数字技术赋能传统行业，这是对数据科学的极大利好。

数据科学是为数字经济提供基础与技术支撑的学科，是有关数据价值链实现过程的基础理论与方法学。它运用建模、分析、计算和学习杂糅的方法研究从数据到信息、从信息到知识、从知识到决策的转换，并实现对现实世界的认知与操控。

数据科学的关键技术包括数据存储计算、数据治理、结构化数据分析、语音分析、视觉分析、文本分析、知识图谱等。数据科学平台围绕数据价值转化过程，将数据科学中的关键技术统一到一个平台上，打通数据集成、数据治理、数据建模、数据分析、数据应用等阶段。本章对这些关键技术进行了基本介绍，在接下来的章节中会介绍每一项关键技术的技术原理、方案并进行具体的源代码讲解，帮忙读者更好地掌握这些关键技术。

1.4 习　题

1. 什么是数据科学，数据科学与人工智能有什么联系和区别？

2. 了解关系数据库和非关系数据库之间的区别，并举例说明这两种数据库的使用场景和优劣势。

3. 在数据治理的背景下，“流程化”“自动化”和“智能化”分别指什么？如何应用这三个方面以增强数据治理实践？

4. 数据分析中有哪些监督模型？它们都有什么优劣势？

5. 在语音分析领域有什么典型的模型？

6. 什么是目标检测？请列举几种常见的目标检测算法并说明其原理。

7. 在文本分析中，预训练模型有什么特点？和普通的模型有什么不同？

8. 为了突破知识图谱的局限性，未来的发展方向是什么？为什么将认知智能作为知识图谱等知识工程技术发展的必然归宿？

1.5 本章参考文献

[1] https://docs.google.com/presentation/d/1RFfws_WdT2lBrURbPLxNJScUOR-ArQfCOJlGk4NYaYc/ edit?usp=sharing.

[2] McLaughlin J, Reynolds D A, Gleason T. A study of computation speed-ups of the GMM-UBM speaker recognition system[C]//Sixth European conference on speech communication and technology. 1999.

[3] Kenny P, Boulianne G, Ouellet P, et al. Joint factor analysis versus eigenchannels in speaker recognition[J]. IEEE Transactions on Audio, Speech, and Language Processing, 2007, 15(4): 1435-1447.

[4] Dehak N, Kenny P J, Dehak R, et al. Front-end factor analysis for speaker verification[J]. IEEE Transactions on Audio, Speech, and Language Processing, 2010, 19(4): 788-798.

[5] Variani E, Lei X, McDermott E, et al. Deep neural networks for small footprint text-dependent speaker verification[C]//2014 IEEE international conference on acoustics, speech and signal processing (ICASSP). IEEE, 2014: 4052-4056.

[6] Li C, Ma X, Jiang B, et al. Deep speaker: an end-to-end neural speaker embedding system[J]. arXiv preprint arXiv:1705.02304, 2017.

[7] https://www.cnblogs.com/wuxian11/p/6498699.html.

[8] https://blog.csdn.net/weixin_38206214/article/details/81096092.

[9] https://blog.csdn.net/KevinBetterQ/article/details/85476575.

[10] Sainath T N, He Y, Li B, et al. A streaming on-device end-to-end model surpassing server-side conventional model quality and latency[C]//ICASSP 2020-2020 IEEE International Conference on Acoustics, Speech and Signal Processing (ICASSP). IEEE, 2020: 6059-6063.

[11] https://github.com/hirofumi0810/neural_sp.

[12] https://github.com/cywang97/StreamingTransformer.

[13] https://speech.ee.ntu.edu.tw/~hylee/dlhlp/2020-spring.html.

[14] LeCun Y, Bottou L, Bengio Y, et al. Gradient-based learning applied to document recognition[J]. Proceedings of the IEEE, 1998, 86(11): 2278-2324.

[15] Krizhevsky A, Sutskever I, Hinton G E. Imagenet classification with deep convolutional neural networks[J]. Advances in neural information processing systems, 2012, 25.

[16] He K, Zhang X, Ren S, et al. Deep residual learning for image recognition[C]//Proceedings of the IEEE conference on computer vision and pattern recognition. 2016: 770-778.

[17] Bolya D, Zhou C, Xiao F, et al. Yolact: Real-time instance segmentation[C]//Proceedings of the IEEE/CVF international conference on computer vision. 2019: 9157-9166.

[18] Goodfellow I, Pouget-Abadie J, Mirza M, et al. Generative adversarial networks[J]. Communications of the ACM, 2020, 63(11): 139-144.

[19] Karras T, Laine S, Aila T. A style-based generator architecture for generative adversarial networks[C]//Proceedings of the IEEE/CVF conference on computer vision and pattern recognition. 2019: 4401-4410.

[20] https://github.com/deepinsight/insightface.

[21] https://github.com/facebookresearch/detectron2.

[22] https://venturebeat.com/2021/11/22/nvidias-latest-ai-tech-translates-text-into-landscape-images/.

第 2 章 文本预训练模型

本章主要介绍文本分析技术的发展史、Transformer 模型的结构、预训练模型的结构和变种、AI 加速硬件 GPU 和 TPU、预训练模型中 TPU 的使用、预训练模型的常见问题和源码解读。

2.1 文本分析技术的发展史

在介绍预训练模型技术之前，先介绍一下文本分析技术的发展历史，从而更能明白为什么预训练模型成为当今文本分析领域的主流技术。文本分析技术的发展主要分为 4 个阶段，具体如图 2-1 所示，包括 20 世纪 50 年代到 90 年代的专家规则方法，20 世纪 90 年代到 21 世纪初的传统统计模型方法，2010 年到 2017 年的深度学习方法，以及 2018 年到现在的预训练语言模型。

图 2-1 文本分析技术发展阶段

第一个阶段是专家规则方法，这是早期的文本分析方法，由于语料规模和计算能力的局限，对于遇到的自然语言问题，只能通过专家总结的统计规则和语法规则来处理，对于简单的自然语言处理问题，这种基于规则的方法准确率高、可解释性强，但是一旦问题变得复杂，就需要专家梳理大量的规则来覆盖问题的各种情况，工作量非常大，而且规则之间还会彼此冲突，导致这种规则方法的效果显著下降，而且难以维护和升级迭代。

第二个阶段是传统统计模型方法，从 20 世纪 90 年代开始，随着决策树、逻辑回归、支持向量机等统计机器学习方法的成熟、文本语料库规模的增加以及计算机运算能力的快速提升，传统统计模型方法在自然语言的各个问题领域开始得到广泛的使用，包括词法分析、句法分析、语义分析、信息抽取、机器翻译等多个领域。相比专家规则，统计模型方法从语料库中自动学习语言的规律，避免了大量规则的书写，随着语料库训练样本数量的增加，模型的效果能持续提升。但是传统统计模型方法需要将文本转换成计算机能够理解的向量形式，这样计算机才能基于文本标注语料，训练模型，这一步称为特征工程，需要一定的专业知识，也非常关键，依赖人工设计，如果特征设计得不好，训练出的模型也很难取得好的效果。

第三个阶段是深度学习方法，2010 年之后出现了深度学习方法，该方法避免了传统统计模型方法特征工程对人工设计的依赖，能够直接端到端地学习各种自然语言处理问题。深度学习模型采用神经网络结构，包括多层处理单元，底层的文本输入采用 word2vec 技术转换为连续取值的词向量，接着通过每一层的神经元进行处理，最上层输出预测结果，与训练样本中的标注结果进行比较，然后通过反向传播算法更新每一层的神经元参数，通过多轮的迭代，最终学习到整个深度神经网络的模型参数。相比传统统计模型方法，深度学习方法能够取得更好的效果，但是需要更大规模的标注数据，使得标注的人力成本高昂，实际项目中往往难以提供这么大规模的标注数据量，使得深度学习方法的应用受限。

第四个阶段是预训练模型方法，它的本质是迁移学习思想的应用，划分为预训练（Pre-Training）和微调（Fine-Tuning）两个阶段。在预训练阶段，依赖海量的通用文本语料，训练一个通用的预训练模型，语料只需要是连续的文本即可，不需要标注，因此这样的语料很容易找，规模是无限的，预训练模型学习到这些语料的语法和语义知识，将这些知识编码到预训练模型的参数中。在微调阶段，针对特定的下游任务，结合该任务少量的标注样本，对初始的预训练模型进行参数微调，进行模型参数更新。由于初始的预训练模型已经编码了海量通用语料的语法和语义知识，因此只需要少量样本，就可以在各种下游特定任务中取得良好的效果。预训练模型为了能够刻画大规模文本语料中复杂的语言规律，采用了基于自注意力的 Transformer 模型，显著提升了建模能力，这是自然语言技术领域的标志性成果。另外，在海量的文本语料上训练一个超大规模的 Transformer 模型，也需要丰富的 GPU、TPU 硬件资源，才能训练出这种大模型，具体的 Transformer 模型的原理和 TPU 资源的使用，会在接下来的章节进行具体介绍。

最后对比一下这四个阶段方法的特点和优劣势，如表 2-1 所示。专家规则方法的效果最差，但是需要的标注样本量少，计算量低，可解释性好；传统统计模型方法的效果要好一些，需要较多的标注样本量，这些模型的训练优化求解需要比专家规则方法更大的计算量，可解释性要看具体的统计学习模型，例如决策树模型的可解释性比较好，支持向量机模型的可解释性就差一些；深度学习模型的效果是比较优秀的，但它需要更多的标注样本量来训练神经网络的参数，训练阶段需要比较大的计算量，还需要引入 GPU 资源来进行训练加速，在可解释性方面，由于神经网络是个黑盒，因此比较差；最后是预训练模型方法，它的效果是最好的，需要的标注样本量也少，预训练阶段需要非常大的计算量和算法资源，需要多个 GPU 资源训练数月的时间才能生成预训练模型，模型的参数规模也特别大，由于仍然是神经网络结构，因此可解释性差。

表2-1 四种方法的优劣势

方 法	效 果	需要标注样本量	计算量	可解释性
专家规则	差	少	低	好
传统统计模型	中	中	中	中
深度学习模型	优	多	高	差
预训练模型	优	少	非常高	差

2.2 Transformer 模型结构

2017 年 6 月，Transformer 模型横空出世，当时谷歌在发表的一篇论文 *Attention Is All You Need* 中参考了注意力机制，提出了自注意力（Self-Attention）机制及新的神经网络结构——Transformer。该模型具有以下优点：

- 传统的 Seq2Seq 模型以 RNN 为主，制约了 GPU 的训练速度，Transformer 模型是一个完全不用 RNN 和 CNN 的可并行机制计算注意力的模型。
- Transformer 改进了 RNN 最被人诟病的训练慢的缺点，利用自注意力机制实现快速并行计算，并且 Transformer 可以增加到非常深的深度，充分发掘模型的特性，提升模型的准确率。

下面我们深入解析 Transformer 模型架构。

1. Transformer 模型架构

Transformer 模型本质上也是一个 Seq2Seq 模型，由编码器、解码器和它们之间的连接层组成，如图 2-2 所示。在原始论文 *Attention Is All You Need* 中介绍的 The Transformer 编码器 Encoder 由 N=6 个完全相同的编码层（Encoder Layer）堆叠而成，每一层都有两个子层。第一个子层是一个多头注意力（Multi-Head Attention）层，第二个子层是一个简单的、位置完全连接的前馈神经网络（Feed-Forward Network，FFN）。我们对每个子层再采用一个残差连接（Residual Connection），接着进行层归一化（Layer Normalization）。每个子层的输出是 LayerNorm(x+Sublayer(x))，其中 Sublayer(x) 是由子层本身实现的函数。

The Transformer 解码器：解码器 Decoder 同样由 N=6 个完全相同的解码层（Decoder Layer）堆叠而成。除与每个编码器层中的两个子层相同外，解码器还插入了第三个子层——Encoder-Decoder Attention 层，该层对编码器的输出执行多头注意力操作。与编码器类似，我们在每个子层再采用残差连接，然后进行层归一化。

Transformer 模型计算注意力的方式有三种：

- 编码器自注意力，每一个 Encoder 都有多头注意力层。
- 解码器自注意力，每一个 Decoder 都有掩码多头注意力层。
- 编码器-解码器注意力，每一个 Decoder 都有一个 Encoder-Decoder Attention，过程和 Seq2Seq+Attention 的模型相似。

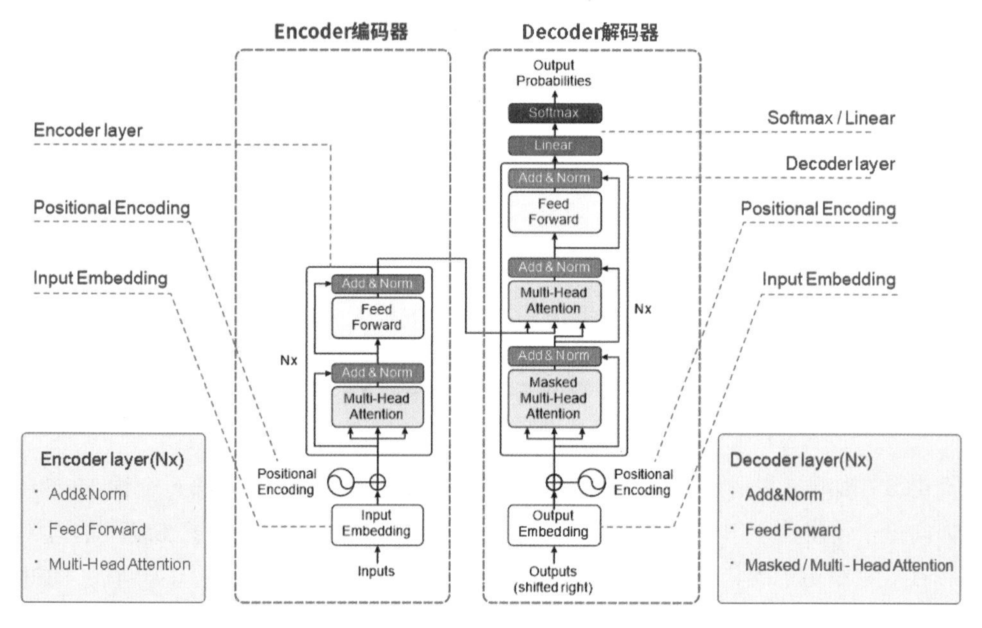

图 2-2 Transformer 网络结构

2. 自注意力机制

Transformer 模型的核心思想就是自注意力（Self-Attention）机制，能注意输入序列的不同位置以计算该序列的表示的能力。自注意力机制顾名思义指的不是源语句和目标语句之间的注意力机制，而是同一个语句内部元素之间发生的注意力机制。而在计算一般 Seq2Seq 模型中的注意力时，以 Decoder 的输出作为查询向量 q，Encoder 的输出序列作为键向量 k、值向量 v，注意力机制发生在目标语句的元素和源语句中的所有元素之间。

自注意力机制的计算过程是将 Encoder 或 Decoder 的输入序列的每个位置的向量通过 3 个线性转换分别变成 3 个向量：查询向量 q、键向量 k 和值向量 v，并将每个位置的 q 拿去跟序列中其他位置的 k 进行匹配，计算出匹配程度后，利用 Softmax 层取得介于 0~1 的权重值，并以此权重跟每个位置的 v 作加权平均，最后取得该位置的输出向量 z。下面介绍自注意力的计算方法。

（1）可缩放的点积注意力。可缩放的点积注意力即如何使用向量来计算自注意力，通过 4 个步骤来计算自注意力，如图 2-3 所示。

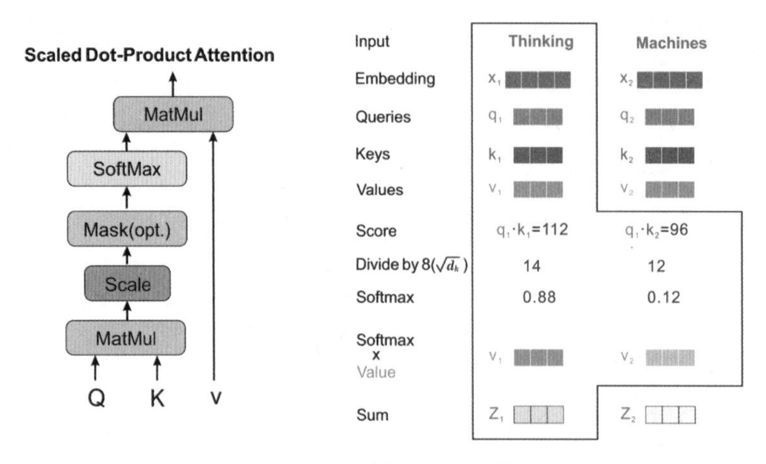

图 2-3 可缩放的点积注意力

从每个编码器的输入向量（每个单词的词向量）中生成三个向量：查询向量 q、键向量 k 和值向量 v，矩阵运算中这三个向量是通过编解码器输入 X 与三个权重矩阵 W_q、W_k、W_v 相乘创建的。

计算得分：如图 2-3 所示的例子输入一个句子 Thinking Machines，第一个词 Thinking 计算自注意力向量，需将输入句子中的每个单词对 Thinking 打分。分数决定了在编码单词 Thinking 的过程中有多重视句子的其他部分。分数是通过打分单词（所有输入句子的单词）的键向量 k 与 Thinking 的查询向量 q 的点积来计算的。比如，第一个分数是 q_1 和 k_1 的点积，第二个分数是 q_1 和 k_2 的点积。

缩放求和：将分数乘以缩放因子 $\frac{1}{\sqrt{d_k}}$ (d_k)(d_k 是键向量的维数，d_k=64)，让梯度更稳定，然后通过 Softmax 传递结果。Softmax 的作用是使所有单词的分数归一化，得到的分数都是正值且和为 1。Softmax 分数决定了每个单词对编码当下位置（Thinking）的贡献。

将每个值向量 v 乘以 Softmax 分数，希望关注语义上相关的单词，并弱化不相关的单词。对加权值向量求和，即可得到自注意力层在该位置的输出 z_i。

因此，可缩放的点积注意力可通过下面的公式计算：

$$\text{Attention}(Q,K,V)=\text{Softmax}\left(\frac{QK^T}{\sqrt{d_k}}\right)V$$

在实际应用中，注意力计算是以矩阵形式完成的，以便计算得更快。我们接下来看看如何通过矩阵运算实现自注意力机制，如图 2-4 所示。

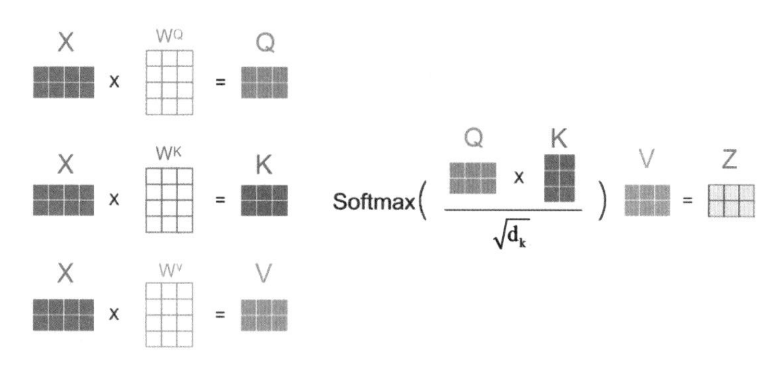

图 2-4 自注意力机制的实现

首先求取查询向量矩阵 Q、键向量矩阵 K 和值向量矩阵 V，通过权重矩阵 W^q、W^k、W^v 与输入矩阵 X 相乘得到；同样求取任意一个单词的得分是通过它的键向量 k 与所有单词的查询向量 q 的点积来计算的，我们可以把所有单词的键向量 k 的转置组成一个键向量矩阵 K^T，把所有单词的查询向量 q 组合在一起成为查询向量矩阵 Q，这两个矩阵相乘得到注意力得分矩阵 $A=QK^T$；然后，对注意力得分矩阵 A 求 Softmax 得到归一化的得分矩阵 $\hat{A}$，这个矩阵再左乘，以值向量矩阵 V 得到输出矩阵 Z。

（2）多头注意力机制。如果只计算一个注意力，很难捕捉输入句中所有空间的信息，为了优化模型的效果，原论文中提出了一个新颖的做法——多头注意力机制，如图 2-5 所示。

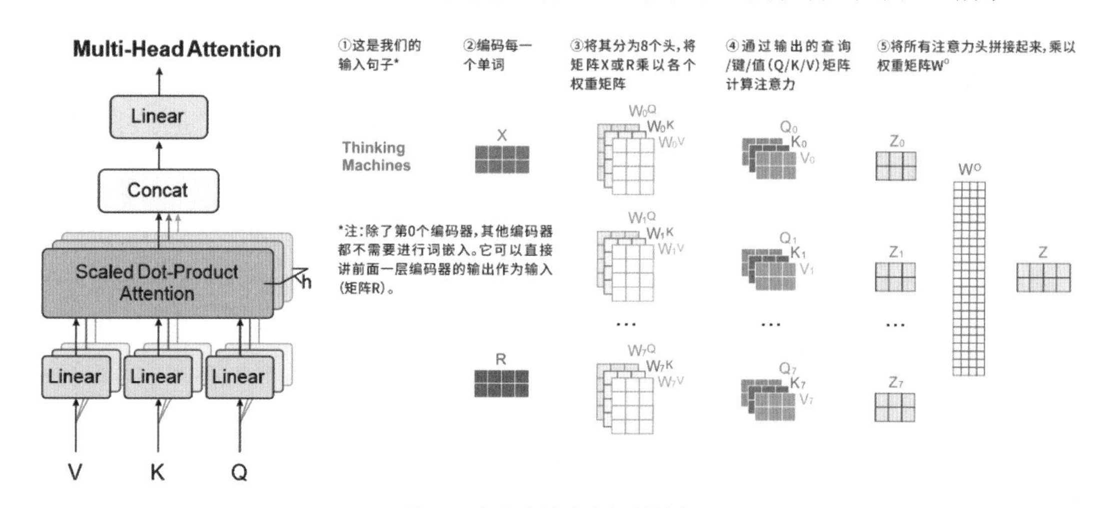

图 2-5 多头自注意力机制的实现

多头注意力是不能只用嵌入向量维度 d_{model} 的 K、Q、V 进行单一注意力操作的，而是把 K、Q、V 线性投射到不同空间 h 次，分别变成维度 d_q、d_k 和 d_v，再各自进行注意力操作，其中，$d_q=d_k=d_v=d_{model}/h=64$ 就是投射到 h 个头上。多头注意力允许模型的不同表示子空间联合关注不同位置的信息，如果只有一个注意力头，则它的平均值会削弱这个信息。

多头注意力为每个头保持独立的查询 / 键 / 值权重矩阵 $\mathbf{W}_i^Q$、$\mathbf{W}_i^K$、$\mathbf{W}_i^V$，从而产生不同的查询 / 键 / 值矩阵（Q_i、K_i、V_i）。用 X 乘以 $\mathbf{W}_i^Q$、$\mathbf{W}_i^K$、$\mathbf{W}_i^V$ 矩阵来产生查询 / 键 / 值矩阵

Q_i、K_i、V_i，与上述相同的自注意力计算，只需 8 次不同的权重矩阵运算即可得到 8 个不同的 Z_i 矩阵，每一组都代表将输入文字的隐向量投射到不同空间。最后把这 8 个矩阵拼在一起，通过乘上一个权重矩阵 W^O，还原成一个输出矩阵 Z。

多头注意力的每个头到底关注句子中什么信息呢？不同注意力的头集中在哪里？以下面这两句话为例，The animal didn’t cross the street because it was too tired 和 The animal didn't cross the street because it was too wide，这两个句子中的 it 指的是什么呢？ it 指的是 street 还是 animal？当我们编码 it 一词时，it 的注意力集中在 animal 和 street 上，从某种意义上说，模型对 it 一词的表达在某种程度上是 animal 和 street 的代表，但是在不同语义下，第一句的 it 更强烈地指向 animal，第二句的 it 更强烈地指向 street。

3. Transformer 模型其他结构

1）残差连接与归一化

编解码器有一种特别的结构：多头注意力的输出和前馈层（Feed-Forward Layer）之间有一个子层：残差连接（Residual Connection）和层归一化（Layer Normalization，LN）。残差连接是构建一种新的残差结构，将输出改写为和输入的残差，使得模型在训练时微小的变化可以被注意到，该方法在计算机视觉中经常使用。

在把数据送入激活函数之前需要进行归一化，因为我们不希望输入数据落在激活函数的饱和区。层归一化是深度学习中的一种正规化方法，一般和批量归一化（Batch Normalization，BN）进行比较。批量归一化的主要思想是在每一层的每一批数据上进行归一化，层归一化是在每一个样本上计算均值和方差，层归一化的优点在于独立计算并针对单一样本进行正规化，而不是批量归一化那种在批方向计算均值和方差。

2）前馈神经网络

编解码层中的注意力子层输出都会接到一个全连接网络——前馈神经网络，包含两个线性转换和一个 ReLU 激活函数，根据各个位置（输入句中的每个文字）分别进行 FFN 操作，因此称为 Pointwise 的 FFN。计算公式如下：

$$FFN=\max(0,xW_1+b_1)W_2+b_2$$

3）线性变换和 Softmax 层

解码器最后会输出一个实数向量。如何把浮点数变成一个单词？这便是线性变换层要做的工作，它之后就是 Softmax 层。线性变换层是一个简单的全连接神经网络，它可以把解码器产生的向量投射到一个比它大得多的、被称作对数概率（Logits）的向量中。

不妨假设我们的模型从训练集中学习 10 000 个不同的英语单词（我们模型的“输出词表”），因此对数概率向量为 10 000 个单元格长度的向量——每个单元格对应某一个单词的分数。接下来的 Softmax 层便会把那些分数变成概率（都为正数，上限为 1.0），概率最高的单元格被选中，并且它对应的单词被作为这个时间步的输出。

4）位置编码

Seq2Seq 模型的输入仅仅是词向量，但是 Transformer 模型摒弃了循环和卷积，无法提取序列顺序的信息，如果缺失了序列顺序信息，可能会导致所有词语都对了，但是无法组成有意义的语句。作者是怎么解决这个问题的呢？为了让模型利用序列的顺序，必须注入序列中关于词语相对或者绝对位置的信息，在论文中作者引入了位置编码（Positional Encoding），对序列中的词语出现的位置进行编码，图 2-6 是 20 个词在词嵌入维度 512 的位置编码可视化，其中纵坐标是词，横坐标是词嵌入维度。

图 2-6 位置编码可视化

在编码器和解码器堆栈的底部，将句子中每个词的位置编码添加到输入嵌入中，位置编码和词嵌入的维度 d_{model} 相同，所以它俩可以相加。使用不同频率的正弦和余弦函数获取位置信息：

$$PE_{(pos,2i)} = \sin(pos / 10000^{2i/d_{model}})$$

$$PE_{(pos,2i+1)} = \cos(pos / 10000^{2i/d_{model}})$$

其中 pos 是位置，i 是维度，在偶数位置使用正弦编码，在奇数位置使用余弦编码。位置编码的每个维度对应一个正弦曲线。

2.3 预训练模型的结构和变种

Google 在 2018 年 10 月推出了 BERT 预训练模型（Pre-Training Model，PTM），显著提升了各种文本分析任务的指标效果，引起了文本分析技术新的变革。自 BERT 发布之后，各种改进版本的预训练模型层出不穷，在 NLP 各个领域也取得了非常好的效果，效果指标占据了各种 NLP 比赛和任务的榜首。这些改进效果明显的预训练模型，是什么因素让它有这么优秀的表现？其中基于 Transformer 的模型结构就是一个非常重要的因素。

在预训练模型框架下，文本分析模型训练会分成两个阶段，第一阶段是预训练阶段，基于海量无标注数据进行自监督学习，然后是微调（Fine-Tuning）阶段，基于标注数据进行有监督学习。什么是自监督学习？自监督学习属于无监督学习，不需要标注数据，模型从大量的无标签数据中自动学习出一个特征提取器。但是，自监督学习与传统的无监督学习的差异点是：自监督学习基于大量无标签数据构建出一个辅助任务，从数据本身得到标签，然后有监督地训练网络，例如在预训练阶段，就是从海量无标注文本数据中将遮盖（Mask）的 Token 作为标签，构建掩码语言模型任务，进行有监督的训练。注意，这里的 Token 是指文本中的最小单位，代表文本中的一个词或一个字符。在自然语言处理中，文本通常会被分割成一系列的 Token 进行处理。具体而言，预训练阶段要做的事情是基于 Transformer 特征抽取器，选定合适的模型结构，通过自监督学习任务，使得 Transformer 从海量无标注文本数据中学习语言知识，并以参数的方式存储在模型中，在微调阶段就可以使用这些参数。自监督学习任务的常见学习方法包括自编码器（Auto Encoding，AE）和自回归模型（Auto Regressive， AR），AE 即我们常说的双向语言模型，而 AR 则代表从左到右的单向语言模型。各种改进的预训练模型基本都是这种二阶段思路，具体实现上，可以在学习任务上进行改进，也可以在模型结构上进行改进等。

目前的主流预训练模型基本上都采用 Transformer 作为特征抽取器，预训练模型的知识是通过 Transformer 在预训练阶段的迭代过程中从海量文本数据中不断学习的，并以参数的形式编码到模型中，尽管各种预训练模型都采用 Transformer，但是怎么用它搭建模型结构，提高学习效率，进一步挖掘 Transformer 的潜力？学习效率指的是给定相同规模的文本训练数据，它能编码多少知识到模型里，编码的知识越多，则学习效率越高。各种模型结构都是基于 Transformer 的，用法不同就会导致不同的模型结构，学习效率也会有差异。接下来会介绍预训练模型中 4 种常见的模型结构。

1. Encoder-AE 结构

Encoder-AE 结构如图 2-7 所示，它是采用双向语言模型的 Transformer Encoder 标准结构，Google 的原始版本 BERT 和大多数后续改进模型都采取的是这种模型结构，预训练阶段的自监督学习任务 MLM 采用的是 AE 方法，在预测被遮盖掉的 Token 时，输入句子中所有其他被遮盖的 Token 都不起作用，但是句子内未被遮盖的剩余 Token，都可以参与该 Token 的预测。

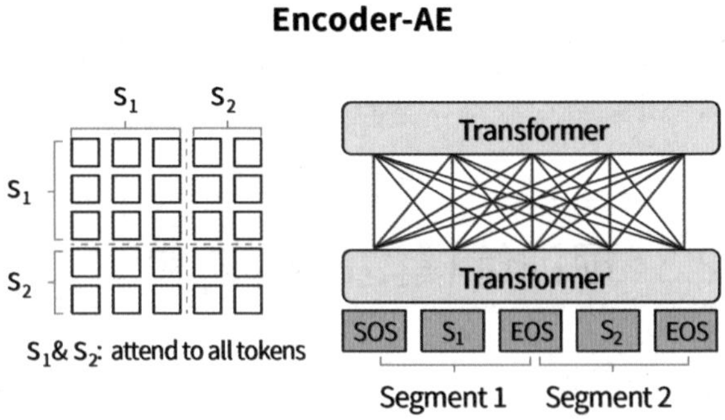

由于 Encoder-AE 是个采用双向语言模型的单 Transformer 结构，因此它适合做语言理解类的文本分析任务，对于语言理解类任务，这种结构的效果很不错，但是对于语言生成类任务，这种结构的效果相对比较差。

图 2-7 Encoder-AE 的模型结构

2. Decoder-AR 结构

Decoder-AR 结构如图 2-8 所示，它是采用单向语言模型的 Transformer Decoder 结构，Encoder-AE 采用的是双向语言模型，具体体现在：在预训练阶段，采用 AR 方法，就是从左到右逐个生成 Token，当前字只能看到它之前的所有 Token，不能看到后面的 Token。采用

Decoder-AR 结构的典型预训练模型就是 GPT 系列，具体包括 GPT1、GPT2 和 GPT3。

由于 Decoder-AR 采用单向语言模型，因此它比较适合语言生成类的文本分析任务，对于语言生成类任务，这种结构的效果非常好。但是对于语言理解类任务，它的效果比 Encoder-AE 结构明显要差，因为单向语言模型不能看到下文，信息损失大，所以对于很多语言理解类的文本分析任务，效果不好。

3. 混合结构

1）Encoder-Decoder 结构

Encoder-AE 适合语言理解类的文本分析任务，Encoder-AR 适合语言生成类的文本分析任务。Encoder-Decoder 结构结合了两者的优势，既适合语言理解类任务，也适合语言生成类任务。Encoder-Decoder 结构如图 2-9 所示，Encoder 编码阶段，采用 Encoder-AE 结构，基于双向语言模型，任意两个 Token 互相可见，更充分地利用输入句子的上下文信息；而在 Decoder 解码阶段，采用 Decoder-AR 结构，从左到右逐个生成 Token，与标准 Decoder-AR 不同的是，Decoder 侧生成的 Token，除能看到在它之前生成的 Token 序列外，还能看到 Encoder 侧所有输入的 Token，具体是对 Encoder 侧的 Token 进行 Attention 操作来实现的，对应的 Attention 结果放在了 Encoder 顶层 Transformer Block 的输出上。

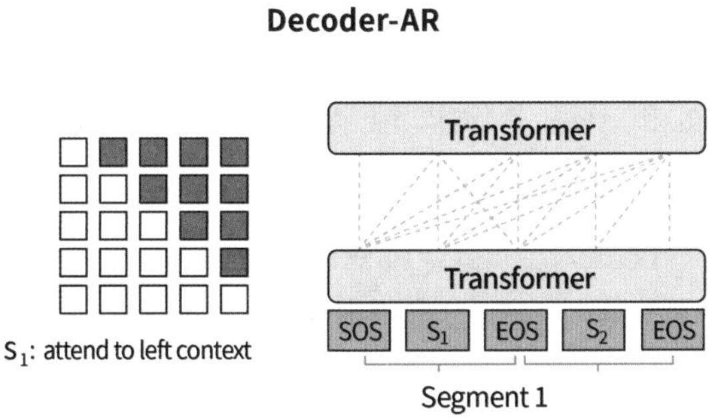

图 2-8 Decoder-AR 的模型结构

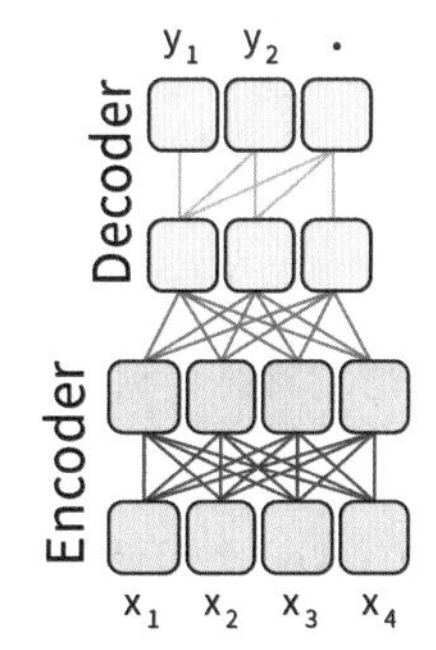

图 2-9 Encoder-Decoder 的模型结构

在预训练阶段，Encoder 端随机遮盖掉文本的部分 Token，通过双向语言模型进行预测，Decoder 端通过单向语言模型从左到右生成被遮盖掉的连续 Token 序列，两个任务进行联合训练。

Encoder-Decoder 结构同时适合语言理解类的任务和语言生成类的任务，对于这两类任务，效果都不错。但是，它的问题在于相对其他模型的参数量翻倍，要占据更多的 GPU 显存。目前，采用 Encoder-Decoder 结构的预训练模型包括 Google T5、BART 等模型。

2）Prefix LM 结构

Prefix LM 结构是 Encoder-Decoder 模型的变体，是在 Google T5 论文中定义的提法，具体结构如图 2-10 所示。在 Prefix LM 结构中，Encoder 和 Decoder 共享了同一个 Transformer，Encoder 部分占据左边，采用 AE 模式，任意两个 Token 都相互可见，Decoder 部分占据右边，采用AR模式，当前Token只能看到它之前的所有Token，包括Encoder的所有Token，不能看到后面的Token。Prefix LM中这种Encoder和Decoder共享一个Transformer的机制是通过注意力掩码（Attention Mask）来实现的，目前，采用Prefix LM结构的预训练模型包括UniLM等模型。

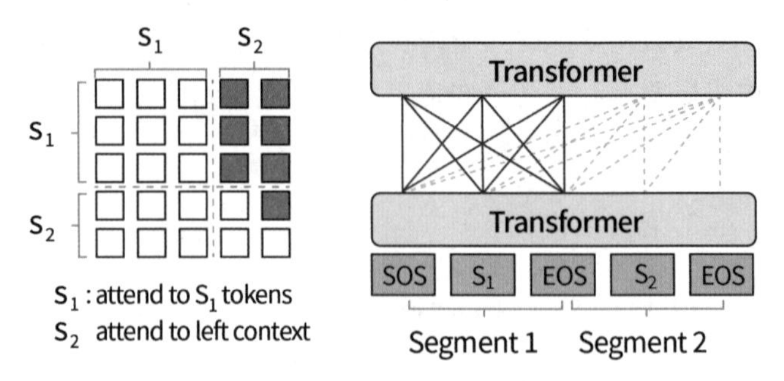

图2-10 Prefix LM的模型结构

Prefix LM结构由于是Encoder-Decoder结构的变体，因此它既适合语言理解类任务，也适合语言生成类任务，标准的Encoder-Decoder模型使用了两个Transformer，Prefix LM结构只使用了一个Transformer，因此Prefix LM模型的参数更少、更轻，不过在效果方面，Prefix LM模型的效果不如标准的Encoder-Decoder模型，语言理解任务的效果两者差距比较显著，语言生成类任务两者相差比较小。

4. PLM结构

PLM（Permuted Language Model，排列语言模型）采用单个Transformer模型作为主干结构，模型结构如图2-11所示，最早是在XLNet的论文中提出的。PLM语言模型在预训练的过程中，它表面上是按照从左到右的输入过程，类似于生成类任务的AR做法，但是内部通过注意力掩码来处理，本质上是理解类任务的AE做法，但是它和AE从具体实现上存在两个主要的差别：

- 预训练过程和下游任务微调的一致性上有差别。在预训练过程中，AE做法的输入句子中使用了Mask标记，因此预训练过程和下游任务微调的输入不一致。PLM结构的输入句子中去掉了Mask标记，改为内部注意力掩码，因此预训练过程和下游任务微调的输入保持一致。
- 被遮盖掉的Token之间的相互影响上有差别。AE做法中，被遮盖掉的Token相互独立，其间不产生作用，PLM结构中，被遮盖掉的Token相互影响，前面生成的被遮盖掉的Token，对后面即将生成的被遮盖掉的Token，在预测过程中发生作用。

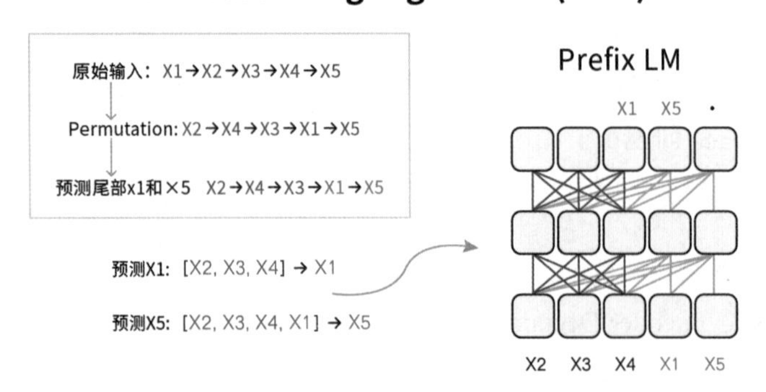

图2-11 PLM的模型结构

单纯看 PLM 模型结构，在语言理解类任务中，效果不及 Encoder-AE，在语言生成类任务中，效果略微优于 Encoder-AE，但是与 Decoder-AR 差距较大。在这两类任务中，效果都还可以，但都不够好。

上面对 4 种常见的预训练模型结构进行了简要的介绍，总体来说，在模型效果方面，Encoder-AE 比较适合做语言理解类的文本分析任务，Decoder-AR 比较适合做语言生成类的文本分析任务，Encoder-Decoder 结构同时适合语言理解类的任务和语言生成类的任务，PLM 模型结构对于这两类任务效果都不够好。在模型量级方面，Encoder-Decoder 结构的模型重，参数量和计算量都很大，Encoder-Decoder、Encoder-AE、Prefix LM 和 PLM 等结构的模型比较轻量。在实际开发过程中，预训练模型的选择需要将任务的类型、模型的效果和模型量级等这些因素综合考虑，选择合适的模型结构。

2.4 加速处理器 GPU 和 TPU

预训练语言模型是业界 NLP 领域的主流技术，我们在各种 NLP 任务中也广泛使用该技术进行模型的训练和微调。然而，预训练模型通常需要大量的计算资源和时间进行训练，对高性能计算有着迫切需求，GPU（Graphics Processing Unit，图形处理单元）和 TPU（Tensor Processing Unit，张量处理单元）就是常用的 AI 硬件加速器，用于加速模型的训练和微调过程。

2.4.1 GPU 的介绍

GPU 是一种专门用于图形处理、并行计算以及加速各种计算任务的处理器。它可以大幅提升数据并行处理能力，与传统的中央处理器（Central Processing Unit，CPU）相比，GPU 在某些类型的计算任务上具有更高的性能。

GPU 最初是为了图形渲染而开发的，并且随着游戏和图形应用的发展，它逐渐成为计算机系统的标准配置之一。随着科学计算、机器学习和深度学习等领域的兴起，更多的人开始意识到 GPU 在加速计算任务方面的潜力。为此，一些公司开始将 GPU 的设计和应用推向了新的高峰，开发出了适用于普通消费者和专业用户的 GPU 产品。

GPU 的核心原理是并行计算。与 CPU 一样，GPU 具有指令集、寄存器、缓存等组成要素，但它的特点是拥有大量的小型计算核心，每个核心可以同时执行多个线程。这种设计使得 GPU 在处理大规模并行任务时具有巨大的优势。

为了更好地理解 GPU 的并行计算原理，我们可以将 GPU 的工作方式与 CPU 进行对比。一个典型的 CPU 通常有几个处理核心（通常是 2 个、4 个甚至更多），每个核心具有多级缓存。在处理单个任务时，CPU 通过指令流水线和线程调度将计算任务划分为多个小任务，并依次执行。

相比之下，GPU 具有大量的计算核心（通常是数百个，甚至上千个），每个核心都可以并行执行任务。这样的设计使得 GPU 能够同时处理多个数据集，并在一个时钟周期内完成大量的计算。GPU之所以适用于并行计算，是因为它的设计与图形渲染密切相关，图形渲染涉及大量的三角形变换、像素着色、纹理映射和光照计算等任务，这些任务可以并行执行。一个典型的GPU由以下几个主要组件构成。

- 流处理多处理器（Streaming Multiprocessors，SM）：一个GPU通常包含多个SM，每个SM包含多个计算单元（CUDA核心）。每个计算单元可以独立执行指令，并具有自己的寄存器文件和共享内存。
- 内存控制器：内存控制器负责从主存中读取数据，并将数据加载到GPU的内存中，同时也将处理结果写回主存。内存控制器在协调读写操作的同时，还负责缓存管理、数据一致性和内存访问优化等功能。
- GPU内存：GPU拥有自己的专用内存，用于存储和处理大量数据。GPU内存通常具有高带宽和低延迟的特点，能够快速访问和传输数据。
- 图形渲染单元：GPU具有专门的图形渲染单元，用于处理图形相关的任务，例如光栅化、像素着色、纹理映射等。这使得GPU成为游戏和图形应用程序中的关键组件。

GPU的高性能计算能力在游戏开发、深度学习、科学计算、密码学、视频编码等领域发挥着关键作用。

- 游戏图形渲染：GPU是游戏中实时图形渲染的关键组件。它能够处理大量的三维图形数据，实现逼真的图像和流畅的动画效果。游戏开发者可以利用GPU的并行计算能力来实现复杂的图形效果和物理模拟，提供更加沉浸式的游戏体验。
- 深度学习：GPU的强大并行计算能力使其成为深度学习领域的首选硬件。深度学习模型通常包含大量的矩阵运算和神经网络层级计算，GPU能够高效地并行处理这些计算任务，提供更快的模型训练和推理速度。许多深度学习框架（如TensorFlow、PyTorch等）都支持GPU加速。
- 科学计算：GPU的高性能计算能力使其在科学计算和数值模拟等领域得到广泛应用。例如，物理学模拟、天气预报、流体力学模拟等复杂计算任务可以借助GPU的并行处理能力加速运算，从而缩短计算时间，提高计算效率。
- 密码学和密码破解：GPU的强大并行计算能力使其在密码学和密码破解领域具有优势。密码学算法中的哈希函数和密码破译算法可以通过GPU的并行能力来快速计算，有助于提高密码学的安全性和破解密码的效率。
- 视频编码：GPU在视频编码和解码方面也发挥着重要作用。通过利用GPU的图形处理性能进行视频编码和解码，可以提高视频处理的速度和质量，使得视频播放、视频会议和流媒体传输等领域得益于更高效的图像处理能力。

2.4.2 GPU产品命名

前面介绍了GPU的沟通和用途，接下来我们对GPU的常见厂家和型号进行详细介绍，包括NVIDIA、AMD和Intel等主要厂商的产品。

NVIDIA（英伟达）公司是GPU市场的领导者，以出色的图形处理能力和性能而著名。

NVIDIA 的显卡适用于游戏、深度学习和科学计算等领域，支持光线追踪、人工智能和 CUDA 架构，提供卓越的性能和实时渲染技术。NVIDIA 包括的 GPU 产品系列如下。

- GeForce 系列：GeForce 系列是 NVIDIA 最为知名的产品线之一，主要面向个人消费者市场。其中包括入门级的 GeForce GT 系列、主流级的 GeForce GTX 系列以及高端级的 GeForce RTX 系列。GeForce RTX 系列拥有基于 NVIDIA 的图灵架构的核心，支持光线追踪、人工智能、DLSS（深度学习超采样）等技术，并提供卓越的游戏性能和图形表现。
- Quadro 系列：Quadro 系列是专为专业工作站市场设计的产品线。Quadro 显卡具有强大的图形处理能力和可靠的稳定性，适用于 CAD、动画、影视后期制作、虚拟现实等领域的专业应用。
- Tesla 系列：Tesla 系列主要面向高性能计算和数据中心市场，用于科学计算、数据分析、人工智能等领域的高性能计算任务。Tesla 显卡采用了专门的架构，并具有更多的 CUDA 核心和大容量的显存。

AMD 公司的 GPU 产品具有良好的性能和价格竞争力，适用于游戏、图形设计和其他消费者需求。AMD 显卡支持开放式标准，采用先进的 RDNA 架构，具备高效能和能耗优化的优势，常具有大容量显存。AMD 包括的 GPU 产品系列如下。

- Radeon RX 系列：Radeon RX 系列是 AMD 公司推出的面向个人消费者市场的主要产品线，包括入门级、中端和高端级别的产品。Radeon RX 显卡具有出色的游戏性能和图形处理能力，能够满足游戏、图形设计和视频编辑等需求。
- Radeon Pro 系列：Radeon Pro 系列是面向专业工作站市场的 AMD 显卡产品线。它适用于 CAD、动画、影视后期制作等专业领域，具有卓越的图形渲染能力和大容量的显存，支持开放式计算语言（OpenCL）和 AMD 的专有技术。

Intel 是主要的 CPU 制造商，近年来逐渐切入 GPU 市场并推出了 Xe 系列 GPU，面向游戏、AI 和高性能计算等领域。Xe 系列 GPU 提供出色的图形渲染和机器学习性能，适用于广泛的应用领域。此外，Intel 在集成显卡领域也有进展，为台式机和笔记本电脑提供较高质量的解决方案。Intel 公司包括的 GPU 产品系列如下。

- Xe 系列：Intel Xe 是英特尔公司最新推出的 GPU 系列，主要面向游戏、AI 和高性能计算领域。Xe 显卡具有出色的图形渲染能力和机器学习性能，可用于游戏、虚拟现实、机器学习等领域的应用。

由于我们在 NLP 模型的实际开发过程中普遍用的是 NVIDIA GPU，NVIDIA 常见的三大产品线包括 Quadro 系列、GeForce 系列和 Tesla 系列，接下来我们对这些系列的产品型号进行具体的介绍。

对于 GeForce 系列和 Quadro 系列，英伟达 GPU 产品命名的主体一般是“产品系列 + 型号 + 代号”这样的方式。型号包括常见的 GT、GTX、RTX 等，遵循由高至低的命名规则，RTX> GTX > GTS > GT > GS。RTX 是系列中的先进显卡，GTX 是系列中的高端显卡，GTS 是系列中的中端显卡，GT 是系列中的普通显卡（入门级显卡），这些型号的含义如下。

- RTX：代表着 Ray Tracing（光线追踪）的技术特性，光线追踪是一种先进的渲染技术，RTX 显卡成为游戏、动画、影视后期制作等领域中追求高质量渲染的首选方案，随着 RTX 的出现，GTX 显卡成为过去式。
- GTX：一般可以理解为 GT eXtreme，代表了极端、极致的意思，用于 NVIDIA 最高级别的型号，如 8800GTX 和最新的 9800GTX，都采用了 GTX 的后缀。
- GTS：超级加强版 Giga-Texel Shader 的缩写，千万像素的意思，也就是每秒的像素填充率达到千万以上。
- GT：频率提升版本 GeForce Technology 的缩写，表示 GPU 增强技术。
- GS：采用 GS 命名的显卡，其核心架构可以和 GT 一样，只是在运行频率上落后于 GT，一般可以看作 GT 的缩减版。

我们实际拿一款 GPU 产品名称来进行解释说明，例如 NVIDIA GeForce RTX 2080 Ti，各个部分的含义如下：

- NVIDIA 即英伟达，品牌名。
- GeForce 是显卡系列名称。
- RTX 是显卡的型号。
- 2080 数字中的 20 代表第几代，中间数字 8 则是显卡性能档次的定位，末尾数字通常都是 0，不用管。中间数字的大小说明了这款显卡在同系列显卡中的性能级别，比如 1、2、3、4 就属于低端显卡，5 属于中端显卡，6、7 属于中高端显卡，8、9 属于高端显卡。
- Ti 是显卡的英文后缀，后缀分为 TI、Super、SE、M、LE 等，其中 TI 是 Titanium（钛）的简称，表示在同一架构或系列中的高性能显卡；Super 表示增强版或升级版，具有更多的 CUDA 核心、更快的频率或其他优化；SE 是 Special Edition（特别版）的简称，通常用于指代特别限量版产品或有特殊设计和功能的显卡；M 表示移动端，笔记本电脑专用，MOBILE 的意思；LE 是 Limit Edition 的缩写，表示限制版本，即产品系列中的低端产品。

根据上面的命名规则，Quadro 系列常见的产品包括 RTX 3000、RTX 4000、RTX 5000、RTX 6000、RTX 8000 等，GeForce 系列的产品又具体可以划分为如下几个子系列：

- GeForce 10 子系列：GTX 1050、GTX 1050Ti、GTX 1060、GTX 1070、GTX 1070Ti、GTX 1080、GTX 1080Ti。
- GeForce 16 子系列：GTX 1650、GTX 1650 Super、GTX 1660、GTX 1660 Super、GTX 1660Ti。
- GeForce 20 子系列：RTX 2060、RTX 2060 Super、RTX 2070、RTX 2070 Super、RTX 2080、RTX 2080 Super、RTX 2080Ti。
- GeForce 30 子系列：RTX 3050、RTX 3060、RTX 3060Ti、RTX 3070、RTX 3070Ti、RTX 3080、RTX 3080Ti、RTX 3090、RTX 3090Ti。

GeForce 系列是消费级显卡，常用来打游戏。但是它在深度学习上用来做训练和推理的性能也非常不错，单张卡的性能和 Tesla 系列的深度学习专业卡相比，差不了太多，但是性价比却高不少，我们在 NLP 的深度学习模型开发过程中，就会经常用到 GeForce 系列的 RTX 2080 Ti、RTX 3090 显卡，性价比很高。

最后介绍一下 Tesla 系列产品的命名规则，一般是用“产品系列 + 架构名称首字母 + 代号”这样的方式进行命名。架构描述了 GPU 内部的组织、功能模块和通信方式，决定了 GPU 的性能、功耗和功能特性，NVIDIA GPU 芯片架构都用科学家名字来命名的，具体包括 Fermi（费米）、Pascal（帕斯卡）、Volta（伏特）、Turing（图灵）、Ampere（安培）、Kepler（开普勒）、Maxwell（麦克斯韦）。例如 NVIDIA Tesla A100，其中的 A 代表 Ampere 架构的含义，Tesla 类型的产品分为如下几个常见的子系列。

- A-Series 子系列 Ampere 架构：A10、A16、A30、A40、A100。
- T-Series 子系列 Turning 架构：T4。
- V-Series 子系列 Volta 架构：V100。
- P-Series 子系列 Pascal 架构：P4、P6、P40、P10。
- K-Series 子系列 Kepler 架构：K8、K10、K20c、K20s、K20m、K20Xm、K40t、K40st、K40s、K40m、K40c、K520、K80。

在 Tesla 系列的产品中，Tesla P4 芯片和 T4 芯片都是 NVIDIA 推出的用于机器学习模型推理的加速器，P4 芯片基于 NVIDIA 的 Pascal 架构，而 T4 芯片则基于 Turing 架构，Turing 架构相对于 Pascal 架构引入了更多的技术创新和性能优化。Tesla T4 是世界领先的推理加速器，相较于 P4，T4 在业务处理量上有 40% 的提升。

自 OpenAI 发布 ChatGPT 以来，大模型技术一直是备受关注的热门趋势，V100 和 A100 就是专门用来进行大模型训练的芯片。V100 芯片基于 NVIDIA 的 Volta 架构，而 A100 芯片则基于 Ampere 架构，两者都具备出色的计算能力和深度学习性能，为大模型训练提供重要的支持。A100 芯片相比 V100 芯片具备更高的计算性能。A100 芯片采用了 7 纳米制程技术，并且拥有更多的 CUDA 核心数量，提供更高的并行计算能力。此外，A100 芯片还引入了第三代 Tensor Cores 和具有更高精度的混合精度计算，可提供更快速和更高效的计算能力。根据英伟达官方网站的案例，OpenAI 使用了 10000 块 V100 来训练具有 1750 亿参数的 GPT-3，但未公开训练所需的时间。根据英伟达的估算，如果将 A100 用于 GPT-3 的训练，预计需要 1024 块 A100 并持续一个月的时间，因此 A100 相对于 V100 性能提升了 4.3 倍。因此，A100 芯片成为 NVIDIA 的最新一代顶级数据中心 GPU，为大规模数据处理、深度学习任务和其他复杂工作负载提供了前所未有的性能和效率，成为大模型时代的主流显卡芯片。

2.4.3 TPU 和 GPU 的区别

TPU 即谷歌推出的 Tensor Processing Unit，一个只专注于神经网络计算的处理器。TPU 的主要功能是矩阵运算，是一个单线程芯片，不需要考虑缓存、分支预测、多道处理等问题的处理器，其可以在单个时钟周期内处理数十万次矩阵运算，而 GPU 在单个时钟周期内只可以处理数百到数千次的计算。

TPU 专为加速深度学习算法而设计，并在此领域表现出色。它具备更高的计算密度，可以更快速地执行矩阵操作和张量计算。相对于 GPU，TPU 在相同计算能力下消耗更少的功耗。这使得它在功耗和性能效率方面更为出色，节省了能源和成本。TPU 专为深度学习任务和推理优化，而不是通用计算。它在处理深度学习工作负载时具备更高的效率和性能。另外，TPU 具备更大的嵌入式内存（缓存），可以更有效地处理和存储数据。

因为预训练模型采用了 Multi-Head Dot-Product Attention（多头点乘注意力），所以从数学上来说，预训练模型不论是前向传播计算还是后向传播计算都涉及大量矩阵运算，这也使得 TPU 天生就非常适合于计算预训练模型等神经网络。

当然，任何理论分析都需要通过实际测试来验证其有效性。那么 TPU 效果究竟如何呢？下面来展现一下我们对 TPU 的测评结果。

2.4.4 TPU 的使用总结

如前文所述，TPU 在训练 BERT 模型时到底有怎样的优势呢？我们分别就重新预训练语言模型和微调语言模型的任务进行比对。

我们采用 500MB 的文本语料，并根据主流的 BERT BASE 版模型的参数要求：首先将文本数据遮盖 10 遍产生预训练数据，然后采用序列长度为 128、12 层、768 维等参数进行 500 000 步训练。我们使用 TPU V2-8 进行计算并与主流 GPU Tesla V100*8 从运算时间和花费上进行对比，结果如表 2-2 所示。对比发现，使用 GPU 进行训练花费了大约 7 天时间，而用 TPU 进行训练仅需要 1.2 天即可完成，同时，在总费用成本上也是大量缩减。

表2-2 TPU和GPU的对比数据

硬件配置	训练步数	运算时间(天)	总花费
TPU-V2（8核心）	500 000	约1.2天	$38.9
TeslaV100*8	500 000	约7天	$978

我们现在使用 TPU 作为加速硬件的方法对 BERT 模型进行 10 轮微调，通过和 GPU Tesla 进行对比发现：TPU 完成微调仅需要约 10 分钟的时间，而 GPU 完成同样的微调需要超过一个小时的时间，这项技术大大提升了我们在 NLP 领域进行神经网络计算的效率，而且从总花费的角度来看，使用 TPU 的成本只有 GPU 的 3.5% 左右。

因此，TPU 的超高效率和低廉价格将神经网络计算变得更加“亲民”了，TPU 可以从根本上解决中小公司算力要求高但经费不足的顾虑，曾经那种需要几十台 GPU 几天时间的 BERT 预训练由一个 TPU 一天可以轻松解决。这让所有的中小型企业也可以拥有之前所缺少的强大算力。

下面是我们对使用 TPU 的一个经验总结，希望大家可以借此排坑。

我们以租用 TPU V2 八核心为例，系统地说明一下创建虚拟机实例和 TPU 实例的方法。进入谷歌云的首页，首先创建一个 VM（虚拟机）实例，在选项中进行现存、内存数量、系统镜像等配置。在该页面的选项中，有以下几项比较重要。

- Machinetype。该选项决定了 VM 实例的线程数和内存数量的配置。一般来说，在配置系统阶段，只选用最小的线程数和内存数量即可。而如果开始租用 TPU，由于读写 TensorFlow Checkpoint 由 CPU 完成，且网络带宽与线程数成正比，在 TPU 开始训练后，不宜选用过小的线程数。
- BootDisk。该选项指定了系统的镜像。如果需要使用 TPU 进行计算，则要选择支持 TPU 的镜像。目前而言，TPU 支持两种深度学习框架，即 TensorFlow 和 PyTorch。相比较而言，TensorFlow 的支持更为成熟，而 PyTorch 的支持则具有一定的实验性。建议目前还是选用 TensorFlow 框架。
- 在 Identityand API Access 一项中，如果不存在部署问题，建议选择 Allow full access to all Cloud APIs 一项。

接下来创建TPU界面，如图2-12所示。

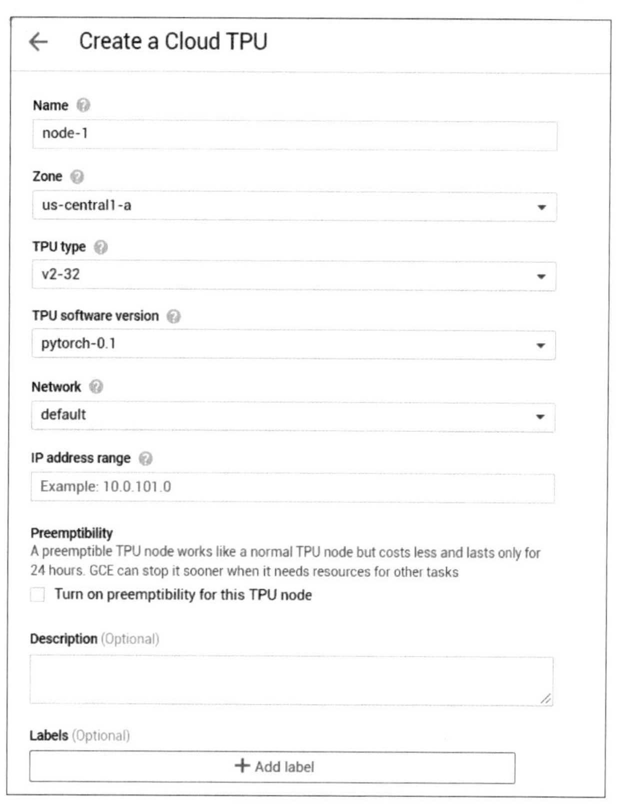

图 2-12　创建 TPU 界面

在创建 TPU 界面时，有以下几个选项值得说明：

- TPU type 一项中，会出现 v2-8、v3-8、v3-32 等选项的说明（注意不同的区域提供不同型号的 TPU）。其中 v2 或 v3 为 TPU 的型号，-8 或 -32 则为核心数量。最小的核心数量为 8 核心。在该模式下，我们可以选用抢占式的模式。而对于大于 8 核心的选项，则意味着 TPU pod。该模式尚不支持抢占式（但是抢占式正在谷歌内部进行内测）。
- IP address range 一项中，如不涉及部署，则可以填写 10.1.x.0，其中 x 为大于 101 的数字（如 102、103 等）。值得注意的是，如果之前已有 TPU 填写了某范畴，而新创建的 TPU 的 IP 地址范畴与之也有重叠，则新创建的 TPU 会覆盖原先的实例。
- Preemptibility 一项为是否采用抢占式实例的选项。如前文所述，只有 V2-8 和 V3-8 两种型号支持创建抢占式实例。

如果以上选项均已设定完毕，确认无误之后则可以创建 TPU 实例，然后就可以顺利运行 TPU 程序了。

我们在前文中介绍的 VM 实例和 TPU 实例的管理方式为众多方法中的一种，除以上方法外，还可以通过命令行模型 ctpuup 等创建 TPU 实例，对此不再详细介绍。下面重点结合在此期间使用 TPU 的经验，和大家分享心得。

首先需要注意的是，TPU 创建完毕并开始运行，即使没有实际的程序运行也会发生扣费。建议在开启 TPU 之前，先将代码在本地环境中调通，避免没有必要的费用流失。从运行 TPU 的实战经历来看，建议使用 TensorFlow 的 Estimator 框架，因为只需在创建 Estimator 时将普通的 Estimator 改为 TPU Estimator，即可使用 TPU 进行 BERT 神经网络预训练。这样大大减少了工作量。

在进行 BERT 模型训练过程中，batch_size 的大小直接影响模型训练的性能，通过对 Google TPU 的了解得知，每个 TPU 包含 8 个 Core，建议设置 batch_size 大小为 8 的倍数。同时，Google 推出了 TPU 的 Pod 模式以满足用户对更大算力的追求，实际上就是将多个 TPU 封装成一个整体供用户使用，比如 V3-32，就是用 4 个 V3 的 TPU，因此建议 batch_size 的大小能被整体 Core 的数目整除，这样可以最大效率地利用 TPU。

当然，除此之外，在实战中还需要处理较大的文件在 VM 中的问题，因为这样会消耗大量硬盘资源以及增加运算成本，我们用到了 Buckets——一个价格相对亲民的存储方式来提升资源运用的效率，建议将较大的文件（如 BERT 文件的初始权重）存储在 Bucket 中，该步骤较为简单，故省略详细介绍，有需要可以进一步阅读 https://cloud.google.com/storage/docs/creating-buckets。

在经过一段时间的使用后，TPU 虽然在多个方面完胜 GPU，但是我们认为 TPU 还是有很多可改进的地方：

- TPU 的使用门槛很高，TPU 自开发以来，拥有较少的代码示例和文档，官方提供的示例也不够完善，对于初学者不够友好。尤其由于 TensorFlow 静态图的本质，这使得基于 TPU 的调试比较困难。
- 究其根本，TPU 是围绕 TensorFlow 框架设计的硬件，实际使用过程中 TPU 硬件和 TensorFlow 版本具有较大的相互依赖性，大大减小了其可兼容性，使得使用其他人工智能框架的项目很难高效、低成本地运用 TPU 进行运算。
- 由于 TensorFlow 本身是基于静态图的，而 TPU 从本质上也只能支持静态图，这使得需要依赖动态图的应用难以在 TPU 上运行。这类应用包括语义分析（Semantic Parsing）和图网络等。

当然，在引入 TPU 新技术的情况下，模型训练将迎来新的转机和工作模式。随着计算效率的提高，可以极大地缩短冗长的计算等待时间，并提高模型产出的效率，增强项目的可控性。之前，研发人员考虑到时间成本问题，采用多个假设并行验证的工作方式。由于每个实验都存在出问题的风险，并行实验会使得无法估测每个验证的具体成功率，很有可能导致耗费大量算力后空手而归。如今，在新技术的支持下，研发人员可以将所有假设串联并一一快速验证，显著提高了实验的效率，大大降低了项目的成本风险，增加了可预测性。

整体上来说，我们认为 TPU 结合预训练模型是一个不错的开始，大大减少了预训练模型的时间，显著提升了预训练模型整体运算的效率，大幅度降低了硬件资源的算力成本。

2.5 预训练模型的常见问题

2.5.1 模型输入的常见问题

（1）BERT 的输入有三个 Embedding，各自的作用是什么？

回答：BERT Embedding Layer 有三个输入，分别是 Token-embedding、Segment-embedding 和 Position-embedding。注：在自然语言处理（NLP）领域中，词向量（Word Vectors）和词嵌入（Word Embedding）通常被用作同义词，它们都指的是将单词或词语表示为向量形式的技术。

- Token-embedding：将单词转换为固定维的向量表示形式，在 BERT-base 中，每个单词都表示为一个 768 维的向量。
- Segment-embedding：BERT 在解决双句分类任务（如判断两段文本在语义上是否相似）时，是直接把这两段文本拼接起来输入模型中，那么模型是如何区分这两段文本的呢？答案就是通过 Segment-embedding。对于两个句子，第一个句子的 Segment-embedding 部分全是 0，第二个句子的 Segment-embedding 部分全是 1。
- Position-embedding：BERT 使用 Transformer 编码器，通过 Self-Attention 机制学习句子的表征，Self-Attention 不关注 Token 的位置信息，所以为了能让 Transformer 学习到 Token 的位置信息，在输入时增加了 Position-embedding。

（2）BERT 的输入有 Token-embedding、Segment-embedding 和 Position- embedding 三个向量，三者之间是拼接关系还是相加关系，维度分别是多少？

回答：三个向量是相加后作为第一层 Transformer 的输入，三个向量的维度都是 768。PyTorch 版 BERT-embedding 具体实现代码如图 2-13 所示，从中可以明显看出是相加的关系。

```
class BertEmbeddings(nn.Module):
    def __init__(self, config):
        super(BertEmbeddings, self).__init__()
        self.word_embeddings = nn.Embedding(config.vocab_size, config.hidden_size, padding_idx=0)
        self.position_embeddings = nn.Embedding(config.max_position_embeddings, config.hidden_size)
        self.token_type_embeddings = nn.Embedding(config.type_vocab_size, config.hidden_size)
        self.LayerNorm = BertLayerNorm(config.hidden_size, eps=config.layer_norm_eps)
        self.dropout = nn.Dropout(config.hidden_dropout_prob)

    def forward(self, input_ids, token_type_ids=None):
        seq_length = input_ids.size(1)
        position_ids = torch.arange(seq_length, dtype=torch.long, device=input_ids.device)
        position_ids = position_ids.unsqueeze(0).expand_as(input_ids)
        if token_type_ids is None:
            token_type_ids = torch.zeros_like(input_ids)

        words_embeddings = self.word_embeddings(input_ids)
        position_embeddings = self.position_embeddings(position_ids)
        token_type_embeddings = self.token_type_embeddings(token_type_ids)

        embeddings = words_embeddings + position_embeddings + token_type_embeddings
        embeddings = self.LayerNorm(embeddings)
        embeddings = self.dropout(embeddings)
        return embeddings
```

图 2-13 BERT-embedding 层源码

（3）BERT 的 Position-embedding 为什么是学习出来的，而不像 Transformer 那样通过 Sinusoidal 函数生成？

回答：BERT 论文中作者对此没有说明原因，我们可以从两方面进行分析：首先，用于机器翻译的平行语料有限，Transformer 那篇论文在做机器翻译任务时没有像现在训练 BERT 一样有海量的训练数据，所以即使用了 Learned-position-embedding，也未必能够学到一个好的表示。而 BERT 训练的数据比 Transformer 大得多，因此可以让模型自己学习位置特征。其次，对于翻译任务，Encoder 的核心任务是提取完整的句子语义信息，无须特别关注某个词的具体位置。而 BERT 在做下游的序列标注类任务时需要确切的位置信息，模型需要给出每个位置的预测结果，因此 BERT 在预训练过程中需要建模完整的词序信息。

（4）BERT 分词时使用的是 WordPiece，WordPiece 实现了什么功能，为什么要这么做？

回答：先说为什么这么做，如果以传统的方式进行分词，由于单词存在时态、单复数等多种变化，会导致词表非常大，严重影响训练速度，并且即使是一个非常大的词表，仍无法处理未登录词（Out Of Vocabulary，OOV），影响训练效果。而如果以 Character 级别进行文本表示，粒度又太细。Subword 粒度在 Word 与 Character 之间，能够较好地解决上述分词方式面临的问题，已成为一个重要的 NLP 模型性能提升方法。Subword 的实现方式主要有 WordPiece 和 BPE（Byte Pair Encoding），BERT 使用了 WordPiece 方式。

WordPiece 的功能：WordPiece 可以理解为把一个单词再拆分成 Subword，比如 loved、loving、loves 这三个单词，其实本身的语义都是“爱”，但是如果以单词为单位，那么这些词就算是不一样的词。WordPiece 算法能够把这 3 个单词拆分成 lov、#ed、#ing、#es 几部分，这些单词有一个共同的 Subword lov，这样可以把词的本身的意思和前缀、后缀分开，使最终的词表变得精简，并且寓意也更清晰。

（5）BERT 的词汇表是怎么生成的？

回答：可能很多人没思考过这个问题，虽然在上一个问题中我们已经知道 WordPiece 会把单词拆分成 Subword，但是能拆分的前提是有一个 Subword 词汇表。这个问题中，我们就来详细看一下这个 Subword 词汇表的生成方法。

在生成 WordPiece 词汇表之前，我们先看一下 BPE 词汇表是怎么生成的，因为两者非常相似。BPE 词汇表生成算法如下：

① 准备训练语料用于生成 Subword 词表，需要量足够大。

② 预设定好期望的 Subword 词表的大小。

③ 将单词拆分为字符序列并在末尾添加后缀“</ w>”，统计单词频率，例如 low 的频率为 5，那么我们将其改写为“ l o w </ w>” : 5。这一阶段的 Subword 的粒度是单字符。

④ 统计连续字节对出现的频率，选择频率最高的合并成新的 Subword。

⑤ 重复第④步，直到 Subword 词表大小达到第②步设定的值，或下一个最高频的字节对出现的频率为 1。

下面来看一个例子：假设我们的训练语料为：lower 出现 2 次，newest 出现 6 次，widest 出现 3 次，low 出现 5 次。根据上述第③步的操作可以处理成如下格式：{ 'l o w e r </w>' : 2, 'n e w e s t</w>' : 6, 'w i d e s t </w>' : 3, 'l o w </w>' : 5}。其中的 key 是词表中的单词拆分成字母，末尾添加后缀"</w>"，value 代表单词出现的频率。此时初始的词表中是训练语料中所有单词的字母集合，大小为 10，如下表：[l, o, w, e, r, n, s, t, i, d]。

我们设定最终的词表大小为 18，然后开始整个算法中最重要的第④步，过程如下：

① 原始词表：{'l o w e r </w>': 2, 'n e w e s t </w>': 6, 'w i d e s t </w>': 3, 'l o w </w>': 5}，出现最频繁的序列 : ('s', 't') 9。

② 将 st 加入词表，第 1 次循环结束，此时词表大小为 11。

③ 合并最频繁的序列后的词表：{'n e w e st </w>': 6, 'l o w e r </w>': 2, 'w i d e st </w>': 3, 'l o w </w>': 5}，出现最频繁的序列 : ('e', 'st') 9，将 est 加入词表，第 2 次循环结束，此时词表大小为 12。

④ 合并最频繁的序列后的词表：{'l o w e r </w>': 2, 'l o w </w>': 5, 'w i d est </w>': 3, 'n e w est </w>': 6}，出现最频繁的序列 : ('est', '</w>') 9，将 est</w> 加入词表，第 3 次循环结束，此时词表大小为 13。

⑤ 合并最频繁的序列后的词表：{'w i d est</w>': 3, 'l o w e r </w>': 2, 'n e w est</w>': 6, 'l o w </w>': 5}，出现最频繁的序列：('l', 'o') 7，将 lo 加入词表 , 第 4 次循环结束，此时词表大小为 14。

⑥ 合并最频繁的序列后的词表：{'w i d est</w>': 3, 'lo w e r </w>': 2, 'n e w est</w>': 6, 'low </w>': 5}，出现最频繁的序列：('lo', 'w') 7，将 low 加入词表，第 5 次循环结束，此时词表大小为 15。

⑦ 合并最频繁的序列后的词表：{'w i d est</w>': 3, 'low e r </w>': 2, 'n e w est</w>': 6, 'low </w>': 5}，出现最频繁的序列：('n', 'e') 6，将 ne 加入词表，第 6 次循环结束，此时词表大小为 16。

⑧ 合并最频繁的序列后的词表：{'w i d est</w>': 3, 'low e r </w>': 2, 'ne w est</w>': 6, 'low </w>': 5}，出现最频繁的序列：('w', 'est</w>') 6，将 west</w> 加入词表，第 7 次循环结束，此时词表大小为 17。

⑨ 合并最频繁的序列后的词表：{'w i d est</w>': 3, 'low e r </w>': 2, 'ne west</w>': 6,'low </w>': 5}，出现最频繁的序列 : ('ne', 'west</w>') 6，将 newest</w> 加入词表，第 8 次循环结束，此时词表大小为 18，整个循环结束。

最终我们得到的词表为：[l, o, w, e, r, n, s, t, i, d, st, est,est</w>, lo, low, ne, west</w>, newest</w>]。

WordPiece 与 BPE 稍有不同，其主要区别在于 BPE 是通过最高频率来确定下一个 Subword 的，而 WordPiece 是基于概率生成新的 Subword，另一个小的区别是 WordPiece 后缀添加的是"##"而不是"<\w>"，整个算法过程如下：

① 准备训练语料用于生成 Subword 词表，需要量足够大。

② 预设定好期望的 Subword 词表大小。

③ 将单词拆分为字符序列并在末尾添加后缀“##”。

④ 从所有可能的 Subword 单元中选择加入语言模型后能最大限度地增加训练数据概率的组合 作为新的单元。

⑤ 重复第④步，直到 Subword 词表大小达到第②步中设定的值，或概率增量低于某一阈值。

（6）BERT 的输入 Token-embedding 为什么要在头部添加 [CLS] 标志？

回答：CLS 是 Classification 的缩写，添加该标志主要用于句子级别的分类任务。BERT 借鉴了 GPT 的做法，在句子首部增加了一个特殊的 Token[CLS]，在 NSP 预训练任务中，就取的是 [CLS] 位置对应的最后的隐状态，然后接一个 MLP 输出两个句子是不是上下句关系。可以认为 [CLS] 位置的信息包含句子类别的重要特征。同理，可以取 [MASK] 位置的向量用于预测这个位置的词是什么。

（7）BERT 输入的长度限制为 512，那么如何处理长文本？

回答：BERT 由于 Position-embedding 的限制，只能处理最长 512 个词的句子。如果文本长度超过 512，有以下几种处理方式。

- 直接截断：从长文本中截取一部分，具体截取哪些片段需要观察数据，如新闻数据一般第一段比较重要，就可以截取前面部分。
- 抽取重要片段：抽取长文本的关键句子作为摘要，然后进入 BERT。
- 分段：把长文本分成几段，每段经过 BERT 之后再进行拼接或求平均，或者接入其他网络。

2.5.2 模型原理的常见问题

（1）注意力机制相比 CNN、RNN 有什么优势？为什么？

回答：在传统的 Seq2Seq 模型中，我们一般使用 RNN 或 CNN 对序列进行编码，然后采用 Pooling 操作或者直接取 RNN 的终态作为输入部分的语义编码 C，然后把 C 输入解码模块中，在解码过程中，C 对每个位置的输出重要程度是一致的，如图 2-14 所示。

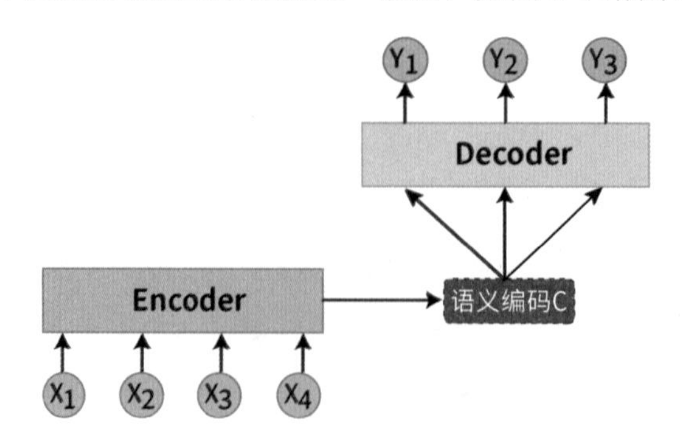

图 2-14 普通的 Seq2Seq

然而在自然语言中，一个句子中不同部分的重要性也是不一样的，用 RNN 或 CNN 进行句子编码，并不能学习到这样的信息。因此，出现了注意力机制，顾名思义就是在解码时能对序列中不同位置分配一个不同的注意力权重，抽取出更加关键和重要的信息，从而使模型做出更好的判断，就像我们人在看一个句子时，重点关注的是其中的重要信息，对不重要的信息根本不关心或基本不关心，基于注意力的 Seq2Seq 如图 2-15 所示。

（2）BERT 使用多头注意力机制，多头的输出是如何拼接在一起的？维度大小是多少？

回答：多头注意力的计算过程如图 2-16 所示。

输入向量维度为 768 维，经过每个自注意力后得到隐藏层输出为 64 维，然后把 12 个输出拼接起来得到 768 维的向量。

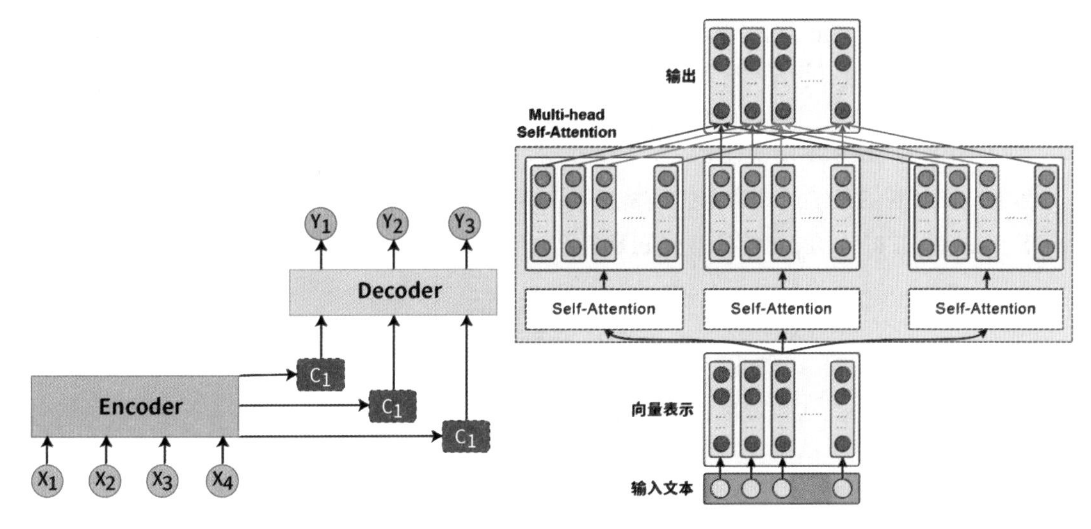

图 2-15　基于注意力的 Seq2Seq　　图 2-16　多头注意力计算过程

（3）BERT MLM 任务的具体训练方法为：随机遮住 15% 的单词作为训练样本，其中 80% 用 [MASK] 来代替，10% 用随机的一个词来替换，10% 保持这个词不变。这么做的目的是什么？

回答：要弄明白为什么这样构造 MLM 的训练数据，首先需要搞明白什么是 MLM、为什么要使用 MLM，以及 MLM 存在哪些问题。

- 为什么使用 MLM：传统的语言模型一般都是单向的，同时获取上下文信息的常见做法是分别训练正向与反向的语言模型，然后再做 Ensemble，但这种做法并不能充分利用上下文信息。MLM 的意义在于能够真正利用双向的信息，使模型学习到上下文相关的表征。具体做法就是随机遮盖（Mask）输入文本中的部分 Token，类似于完形填空，这样在预测被遮盖部分的 Token 时就能够同时利用上下文信息。
- MLM 存在的问题：由于预训练数据中存在 [MASK] 这个 Token，而在实际的下游任务中对 BERT 进行微调时，数据中没有 [MASK]，这样就导致预训练模型使用的数据和微调任务使用的数据不一致，影响微调的效果。

为了让 MLM 能够学习上下文相关特征，同时又尽量避免预训练和微调数据不一致的问题，数据处理时就采取 Mask 策略，具体处理策略和原因解释如表 2-3 所示。

表2-3 Mask策略和原因解释

<table>
<tr><th>是否进行遮盖</th><th colspan="2">比 例</th><th>遮盖方式</th><th>原 因</th></tr>
<tr><td>否</td><td colspan="2">85%</td><td>不进行遮盖</td><td>可能是考虑到性能原因，毕竟双向编码器比单向编码器训练要慢</td></tr>
<tr><td rowspan="3">是</td><td rowspan="3">15%</td><td>80%</td><td>使用[MASK]标记</td><td>让模型学习上下文信息，通过学习[MASK]的上下文表示来预测该位置真正的Token。但为了尽量避免预训练和微调时数据不一致的问题，所以只用了80%</td></tr>
<tr><td>10%</td><td>保持不变</td><td rowspan="2">一部分保持不变，可以弥合预训练和微调数据不一致的Gap，但如果保持不变的比例过高，就会导致模型自己预测自己。所以做了一个折中，使用10%的随机替换，这样可以避免模型自己预测自己，迫使模型学习每一个Token的表示</td></tr>
<tr><td>10%</td><td>随机替换成其他单词</td></tr>
</table>

（4）BERT 的参数量如何计算？

回答：要计算 BERT 的参数量，首先需要对 BERT 的结构了解得非常清楚，下面我们就来看一下 Base 版 BERT 110MB 的参数到底是怎么计算出来的。BERT 结构如图 2-17 所示。

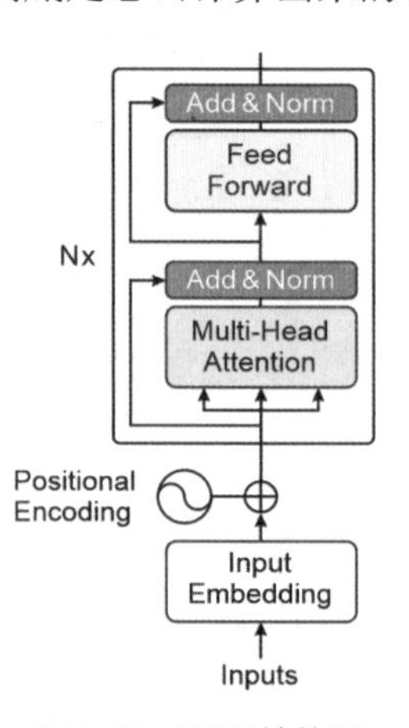

图 2-17 BERT 结构图

首先是 Embedding 层的参数量，BERT 的输入有三种 Embedding，如图 2-18 的源码所示，vocab_size=30522，hidden_size 为 768，最大位置长度为 512，type_vocab_size=2，因此可以计算出：Embedding 层的参数量 = (30522+512+2)×768=23 835 648。

```
class BertEmbeddings(nn.Module):
    def __init__(self, config):
        super(BertEmbeddings, self).__init__()
        self.word_embeddings = nn.Embedding(config.vocab_size, config.hidden_size, padding_idx=0)
        self.position_embeddings = nn.Embedding(config.max_position_embeddings, config.hidden_size)
        self.token_type_embeddings = nn.Embedding(config.type_vocab_size, config.hidden_size)
        self.LayerNorm = BertLayerNorm(config.hidden_size, eps=config.layer_norm_eps)
        self.dropout = nn.Dropout(config.hidden_dropout_prob)
```

图 2-18 BERT Embedding 层源码

其次是多头注意力的参数，如图2-19所示。先来看一下多头注意力的计算过程：Embedding层的输出x分别与三个矩阵W_Q、W_K、W_V相乘得到Q、K、V，再经过图2-19的计算得到一个自注意力的输出，用12个自注意力的输出拼接起来得到，再经过一个线性变换得到多头注意力的输出。W_Q、W_K、W_V的维度均为768×64，头数为12，线性变换矩阵为768×768，因此可以计算出：多头注意参数量 =768×64×3×12+768×768=2 359 296。

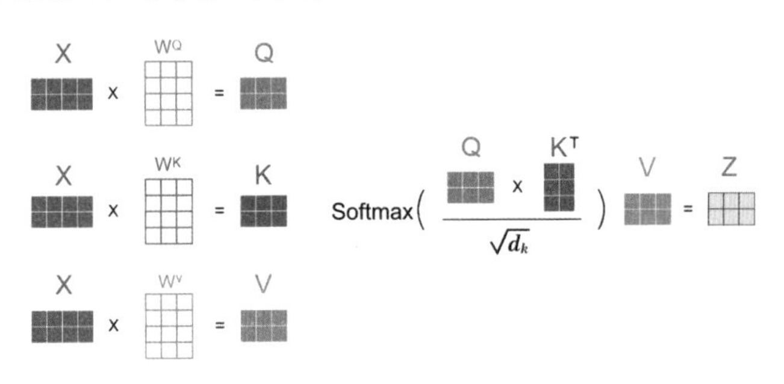

图2-19　自注意力的计算过程

最后是全连接层（Feed-Forward）的参数量，全连接层把多头注意力输出的维度从768映射到3072，又映射到768，公式如下。其中W_1维度为768×3072，W_2维度为3072×768，因此可以计算出全连接层的参数量 =768×3072×2=4 718 592。

$$\mathrm{FFN}(Z)=\max(0,ZW_1+b_1)W_2+b_2$$

Base版BERT使用了12层Transformer的Encoder，因此可以计算出：总参数量 = Embedding参数量 +12×（多头注意力参数量 + 全连接参数量）=23 835 648+12×(2 359 296+4 718 592) =108 770 304 ≈ 110MB。

（5）BERT基于NSP和MLM两个任务进行预训练，如果对BERT进行改进，一个可行的方向就是增加更多的预训练任务，那么除这两个任务外，还可以增加哪些预训练任务呢？

回答：首先这些预训练任务的训练数据要能从无监督数据中获取，这样才能获取到海量的训练数据，符合这一条件的任务都可以进行尝试，如百度的ERNIE增加了很多个预训练任务，相比原始BERT取得了明显的进展。几个有代表性的预训练任务如下。

- 知识遮盖任务（Knowledge Masking Task）：BERT的MLM任务中是对句子中单个的Token进行遮盖，可以对句子中的短语和命名实体进行遮盖。
- 大写字母预测任务（Capitalization Prediction Task）：预测单词是否大写，与其他词语相比，大写词语通常具有特定的语义价值。
- 令牌-文档关系预测任务（Token-Document Relation Prediction Task）：预测一个段落中的某个Token是否出现在原始文档的其他段落中。根据经验，在文档不同部分都出现的单词通常是文档的关键词，因此这一任务可以在一定程度上使模型能够捕获文档的关键字。
- 句子距离任务（Sentence Distance Task）：一个学习句子间距离的任务，该任务被建模为一个3分类问题，0表示两个句子在同一个文档中相邻，1表示两个句子在同一个文档中，但不相邻，2表示两个句子来自两个不同的文档。

2.5.3 模型进化的常见问题

（1）自回归（Auto Regressive，AR）语言模型与自编码（Auto Encoder，AE）语言模型的区别是什么？

回答：自回归语言模型：根据上文内容预测下一个单词或者根据下文内容预测上一个单词，这样单向的语言模型就是自回归语言模型。LSTM、GPT、ELMO 都是自回归语言模型。自回归语言模型的缺点是不能同时利用上下文信息。

自编码语言模型：自编码器是一种通过无监督方式学习特征的方法，它使用神经网络把输入变成一个低维的特征（编码部分），然后使用解码器把特征恢复成原始的信号（解码部分）。在语言模型中，BERT 使用的 MLM 就是一种自编码语言模型，它会对一些 Token 进行遮盖，然后利用被遮盖位置的向量（包含上下文信息）来预测该位置真正的 Token。

自编码语言模型的优点是可以同时利用上下文信息，缺点是预训练阶段和微调阶段使用的训练数据不一致，因为微调阶段的数据是不会被遮盖的。

（2）XLNET 相对于 BERT 做了哪些重要改进？

回答：BERT 的 AE 语言模型虽然能同时学习上下文信息，但是会导致预训练数据和微调阶段的数据不一致，从而影响微调的效果。而 XLNET 的思路是使用 AR 语言模型，根据上文预测下文，但是在上文中添加了下文信息，这样既解决了 BERT 面临的问题，又利用了上下文信息。

XLNET 改进后的语言模型叫作排序语言模型（Permutation Language Model，PLM），其重点是 Permutation，用一个例子来解释：对于一个输入句子 $X=[x_1,x_2,x_3,x_4]$，我们希望预测 x_3，在正常的输入中，通过 AR 语言模型只能看到 x_1 和 x_2。为了在预测 x_3 时能看到 x_4，XLNET 的操作是固定 x_3 的位置，然后把其他的词进行随机排列，得到如 $[x_4,x_1,x_3,x_2]$、$[x_1,x_4,x_3,x_2]$ 等数据，这样就可以使用单向的 AR 语言模型来学习双向信息。

这时有人可能会有疑问：即使训练时可以对输入的句子进行排列组合，但是微调时没法这样做。没错，微调阶段确实不能对输入做排列，只能输入原始句子，所以 XLNET 在预训练阶段不能显式地对输入进行排列。为了解决这个问题，XLNET 的输入还是原始的句子，只不过是在 Transformer 内部利用注意力掩码来实现的，而无须真正修改句子中词语的顺序。例如，原来的句子是 $X=[x_1,x_2,x_3,x_4]$，如果随机生成的序列是 $[x_3,x_2,x_4,x_1]$，但输入 XLNET 的句子仍然是 $[x_1,x_2,x_3,x_4]$，此时设置注意力掩码，如图 2-20 所示。

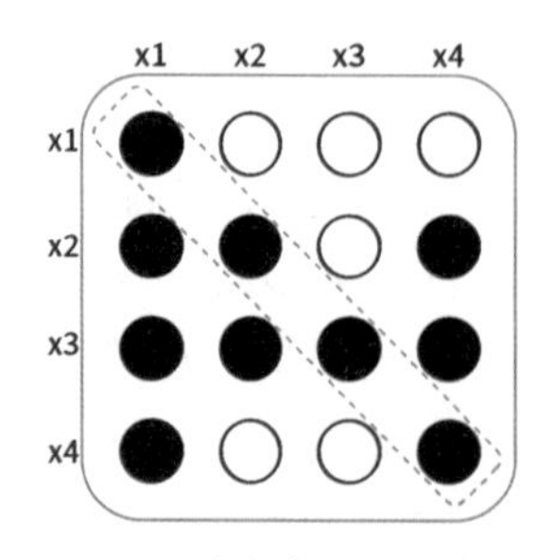

图 2-20 注意力掩码示意图

图中的掩码矩阵，白色表示不遮掩，黑色表示遮掩。第 1 行表示 x_1 的掩码，因为 x_1 是句子的最后一个 Token，因此可以看到之前的所有 Token$[x_3,x_2,x_4]$；第 2 行是 x_2 的掩码，因为 x_2 是句子的第二个 Token，所以能看到前一个 Token x_3；第 3 行、第 4 行同理，这样就实现了尽管当前输入看上去仍然是 $[x_1,x_2,x_3,x_4]$，但是已经改成排列组合的另外一个顺序 $[x_3,x_2,x_4,x_1]$。如果用这个例子从左到右训练 LM，意味着当预测 x_2 的时候，只能看到上文 x_3；当预测 x_4 的时候，只能看到上文 x_3 和 x_2。

（3）RoBERTa 相对于 BERT 做了哪些重要改进？

回答：RoBERTa 相对于 BERT 在模型结构上并没有改变，改进的是预训练方法，主要改进有以下几点：

- 静态掩码变为动态掩码。BERT MLM 任务中，有 15% 的样本在预处理阶段会进行一次随机掩码，然后在整个训练过程中，这 15% 的被掩码的样本，其掩码方式就不再变化，也不会有新的被掩码的样本，这就是静态掩码。RoBERTa 采用了一种动态掩码的方式，它并没有在预处理的时候对样本进行掩码，而是在每次向模型提供输入时动态掩码，所以训练样本是时刻变化的，并且实验表明，这种动态掩码的方式比 BERT 原始的静态掩码效果要好。
- 去除 NSP 任务。很多实验表明，NSP 任务没有多大意义，RoBERTa 中去除了该任务，不过在生成数据时也做了一些改进，原始的 BERT 中是选择同一篇文章中连续的两个句子或不同文章中的两个句子，而 RoBERTa 的输入是连续的多个句子（总长度不超过 512）。
- 更多的数据、更大的 Mini-Batch、更长的训练时间。BERT Base 的训练语料为 13GB，Batch-Size 为 256，而 RoBERTa 的训练语料扩大了 10GB~130GB，训练中 Batch-Size 为 8000，是大力出奇迹的杰出代表。

（4）ALBERT 相对于 BERT 做了哪些重要改进？

回答：ALBERT 是一个精简的 BERT，参数量得到了明显的降低，使得 BERT 的大规模应用成为可能。相对于 BERT，ALBERT 主要有三点改进：

- Embedding Matrix 因式分解。在 BERT、XLNET 等模型中，Embedding 的维度 E 和隐藏层维度 H 是相等的，都是 768，V 是词表的大小，一般是 30 000 左右。从建模的角度来说，Embedding 层的目标是学习上下文无关的表示，而隐藏层的目标是学习上下文相关的表示，理论上来说，隐藏层的表述包含的信息应该更多一些，因此应该让 H>>E。如果像 BERT 那样让 E=H，那么增大 H 之后，Embedding Matrix 大小 V×H 会变得很大。ALBERT 采取因式分解的方式来降低参数量，先将单词映射到一个低维的 Embedding 空间，然后将其映射到高维的隐藏空间，让 H>>E，这样就可以把 Embedding Matrix 的维度从 O(V×H) 减小到 O(V×E+E×H)，参数量减少非常明显。
- 跨层权重共享。Transformer 参数共享可以只共享全连接层或只共享 Attention 层，ALBERT 结合了这两种方式，让全连接层与 Attention 层都进行参数共享，也就是说共享 Encoder 内的所有参数，采用该方案后效果下降得并不多，但是参数量减少了很多，训练速度也提升了很多。此外，实验表明，ALBERT 每一层的输出 Embedding 相比 BERT 来说震荡幅度更小一些，可以增加模型的鲁棒性。

- 修改预训练任务 NSP 为 SOP。一些研究表明，BERT 的 NSP 并不适合用于预训练任务，原因可能是负样本来源于不同的文档，模型在判断两个句子的关系时不仅考虑两个句子之间的连贯性，还会考虑两个句子的话题，而两篇文档的话题通常不同，模型可能更多地通过话题来分析两个句子的关系，而不是连贯性，这使得 NSP 任务变得相对简单。

ALBERT 中设计了 SOP（Sentence-Order Prediction）任务，其正样本选取方式与 BERT 一致（来自同一文档的两个连续句子），而负样本也同样是选自同一文档的两个连续句子，但交换了两个句子的顺序，从而使模型可以更多地建模句子之间的连贯性而不是句子的话题。

2.6 预训练模型的源码解读

2.6.1 模型架构

为了帮助读者能更深入地理解 BERT 模型的原理，本小节对 PyTorch 版本的 BertModel 核心源代码进行解读。BERT 模型的架构如图 2-21 所示。

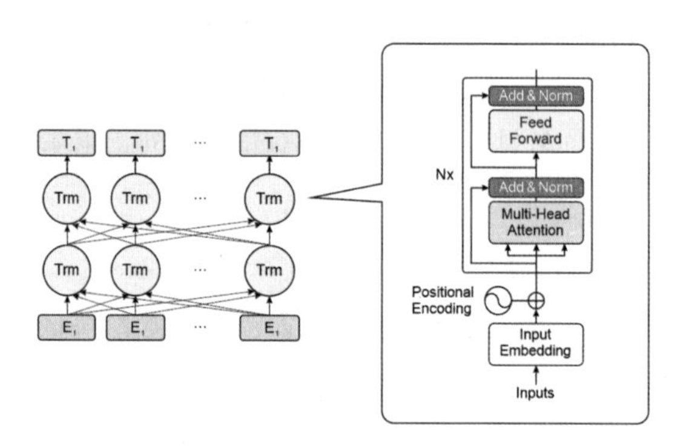

图 2-21 BERT 模型的架构图

BERT 采用多层双向 Transformer 编码器作为模型的主体结构，根据参数设置的不同，Google 论文中提出了 Base 和 Large 两种 BERT 模型，两种模型的参数对比如表 2-4 所示。

表2-4 BERT Base和Large模型的参数对比

模型	层数	隐藏层维度	注意力头数	参数量
Base	12	768	12	110M
Large	24	1024	16	340M

2.6.2 BertModel

BertModel 是 BERT 的核心类，是对 BERT 内部各组件的最外层封装，各种下游任务的微调就是在 BertModel 的基础上进行的，BertModel 的代码实现包括 Embedding 层、Encoder 层和 Pooler 层，PyTorch 版 BertModel 代码结构如图 2-22 所示。

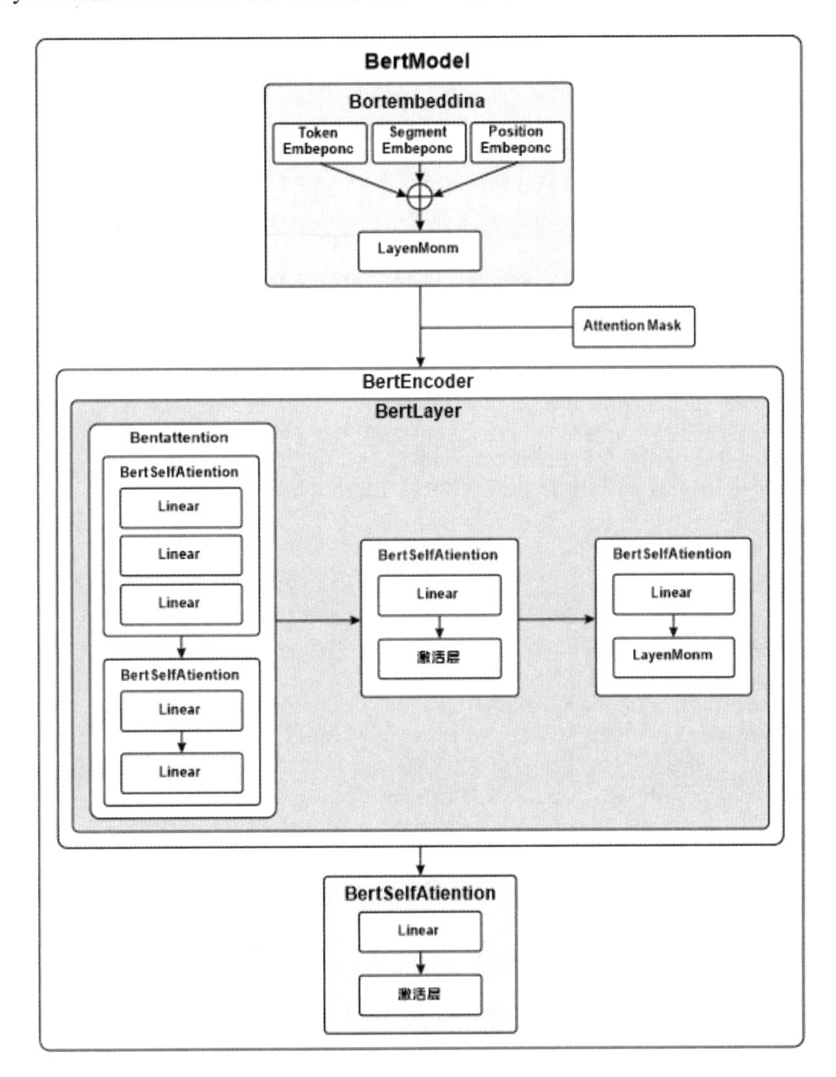

图 2-22 BertModel 的代码组成

BertModel 的具体代码实现如清单 2-1 所示。

代码清单 2-1 BertModel 代码实现

```
class BertModel(BertPreTrainedModel):
    def __init__(self, config, output_attentions=False, keep_multihead_output=False):
        super(BertModel, self).__init__(config)
        self.output_attentions = output_attentions
        # embedding 层
        self.embeddings = BertEmbeddings(config)
        # encoder 层，即 transformer
        self.encoder = BertEncoder(config, output_attentions=output_attentions,keep_
multihead_output=keep_multihead_output)
```

```
        # pooling层，用于获取最后一层encoder的" [CLS]"位置的值
        self.pooler = BertPooler(config)
        self.apply(self.init_bert_weights)

    # input_ids是token id，token_type_ids用于区分句子
    # attention_mask用于区分token是不是#被padding出来的
    def forward(self, input_ids, token_type_ids=None, attention_mask=None, output_all_
encoded_layers=True, head_mask=None):
        if attention_mask is None:
            attention_mask = torch.ones_like(input_ids)
        if token_type_ids is None:
            token_type_ids = torch.zeros_like(input_ids)

        extended_attention_mask = attention_mask.unsqueeze(1).unsqueeze(2)
        extended_attention_mask = extended_attention_mask.to(dtype=next(self.
parameters()).dtype)
        extended_attention_mask = (1.0 - extended_attention_mask) * -10000.0
        # attention_mask的作用在于进行Softmax操作时，对非视野区域进行负向大加权，
        # 使得attention-score在计算时只注意可视域范围内（非补0的地方）的数值

        if head_mask is not None:
           if head_mask.dim() == 1:
              head_mask=head_mask.unsqueeze(0).unsqueeze(0).unsqueeze(-1).unsqueeze(-1)
              head_mask=head_mask.expand_as(self.config.num_hidden_layers, -1, -1, -1, -1)
           elif head_mask.dim() == 2:
              head_mask = head_mask.unsqueeze(1).unsqueeze(-1).unsqueeze(-1)
              head_mask = head_mask.to(dtype=next(self.parameters()).dtype)
        else:
           head_mask = [None] * self.config.num_hidden_layers

        embedding_output = self.embeddings(input_ids, token_type_ids)
        encoded_layers = self.encoder(embedding_output, extended_attention_mask,
output_all_encoded_layers=output_all_encoded_layers, head_mask=head_mask)

        if self.output_attentions:
           all_attentions, encoded_layers = encoded_layers
        sequence output=encoded_layers[-1]
        # 取[CLS]位置的值
        pooled_output = self.pooler(sequence_output)
        if not output_all_encoded_layers:
           # 默认取最后一层encoder的输出
           encoded_layers = encoded_layers[-1]
        if self.output_attentions:
           return all_attentions, encoded_layers, pooled_output
        return encoded_layers, pooled_output
```

1. BertEmdddings

在介绍Embedding之前，需要先说明一下BERT的分词器WordPieceTokenizer。BERT采用WordPiece方式进行分词，可以理解为把一个单词再拆分，使得我们的词表变得精简，并且寓意更加清晰。比如loved、loving、loves这三个单词，其实本身的语义都是“爱”的意思，但是如果以单词为单位，那么它们就算不一样的词，在英语中不同后缀的词非常多，就会使得词表变

得很大，训练速度变慢，训练的效果也不是太好。

WordPiece 算法通过训练，能够把上面的 3 个单词拆分成 lov、ed、ing、es 四个部分，从而将词的本身意思和时态分开，有效地减少了词表的数量。WordPieceTokenizer 使用最大正向匹配算法实现，具体的代码如清单 2-2 所示。

代码清单 2-2 WordPieceTokenizer 代码实现

```
class WordPieceTokenizer(object):
    def __init__(self, vocab, unk_token="[UNK]", max_input_chars_per_word=100):
        self.vocab = vocab
        self.unk_token = unk_token
        self.max_input_chars_per_word = max_input_chars_per_word

    def tokenize(self, text):
        output_tokens = []
        # 首先使用空格对 text 分词，得到词序列
        for token in whitespace_tokenize(text):
            chars = list(token)
            # 如果满足条件，这个单词认为是 [UNK]，max_input_chars_per_word 默认为 100
            if len(chars) > self.max_input_chars_per_word:
                output_tokens.append(self.unk_token)
                continue
            is_bad = False
            start = 0
            sub_tokens = []
            while start < len(chars):
                end = len(chars)
                cur_substr = None
                while start < end:
                    substr = "".join(chars[start:end])
                    if start > 0:
                        # 当 start>0 时，说明当前 substr 已经不是从单词的第 0 个位置开始的
                        # 需要对该 substr 添加 "##"
                        substr = "##" + substr
                    if substr in self.vocab:
                        cur_substr = substr
                        break
                    end -= 1
                if cur_substr is None:
                    is_bad = True
                    break
                sub_tokens.append(cur_substr)
                start = end
            if is_bad:
                output_tokens.append(self.unk_token)
            else:
                output_tokens.extend(sub_tokens)

        return output_tokens
```

BertEmbeddings 是用于对输入的 Token 进行编码的模块（见图 2-23），对于每一个输入的

Token，它的表征由其对应的词表征（Token Embedding）、段表征（Segment Embedding）和位置表征（Position Embedding）相加而来。BertEmbeddings 的输出会接入 Self-Attention。

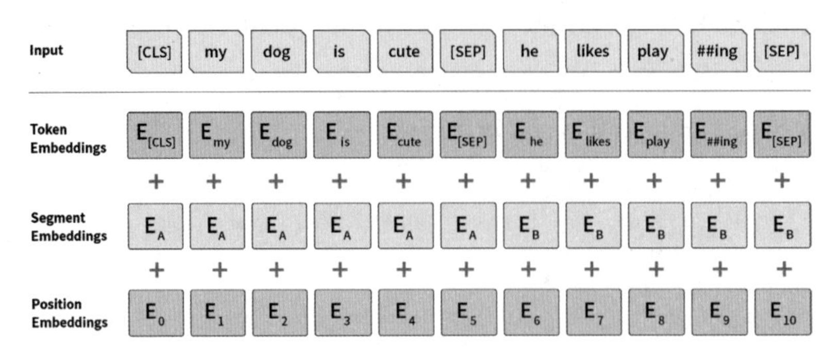

图 2-23 BertEmbeddings 的输入 Token 组成

代码清单 2-3 BertEmbeddings 代码实现

```
class BertEmbeddings(nn.Module):
    def __init__(self, config):
        super(BertEmbeddings, self).__init__()
        self.word_embeddings = nn.Embedding(config.vocab_size, config.hidden_size, padding_idx=0) # vacal_size*hidden_size 维的矩阵
        # position_embeddings 是通过 nn.Embedding 随机生成的
        # 不同于 transformer 中通过固定的公式来生成
        self.position_embeddings = nn.Embedding(config.max_position_embeddings, config.hidden_size)
        # type_vocab_size=2，用于区分第一句和第二句
        self.token_type_embeddings = nn.Embedding(config.type_vocab_size, config.hidden_size)
        self.LayerNorm = BertLayerNorm(config.hidden_size, eps=config.layer_norm_eps)
        self.dropout = nn.Dropout(config.hidden_dropout_prob)

    def forward(self, input_ids, token_type_ids=None):
        seq_length = input_ids.size(1)
        position_ids = torch.arange(seq_length, dtype=torch.long, device=input_ids.device)
        position_ids = position_ids.unsqueeze(0).expand_as(input_ids)
        if token_type_ids is None:
            token_type_ids = torch.zeros_like(input_ids)

        words_embeddings = self.word_embeddings(input_ids)
        position_embeddings = self.position_embeddings(position_ids)
        token_type_embeddings = self.token_type_embeddings(token_type_ids)

        # 三种 embedding 相加
        embeddings = words_embeddings + position_embeddings + token_type_embeddings
        embeddings = self.LayerNorm(embeddings)
        embeddings = self.dropout(embeddings)
        return embeddings
```

2. BertEncoder

Encoder 即 Transformer 层，是 BERT Model 的核心。Base 版的 BERT 有 12 层，Large 版有 24 层，每层中的组件和代码的对应关系如图 2-24 所示。

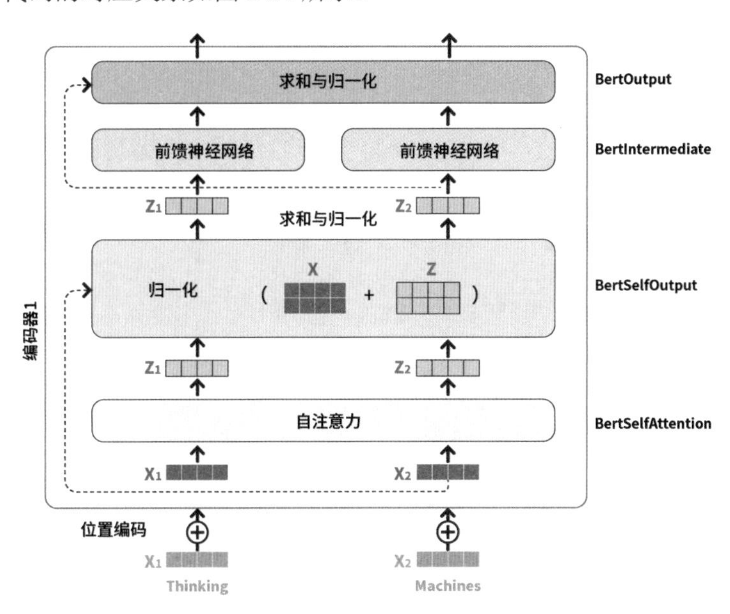

图 2-24 BertEncoder 中的组件

代码清单 2-4 BertEncoder 代码实现

```
class BertEncoder(nn.Module):
    def __init__(self, config, output_attentions=False,keep_multihead_output=False):
        super(BertEncoder, self).__init__()
        self.output_attentions = output_attentions
        layer = BertLayer(config, output_attentions=output_attentions,
                                      keep_multihead_output=keep_multihead_output)
        # Base 版的是 12 层，这里就重复 12 次
        self.layer = nn.ModuleList([copy.deepcopy(layer) for _ in range(config.num_
hidden_layers)])

    def forward(self, hidden_states, attention_mask, output_all_encoded_layers=True,
head_mask=None):
        all_encoder_layers = []
        all_attentions = []
        for i, layer_module in enumerate(self.layer):
            # 通过 for 循环实现层与层之间的连接，一层是输出，也是下一层的输入
            hidden_states = layer_module(hidden_states, attention_mask, head_mask[i])
            if self.output_attentions:
                # attentions 即 attention 值，hidden_states 是输入值 encode 后的结果
                attentions, hidden_states = hidden_states
                all_attentions.append(attentions)
            if output_all_encoded_layers:
```

```
                all_encoder_layers.append(hidden_states)
        if not output_all_encoded_layers:
            all_encoder_layers.append(hidden_states)
        if self.output_attentions:
            return all_attentions, all_encoder_layers
        return all_encoder_layers

class BertLayer(nn.Module):
    def __init__(self, config, output_attentions=False, keep_multihead_output=False):
        super(BertLayer, self).__init__()
        self.output_attentions = output_attentions
        # attention 层，包括 Self-Attention 及后续的求和与归一化
        self.attention = BertAttention(config,output_attentions=output_attentions,
        keep_multihead_output=keep_multihead_output)
        # 前馈网络
        self.intermediate = BertIntermediate(config)
        # 求和与归一化
        self.output = BertOutput(config)

    def forward(self, hidden_states, attention_mask, head_mask=None):
        attention_output = self.attention(hidden_states, attention_mask, head_mask)
        if self.output_attentions:
            attentions, attention_output = attention_output
        intermediate_output = self.intermediate(attention_output)
        layer_output = self.output(intermediate_output, attention_output)
        if self.output_attentions:
            return attentions, layer_output
        return layer_output
```

3. BertAttention

Attention 类中包括 Self-Attention、求和与归一化两部分。

代码清单 2-5 BertAttention 代码实现

```
class BertAttention(nn.Module):
    def __init__(self, config, output_attentions=False,keep_multihead_output=False):
        super(BertAttention, self).__init__()
        self.output_attentions = output_attentions
        self.self = BertSelfAttention(config,output_attentions=output_attentions,
    keep_multihead_output=keep_multihead_output)
        self.output = BertSelfOutput(config)

    def forward(self, input_tensor, attention_mask, head_mask=None):
        self_output = self.self(input_tensor, attention_mask, head_mask)
        if self.output_attentions:
            attentions, self_output = self_output
        attention_output = self.output(self_output, input_tensor)
        if self.output_attentions:
            return attentions, attention_output
        return attention_output
```

4. BerSelftAttention

这部分就是 BERT 中最重要的 Self-Attention 的实现部分。Self-Attention 简单理解就是对句子中的某个 Token 编码时需要考虑其他位置的 Token 对该 Token 的重要性，实现方法是通过把一个输入 x_i 映射成三部分：q_i、k_i、v_i，q 即 Query 用来查询其他 Token，k 用来被查询，$a_{ij}=q_i*k_j$ 的代表拿第 i 个 Token 的 q 和第 j 个 Token 的 k 相乘，结果可以视为第 j 个 Token 对第 i 个 Token 的重要性权重。单个输出的计算过程如图 2-25 所示。

$$b_i = \sum_{i=1}(q_i * k_i) * v_i$$

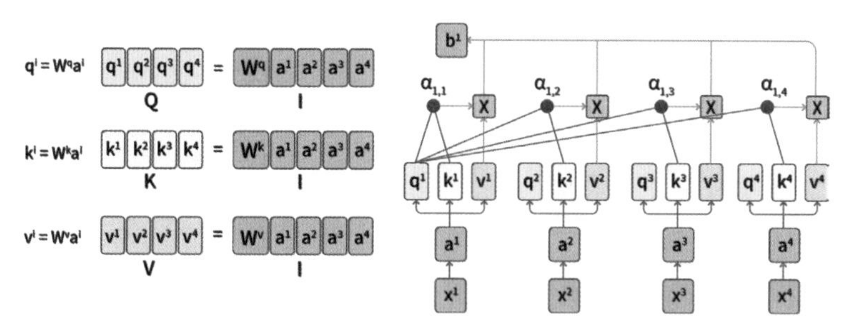

图 2-25 Self-Attention 的原理

x 是输入的每个单词，a 是 Embedding 层的输出，b 是 x 经过 Attention 操作之后的输出。

为了计算效率，可以使用矩阵进行计算，形式如图 2-26 所示。

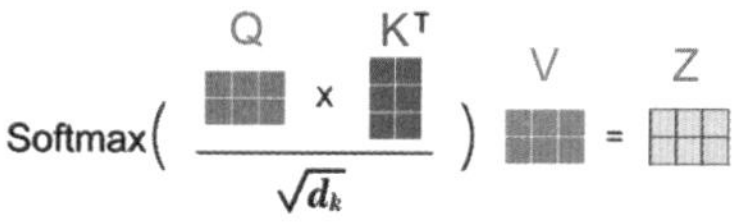

$$\text{Softmax}\left(\frac{Q \times K^T}{\sqrt{d_k}}\right) V = Z$$

图 2-26 Self-Attention 的矩阵计算

BERT 使用 Multi-Head Attention，意思是对输入的一个句子，会并行地进行多个 Attention 操作，每个 Attention 可以从不同维度学习特征，如图 2-27 所示。

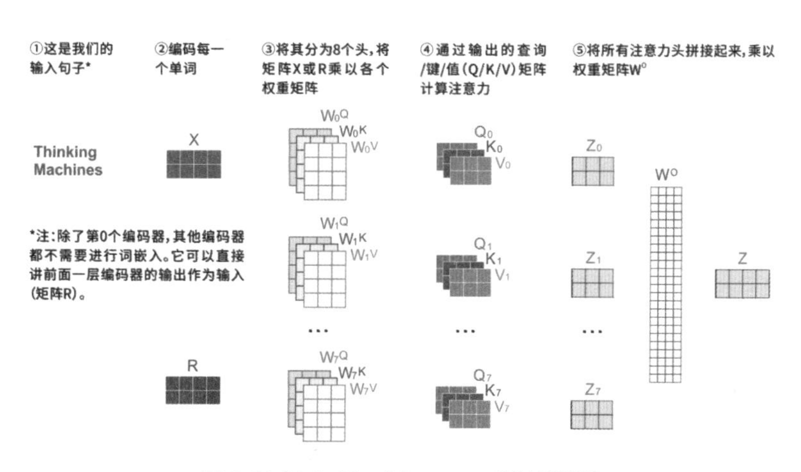

图 2-27 Multi-Head Attention 的计算原理

下面是具体的代码实现过程，如代码清单 2-6 所示。

代码清单 2-6 BertSelfAttention 代码实现

```
class BertSelfAttention(nn.Module):
    def __init__(self, config, output_attentions=False, keep_multihead_output=False):
        super(BertSelfAttention, self).__init__()
        if config.hidden_size % config.num_attention_heads != 0:
            raise ValueError("The hidden size (%d) is not a multiple of the number of
attention "heads (%d)" % (config.hidden_size, config.num_attention_heads))
        self.output_attentions = output_attentions
        self.keep_multihead_output = keep_multihead_output
        self.multihead_output = None

        self.num_attention_heads = config.num_attention_heads
        # hidden_size 为 768，num_attention_heads 为 12，那么 attention_head_size 就为
768/12=64，之所以这么做，是为了后续把 multi-head attention 进行拼接后保持维度还为 768
        self.attention_head_size = int(config.hidden_size / config.num_attention_heads)
        # all_head_size 是把 multi-head attention 进行拼接，Base 版是 768/12×12=768
        # Large 版是 1024/16×16=1024
        self.all_head_size = self.num_attention_heads * self.attention_head_size

        # q、k、v 的计算分别通过三个线性层进行，这里计算时直接把 multi-head 拼接了
        # 把输入从 hidden_size（768）维映射到 all_head_size（768）维
        self.query = nn.Linear(config.hidden_size, self.all_head_size)
        self.key = nn.Linear(config.hidden_size, self.all_head_size)
        self.value = nn.Linear(config.hidden_size, self.all_head_size)
        self.dropout = nn.Dropout(config.attention_probs_dropout_prob)

    def transpose_for_scores(self, x):
        new_x_shape = x.size()[:-1] + (self.num_attention_heads, self.attention_head_
size)
        x = x.view(*new_x_shape)
        return x.permute(0, 2, 1, 3)

    def forward(self, hidden_states, attention_mask, head_mask=None):
        mixed_query_layer = self.query(hidden_states)
        mixed_key_layer = self.key(hidden_states)
        mixed_value_layer = self.value(hidden_states)

        query_layer = self.transpose_for_scores(mixed_query_layer)
        key_layer = self.transpose_for_scores(mixed_key_layer)
        value_layer = self.transpose_for_scores(mixed_value_layer)

        attention_scores = torch.matmul(query_layer, key_layer.transpose(-1, -2))
        # attention 的值除以 8 进行缩放
        attention_scores = attention_scores / math.sqrt(self.attention_head_size)
        # attention_mask 用在这里，对于 padding 出来的 token，其 attention_mask 为 0
```

```
    # 正常的token attention_mask为1
    attention_scores = attention_scores + attention_mask
    attention_probs = nn.Softmax(dim=-1)(attention_scores)
    attention_probs = self.dropout(attention_probs)
    if head_mask is not None:
        attention_probs = attention_probs * head_mask
    context_layer = torch.matmul(attention_probs, value_layer)
    if self.keep_multihead_output:
        self.multihead_output = context_layer
        self.multihead_output.retain_grad()

    context_layer = context_layer.permute(0, 2, 1, 3).contiguous()
    new_context_layer_shape = context_layer.size()[:-2] + (self.all_head_size,)
    context_layer = context_layer.view(*new_context_layer_shape)
    if self.output_attentions:
        return attention_probs, context_layer
    return context_layer
```

5. BerSelftOutput

Self-Output 就是 Self-Attention 中的求和与归一化部分，由一个线性层、残差连接和 Dropout 组成。残差连接就是图中的 Add+Norm 层，每经过一个模块的运算，都要把运算之前的值和运算之后的值相加，从而得到残差连接，残差可以使梯度直接走捷径反传到初始层，具体实现见代码清单 2-7。

代码清单 2-7 BertSelfOutput 代码实现

```
class BertSelfOutput(nn.Module):
    def __init__(self, config):
        super(BertSelfOutput, self).__init__()
        # 一层全连接
        self.dense = nn.Linear(config.hidden_size, config.hidden_size)
        # 归一化
        self.LayerNorm = BertLayerNorm(config.hidden_size, eps=config.layer_norm_eps)
        self.dropout = nn.Dropout(config.hidden_dropout_prob)

    def forward(self, hidden_states, input_tensor):
        hidden_states = self.dense(hidden_states)
        hidden_states = self.dropout(hidden_states)
        # 残差连接，把输入值与Self-Attention后的V相加，然后做归一化
        hidden_states = self.LayerNorm(hidden_states + input_tensor)
        return hidden_states
```

6. BertIntermediate

这一部分对应模型结构图中的前馈神经网络部分，有一个线性层和一个激活层，线性层把 Self-Attention 的输出从 768 维映射到 3072 维。激活函数从配置文件读入，支持 relu、gelu 和 swish，默认是 gelu，具体实现见代码清单 2-8。

代码清单 2-8 BertIntermediate 代码实现

```
class BertIntermediate(nn.Module):
    def __init__(self, config):
        super(BertIntermediate, self).__init__()
        # 从 768 维映射到 3072 维
        self.dense = nn.Linear(config.hidden_size, config.intermediate_size)
        if isinstance(config.hidden_act, str) or (sys.version_info[0] == 2 and isinstance
(config.hidden_act, unicode)):
            self.intermediate_act_fn = ACT2FN[config.hidden_act]
        else:
            self.intermediate_act_fn = config.hidden_act

    def forward(self, hidden_states):
        hidden_states = self.dense(hidden_states)
        hidden_states = self.intermediate_act_fn(hidden_states)
        return hidden_states

# 激活函数
def gelu(x):
    return x * 0.5 * (1.0 + torch.erf(x / math.sqrt(2.0)))
```

7. BertOutput

这一部分对应模型结构图中的求和与归一化部分，包含一个线性层、残差连接和 Dropout，具体实现如代码清单 2-9 所示。

代码清单 2-9 BertOutput 代码实现

```
class BertOutput(nn.Module):
    def __init__(self, config):
        super(BertOutput, self).__init__()
        self.dense = nn.Linear(config.intermediate_size, config.hidden_size)
        # 线性层把输入从 3072 维降到 768 维
        self.LayerNorm = BertLayerNorm(config.hidden_size, eps=config.layer_norm_eps)
        self.dropout = nn.Dropout(config.hidden_dropout_prob)

    def forward(self, hidden_states, input_tensor):
        hidden_states = self.dense(hidden_states)
        hidden_states = self.dropout(hidden_states)
        hidden_states = self.LayerNorm(hidden_states + input_tensor)
        # 残差连接后，做归一化
        return hidden_states
```

8. BertPooler

BertPooler 的主要作用是获取 BERT Model 编码后 [CLS] 位置的值，具体实现如代码清单 2-10 所示。

代码清单 2-10 BertPooler 代码实现

```
class BertPooler(nn.Module):
    def __init__(self, config):
```

```
        super(BertPooler, self).__init__()
        self.dense = nn.Linear(config.hidden_size, config.hidden_size)
        self.activation = nn.Tanh()

    def forward(self, hidden_states):
        first_token_tensor = hidden_states[:, 0]
        pooled_output = self.dense(first_token_tensor)
        pooled_output = self.activation(pooled_output)
        return pooled_output
```

2.6.3 BERT 预训练任务

1. BertForPreTraining

BertForPreTraining 是执行 BERT 预训练任务的类，对 NSP 任务和 MLM 任务进行联合训练，具体实现如代码清单 2-11 所示。

代码清单 2-11　BertForPreTraining 代码实现

```
class BertPreTrainingHeads(nn.Module):
    def __init__(self, config, bert_model_embedding_weights):
        super(BertPreTrainingHeads, self).__init__()
        self.predictions = BertLMPredictionHead(config, bert_model_embedding_weights)
        self.seq_relationship = nn.Linear(config.hidden_size, 2)

    def forward(self, sequence_output, pooled_output):
        # 输入为 BertModel 的最后一层 sequence_output 输出（[batch_size, seq_length, hidden_
size]）
        # 因为对一个序列的 Mask 标记的预测属于标注问题，所示需要整个 sequence 的输出状态
        prediction_scores = self.predictions(sequence_output)
        return prediction_scores, seq_relationship_score

class BertForPreTraining(BertPreTrainedModel):
    def __init__(self, config, output_attentions=False, keep_multihead_output=False):
        super(BertForPreTraining, self).__init__(config)
        self.output_attentions = output_attentions
        self.bert = BertModel(config, output_attentions=output_attentions,
keep_multihead_output=keep_multihead_output)
        self.cls = BertPreTrainingHeads(config, self.bert.embeddings.word_embeddings.
weight)
        self.apply(self.init_bert_weights)

    def forward(self, input_ids, token_type_ids=None, attention_mask=None,
    masked_lm_labels=None, next_sentence_label=None, head_mask=None):
        outputs = self.bert(input_ids, token_type_ids, attention_mask,
        output_all_encoded_layers=False, head_mask=head_mask)
        if self.output_attentions:
            all_attentions, sequence_output, pooled_output = outputs
        else:
```

```
            sequence_output, pooled_output = outputs
        prediction_scores, seq_relationship_score = self.cls(sequence_output, pooled_
output)
        if masked_lm_labels is not None and next_sentence_label is not None:
            # 使用交叉熵，label 为 -1 的位置的 token 是填充（padding）出来的，所以不参与计算
            loss_fct = CrossEntropyLoss(ignore_index=-1)
            masked_lm_loss = loss_fct(prediction_scores.view(-1, self.config.vocab_
size), masked_lm_labels.view(-1))
            next_sentence_loss = loss_fct(seq_relationship_score.view(-1, 2),
    next_sentence_label.view(-1))
            # 把两个预训练任务的 loss 相加
            total_loss = masked_lm_loss + next_sentence_loss
            return total_loss
        elif self.output_attentions:
            return all_attentions, prediction_scores, seq_relationship_score
        return prediction_scores, seq_relationship_score
```

2. NextSentencePrediction

下一句预测（Next Sentence Prediction，NSP）任务是指判断两个句子是否为上下文关系，这是一个二分类的简单任务，在这里不做过多介绍。设置 NSP 任务的目的十分明确，就是为了通过对句子级别的关系进行建模，从而达到完成诸如阅读理解、文本蕴含等需要对多段文本进行联合分析的任务。BERT 预训练模型中的具体做法是以 50% 的概率构造上下文关系的句子对（Sentence Pair），以 50% 的概率构造随机挑选的句子对，具体实现如代码清单 2-12 所示。

代码清单 2-12 NextSentencePrediction 代码实现

```
class BertOnlyNSPHead(nn.Module):
    def __init__(self, config):
        super(BertOnlyNSPHead, self).__init__()
        # 通过一个简单的线性层把 bert 的输出从 768 维降到 2 维
        self.seq_relationship = nn.Linear(config.hidden_size, 2)

    def forward(self, pooled_output):
        seq_relationship_score = self.seq_relationship(pooled_output)
        return seq_relationship_score

class BertForNextSentencePrediction(BertPreTrainedModel):
    def __init__(self, config, output_attentions=False, keep_multihead_output=False):
        super(BertForNextSentencePrediction, self).__init__(config)
        self.output_attentions = output_attentions
        self.bert = BertModel(config, output_attentions=output_attentions,
keep_multihead_output=keep_multihead_output)
        self.cls = BertOnlyNSPHead(config)
        self.apply(self.init_bert_weights)

    def forward(self, input_ids, token_type_ids=None, attention_mask=None,
next_sentence_label=None, head_mask=None):
        outputs = self.bert(input_ids, token_type_ids, attention_mask,
                            output_all_encoded_layers=False,
```

```
                              head_mask=head_mask)
        if self.output_attentions:
            all_attentions, _, pooled_output = outputs
        else:
             _, pooled_output = outputs
        seq_relationship_score = self.cls(pooled_output)

        if next_sentence_label is not None:
            loss_fct = CrossEntropyLoss(ignore_index=-1)
            next_sentence_loss = loss_fct(seq_relationship_score.view(-1, 2),
next_sentence_label.view(-1))
            return next_sentence_loss
        elif self.output_attentions:
            return all_attentions, seq_relationship_score
        return seq_relationship_score
```

3. Mask Language Model

对于掩码语言模型（Masked Language Model，MLM），随机屏蔽（Masking）部分输入 Token，然后只预测那些被屏蔽的 Token。MLM 在预测被 Mask 的 Token 时，可以考虑该 Token 的上下文信息，避免传统的语言模型只能看到上文信息或者下文信息。虽然 MLM 确实能同时考虑被预测位置的上下文信息，但这种方法有两个缺点，首先是预训练和微调之间不匹配，因为在微调期间从未看到 "[MASK]" Token。为了解决这个问题，并不总是用实际的 "[MASK]"Token 替换被 Masked 的词汇，而是随机 Mask 15% 的单词作为训练样本，其中 80% 用 "[MASK]" 来代替，10% 用随机的一个词来替换，10% 保持这个词不变。其次是，每个 Batch 只预测了 15%的 Token，这表明模型可能需要更多的预训练步骤才能收敛，具体实现如代码清单 2-13 所示。

代码清单 2-13 Masked Language Model 代码实现

```
class BertPredictionHeadTransform(nn.Module):
    def __init__(self, config):
        super(BertPredictionHeadTransform, self).__init__()
        self.dense = nn.Linear(config.hidden_size, config.hidden_size)
        if isinstance(config.hidden_act, str) or (sys.version_info[0] == 2 and
isinstance(config.hidden_act, unicode)):
            self.transform_act_fn = ACT2FN[config.hidden_act]
        else:
            self.transform_act_fn = config.hidden_act
        self.LayerNorm = BertLayerNorm(config.hidden_size, eps=config.layer_norm_eps)

    def forward(self, hidden_states):
        hidden_states = self.dense(hidden_states)
        hidden_states = self.transform_act_fn(hidden_states)
        hidden_states = self.LayerNorm(hidden_states)
        return hidden_states

class BertLMPredictionHead(nn.Module):
```

```
    def __init__(self, config, bert_model_embedding_weights):
        super(BertLMPredictionHead, self).__init__()
        self.transform = BertPredictionHeadTransform(config)

        # 将 BERT 模型的输出 sequence_output 通过参数 output_weights 解码，通过一个全连接层，将
        # sequence_output 从 hidden_size 维映射到 vocab_size 维，并视作 vocab_size 维的多分类问
        # 题，此处的参数 output_weights 是 BERT 模型输入的 token embedding
        self.decoder = nn.Linear(bert_model_embedding_weights.size(1),
                                 bert_model_embedding_weights.size(0),
                                 bias=False)
        self.decoder.weight = bert_model_embedding_weights
        self.bias = nn.Parameter(torch.zeros(bert_model_embedding_weights.size(0)))

    def forward(self, hidden_states):
        hidden_states = self.transform(hidden_states)
        hidden_states = self.decoder(hidden_states) + self.bias
        return hidden_states

class BertForMaskedLM(BertPreTrainedModel):
    def __init__(self, config, output_attentions=False, keep_multihead_output=False):
        super(BertForMaskedLM, self).__init__(config)
        self.output_attentions = output_attentions
        self.bert = BertModel(config, output_attentions=output_attentions,
keep_multihead_output=keep_multihead_output)
        self.cls = BertOnlyMLMHead(config, self.bert.embeddings.word_embeddings.weight)
        self.apply(self.init_bert_weights)

    def forward(self, input_ids, token_type_ids=None, attention_mask=None, masked_lm_
labels=None, head_mask=None):
        outputs = self.bert(input_ids, token_type_ids, attention_mask,
                            output_all_encoded_layers=False,
                            head_mask=head_mask)
        if self.output_attentions:
            all_attentions, sequence_output, _ = outputs
        else:
            sequence_output, _ = outputs
        prediction_scores = self.cls(sequence_output)
        if masked_lm_labels is not None:
            loss_fct = CrossEntropyLoss(ignore_index=-1)
            masked_lm_loss = loss_fct(prediction_scores.view(-1,
self.config.vocab_size), masked_lm_labels.view(-1))
            return masked_lm_loss
        elif self.output_attentions:
            return all_attentions, prediction_scores
        return prediction_scores
```

4. 构造 MLM 预训练数据

代码清单 2-14 MLM 预训练数据构建的代码实现

```
def random_word(tokens, tokenizer):
```

```
    output_label = []
    for i, token in enumerate(tokens): prob = random.random()
        # 以 15% 的概率进行 Mask
        if prob < 0.15:
            prob /= 0.15

            # 80% 替换为 [MASK]
            if prob < 0.8:
                tokens[i] = "[MASK]"

            # 10% 随机替换为词典中其他词
            elif prob < 0.9:
                tokens[i] = random.choice(list(tokenizer.vocab.items()))[0]

            # 10% 保持不变
            try:
                output_label.append(tokenizer.vocab[token])
            except KeyError:
                # 对于 vocal 中未出现的词用 "[UNK]" 表示
                output_label.append(tokenizer.vocab["[UNK]"])
                logger.warning("Cannot find token '{}' in vocab. Using [UNK]
    insetad".format(token))
        else:
            output_label.append(-1) # mask label -1 loss
    return tokens, output_label

def convert_example_to_features(example, max_seq_length, tokenizer):
    tokens_a = example.tokens_a
    tokens_b = example.tokens_b

    # 因为需要添加 [CLS]、[SEP]、[SEP] 三个字符，所以 max_seq_length 需要提前减 3
    _truncate_seq_pair(tokens_a, tokens_b, max_seq_length - 3)

    tokens_a, t1_label = random_word(tokens_a, tokenizer)
    tokens_b, t2_label = random_word(tokens_b, tokenizer)
    # [CLS]、[SEP]、[SEP] 三个字符对应的 label 设为 -1，在计算 loss 时不参与计算
    lm_label_ids = ([-1] + t1_label + [-1] + t2_label + [-1])

    tokens = []
    segment_ids = []
    tokens.append("[CLS]")
    segment_ids.append(0)
    for token in tokens_a:
        tokens.append(token)
        segment_ids.append(0)
    tokens.append("[SEP]")
    segment_ids.append(0)

    assert len(tokens_b) > 0
    for token in tokens_b:
```

```
            tokens.append(token)
            segment_ids.append(1)
        tokens.append("[SEP]")
        segment_ids.append(1)
        input_ids = tokenizer.convert_tokens_to_ids(tokens)
        input_mask = [1] * len(input_ids)

        while len(input_ids) < max_seq_length:
            input_ids.append(0)
            input_mask.append(0)
            segment_ids.append(0)
            lm_label_ids.append(-1)
        features = InputFeatures(input_ids=input_ids, input_mask=input_mask, segment_
    ids=segment_ids, lm_label_ids=lm_label_ids, is_next=example.is_next)
        return features
```

2.6.4 BERT 微调

1. SequenceClassification

文本级别的分类任务需要在文本的开头添加 "[CLS]" 符号，双文本分类时需要把两个文本用 "[SEP]" 连接。微调时只需把最后一层的 "[CLS]" 位置的值拿出来，然后接一个全连接层，具体原理如图 2-28 所示。

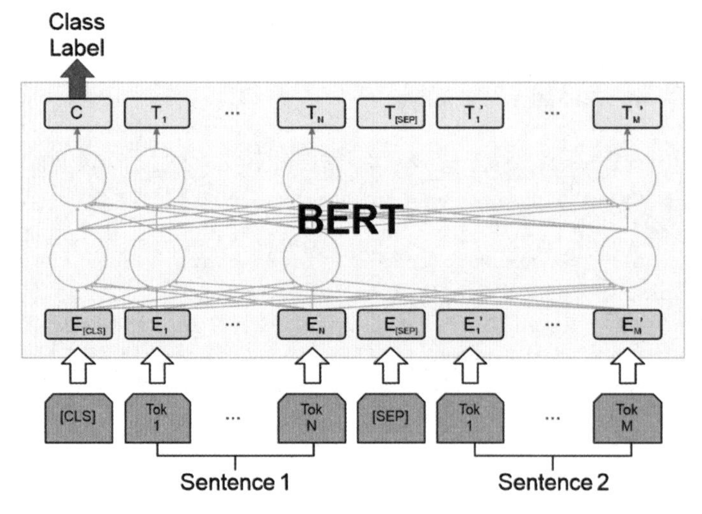

图 2-28 文本分类任务的原理

2. TokenClassification

对于词级别的分类任务，一般序列标注类都是此类任务。微调时只需把 Encoder 最后一层或者其他层的结果拿出来，然后接一个全连接层，具体如图 2-29 所示。

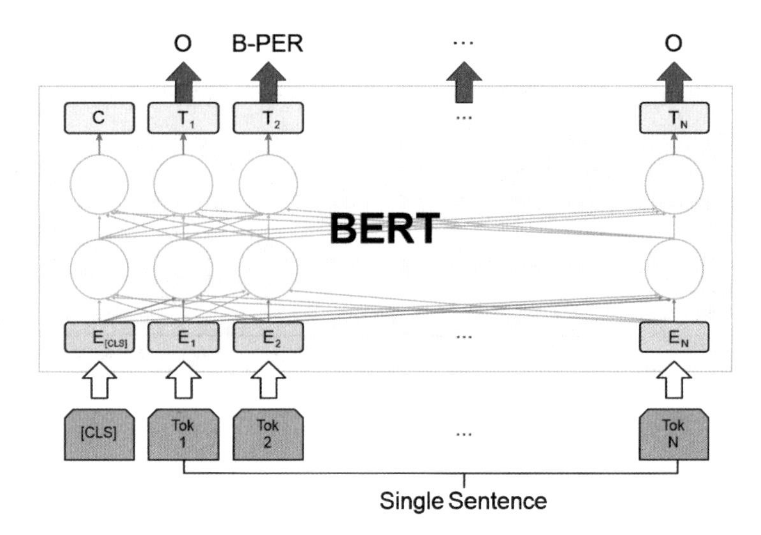

图 2-29　序列标注任务的原理

对应的具体实现如代码清单 2-15 所示。

代码清单 2-15　BertForTokenClassification 代码实现

```
class BertForTokenClassification(BertPreTrainedModel):
    def __init__(self, config, num_labels=2, output_attentions=False, keep_multihead_
output=False):
        super(BertForTokenClassification, self).__init__(config)
        self.output_attentions = output_attentions
        self.num_labels = num_labels
        self.bert = BertModel(config, output_attentions=output_attentions,
 keep_multihead_output=keep_multihead_output)
        self.dropout = nn.Dropout(config.hidden_dropout_prob)
        self.classifier = nn.Linear(config.hidden_size, num_labels)
        self.apply(self.init_bert_weights)

    def forward(self, input_ids, token_type_ids=None, attention_mask=None, labels=None,
head_mask=None):
        outputs = self.bert(input_ids, token_type_ids, attention_mask,
output_all_encoded_layers=False, head_mask=head_mask)
        if self.output_attentions:
            all_attentions, sequence_output, _ = outputs
        else:
            sequence_output, _ = outputs
        sequence_output = self.dropout(sequence_output)
        logits = self.classifier(sequence_output)
        if labels is not None:
            loss_fct = CrossEntropyLoss()
            if attention_mask is not None:
                active_loss = attention_mask.view(-1) == 1
                active_logits = logits.view(-1, self.num_labels)[active_loss]
                active_labels = labels.view(-1)[active_loss]
                loss = loss_fct(active_logits, active_labels)
```

```
            else:
                loss = loss_fct(logits.view(-1, self.num_labels), labels.view(-1))
            return loss
        elif self.output_attentions:
            return all_attentions, logits
        return logits
```

2.7 本章小结

本章从文本分析技术的发展历史开始讲解，分成了 4 个阶段，包括 20 世纪 50 年代到 90 年代的专家规则方法，90 年代到 21 世纪初的传统统计模型方法，2010 年到 2017 年的深度学习方法，以及 2018 年到现在的预训练模型方法。接下来介绍了预训练模型的核心结构 Transformer 的技术原理，它是预训练模型成功的关键，目前的主流预训练模型基本上都采用 Transformer 作为特征抽取器，预训练模型的知识是通过 Transformer 在预训练阶段的迭代过程中从海量文本数据中不断学习的，并以参数的形式编码到模型中，不同的模型结构学习效率也会有差异。预训练模型包括 4 种常见的模型结构，具体为 Encoder-AE 结构、Decoder-AR 结构、混合结构以及 PLM 结构，在模型效果方面，Encoder-AE 比较适合做语言理解类的文本分析任务，Decoder-AR 比较适合做语言生成类的文本分析任务，Encoder-Decoder 结构同时适合做语言理解类的任务和语言生成类的任务，PLM 模型结构对于这两类任务的效果都不够好。

预训练语言模型 BERT 是在 NLP 领域中的主流技术。我们在各种 NLP 任务中广泛使用 BERT 技术，并进行持续的优化和改进。预训练模型通常需要大量的计算资源和时间进行训练，因此对高性能计算有着迫切需求。GPU 和 TPU 是常用的 AI 硬件加速器，可以加速模型的训练和微调过程。我们重点介绍了英伟达 GPU 的各种产品系列和型号。与 GPU 相比，TPU 能显著提高 BERT 模型运算的效率，并大幅度降低所需要的成本。我们还介绍了 TPU 和 GPU 的区别、TPU 的使用效果、经验总结以及使用 TPU 的经验和建议。

针对预训练语言模型 BERT 学习过程中经常出现的问题，我们在本章进行了总结，具体包括模型输入、模型原理以及模型进化中的常见问题。基于这些问题，我们对预训练语言模型 BERT 的 PyTorch 版本的源代码进行了解读，帮助读者更加深入地理解 BERT 模型的原理，具体包括 BERT 模型的架构、BertModel、BERT 的预训练任务以及 BERT 微调。如果读者能够把源码解读明白，将有助于进一步理解前面介绍的 Transformer 和 BERT 的技术原理。

2.8 习　题

1. 深度学习方法相比于传统的统计模型方法，有什么优势和劣势？

2. 预训练模型的结构有哪些，每种结构有哪些代表性的预训练模型？每种结构的优势和劣势是什么？

3. Transformer 为什么要对得分缩放求和？

4. Transformer 为什么要使用多头注意力机制？

5. Transformer 为什么需要位置编码？它的位置编码有什么优势？

6. 为什么 Encoder-AE 结构不适合做语言生成类任务？

7. 为什么 TPU 比 GPU 更适合深度学习中的模型训练？

8. BERT 的双向编码和 BiLSTM 的双向编码有什么不同？

2.9 本章参考文献

[1] http://jd92.wang/assets/files/transfer_learning_tutorial_wjd.pdf.

[2] https://jalammar.github.io/illustrated-transformer/.

[3] https://medium.com/@_init_/why-BERT-has-3-embedding-layers-and-their-implementation-details-9c261108e28a.

[4] https://medium.com/@makcedward/how-subword-helps-on-your-nlp-model-83dd1b836f46.

[5] https://towardsdatascience.com/BERT-explained-state-of-the-art-language-model-for-nlp-f8b21a9b6270.

[6] https://zhuanlan.zhihu.com/p/70257427.

[7] Vaswani A, Shazeer N, Parmar N, et al. Attention is all you need[J]. Advances in neural information processing systems, 2017, 30.

[8] Dong L, Yang N, Wang W, et al. Unified language model pre-training for natural language understanding and generation[J]. Advances in neural information processing systems, 2019, 32.

[9] Raffel C, Shazeer N, Roberts A, et al. Exploring the limits of transfer learning with a unified text-to-text transformer[J]. The Journal of Machine Learning Research, 2020, 21(1): 5485-5551.

[10] Yang Z, Dai Z, Yang Y, et al. Xlnet: Generalized autoregressive pretraining for language understanding[J]. Advances in neural information processing systems, 2019, 32.

[11] Liu Y, Ott M, Goyal N, et al. Roberta: A robustly optimized bert pretraining approach[J]. arXiv preprint arXiv:1907.11692, 2019.

[12] Lan Z, Chen M, Goodman S, et al. Albert: A lite bert for self-supervised learning of language representations[J]. arXiv preprint arXiv:1909.11942, 2019.

[13] Zhang Z, Han X, Liu Z, et al. ERNIE: Enhanced language representation with informative entities[J]. arXiv preprint arXiv:1905.07129, 2019.

[14] https://zhuanlan.zhihu.com/p/254821426.

第 3 章 多语种文本分析

本章主要介绍多语种文本分析的背景，以及多语种文本分析所涉及的各种技术，这些技术包括 Polyglot 模型、Multilingual BERT 模型、XLM 模型、XLMR 模型，并对模型的实验效果进行了讨论。最后，本章还对这些模型的源码进行了解读。

3.1 多语种文本分析背景介绍

全球存在着几千种语言，这给自然语言处理（NLP）研究者带来了巨大的挑战。因为在一个语种上训练的模型往往在另一个语种上完全无效，而且目前的 NLP 研究以英语为主，导致其他语种面临着标注语料严重不足的问题。针对跨语种 NLP 研究，业界已经进行了不少研究，比较有代表性的有 Polyglot，以及近年来备受关注的基于深度迁移学习的 Multilingual BERT、XLM、XLMR 等模型。

3.2 多语种文本分析技术

3.2.1 Polyglot 技术

Polyglot 最早源于 AboSamoor 在 2015 年 3 月 16 日放到 GitHub 上开源的项目，该技术支持众多语种的分词、实体识别、词性标注、情感分析等任务。

以 NER 任务为例，Polyglot 在实现特定语种的 NER 任务时，大致的实现方式为：首先，基于该语种的 Wikipedia 数据训练该语种的分布式词向量；然后，根据 Wikipedia 的链接结构和 Freebase 属性自动生成 NER 的标注数据；最后，把 NER 视为一个单词（Word）级别的分类任务，并通过一个浅层的神经网络进行学习。

Polyglot 虽然能实现多语种的多个 NLP 任务，但是在实际应用中其效果并不理想，可以存在以下几个原因：

- Polyglot 是通过对多个单语种数据分别进行对应任务的学习，并不支持跨语种的 NLP 任务。
- Polyglot 是通过 Wikipedia 链接结构和 Freebase 属性来生成一些 NLP 任务的标注数据，可能存在生成的标注数据质量不高的问题。
- Polyglot 在一些 NLP 任务中使用的模型是浅层的神经网络，有进一步提升的空间。

3.2.2 Multilingual BERT

Multilingual BERT 即多语言版本的 BERT，其训练数据选择的语言是维基百科数量最多的前 100 种语言。每种语言（不包括用户和 Talk 页面）的整个 Wikipedia 转储都用作每种语言的训练数据。但是不同语言的数据量大小变化很大，经过上千个 Epoch 的迭代后，模型可能会在低资源语种上出现过拟合。为了解决这个问题，采取在创建预训练数据时对数据进行指数平滑加权的方式，对高资源语言（如英语）进行欠采样，而低资源语言（如冰岛语）进行过采样。

Multilingual BERT 采取 WordPiece 的分词方式，共形成了 110 000 的多语种词汇表，不同语种的词语数量同样采取类似于训练数据的采样方式。对于中文、日文这样的字符之间没有空格的数据，采取在字符之间添加空格的方式，之后进行 WordPiece 分词。

在 XNLI 数据集（MultiNLI 的一个版本，在该版本中，开发集和测试集由翻译人员翻译成 15 种语言，而训练集的翻译由机器翻译完成）上，Multilingual BERT 达到了 SOTA 的效果。

实验结果如表 3-1 所示，前两行源于 XNLI 论文的基线结果，后面 4 行是使用 Multilingual BERT 得到的结果。mBERT-Translate Train 表示将训练集从英语翻译成其他语种，所以训练和测试都是在其他语种上进行的。mBERT-Translate Test 表示 XNLI 测试集从其他语种翻译成英语，所以训练和测试都是用英语进行的。Zero Shot 是指对 mBERT 通过英语数据集进行微调，然后在其他语种的数据集上进行测试，整个过程中不涉及翻译。

表3-1 Multilingual BERT在XNLI上的效果

系统	英语	汉语	西班牙语	德语	阿拉伯语	乌尔都语
XNLI Baseline -Translate Train	73.7	67.0	68.8	66.5	65.8	56.6
XNLI Baseline -Translate Test	73.7	68.3	70.7	68.7	66.8	59.3
mBERT-Translate Train Cased	81.9	76.6	77.8	75.9	70.7	61.6
mBERT-Translate Train Uncased	81.4	74.2	77.3	75.2	70.5	61.7
mBERT-Translate Test Uncased	81.4	70.1	74.9	74.4	70.4	62.1
mBERT-Zero Shot Uncased	81.4	63.8	74.3	70.56	62.1	58.3

3.2.3 XLM 多语言模型

XLM 是 Facebook 提出的基于 BERT 进行优化的跨语言模型。尽管 Multilingual BERT 在超过 100 种语言上进行预训练，但它的模型本身并没有针对多语种进行过多优化，大多数词汇没有在不同语种间共享，因此能学到的跨语种知识比较有限。XLM 在以下几点对 Multilingual BERT 进行了优化：

- XLM 的每个训练样本包含来源于不同语种但意思相同的两个句子，而 BERT 中一条样本仅来自同一语言。BERT 的目标是预测被 Masked 的 Token，而 XLM 模型中可以用一个语言的上下文信息来预测另一种语言被 Masked 的 Token。
- 模型也接受语言 ID 和不同语言 Token 的顺序信息，也就是位置编码。这些新的元数据能帮模型学习到不同语言的 Token 间的关系。

XLM 的具体实现涉及两个方面：多语种词表的构建和预训练任务。下面将对这两个方面进行详细介绍。首先是多语种词表的构建。由于多语种模型是指一个模型用于多种语言，要求该模型能够接收多种语言的句子作为输入，因此需要构建一个包含各种语言词汇的多语种词表。与 BERT 类似，XLM 使用 BPE（Byte Pair Encoding）来构建词表，但与简单地把各个语种的 BPE 词表汇集在一起不同，因为放在一起规模太大了。这里采用的方法是先对多语种的语料按照下面的概率进行采样，然后进行拼接。最后，进行 BPE 统计采样，目的是平衡大语种的语料和小语种的语料采样的数量，避免大语种比例过大而导致小语种的词表中词汇太少。

$$q_i = \frac{p_i^{\alpha}}{\prod_{j=1}^{N} p_j^{\alpha}}$$

其中，$p_i = \frac{n_i}{\sum_{i=1}^{N} n_k}$，$\alpha = 0.5$。

在 XLM 方法中，包括三种预训练任务，分别是因果语言模型（Causal Language Model，CLM）、掩码语言模型（Masked Language Model，MLM）和翻译语言模型（Translation Language Model，TLM）。CLM 是无监督单语单向 LM 训练任务，采用 Transformer 模型结构进行 LM 的单向训练。MLM 是无监督单语双向 LM 训练任务，与 BERT 中采用的 MLM 任务相同。TLM 是有监督翻译 LM 训练，对平行双语语料进行拼接，接着采用 MLM 进行训练，目标是模型能够学习到翻译的对齐信息。XLM 方法在预训练阶段，同时训练了 MLM 和 TLM，并且在两者之间进行交替训练，这种训练方式能够更好地学习到不同语种 Token 之间的关联关系。在跨语种分类任务（XNLI）上，XLM 比其他模型取得了更好的效果，并且显著提升了有监督和无监督的机器翻译效果。

XLM 模型的技术原理如图 3-1 所示，MLM/TLM 任务的输入构造与 BERT 是有差异的，BERT 的预训练任务构造的输入采用的都是两个句子对（Pair）的方式，构建 NSP 任务的输入，接着进行 Mask，构造 MLM 任务的输入数据，针对输入，BERT 会限制一个最大长度，因此选择的两个句子对拼接后的长度不能超过这个最大长度值。XLM 预训练任务的输入，针对 CLM 和 MLM 采用的是 Stream 方式，将多个训练语料中的句子，通过分隔符连接起来作为输入，对于 TLM 输入的构造是在前面拼接的基础上，再拼接上平行语料，同时用语言的 ID 标识替代 BERT 输入中的句子 ID 标识。

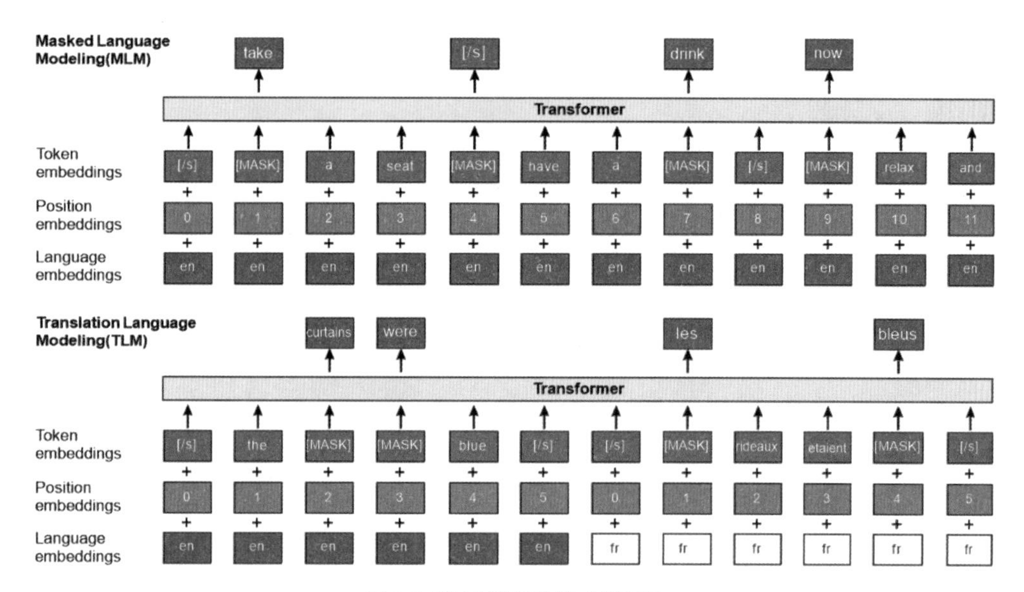

图 3-1 XLM 模型的技术原理图

3.2.4 XLMR 多语言模型

XLMR（XLM-RoBERTa）同是 Facebook 的研究成果，它融合了更多的语种和更大的数据量（包括缺乏标签的低资源语言和未标记的数据集），改进了以前的多语言方法 Multilingual BERT, 进一步提升了跨语言理解的性能。同 BERT 一样，XLMR 使用 Transformer 作为编码器，预训练任务为 MLM。XLMR 主要的优化点有三个：

- 在 XLM 和 RoBERTa 中使用的跨语言方法的基础上，增加了语言数量和训练集的规模，用超过 2TB 的已经过处理的 CommonCrawl 数据以自我监督的方式训练跨语言表示。这包括为低资源语言生成新的未标记语料库，并将用于这些语言的训练数据量扩大两个数量级。图 3-2 是用于 XLM 的 Wiki 语料库和用于 XLMR 的 CommonCrawl 语料库中出现的 88 种语言的数据量，可以看到 CommonCrawl 数据量更大，尤其是对于低资源语种。
- 在微调阶段，利用多语言模型的能力来使用多种语言的标记数据，以改进下游任务的性能，使得模型能够在跨语言基准测试中获得最佳（State-of-the-art）的结果。
- 使用跨语言迁移来将模型扩展到更多的语言时限制了模型理解每种语言的能力，XLMR 调整了模型的参数以抵消这种缺陷。XLMR 的参数更改包括在训练和词汇构建过程中对低资源语言进行上采样，以生成更大的共享词汇表，以及将整体模型容量增加到 5.5 亿个参数。

XLMR 在多个跨语言理解基准测试中取得了 SOTA 的效果，相较于 Multilingual BERT，在 XNLI 数据集上的平均准确率提高了 13.8%，在 MLQA 数据集上的平均 F1 得分提高了 12.3%，在 NER 数据集上的平均 F1 得分提高了 2.1%。XLMR 在低资源语种上的提升更为明显，相对于 XLM，在 XNLI 数据集上，斯瓦希里语提升了 11.8%，乌尔都语提升了 9.2%。

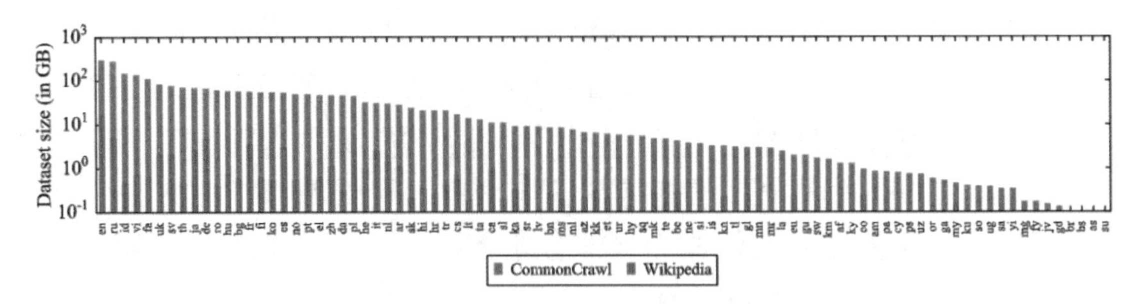

图 3-2 XLMR 和 XLM 的训练数据对比

3.2.5 模型实验效果

先明确两个概念，单语种任务是指训练集和测试集为相同语种，跨语种任务是指训练集和测试集为不同语种。

主题分类用于判断一段文本属于政治、军事等 10 个类别中的哪一个。实验中分别使用 XLMR 和 Multilingual BERT 在数据量为 10 000 的英语数据上进行训练，然后在英语、法语、泰语各在数据量为 10 000 的数据上进行测试。效果数据如表 3-2 所示，可以看到无论是单语种任务还是跨语种任务，XLMR 的效果都优于 Multilingual BERT，在跨语种任务上的优势更明显。

表3-2 主题分类任务的效果

模 型	训练集（数据量）	测试集（数据量）	指 标（F1）
XLMR-base	英语（10 000）	英语（10 000）	0.716
		法语（10 000）	0.674
		泰语（10 000）	0.648
mBERT-base	英语（10 000）	英语（10 000）	0.700
		法语（10 000）	0.627
		泰语（10 000）	0.465

情感分类任务用于判断一段文本所表达的情感是正面、负面还是中立的。实验中分别对 XLMR 和 BERT 做了单语种任务的对比和跨语种任务的对比，数据结果如表 3-3 所示，可以看到在单语种任务中 BERT 和 XLMR 的效果差别不明显，而在跨语种任务中 XLMR 明显优于 Multilingual BERT。

表3-3 情感分类任务的效果

模 型	训练集 (数据量)	测试集 (数据量)	指 标（F1）
XLMR-base	法语（9 000）	法语（15 000）	0.738
		阿语（586）	0.591
	阿语（25 000）	阿语（586）	0.726
		法语（15 000）	0.425
mBERT-base	法语（9 000）	法语（15 000）	0.758
		阿语（586）	0.496
	阿语（25 000）	阿语（586）	0.716
		法语（15 000）	0.364

NER 任务是抽取一段文本中的实体，实体包括人名、地名、机构名。实验数据结果如表 3-4 所示，可以看出，XLMR 表现一般，效果比 Multilingual BERT 要略差一些。

表3-4 NER任务的效果

模　型	训练集（数据量）	测试集（数据量）	指 标（F1）
XLMR-base	英语（10 000）	英语（10 000）	0.716
		法语（10 000）	0.674
		泰语（10 000）	0.648
mBERT-base	英语（10 000）	英语（10 000）	0.700
		法语（10 000）	0.627
		泰语（10 000）	0.465

Multilingual BERT 使用特征抽取能力更强的 Transformer 作为编码器，通过 MLM 和 NSP 在超过 100 种语言上进行预训练，但它的模型本身并没有针对多语种进行过多优化。而 XLM 对 Multilingual BERT 进行了优化，主要增加了 TML 预训练任务，使模型能学习到多语种 Token 之间的关联关系。XLMR 结合了 XLM 和 RoBERTa 的优势，采用了更大的训练集，并且对低资源语种进行了优化，在 XNLI、NER CoNLL-2003、跨语种问答 MLQA 等任务上，效果均优于 Multilingual BERT，尤其是在 Swahili、Urdu 等低资源语种上效果提升显著。

在实际业务数据的测试中，目前已经在英语、法语、阿语等常规语种上进行测试，无论是单语种任务还是跨语种任务，整体来看 XLMR 的效果要优于 Multilingual BERT。想要实现在一种语种上进行模型训练，然后直接在另一种语种上进行预测这样的跨语种迁移，仍需要在相关领域进一步深入地探索。

Google 近期发布了一个用于测试模型跨语种性能的基准测试 Xtreme，包括对 12 种语言家族的 40 种语言进行句子分类、句子检索、问答等 9 项任务。在 Xtreme 的实验中，先进的多语言模型如 XLMR 在大多数现有的英语任务中已达到或接近人类水平，但在其他语言尤其是非拉丁语言的表现上仍然存在巨大差距。这也表明，跨语言迁移的研究潜力很大。不过随着 Xtreme 的发布，跨语种 NLP 的研究肯定也会加速，一些激动人心的模型也会不断出现，让我们共同期待。

3.3 多语种文本分析源码解读

本节主要分析 XLM 的 PyTorch 源码中关于模型和训练的部分，帮助读者更好地理解 XLM 模型的技术原理，主要包括机器翻译任务和 XNLI 分类任务两部分内容。

1. 机器翻译任务

在机器翻译场景下，XLM 模型的实现首先采用 CLM 和 MLM 任务对翻译模型的 Encoder 和 Decoder 进行预训练，这里采用多种语言的单语语料，输入词表是多语的，然后用 CLM 和 MLM 训练语言模型，并将翻译模型的 Encoder 和 Decoder 参数初始化。针对 Decoder 的初始化，仅仅初始化其中与 Encoder 相同的部分，不对 Encoder-Decoder-Attention 部分进行初始化。该预训练过程的代码如下，在代码中首先定义模型，其实就是 Transformer 的 Encoder，然后执行两种 CLM 和 MLM 训练方式，与论文中的训练方式是一一对应的，具体实现如代码清单 3-1 所示。

代码清单 3-1 XLM 模型预训练代码

```
model = build_model(params, data['dico'])

# CLM 步骤
for lang1, lang2 in shuf_order(params.clm_steps, params):
    trainer.clm_step(lang1, lang2, params.lambda_clm)

# MLM 步骤
for lang1, lang2 in shuf_order(params.mlm_steps, params):
    trainer.mlm_step(lang1, lang2, params.lambda_mlm)
```

在上面的代码中，执行了 clm_step 和 mlm_step 函数，接下来介绍一下这两个函数分别是如何实现的，具体源代码如下，这两个函数的实现只在 generate batch 上存在不同，CLM 只需生成正常的序列，而 MLM 则需要进行 mask_out 的操作，与 BERT 是一样的，具体实现如代码清单 3-2 所示。

代码清单 3-2 clm_step 和 mlm_step 的具体实现

```
# MLM 目标
def clm_step(self, lang1, lang2, lambda_coeff):
    # 批量生成
    x, lengths, positions, langs, _ = self.generate_batch(lang1, lang2, 'causal')
    x, lengths, positions, langs, _ = self.round_batch(x, lengths, positions, langs)
    alen = torch.arange(lengths.max(), dtype=torch.long, device=lengths.device)
    pred_mask = alen[:, None] < lengths[None] - 1
    y = x[1:].masked_select(pred_mask[:-1])

    # 求解 loss
    tensor = model('fwd', x=x, lengths=lengths, langs=langs, causal=True)
    _, loss = model('predict', tensor=tensor, pred_mask=pred_mask, y=y, get_scores=False)

# MLM 目标
def mlm_step(self, lang1, lang2, lambda_coeff):
    # 批量生成
    x, lengths, positions, langs, _ = self.generate_batch(lang1, lang2, 'pred')
    x, lengths, positions, langs, _ = self.round_batch(x, lengths, positions, langs)
    x, y, pred_mask = self.mask_out(x, lengths)

    # 求解 loss
    tensor = model('fwd', x=x, lengths=lengths, positions=positions, langs=langs,
causal=False)
    _, loss = model('predict', tensor=tensor, pred_mask=pred_mask, y=y, get_
scores=False)
```

完成 Encoder 和 Decoder 的预训练之后，就开始针对不同的任务分别进行微调。对于无监督机器翻译而言，采用的是去噪自编码器 + 循环翻译的方式，例如对于 en-fr 这种翻译，去噪自编码器就是 noise_en → en 和 noise_fr → fr，循环翻译就是 en → fr → en 和 fr → en → fr。对于有监督机器翻译而言，较好的方式如 en → fr，同时学习 en → fr 和 fr → en，然后基于 back-translation，用 en → fr 的数据为 fr → en 进行数据增广，以及 fr → en 的数据为 en → fr 进行数据增广，然后进行微调训练。下面的源码中，分别给出了这些方法的训练方式，具体实现如代码清单 3-3 所示。

代码清单 3-3　两种训练函数

```
# 云噪自动编码器步骤
for lang in shuf_order(params.ae_steps):
    trainer.mt_step(lang, lang, params.lambda_ae)

# 机器翻译步骤
for lang1, lang2 in shuf_order(params.mt_steps, params):
    trainer.mt_step(lang1, lang2, params.lambda_mt)

# 回译步骤
for lang1, lang2, lang3 in shuf_order(params.bt_steps):
    trainer.bt_step(lang1, lang2, lang3, params.lambda_bt)
```

在上面的代码中，mt_step 函数用于翻译训练，可以是 L1 → L2 这种任务（L1 和 L2 分别表示不同的语种），也可以是 noise_L1 → L2 这种任务，bt_step 函数用于 back-translation 训练，主要是针对 L1 → L2 → L1 这种任务，其具体实现方式如下，针对 mt_step 函数，直接调用 Encoder 和 Decoder 进行常规的翻译训练，针对 bt_step，首先在 eval 模式下离线生成 L1 → L2 数据，然后进行 L2 → L1 的常规翻译训练，具体实现如代码清单 3-4 所示。

代码清单 3-4　mt_step 和 bt_step 训练函数的具体实现

```
# 机器翻译步骤
def mt_step(self, lang1, lang2, lambda_coeff):
    # 批量生成
    if lang1 == lang2:
        (x1, len1) = self.get_batch('ae', lang1)
        (x2, len2) = (x1, len1)
        (x1, len1) = self.add_noise(x1, len1)
    else:
        (x1, len1), (x2, len2) = self.get_batch('mt', lang1, lang2)
    langs1 = x1.clone().fill_(lang1_id)
    langs2 = x2.clone().fill_(lang2_id)

    # 需要预测的目标词
    alen = torch.arange(len2.max(), dtype=torch.long, device=len2.device)
    pred_mask = alen[:, None] < len2[None] - 1  # do not predict anything given the
last target word
    y = x2[1:].masked_select(pred_mask[:-1])

    # 编码源句子
```

```
        enc1 = self.encoder('fwd', x=x1, lengths=len1, langs=langs1, causal=False)
        enc1 = enc1.transpose(0, 1)

        # 解码目标句子
        dec2 = self.decoder('fwd', x=x2, lengths=len2, langs=langs2, causal=True, src_
    enc=enc1, src_len=len1)

        # 求解 loss
        _, loss = self.decoder('predict', tensor=dec2, pred_mask=pred_mask, y=y, get_
    scores=False)

    # 回译步骤
    def bt_step(self, lang1, lang2, lang3, lambda_coeff):
        # 批量生成
        x1, len1 = self.get_batch('bt', lang1)
        langs1 = x1.clone().fill_(lang1_id)

        # 生成一个翻译结果
        with torch.no_grad():

            # 评估模式
            self.encoder.eval()
            self.decoder.eval()

            # 编码源句子并翻译
            enc1 = _encoder('fwd', x=x1, lengths=len1, langs=langs1, causal=False)
            enc1 = enc1.transpose(0, 1)
            x2, len2 = _decoder.generate(enc1, len1, lang2_id, max_len=int(1.3 * len1.
    max().item() + 5))
            langs2 = x2.clone().fill_(lang2_id)

            # 释放 CUDA 显存
            del enc1

            # 训练模式
            self.encoder.train()
            self.decoder.train()

        # 编码生成的句子
        enc2 = self.encoder('fwd', x=x2, lengths=len2, langs=langs2, causal=False)
        enc2 = enc2.transpose(0, 1)

        # 要预测的词
        alen = torch.arange(len1.max(), dtype=torch.long, device=len1.device)
        pred_mask = alen[:, None] < len1[None] - 1  # do not predict anything given the
    last target word
        y1 = x1[1:].masked_select(pred_mask[:-1])

        # 解码原始句子
        dec3 = self.decoder('fwd', x=x1, lengths=len1, langs=langs1, causal=True, src_
```

```
enc=enc2, src_len=len2)

    # 求解
    _, loss = self.decoder('predict', tensor=dec3, pred_mask=pred_mask, y=y1, get_
scores=False)
```

2. XNLI 分类任务

接下来介绍 XLM 的 XNLI 多语种分类任务的源码实现，首先基于多语言的单语语料及平行语料，采用 MLM、TLM 任务进行 Encoder 的预训练，然后基于纯英文的语料进行微调。预训练部分和上面翻译任务中的预训练相同，都是采用 mlm_step 函数，但是在构建语料的时候，额外采用平行语料进行 Mask。在微调的实现部分，在网络的顶层添加一层线性网络，用于分类，然后将输入的两个句子进行拼接，进入分类层，具体实现如代码清单 3-5 所示。

代码清单 3-5　分类任务的微调

```
# 去噪自动编码器步骤
for lang in shuf_order(params.ae_steps):
    trainer.mt_step(lang, lang, params.lambda_ae)

# 机器翻译步骤
for lang1, lang2 in shuf_order(params.mt_steps, params):
    trainer.mt_step(lang1, lang2, params.lambda_mt)

# 回译步骤
for lang1, lang2, lang3 in shuf_order(params.bt_steps):
    trainer.bt_step(lang1, lang2, lang3, params.lambda_bt)
```

3.4　本章小结

本章介绍了多语种自然语言处理面临的困境，目前的 NLP 研究以英语为主，很多其他语种上面临着标注语料严重不足的问题，在一个语种上训练的模型往往在另一个语种上完全无效。针对该问题，业界的研究工作比较有代表性的有 Polyglot，以及近年来比较火的基于预训练模型的 Multilingual BERT、XLM、XLMR 等。本章分别介绍了这些模型的技术原理，Polyglot 虽然能实现多语种的多个 NLP 任务，但是在实际应用中的效果并不理想，Multilingual BERT 即多语言版本的 BERT，XLM 是 Facebook 提出的基于 BERT 进行优化的跨语言模型。尽管 Multilingual BERT 在超过 100 种语言上进行预训练，但它的模型本身并没有针对多语种进行过多优化，大多数词汇没有在不同语种间共享，因此能学到的跨语种知识比较有限，XLM 针对该问题进行了优化，实现了词汇的语种共享。XLMR 同是 Facebook 的研究成果，它融合了更多的语种和更大的数据量（包括缺乏标签的低资源语言和未标记的数据集），改进了以前的多语言方法 Multilingual BERT，进一步提升了跨语言理解的性能。

除技术原理外，我们进一步结合实际实验分析了各个模型的效果，无论是单语种任务还是跨语种任务，XLMR 的效果都优于 Multilingual BERT，跨语种任务上的优势更明显。最后，我们针对 XLM 模型的源代码进行了具体的解读，帮助读者更好地理解多语言模型的技术原理。

3.5 习 题

1. Polyglot 在实际应用中的效果不理想的原因有哪些？请列举并解释其中的三个原因。

2. Multilingual BERT 和 XLM 这种多语言模型相比于单语言模型，有什么优势？有什么劣势？

3. Multilingual BERT 在训练数据上采取了哪些策略来解决不同语种数据量大小差异的问题？

4. Multilingual BERT 是否适用于所有语言？如果不是，请解释一些不适用的情况，并提出可能的解决方案。

5. 在使用 XLM 模型进行目标语言的转换时，你会遇到什么样的挑战？有没有一些应对方法？

6. 请阐述使用跨语言迁移扩展模型到更多语言的局限性，并解释 XLMR 如何通过参数调整来解决这些局限性。

7. XLMR 拥有更大的模型容量，达到了 5.5 亿个参数。讨论在多语言环境中增加模型容量的潜在优势和挑战。

8. 请简要总结一下 XLMR 的主要贡献和优势。

3.6 本章参考文献

[1] https://github.com/google-research/bert/blob/master/multilingual.md.

[2] Conneau A, Khandelwal K, Goyal N, et al. Unsupervised cross-lingual representation learning at scale[J]. arXiv preprint arXiv:1911.02116, 2019.

[3] https://www.lyrn.ai/2019/02/11/xlm-cross-lingual-language-model/.

[4] Al-Rfou R, Kulkarni V, Perozzi B, et al. Polyglot-NER: Massive multilingual named entity recognition[C]//Proceedings of the 2015 SIAM International Conference on Data Mining. Society for Industrial and Applied Mathematics, 2015: 586-594.

[5] https://github.com/google-research/xtreme.

[6] https://blog.csdn.net/Magical_Bubble/article/details/89520545.

第 4 章 文本情感分析

本章主要介绍文本情感分析的背景、目标和挑战、技术发展历程、需求分析、落地实践和开发平台的构建，然后介绍情感分析的比赛和方案，最后对方案的源码进行解读。

4.1 情感分析背景介绍

文本情感分析是对带有主观感情色彩的文本进行分析、处理、归纳和推理的过程。互联网上每时每刻都会产生大量文本，这其中也包含大量的用户直接参与的对人、事、物的主观评价信息，比如微博、论坛、汽车、购物评论等，这些评论信息往往表达了人们的各种主观情绪，如喜、怒、哀、乐，以及情感倾向性，如褒义、贬义等。基于此，潜在的用户就可以通过浏览和分析这些主观色彩的评论来了解大众舆论对于某一事件或产品的看法。

文本情感分析（Sentiment Analysis，SA）又称意见挖掘或情绪倾向性分析。针对通用场景下带有主观描述的中文文本，自动判断该文本的情感极性类别并给出相应的置信度，情感极性分为积极、消极、中性等。在文本分析的基础上，也衍生出了一系列细粒度的情感分析任务，如基于方面的情感分析（Aspect Based Sentiment Analysis，ABSA），旨在识别一条句子中一个指定方面（Aspect）的情感极性，常见于电商评论上，一条评论中涉及关于价格、服务、售后等方面的评价，需要区分各自的情感倾向。另外，还有基于实体的情感倾向性判定（Aspect-Term Sentiment Analysis，ATSA），对于给定的情感实体，进行情感倾向性判定。在一句话中不同实体的情感倾向性也是不同的，需要区别对待。

4.2 情感分析技术

4.2.1 目标和挑战

在情感分析任务方面，我们基于前沿的自然语言处理技术和实际的算法落地实践，真正实现了整体精度高、定制能力强的企业级情感分析架构。从单一模型到定制化模型演变、文本作用域优化、多模型（相关度）融合、灵活规则引擎以及基于实体的情感倾向性判定，探索出了一套高精准、可定制、可干预的智能分析框架，为舆情客户提供了高效的预警研判服务。

1. 核心目标和价值

舆情系统的核心需求是能够精准、及时地为客户甄别和推送负面信息，负面信息识别的准确性直接影响信息推送和客户体验，其中基于文本的情感分析在舆情分析中的重要性不言而喻，图 4-1 简要展示了文本分析以及情感分析在舆情体系中的作用。

舆情智能应用
舆情发现
舆情分析
舆情预警
专题报告
人工服务
数据挖掘
数据标准化
地域识别
...
文本分析
智能分词
情感判定
相似度计算
垃圾过滤
主体识别
摘要计算
词云提取
标签标注
数仓ETL
数据采集
新闻
报刊
微博
微信
...

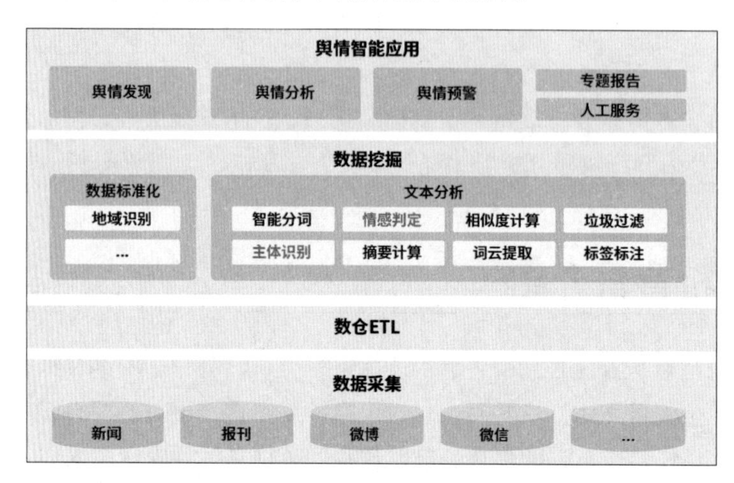

图 4-1 情感分析在舆情体系中的作用

舆情数据通过底层的大数据采集系统流入中间层的 ETL 数据处理平台，经过初级的数据处理转化之后，向上进入数据挖掘核心处理环节。此阶段进行数据标准化、文本深度分析，如地域识别、智能分词、情感判定、垃圾过滤等，经过文本处理的结果，即脱离了原始数据的状态，具备了客户属性，基于客户定制的监测和预警规则，信息将在下一阶段实时地推送给终端客户，负面判定的准确度、召回率直接影响客户的服务体验和服务认可度。

2. 难点和挑战

舆情业务中的情感分析难点主要体现在以下几个方面：

- 舆情的客户群体是复杂多样的，涉及行业多达 24 个（见图 4-2），不同行业的数据特点或敏感判定方案不尽相同，靠一个模型难以解决所有问题。

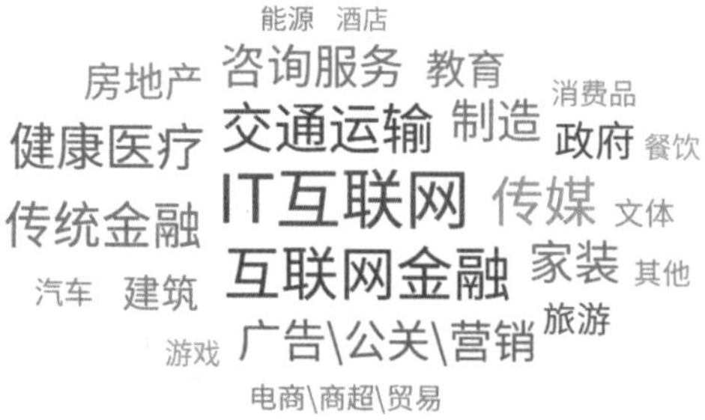

能源 酒店
房地产 咨询服务 教育
消费品
健康医疗 交通运输 制造 政府 餐饮
传统金融 IT互联网 传媒 文体
汽车 建筑 互联网金融 家装 其他
旅游
游戏 广告\公关\营销
电商\商超\贸易

图 4-2 舆情客户的行业分布

- 舆情监测的数据类型繁多，如图 4-3 所示，既有常规的新闻、微信公众号等媒体文章数据，又有偏口语化的微博、贴吧、问答数据，情感模型往往需要针对不同渠道类型单独训练优化，而渠道粒度的模型在不同客户的效果表现也差别巨大。

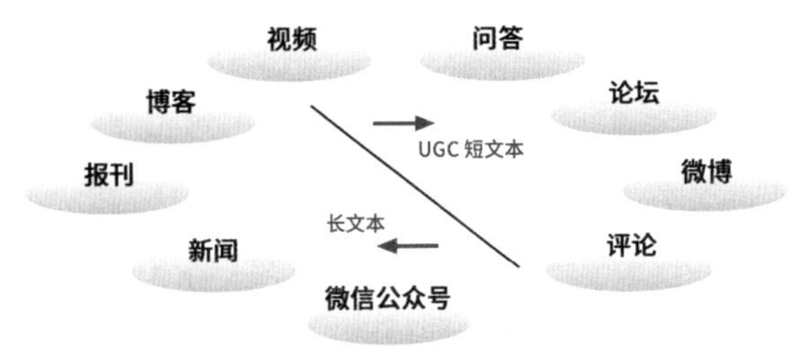

图 4-3　舆情监测的数据类型分布

- 客户对情感的诉求是有差异的，有些客户会有自己专属的判定条件。通用的情感模型难以适应所有客户的情感需求。
- 随着时间的推移，客户积累和修正的情感数据难以发挥价值，无法实现模型增量训练和性能的迭代提高。
- 对于关注品牌、主体监测客户，需要进行特定目标（实体）情感倾向性判定，那么信息抽取就是一个难题。
- 对于新闻类数据，通常存在标题和正文两个文本域，如何提取有价值的文本信息作为模型输入也是面临的困难。

4.2.2 技术发展历程

从 2015 年开始，我们便开始将机器学习模型应用在早期的负面判定中，到 2020 年，我们已经将深度迁移学习场景化和规模化，也取得了不错的成果，具体演进历程如图 4-4 所示。

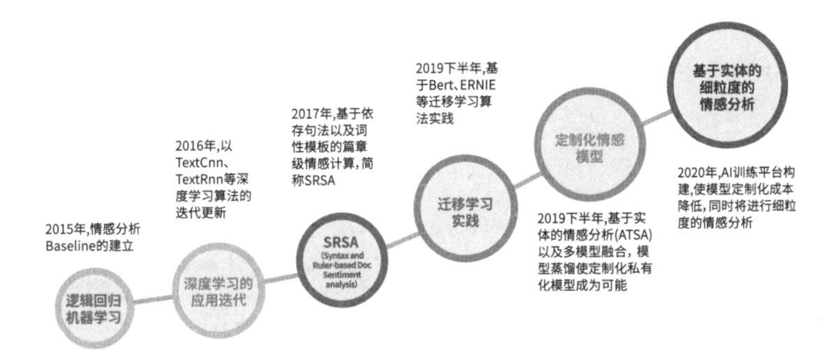

图 4-4　情感分析演进历程

- 2015 年：抓取百万级别的口碑电商评论数据，使用逻辑回归进行建模，作为情感分析的基准线（Baseline）。
- 2016 年：主要侧重于技术上的递进，进入深度学习领域。引入 Word2Vec 在大规模语料集上进行训练，获得具有更好语义信息的词向量表示，替代基于 TF-IDF 等传统的统计特征。随后在 TextCnn、TextRnn 等深度学习算法进行更新迭代，尽管数字指标得到提高，但是对于实际业务的帮助还是不足。

- 2017 年：结合舆情全业务特点，需要做到针对品牌和主体的情感监测。提出了基于句法规则和词库的文档情感分析（Syntax and Ruler-based Doc Sentiment Analysis）方式，依据可扩充的句法规则以及敏感词库进行特定的分析。尽管该方式在敏感精准度指标上有所提升，但召回率相对较低。此外，在进行规则扩充时，也比较烦琐。
- 2019 年上半年：以 BERT 为代表的迁移学习诞生，并且可以在下游进行微调，使用较小的训练数据集便能取得不错的成绩。以舆情业务数据为基础，构建一个简易的文本标注平台，在其上进行训练数据的标注，构建了一个通用的情感模型分类器。评测指标 F1 值为 0.87，后续对 ERNIE1.0 进行尝试，有两个百分点的提升。
- 2019 年下半年：主要从舆情的业务问题入手，通过优化提取更加精准、贴近业务的情感摘要作为模型输入，使用定制化模型以及多模型融合方案，联合对数据进行情感打标。同时提出了基于情感实体（主体）的负面信息监测，后面统称 ATSA，使用 Bert-Sentence Pair 的训练方式，将摘要文本、实体联合输入，进行实体的情感倾向性判定，在定点客户上取得了不错的成绩。
- 2020-2022 年：将细化领域做到客户级别，定制私有化情感模型。同时将加大对特定实体的细粒度情感分析（ATSA）的优化；同时，通过内部 AI 训练平台的规模化应用，做到模型的全生命周期管理，简化操作流程，加强对底层算力平台的资源管控。

在 2019 年度的情感分析模型实践中，我们率先使用预训练语言模型（BERT）提高了情感分析的准确率。后来具有更小参数量的 ALBERT 的提出使得生产环境定制化情感模型成为可能。这里主要介绍 ALBERT，ALBERT 的全称是 A Lite BERT for Self-supervised Learning of Language Representations（用于语言表征自监督学习的轻量级 BERT），相对于 BERT 而言，在保证参数量小的情况下，也能保持较高的性能。当然，同样的模型还有 DistilBERT、TinyBERT。

1. ALBERT 和 BERT 的比较

表 4-1 是 BERT 和 ALBERT 在训练速度和性能上的整体比较。从表 4-1 中可以看出，BERT 中 Avg 指标效果最好的是 BERT-large，ALBERT 中 Avg 指标效果最好的是 ALBERT-xxlarge。这两者相比，ALBERT-xxlarge 的表现完全超过 BERT-large，同时参数量只有其占比的 70%，但是 BERT-large 的速度要比 ALBERT-xxlarge 快 3 倍左右。

表4-1 BERT和ALBERT的效果对比

模型		参数量	SQuAD 1.1	SQuAD 2.0	MNLI	SST-2	RACE	Avg	速度提升
BERT	base	108M	90.5/83.3	80.3/77.3	84.1	91.7	68.3	82.1	17.7x
	large	334M	92.4/85.8	83.9/80.8	85.8	92.2	73.8	85.1	3.8x
	xlarge	1270M	86.3/77.9	73.8/70.5	80.5	87.8	39.7	76.7	1.0
ALBERT	base	12M	89.3/82.1	79.1/76.1	81.9	89.4	63.5	80.1	21.1x
	large	18M	90.9/84.1	82.1/79.0	83.8	90.6	68.4	82.4	6.5x
	xlarge	59M	93.0/86.5	85.9/83.1	85.49	91.9	73.9	85.5	2.4x
	xxlarge	233M	94.1/88.3	88.1/85.1	88.0	95.2	82.3	88.7	1.2x

2. ALBERT 的目标

在基于预训练语言模型的表征时，增加模型大小一般可以提升模型在下游任务中的性能。但是通过增加模型大小会带来以下问题。

- 内存问题：随着模型的参数量增大，占用的显卡内存会越来越多。
- 训练时间会更长：同等训练数据量和训练方法的情况下，模型越大，训练时间越长。
- 模型退化：模型在训练过程中表现较好，但是在应用过程中效果下降。

将 BERT-large 的隐层单元数增加一倍，BERT-xlarge 在基准测试上准确率显著降低，具体结果如表 4-2 所示。

表4-2　BERT-large的参数规模增加导致的效果下降

模型	隐藏层大小	参数量	RACE(Accuracy)
BERT large (Devlin et al. 2019)	1024	334M	72.0%
BERT large (ours)	1024	334M	73.9%
BERT xlarge(ours)	2048	1270M	54.3%

ALBERT 的核心目标是解决上述问题，我们在实践过程中采用了 ALBERT 模型，下面就来介绍 ALBERT 在精简参数上的优化。ALBERT 采用了两种减少参数量的方法，一种是对 Embedding 层参数进行因式分解，另一种是参数共享。

3. ALBERT 模型优化

明确参数的分布对于有效可靠地减少模型参数十分有帮助。ALBERT 只使用到 Transformer 的 Encoder 阶段，如图 4-5 所示，图中标明的蓝色方框和绿色方框为主要的参数分布区域。

Attention Feed-forward Block（图 4-5 中蓝色虚线区域）：

- 参数大小：O(12×L×H×H)。
- L：编码器层数，例如 12。
- H：隐藏层大小，例如 768。
- 参数量占比：80%。
- 优化方法：采用参数共享机制。

Token Embedding Projection Block（图 4-5 中绿色虚线区域）：

- 参数大小：(V×E)。
- V：词表大小，例如 30 000。
- E：词嵌入大小，例如 768。
- 参数量占比：20%。
- 优化方法：对 Embedding 进行因式分解。

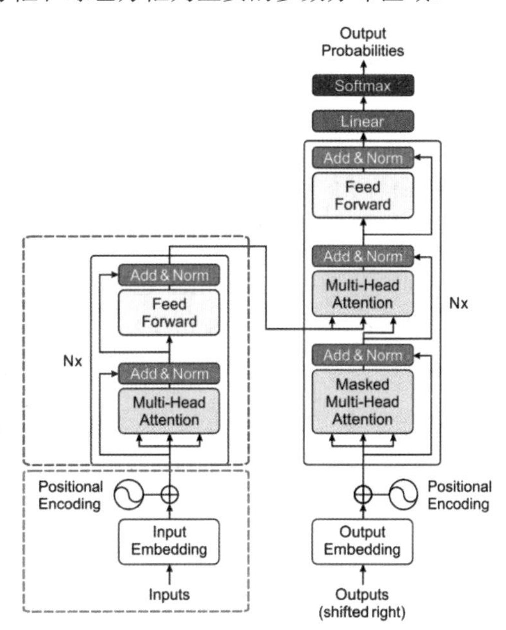

图 4-5　Transformer 的 Encoder

在 ALBERT 中，Token Embedding 是没有上下文依赖的表述，而隐藏层的输出值不仅包括词本身的意思，还包括一些上下文信息，因此应该让 H>>E，所以 ALBERT 的词向量的维度是小于 Encoder 输出值的维度的。在 NLP 任务中，通常词典都会很大，Embedding Matrix 的大小是 E×V。ALBERT 采用了一种因式分解（Factorized Embedding Parameterization）的方法来降低参数量，对 Embedding 进行因式分解，首先把 One-Hot 向量映射到一个低维度的空间，大小为 E，然后映射到一个高维度的空间，当 E<<H 时参数量减少得很明显，如图 4-6 所示。

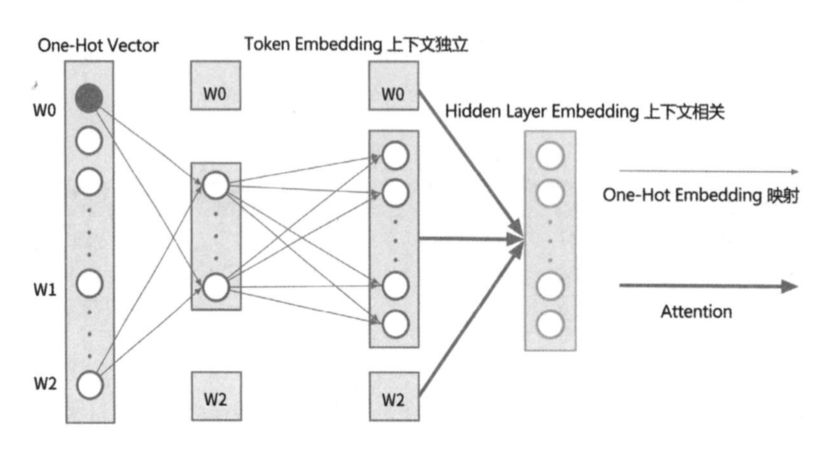

图 4-6 ALBERT 中的因式分解方法

可以看到，经过因式分解，参数量从 O(V×H) 变为 O(V×E + E×H)，参数量将极大减少。如表 4-3 所示，在 H=768 条件下，对比 E=128 和 E=768，参数量减少 17%，而整体性能下降 0.6%。

表4-3 模型的参数量和性能结果

模型	E（词向量长度）	参数量	SOuAD 1.1	SQuAD 2.0	MNLI	SST-2	RACE	Avg
ALBERT Base Not-Shared	64	87M	89.9/82.9	80.1/77.8	82.9	91.5	66.7	81.3
	128	89M	89.9/82.8	80.3/77.3	83.7	91.5	67.9	81.7
	256	93M	89.9/82.8	80.3/77.4	84.1	91.9	67.3	81.8
	768	108M	90.4/83.2	80.4/77.6	84.5	92.8	68.2	82.3

除因式分解外，ALBERT 还采用了一种参数共享的机制来降低模型的参数量，对所有的 Transformer Block 进行参数共享，大大降低了模型的参数量。实验结果如表 4-4 所示，在无参数共享的机制下（表中的 ALBERT Base Not-Shared），随着 Embedding Size 的增大，模型的效果在提升。在有参数共享的机制下（即表中的 ALBERT Base All-shared），Embedding Size 为 128 时，模型的效果达到最佳。从实验数据可以看出，参数共享对模型的效果有一定的降低，但并不多。参数共享的机制相比无参数共享的机制，平均效果只降低了 1.5 个百分点左右。

表4-4 模型的参数量和性能结果

模型	E（词向量长度）	参数量	SOuAD 1.1	SQuAD 2.0	MNLI	SST-2	RACE	Avg
ALBERT Base Not-Shared	64	87M	89.9/82.9	80.1/77.8	82.9	91.5	66.7	81.3
	128	89M	89.9/82.8	80.3/77.3	83.7	91.5	67.9	81.7
	256	93M	89.9/82.8	80.3/77.4	84.1	91.9	67.3	81.8
	768	108M	90.4/83.28	80.4/77.6	84.5	92.8	68.2	82.3
ALBERT Base All-Shared	64	10M	88.7/81.4	77.5/74.8	80.8	89.4	63.5	79.0
	128	12M	89.3/82.3	80.0/77.1	81.6	90.3	64.0	80.1
	256	16M	88.8/81.5	79.1/76.3	81.5	90.3	63.4	79.6
	768	31M	88.6/81.5	79.2/76.6	82.0	90.6	63.3	79.8

4.2.3 情感分析的需求分析

2019 年上半年，我们舆情服务的整体情感判定框架已经迁移到以 BERT 训练为基础的情感模型上，得出的测试指标 F1 值为 0.86，相较于旧版模型提升显著；但是虽然数据指标提升明显，业务端实际感受却并不明显。因此，我们对代表性客户进行采样调查，辅助找出生产指标和实验指标的差异所在。同时，针对上文提到的关于舆情业务中情感分析的痛点和难点，进行一次深度业务调研。

1. 客户情感满意度调查

客户情感满意度调查分布如图 4-7 所示。

2. 文本作用域（模型输入文本选择）调研

这里将文本作用域分为以下几个层次，分布情况如图 4-8 所示。

- 标题：正常文章的标题。
- 全文：标题和正文的统称。
- 情感摘要：依据客户的输入特征词，从文章中抽取一段摘要，长度在 256 字符内。
- 关键词周边：只关注所配置关键词周边的文本作用域，一般是一句话。
- 主体（实体）词周边：依据客户所配置的品牌词、主体词，选取对应的文本作用域。

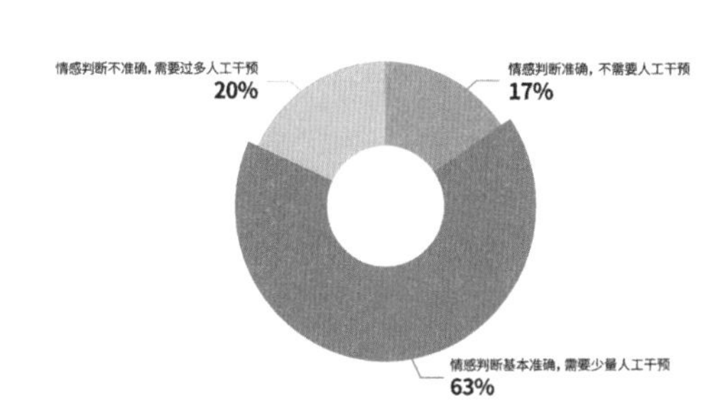

图 4-7 情感满意度分布

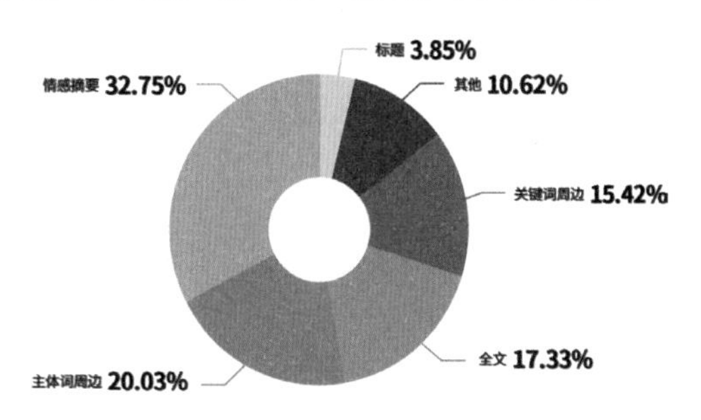

图 4-8 文本作用域分布

3. 调研情感判定因素

这里对判定因素做以下介绍。

- 自然语义：是指符合人们的情感判定标准，像色情、暴力、违禁、邪教、反动等言论都是敏感信息的范畴。比如："#28 天断食减肥 [超话]# 美柚说我还有 4 天就来月经了，所以是快要来月经了，体重就掉得慢甚至不掉了吗？心塞。" 属于敏感信息。
- 主体（实体）情感：主体一般指的是人名、地名、机构名、团体名、产品名、品牌名、“我”“作者”等。举个例子，“墨迹天气又忘记签到了，我的记性越来越差”，这句话中，如果“墨迹天气”是监测主体，那么属于非敏感信息。
- 业务规则：是指以一种可表示、可量化、可总结、可表达的形式总结知识和规则，已经不符合自然语义的理解范畴。
- 业务规则 & 自然语义：客户的负面信息判定是结合业务规则的，并且是符合自然语义判定标准的。

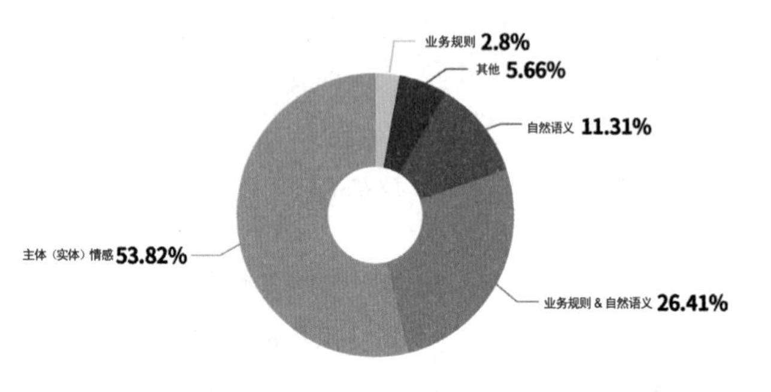

图 4-9 敏感判定因素分布

敏感判定因素分布如图 4-9 所示。

4.2.4 情感分析的落地实践

我们针对上述调研结果进行详尽分析，最终确定走情感细粒度模型的道路，精简版本的情感架构概览如图 4-10 所示。

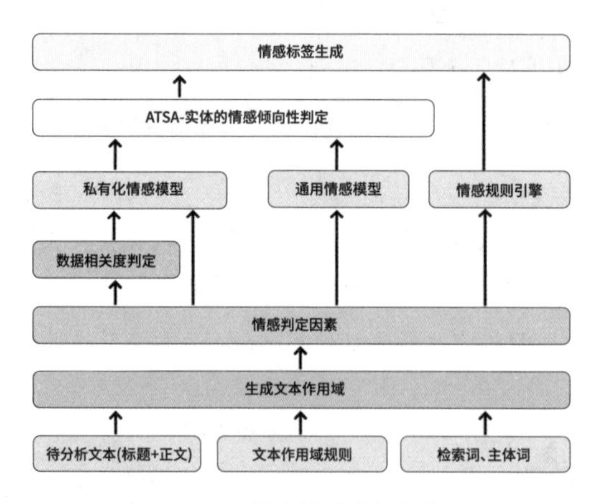

图 4-10 细粒度情感分析架构图

接下来基于此进行讲述，大致分为如下几个层次：

1. 输入层

这里主要是获取相应文本输入，以及客户的文本作用域规则和检索词、主体词，为下游的文本作用域生成提供对应的条件。

2. 文本作用域

依据文本作用域规则，生成对应的模型输入，请参照上文对文本作用域的阐述。这里实验内容针对的是情感摘要。首先将文本进行分句，然后依次对每一个句子和检索词进行匹配，通过 BM25 计算相关性。这里限制的文本长度在 256 个字以内。在文本域优化后，对线上的 10 家客户进行对比分析，实验条件如下：

- 客户数目：10。
- 数据分布：从舆情系统中按照自然日，为每个客户选取 100 条测试数据。
- 对比条件：情感摘要、标题。

我们进行对比分析（客户名称已脱敏），每个客户的情感摘要和文本标题效果依次展示，如图 4-11 所示。

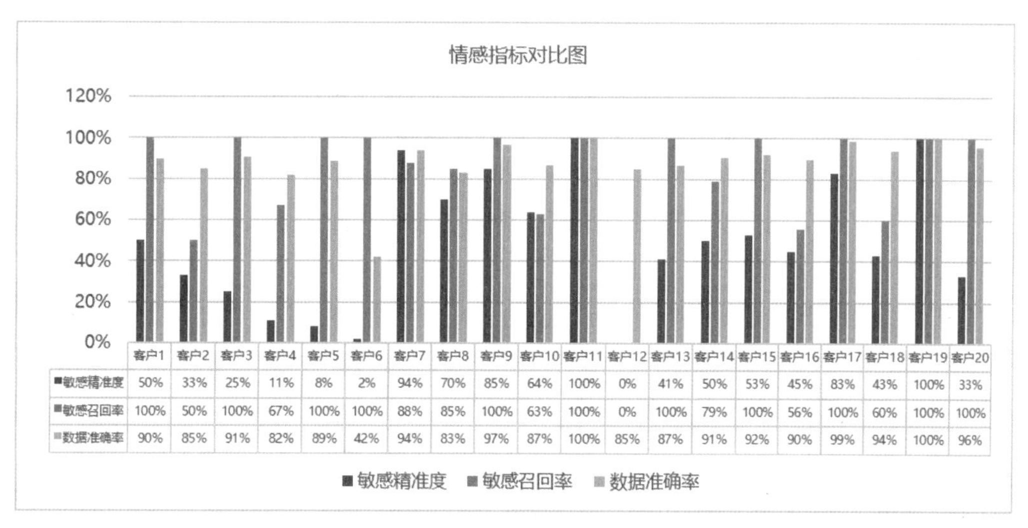

	客户1	客户2	客户3	客户4	客户5	客户6	客户7	客户8	客户9	客户10	客户11	客户12	客户13	客户14	客户15	客户16	客户17	客户18	客户19	客户20
敏感精准度	50%	33%	25%	11%	8%	2%	94%	70%	85%	64%	100%	0%	41%	50%	53%	45%	83%	43%	100%	33%
敏感召回率	100%	50%	100%	67%	100%	100%	88%	85%	100%	63%	100%	0%	100%	79%	100%	56%	100%	60%	100%	100%
数据准确率	90%	85%	91%	82%	89%	42%	94%	83%	97%	87%	100%	85%	87%	91%	92%	90%	99%	94%	100%	96%

图 4-11　客户情感分析效果对比

可以发现，整体效果是有极大提升的。但是也可以看到，部分客户的敏感精准率是偏低的，这个和客户的敏感分布有关，大部分的敏感占比只有总数据量的 10% ~20%，有些甚至更低。所以面临一个新的问题，如何提升非均匀分布的敏感精准度？这个会在下文进行讲述。

3. 情感判定因素

由上文的情感因素分布得知，情感对象（实体）的因素占 54%，基于实体的情感倾向性判定是一个普适需求。如果这里直接使用通用情感分析判定，在舆情的使用场景中会存在高召回、低精准的情况。接下来对此进行相关解决方案的论述。

4. 模型层

在通用情感模型方面，在 2019 年年初，使用 BERT-base（12L，768H）进行微调，得到如下指标：情感准确率 =0.866，敏感精准率 = 0.88，敏感召回率 =0.84，F1 值 =0.867。在相关度模型方面，对生产环境的埋点日志分析，发现客户存在大量的屏蔽操作。选取近一个月屏蔽最多的10个话题进行分析，如图4-12所示。

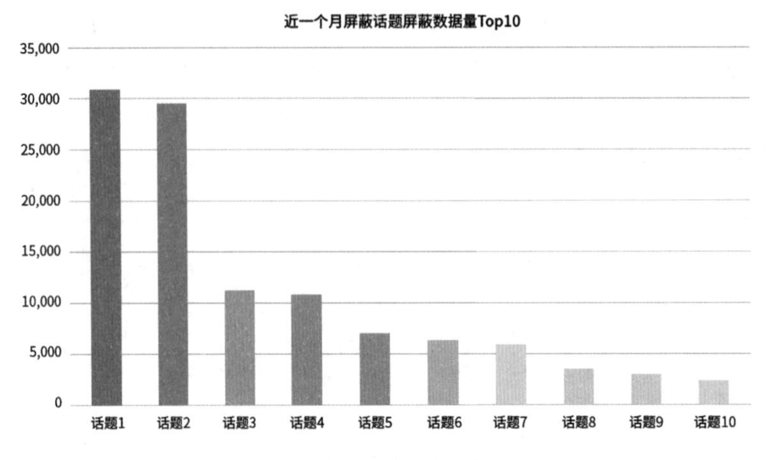

图4-12 屏蔽话题分析

通过调研和分析发现，这些数据虽然命中关键词，但是数据相关度比较低。在情感判定之前引入相关度判定，对于非相关的数据，一律判定为非敏感。对于精准数据，再次进行情感分析判定，大大提升了敏感精准率。在工程上选取ALBERT进行模型训练可以达到部署多个模型的目的。可以观测到，单个模型在推理阶段，在GPU（RTX 2080）上占用的显存大约在600MB，极大地节省了资源。

部分客户相关度模型效果如表4-5所示，部分客户实施相关度判定，由于数据特征比较明显，可以很容易达到比较精准的数据效果，但是并不适用于所有客户。相关度模型的引入既达到了筛选相关数据的目的，也能减少情感判定噪声数据的干扰，提升敏感精准度。

表4-5 部分客户的相关度模型效果

客户名称	准确率	正样本数量	负样本数量	数据来源
C1	0.95	619	1141	收藏、屏蔽数据
C2	0.97	5085	5244	收藏、屏蔽数据
C3	0.93	450	450	收藏、屏蔽数据
C4	0.94	136	487	收藏、屏蔽数据

5. ATSA——面向情感实体的情感倾向性分析

ATSA要解决的就是在特定情感实体下的情感倾向性判定问题。这里主要借鉴*Utilizing BERT for Aspect-based Sentiment Analysis via Constructing Auxiliary Sentence*文中的思想。这项工作做得非常巧妙，它把本来涉及情感计算的常规单句分类问题，通过加入辅助句子，转变为句子对匹配任务。很多实验证明：BERT特别适合做句子对匹配类的工作，所以这种转换无疑能更充分地发挥BERT的应用优势。

舆情中要解决的问题如下，A公司和B公司的情感倾向性是非敏感的，而C公司却是敏感的。例如句子“A公司与B公司就提供融资事项协商一致并签署《合作框架协议》，而C公司被传暴雷”。

要解决这个问题，要面临两个问题：

- 实体识别和信息抽取问题。
- 实体级别的情感倾向性判定。

在舆情的业务场景中，可以简化问题，由于情感实体是提前给定的，因此不需要做实体识别和信息抽取，只需要对特定实体的情感倾向性进行判定，整体流程如图 4-13 所示。

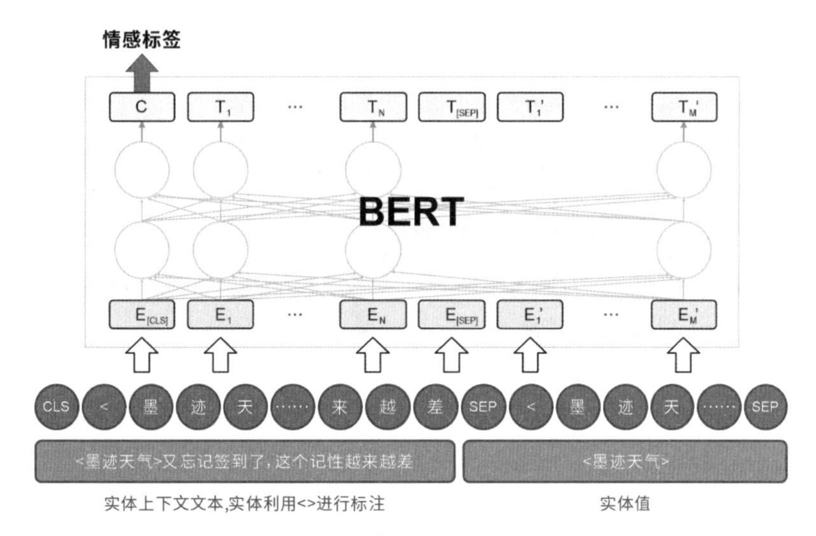

图 4-13　情感倾向判定流程

主要是利用 Bert Sentence-Pair，文本与实体联合训练，得到输出标签。目前实验证明，经过这种问题转换，在保证召回率提升的情况下，准确率和精准率都得到了提高。选取一个客户进行对比测试，具体数据如表 4-6 所示。

表4-6　某个客户的对比测试效果

实验条件	实验方式	准确率	精准率	召回率	F1
按照自然日采样，测试样本为	ATSA	0.95	0.8	0.85	0.82
912条，其中敏感数据108条	情感摘要	0.84	0.4	0.7	0.51

6. 情感规则引擎

在部分客户场景中，他们的业务规则是明确的或者可穷举的。这里会做一些长尾词挖掘、情感新词发现等工作来进行辅助，同时要支持实时的干预机制，快速响应。比如某些客户的官方微博经常会发很多微博，他们会要求都判定成非敏感信息。这里不再做过多介绍。

4.2.5 模型开发平台的构建

在舆情架构发展中，线上多模型是必然的趋势，也就意味着需要一个平台能够快速支持和构建一个定制化模型，来满足真实的应用场景。这就需要从底层的算力资源管控、舆情数据的标准化制定和积累、模型的生命周期管理等多方面进行衡量。关于 NLP 模型开发平台的构建以及在舆情领域的应用实践，接下来将进一步阐述。

- 持续学习，增量迭代：随着舆情客户对系统的深度使用，一般会有情感标签的人工纠正，所以需要保证模型可以进行增量迭代，减少客户的负反馈。
- 多实体的情感倾向分析：对包含多个实体信息的文本，针对每一个系统识别到的实体，做自动情感倾向性判断（敏感、非敏感），并进行实体库的构建。
- 提升垂直类情感分析效果：在垂直类（汽车、餐饮、酒店等）情感倾向性分析准确率上加大优化力度。

随着舆情业务的发展，各领域客户都沉淀了大量与业务贴近的优质数据，如何有效使用这些数据，形成情感效果联动反馈机制，为业务赋能，是情感分析领域面临的新挑战。在2019年的实践中，通过场景化的情感分析框架落地应用，对情感效果做到了模型定制化干预，真正提高了客户满意度。这种机制具有整体精度高、定制能力强、业务感知明显的特点。在接下来的介绍中，以模型训练自动化与人工反馈相结合的方式，将模型定制能力规模化、平台化，实现情感分析在舆情场景下千人千面的效果。

在一个NLP模型开发任务中，一般包括数据处理、模型训练、模型部署三大模块，如图4-14所示。

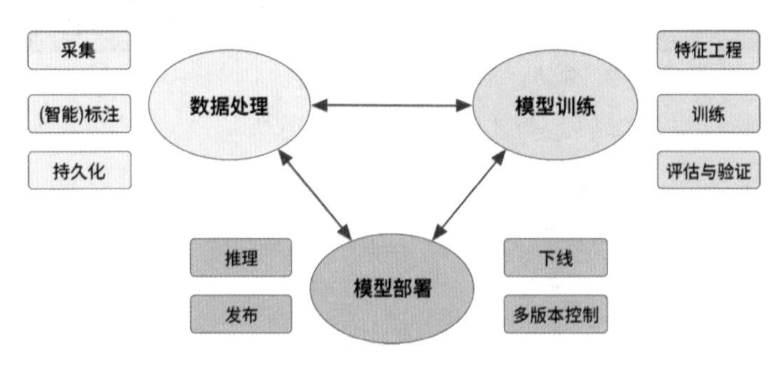

图4-14 NLP模型开发任务包含的模块

在早期，主要是围绕和重复这三个模块来支持业务的。在业务规模小时，人工方式保证了工作的灵活与创新突破，但是随着业务模式的成熟与增长，逐渐凸显出人工方式的局限性，主要体现在如下几个方面：

- NLP模型开发任务的增多，无疑增加了开发人员的维护工作，尤其是在算法迭代更新、模型版本管理等方面，将是灾难性的。
- 业务人员是核心业务的把控者，但是由于模型学习门槛相对较高，使其参与度大大降低。

NLP模型开发平台的构建不仅能解决以上问题，也更将聚焦算法工程师模型开发和基准验证，使分工更加明确，全民参与。集数据管理、模型全生命周期管理、计算资源和存储资源统一管理等特性，力求达到以下目标。

- 复用性：通用算法集成，算法管理，避免重复造轮子。从脚本开发到可视化操作，专注于算法效果提升和模块复用。

- 易用性：即便是运营（业务）人员，也可以定制私有业务模型，真正实现业务赋能。依据自己的个性化诉求可进行数据标注、模型训练、效果评估、模型发布等操作。
- 扩展性：算力资源可扩展，模型算法框架（TF、PyTorch、H2O）可扩展，语言（Java、Python、R）可扩展。

1. NLP 模型开发工具栈

在传统软件开发中，我们需要对程序的行为进行硬编码，而在 NLP 机器学习模型开发中，我们将大量内容留给机器学习数据，开发流程上有着本质的不同，如图 4-15 所示。

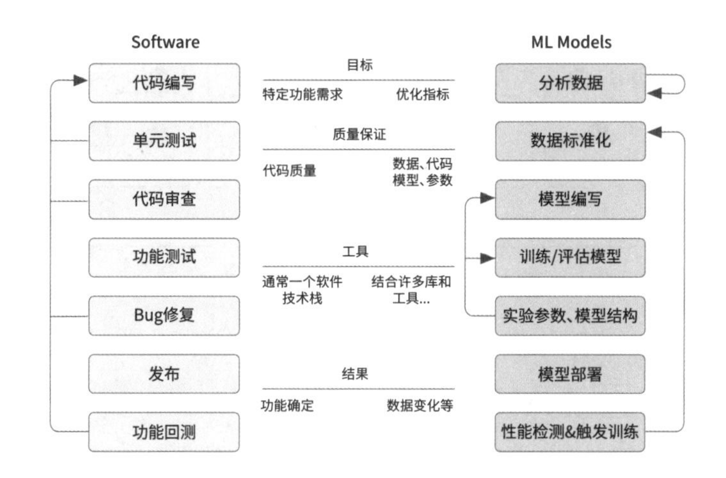

图 4-15 软件开发和模型开发的流程对比

许多传统软件工程工具可用于开发和服务于机器学习任务，但是由于机器学习的特殊性，也往往需要自己的工具。比如，Git 通过逐行比较差异来进行版本控制，适用于大多数软件开发，但是不适合对数据集或模型检查点进行版本控制。在 2012 年随着深度学习的兴起，机器学习工具栈种类和数量呈爆炸式增长，包括 All-in-one（一站式机器学习平台）：Polyaxon、MLFlow 等，Modeling& Training（模型开发、训练）：PyTorch、Colab、JAX 等，Serving（发布、监控、A/B Test）：Seldon、Datatron 等。图 4-16 表明了 MLOps 每种类型的工具数量。

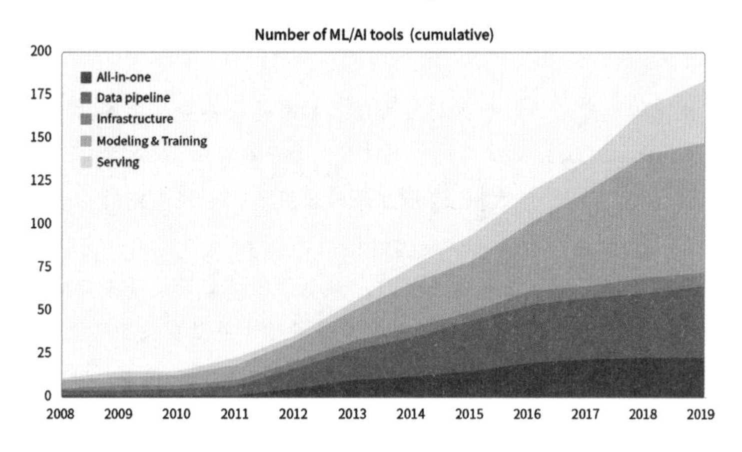

图 4-16 MLOps 每种类型的工具数量

可以看到，机器学习工具栈种类和数量目前是极其繁多的，有些是面向 OSS 的，有些是商业收费的。图 4-17 主要列举在不同种类的工具栈上的产品。

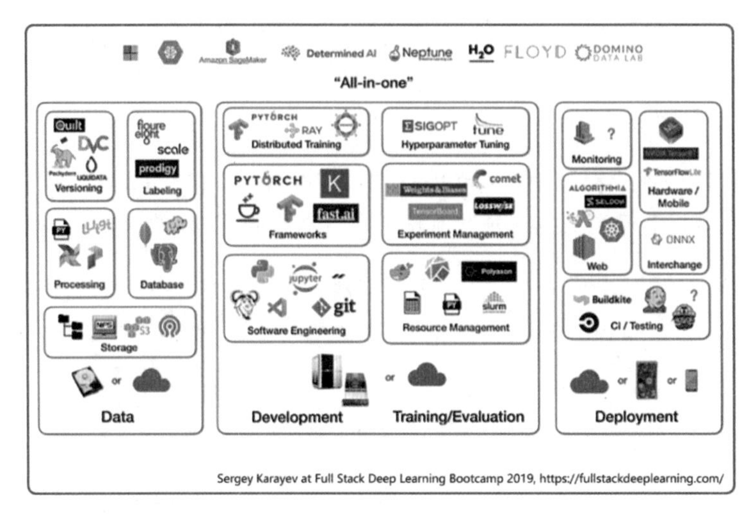

图 4-17　不同种类的工具栈上的产品

2. NLP 模型开发平台构建

AI 模型开发基本流程如图 4-18 所示。

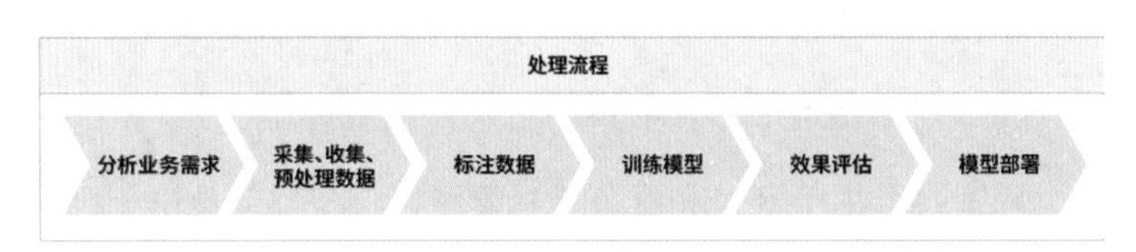

图 4-18　AI 模型开发基本流程

步骤如下：

- 分析业务需求：在正式启动训练模型之前，需要有效分析和拆解业务需求，明确模型类型如何选择。
- 采集、收集、预处理数据：尽可能采集与真实业务场景一致的数据，并覆盖可能有的各种数据情况。
- 标注数据：按照规则定义进行数据标签处理。如果是一些分类标签，可以在线下直接标注；如果是一些实体标注、关系标注，就需要对应一套在线标注工具进行高效处理。
- 训练模型：训练模型阶段可以将已经标注好的数据基于已经确定的初步模型类型，选择算法进行训练。
- 效果评估：训练后的模型在正式集成之前，需要评估模型效果是否可用。需要详细的模型评估报告，以及在线可视化上传数据进行模型效果评估，并且在灰度环境下进行业务验证。
- 模型部署：当确认模型效果可用后，可以将模型部署到生产环境中。同时要支持多版本管理、AutoScale 等功能。

NLP 模型开发平台的整体架构如图 4-19 所示。

图 4-19　NLP 模型开发平台架构图

具体情况如下：

- 分布式存储包括 NFS、HDFS、CEPH。HDFS 用于存储原始数据以及样本特征，NFS 用于存储训练后的模型文件，CEPH 是 K8S 集群的文件分布式存储系统。
- 底层计算资源分为 CPU 集群和 GPU 集群，高性能 CPU 集群主要用于部署和训练传统的机器学习模型，GPU 集群则用来部署和训练深度（迁移）学习模型。
- 资源不同，计算的选型也有差别。机器学习训练使用 Alink 做计算，通过 YARN 来调度计算资源；深度学习训练使用 K8S 做调度，支持主流的 PyTorch、TensorFlow、PaddlePaddle、H2O 等深度学习框架，目前只做到单机训练，而模型的部署都是借助 K8S 进行统一发布和管理的。
- 模块对外提供数据标注、模型训练、模型评估、模型管理、模型部署、模型预测等功能，同时平台还抽象出了分类、NER、评估、预测等组件。

NLP 模型开发平台的技术框架图如图 4-20 所示，平台上层提供了一套标准的可视化操作界面，供业务运营人员使用，平台底层提供全生命周期的模型管理，支持上层应用扩展。

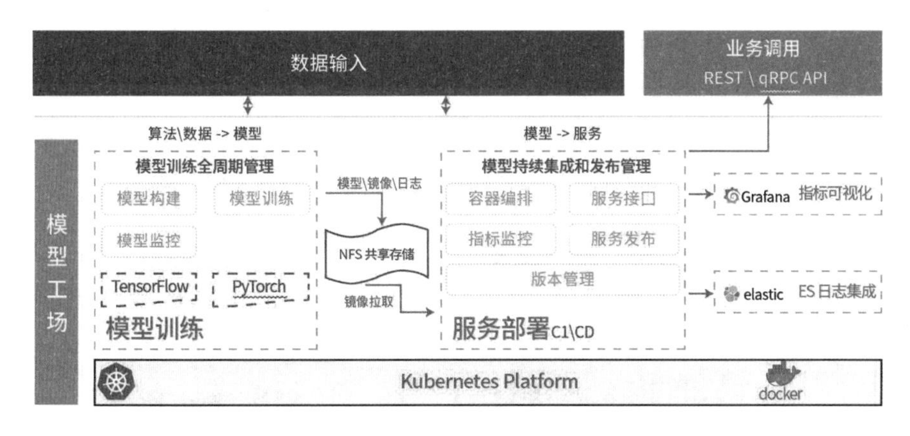

图 4-20　NLP 模型开发平台技术框架图

前面主要介绍了 NLP 模型开发平台构建的基本流程和整体架构，接下来会对技术选型与实践展开介绍。

- 容器管理调度平台选型：主流的容器管理调度平台有三个，分别是 Docker Swarm、Mesos Marathon 和 Kubernetes。但是同时具备调度、亲和/反亲和、健康检查、容错、可扩展、服务发现、滚动升级等诸多特性的，非 Kubernetes 莫属。同时，基于 OSS 的机器学习工具栈大多也都是基于 Kubernetes 进行上层开发和应用的，像我们熟知的 Kubeflow 等。另一方面，深度学习领域通常是用 GPU 来做计算的，而 Kubernetes 对 GPU 卡的调度和资源分配有很好的支持和扩展。比如现在集群有多种类型的 GPU 卡，可以对 GPU 节点打上 Label，启动任务配置 NodeSelector 实现卡类型的精准分配。最终我们选择用 K8S 作为平台的容器管理系统。
- GPU 资源调度管理：目前较新版本的 Docker 支持 NVIDIA GPU 的 Runtime，而不再考虑旧版的 nvidia-docker 或者 nvidia-docker2。其实在 Runtime 基础上，是可以直接使用 GPU 来执行深度学习任务的，但是却无法限定 GPU 资源以及异构设备的支持。这里主要给出两种解决方案，第一种是 Device Plugin 方案，如图 4-21 所示，为了能够在 Kubernetes 中管理和调度 GPU，Nvidia 提供了 Nvidia GPU 的 Device Plugin。主要功能包括：支持 ListAndWatch 接口，上报节点上的 GPU 数量；支持 Allocate 接口，支持分配 GPU 的行为。但是这种机制导致 GPU 卡都是独享的，特别是在推理阶段，利用率是很低的，这也是我们采用第二种方案的主要原因，第二种是 GPU Sharing 方案，GPU Device Plugin 可以实现更好的隔离，确保每个应用程序的 GPU 使用率不受其他应用程序的影响。它非常适合深度学习模型训练场景，但是如果场景是模型开发和模型推断，会造成资源浪费。所以要允许用户表达共享资源的请求，并保证在计划级别不会超额订购 GPU。我们这里尝试 Aliyun 在 GPU Sharing 上的开源实现，如图 4-22 所示。

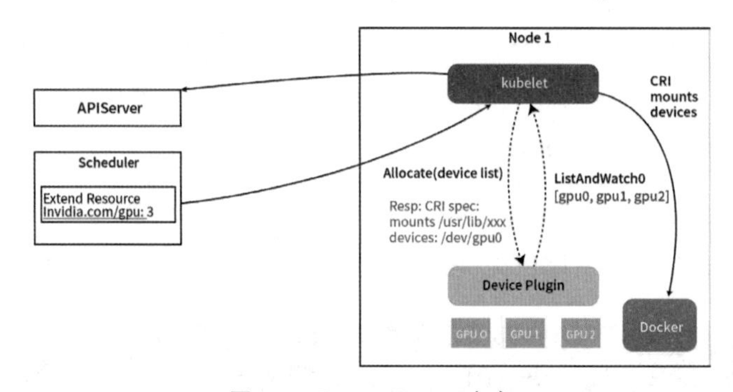

图 4-21 Device Plugin 方案

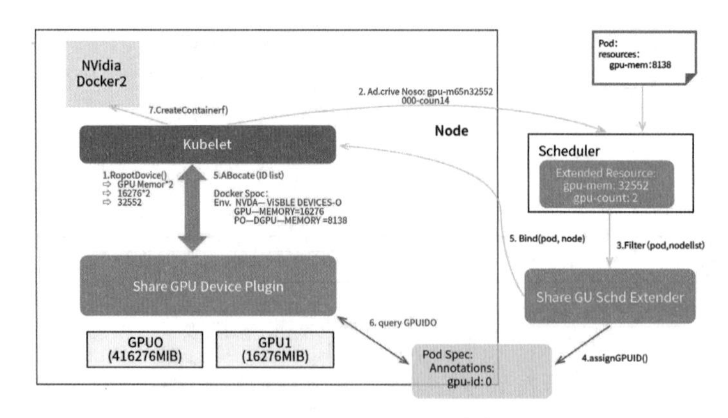

图 4-22 GPU Sharing 方案

- 可视化：这里的可视化是指在进行模型训练的过程中，需要对模型性能进行评测和调优。这里率先融入 Tensorboard，随后将百度的 VisualDl 融入进去。在训练过程中启动一个单独的容器，暴露出接口供开发者查阅和分析。
- 模型部署：在前面介绍了不同功能的机器学习工具栈。在模型部署中，我们使用 Seldon Core 来作为 CD 工具，同时 Seldon Core 也被 Kubeflow 深度集成。Seldon 是一个可在 Kubernetes 上大规模部署机器学习模型的开源平台，将 ML 模型（TensorFlow、PyTorch、H2O 等）或语言包装器（Python、Java 等）转换为生产 REST/GRPC 等微服务。图 4-23 展示了推理镜像的构建过程，其中 MyModel.py 是预测文件。

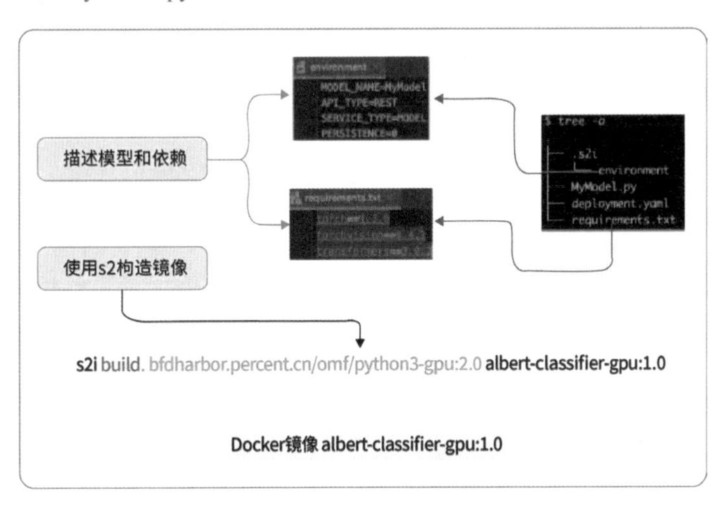

图 4-23　推理镜像的构建过程

3. NLP 模型开发平台的应用和成效

NLP 模型开发平台的构建极大地降低了模型学习门槛，使业务人员不仅可以参与规则的制定，也可以参与数据标注、服务发布、效果评估等多个阶段。同时，使数据科学家和机器学习工程师能更加专注于模型本身的算法和性能，极大地提高了工作效率，简化了工作流程。在这种机制下，为客户提供了个性化服务。在 NLP 模型开发平台的助力下，进行一站式处理，并且可以实现情感分析等 NLP 模型版本的快速迭代优化。表 4-7 提供了 NLP 模型进行快速迭代的例子，具体包括模型名称、模型应用场景、模型算法、训练状态、最新版本、模型效果、发布状态、已发布版本和操作等，操作中具体包括校验、训练、可视化、历史版本、发布、下线、停止训练、删除等。

表4-7　情感分析等NLP模型版本的迭代

模型名称	模型应用场景	模型算法	训练状态	最新版本	模型效果(最新版本)	发布状态(最新版本)	已发布版本(服务中)	操作
模型1	相关度	AIBert	训练完成	V9	ACC95.00% 完整评估结果	未发布	-	校验丨训练丨可视化丨历史版本丨发布丨下线丨停止训练丨删除

（续表）

模型名称	模型应用场景	模型算法	训练状态	最新版本	模型效果(最新版本)	发布状态(最新版本)	已发布版本(服务中)	操作
模型2	相关度	AIBert	训练完成	V10	ACC95.38% 完整评估结果	未发布	-	校验 | 训练 | 可视化 | 历史版本 | 发布 | 下线 | 停止训练 | 删除
模型3	情感判断	AIBert	训练完成	V4	ACC92.41% 完整评估结果	未发布	V2 详情	校验 | 训练 | 可视化 | 历史版本 | 发布 | 下线 | 停止训练 | 删除
模型4	相关度	AIBert	训练完成	V2	ACC100.00% 完整评估结果	未发布	V1 详情	校验 | 训练 | 可视化 | 历史版本 | 发布 | 下线 | 停止训练 | 删除
模型5		AIBert	训练完成	V1	ACC74.11% 完整评估结果	已发布	V1 详情	校验 | 训练 | 可视化 | 历史版本 | 发布 | 下线 | 停止训练 | 删除
模型6	相关度	AIBert	训练完成	V2	ACC98.90% 完整评估结果	已发布	V2 详情	校验 | 训练 | 可视化 | 历史版本 | 发布 | 下线 | 停止训练 | 删除
模型7	相关度	AIBert	训练完成	V1	ACC95.79% 完整评估结果	已发布	V1 详情	校验 | 训练 | 可视化 | 历史版本 | 发布 | 下线 | 停止训练 | 删除
模型8	相关度	AIBert	训练完成	V3	ACC98.11% 完整评估结果	已发布	V3 详情	校验 | 训练 | 可视化 | 历史版本 | 发布 | 下线 | 停止训练 | 删除

4.3 情感分析比赛和方案

前面介绍了实际业务中如何快速迭代开发情感分类模型，本节介绍我们参加的情感分类比赛方案，帮助大家了解和熟悉 NLP 比赛中常用的方法和技巧。在 2020 年，为推动北京市政府数据开放，吸纳大数据产业顶尖社会资源，充分释放专业人才智慧资源，北京市经济和信息化局、中国计算机学会大数据专家委员会联合主办大数据公益挑战赛。

我们参加了该挑战赛中的“网民情绪识别”比赛，该赛题也是第二十六届全国信息检索学术会议（The 26th China Conference on Information Retrieval，CCIR 2020）评测大赛赛题。经过长达 2 个多月的激烈角逐，我们从 2049 支参赛队伍中脱颖而出，取得了 A 榜第 1，B 榜第 2 的成绩，并且通过决赛的答辩，获得了该比赛的亚军。

4.3.1 背景介绍

为了帮助政府掌握真实社会舆论情况，科学高效地做好宣传和舆情引导工作，主办方组织了“网民情绪识别”的评测大赛，吸引了 2049 支队伍参加，包括各大知名高校以及大数据和人工智能企业。

具体的赛题任务是给定微博 ID 和微博内容，设计算法对微博内容进行情绪识别，判断微博内容是积极的、消极的还是中性的。同时，本赛题也是第二十六届全国信息检索学术会议 CCIR 2020 评测大赛赛题。赛题任务的输入形式如表 4-8 所示，内容包括发布微博的 ID、微博发布的时间、发布人的账号、微博的中文内容、微博的配图、微博的视频，模型最终任务输出的标签是该条数据所蕴含的情感倾向，情感倾向主要由三个数字构成，分别是 1（表达积极）、0（表达中性）和 -1（表达消极）。

表4-8 输入数据的字段组成

发布微博的id	微博发布的时间	发布人的账号	微博的中文内容	微博的配图	微博的视频	情感倾向
4.456E+15	01月01日	存钱1988	写在年末冬初孩子流感的第五天，我们仍然没有忘记热	[" https://	[ ]	0
4.456E+15	01月01日	LunaKrys	开年大模型…累到以为自己发烧了，腰疼膝盖疼腿疼胳膊	[ ]	[ ]	-1
4.456E+15	01月01日	小王爷学辩论	邱展这就是我爹，爹，发烧快好，毕竟美好的假期拿来	[" https://	[ ]	1
4.456E+15	01月01日	我迈K	新年的第一天感冒又发烧的也太倒霉了，但是我要想着明天	[ ]	[ ]	1
4.456E+15	01月01日	changlwj	问:我们意念里有坏的想法了，天神就会给记下来，那如	[" https://	[ ]	1
4.456E+15	01月01日	风萧水寒2003	(发高烧反反复复，眼睛都快睁不开了。今天室友带我去	[ ]	[ ]	-1
4.456E+15	01月01日	无艳迎春	明天考试今天发烧，跨年给我跨坏了? ? 兰州交通	[" https://	[ ]	-1
4.456E+15	01月01日	得意学堂	元旦快乐#批把手法小结#每个娃都是有故事的娃。每个	[ ]	[ ]	0
4.456E+15	01月01日	晓了白了兔	我真的服了xkh，昨天去和她说自己不舒服，描述了症状	[" https://	[ ]	-1

我们对数据进行了分析，三个数字的分布如图 4-24 所示，可以看到图 4-24 中的数据存在不均衡，倾向 0 的标签相对较多。

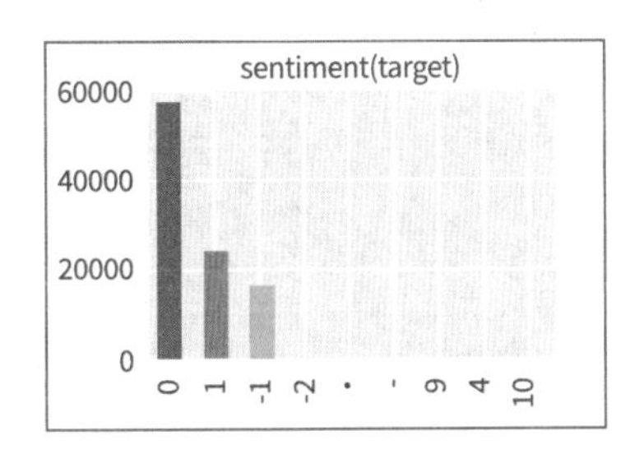

类别：1（积极）、0（中性）和-1（消极）

※ 类别以外的数据，认为是异常数据，遗弃处理

图 4-24 输入数据的标签分布

4.3.2 方案介绍

这次比赛中的数据存在以下几个特点：

- 相对于新闻来说，微博口语化比较严重。
- 文本中存在一些表情符号，如果解码不当，就会导致文本中出现乱码。
- 微博、文本配图的随意性很强，表现为配图和文本的内容相关性比较弱。因为微博可能是转载过的，那么发的图片是由这条微博最先发送的人编辑的。这会导致转载该微博的人的图片跟他所要表达的含义不是很一致或者含义完全不相关或相反。

正因这些数据上的特点，导致了比赛的困难：第一个困难是文本情绪的分类标准，它和其他文本分类比赛不一样，它分类的标准是由人为主观决定的，因为模糊文本字段有非常多的干扰；第二个困难是微博数据中不仅存在文本，还有图混合在一起，另外还有时间方面的信息，所以我们考虑到多模态数据融合进行分类；第三个困难是任务是文本分类，文本分类属于自然语言处理基础任务，研究成果很多，比赛竞争非常激烈。

整体的技术路线如图 4-25 所示，图中的技术路线主要体现在以下几个方面。首先是数据探索。数据探索包括数据清洗、图像特征、文本特征、时间特征和视频特征的分析。同时，我们对数据进行了一定的增广来提高模型的泛化能力。多模态的融合将图像特征和预训练语言模型特征进行集成，在集成特征之前，我们单独训练图形和视频分类模型测试特征的有效性。为提高模型的泛化能力，在技术路线中还添加了对抗训练和调优方法。例如模型训练过程中采用对抗样本训练，使得模型的泛化能力得到提高。对学习率等超参数进行调参。为比赛能够取得更好的成绩，同时采用了一些比赛中经常使用的一些技巧，如半监督学习和伪标签法，F1 值优化法，预训练语言模型进行 Post Train。最后是模型的集成，模型的集成中采用了几种策略，分别是词向量模型的内部集成、词向量模型和预练语言模型、集成预训练语言模型之后加入注意力机制和循环神经网络。

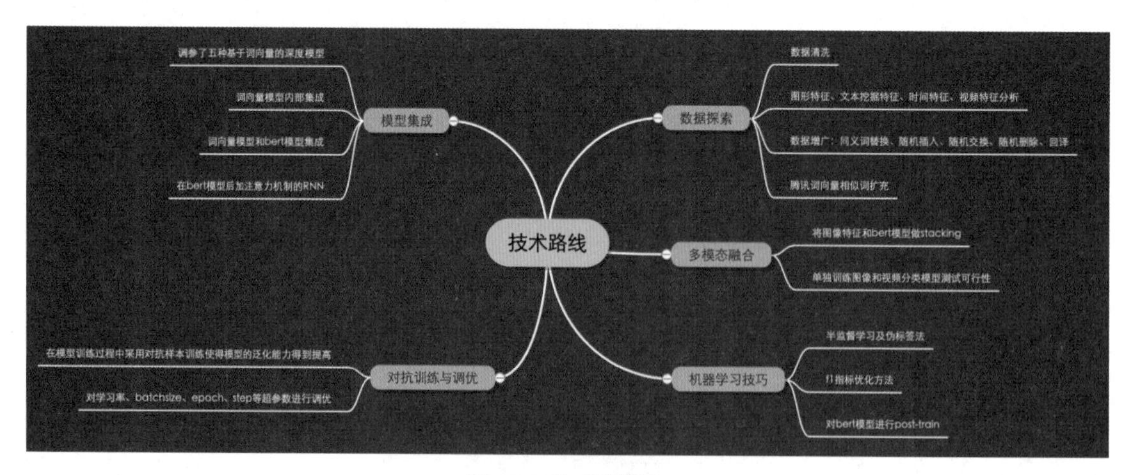

图 4-25 技术路线图

4.3.3 数据清洗和增广

首先我们进行了数据清洗，该策略为反复实验，通过提交得分均值确定数据清洗方式，为后面的输入数据质量提供了一定的保证，数据清洗的代码如图 4-26 所示。

```
def clean(text):
    text = re.sub(r"(回复)?(//)?\s*@\S*?\s*:", "@", text)  # 去除正文中的@和回复/转发中的用户名
    # text = re.sub(r"\[\S+\]", "", text)      # 去除表情符号
    # text = re.sub(r"#\S+#", "", text)      # 保留话题内容
    URL_REGEX = re.compile(
        r'(?i)\b((?:https?://|www\d{0,3}[.]|[a-z0-9.\-]+[.][a-z]{2,4}/)(?:[^\s()<>]+|\(([^\s()<>]+|(\([^\s()<
        re.IGNORECASE)
    text = re.sub(URL_REGEX, "", text)  # 去除网址
    text = text.replace("转发微博", "")  # 去除无意义的词语
    text = text.replace("O网页链接?", "")
    text = text.replace("?展开全文c", "")
    text = text.replace("网页链接", "")
    text = text.replace("展开全文", "")
    text = re.sub(r"\s+", " ", text)  # 合并正文中过多的空格
    return text.strip()
```

图 4-26　数据清洗代码实现

之后进行了数据增广，有以下几个扩充策略，分别是随机交换、随机删除、同义替换等，但是得分均没提升，效果得分如表 4-9 所示。

表4-9　数据增广的效果得分

数据增强	训练集	测试集
原数据	0.73701	0.73520
增加1倍训练集，2倍测试集	0.73308	0.73478
增加2倍训练集，2倍测试集	0.72518	0.72552
增加1倍训练集，2倍测试集（用test语料增强）	0.73182	0.73504

在数据库中，我们还采用了回译的方法。简单来说，这里的回译方法是将中文文本翻译为英文和日文，然后将日文和英文的翻译文翻译回来，得到扩充数据再训练。得分并不是很理想，经过人为观察之后，翻译之后的数据质量较差，可能存在错字符号较多和翻译效果不好的问题。

4.3.4 多模态融合

我们尝试采用 DenseNet121 在 ImageNet 数据集上的预训练权值作为图像特征提取器，BERT-base 模型输出结果做 Stacking 之后发现并无提升。另外，我们采用 DenseNet121 在本数据的图片数据集上进行分类训练，分类效果对比随机得分有较大提升，但是从结果集查看分布得知，该网络结构并不能从图片中有效提取本赛题的特征，预测结果分布如图 4-27 所示，可知预测都为 0 值，说明图片特征在本赛题中无明显效果。

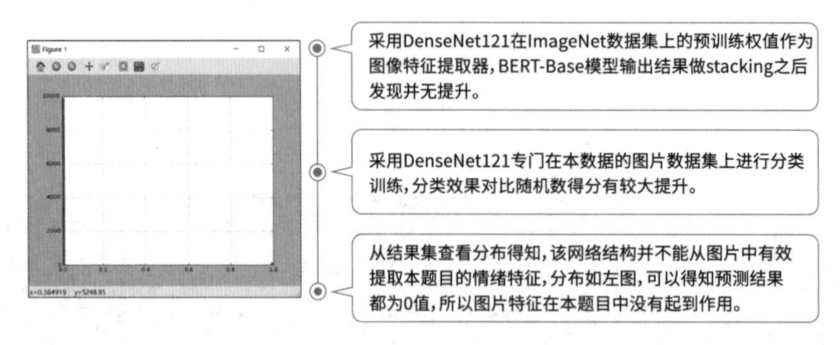

图 4-27　图片分类器的预测结果

我们对多模态融合效果不好的原因进行了具体的分析，详细的原因如图 4-28 所示。

图 4-28　多模态融合效果不好的原因分析

4.3.5 机器学习技巧

1. Focal Loss 技巧

当有数据样本不均衡的问题时，我们经常采用 Focal Loss 方法来进行处理。实验发现，我们在采用 Focal Loss 策略之后，效果比 BERT Base 相比略有下降，具体数据如表 4-10 所示。

表4-10　采用Focal Loss的效果

策 略	模 型	关键参数						比赛结果指标
		batch size	seq len	lr	warm up	epoch	step	
focal loss ()	base bert chinese	240	170	5e-5-10-5				0.71807
focal loss gama=1 ()	base bert chinese	240	170	5e-5-1e-5				0.7016
focal loss gama=2 ()	base bert chinese	240	170	5e-5-1e-5				0.7050
加入dropout 0.05 ()	base bert chinese	240	170	5e-5-1e-5				0.72618

2. 半监督学习伪标签法

由于本题中提供了 900 000 未标记数据，为了充分利用数据，我们利用伪标签法，使用已训练的模型对 900 000 数据进行一次性预测，生成标记结果，然后从 900 000 数据集中选取置信度较高的混入标记数据中进行训练。同时，我们还多次调整了混合比例，但发现该方法提升不明显，分析原因如图 4-29 所示。图 4-29 中为预测第三列（−1,0,1）的数据分布，可见 0（中性）的分布和 1、−1 两类相比有很大不同，说明要判断为 1 和 −1 的数据置信度较低，当该数据混入原标记数据中训练的时候会将误差放大。

图 4-29　预测第三列（−1,0,1）的数据分布

3. Post-Training 技巧

BERT 中缺乏对领域知识和任务相关的知识，因此我们采用了一种后训练（Post-Training）的技术策略，结合领域的数据对基础的 BERT 模型进行训练，使得模型能够学习该领域的知识，该方法来自论文 *BERT Post-Training for Review Reading Comprehension and Aspect-based Sentiment Analysis*。对于领域相关知识，我们使用了提供的微博数据结合 BERT 典型的两个任务进行训练，这两个任务分别是 MLM 和 NSP。MLM 指将文本中一些词随机用 Mask 替代，并让模型预测它们到底是什么词，NSP 将两句话拼接，让模型预测它们是否来自同一个文本。MLM 任务让模型学习到了单词级别的领域语料知识，例如在模型中，与“明亮的”相关的可能是窗户或太阳，但经过训练，模型会将“明亮”与“屏幕”关联。在 NSP 中，学习到了句子级别的知识，可以让模型预测这两边的句子是否有相同的含义，以此更好地学习领域相关的特征。比赛效果采用了 Post-Training，大概有 0.8 个百分点的效果提升。

4. 对抗训练及调优的原理

为了提升模型的预测稳定性，我们还采用了对抗训练的技术，如图 4-30 所示。它的主要思想是提升模型在小扰动下的稳定性，比如图 4-30 中的每一个点代表一个数据样本，它通过对抗训练之后，可以明显地看到每一个数据点都落在一个小坑里面，这样它的模型泛化能力就增强了。

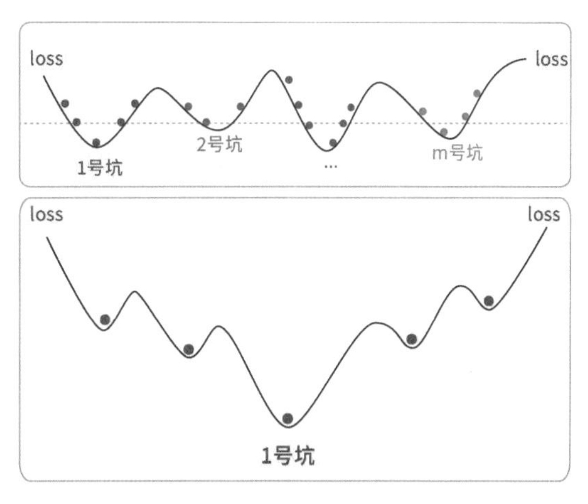

图 4-30　对抗训练的示意图

近年来，随着深度学习的日益发展和落地，对抗样本也得到了越来越多的关注。NLP 中的对抗训练作为一种正则化手段来提高模型的泛化能

力。对抗样本首先出现在论文中。简单来说，它是指对于人类来说“看起来”几乎一样，但对于模型来说预测结果完全不一样的样本。

$$\min_{\theta} \mathbb{E}_{(x,y)\sim D}\left[\max_{\Delta x\in\Omega} L(x+\Delta x, y;\theta)\right]$$

其中 D 代表训练集，x 代表输入，y 代表标签，θ 是模型参数，L(x,y;θ) 是单个样本的 loss，Δx 是对抗扰动，Ω 是扰动空间，这个统一的格式首先由论文 *Towards Deep Learning Models Resistant to Adversarial Attacks* 提出，实验结果显示：在 Embedding 层做对抗扰动，在很多任务中，能有效提高模型的性能。进行对抗学习的时候，我们需要将 Dropout 设置成 0，即固定网络结构，使得对抗学习在固定的网络结构中进行。通过我们的实验，在比赛中的效果大约能够提升 0.5 个百分点。

5. F1 值优化技巧

如果多类别数据不均衡的话，直接使用交叉熵损失得到结果，F1 值显然不是最优的。二分类可以通过阈值搜索来获得在保持模型输出不变时的最优 F1 值。如果说是多分类，怎么进行阈值搜索呢？传统的多分类任务预测结果是使用 argmax 函数来确定最终预测的标签的。这时我们可以在模型的输出上乘以一个权重，使得模型输出进行缩放，缩放完成后再取 argmax，使得 F1 值最高。此时目标转换为求得这个缩放权重，可以使用非线性优化方法来求解这个问题。下面将结合具体代码讲解 F1 值优化技巧的具体原理和操作。

6. 模型集成技巧

我们在集成的过程中发现模型集成到 5 折较为合适，之后再加模型集成效果不明显。现在 BERT 模型对于该赛题主要有两个缺点，第 1 点是有些领域词不能很好地被 BERT 模型编码，因为 BERT 模型在使用维基百科预训练的时候，所使用的语料和微博上面的语料有很大的分布差异，很多常见的口语词汇在维基百科中没有出现过或者出现频率低，所以 BERT 不易捕捉这些信息。另外，本题是微博数据有特殊的语境，并提供了 900 000 未标记数据，BERT 只使用标记数据进行有监督学习，不能很好地掌握这 900 000 未标记数据中的信息。为了能够获取这些未被有监督数据和 BERT 模型包含的信息，我们此处训练词向量模型，词向量模型训练成本也比较小。

训练步骤如下：

- 将 900 000 未标记数据、训练集 100 000 数据以及测试集 100 000 数据的文本合并，得到 1010 000 的语料。
- 将该数据集训练词向量，用 Skip-Gram 算法取 window=5 的向量维度 300 维。
- 得到词向量文件，系统显示和人为观察的语义较为接近。

例如我们查询“发烧”的近义词，系统显示 [('低烧', 0.7052026987075806), ('流鼻涕', 0.6506479978561401), ('高烧', 0.634724497795105), ('鼻塞', 0.6300485134124756), ('发高烧', 0.6270366907119751), ('喉咙痛', 0.6090995669364929), ('拉肚子', 0.5996429324150085), ('嗓子疼',

0.5746837258338928), ('感冒', 0.57429039478302), ('发热', 0.5704347491264343)]。

此处使用词向量的目的和前文中的 Post-Training 一致，都是为了使得最终模型适应该场景语料中词语的分布特点。这里使用词向量模型的集成，我们采用了 5 种模型进行集成，集成之后得分最高为 0.7，如图 4-31 所示。

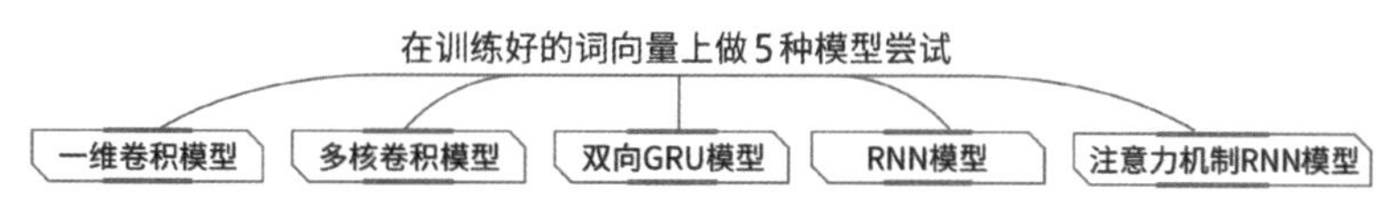

图 4-31　尝试的模型集成类型

模型集成的结果如图 4-32 所示，具体模型的集成方法采用模型输出结果后，用 CatBoost 做 Stacking。

双向GRU模型和BERT结果Stacking	0.70698941000
使用双向GRU模型Stacking	0.70327443000
5种词向量模型Stacking	0.65700555000

图 4-32　模型集成的结果

4.4 情感分析源码解读

4.4.1 F1 值适应优化技巧代码

面对多类别不均衡问题，若直接使用神经网络优化交叉熵损失得到的结果，F1 显然不是全局最优解，二分类下可以用阈值搜索，传统的多分类问题中，预测结果使用 argmax(logits)，可以形式化地表达为求 argmax(w*logits) 使得 F1 均值最大。其中 w 就是要求得的再放缩权重，我们可以使用非线性优化的方法求解这个问题，代码实现如代码清单 4-1 所示。

代码清单 4-1　F1 值适应优化代码

```
from functools import partial
import numpy as np
import scipy as sp
from sklearn.metrics import f1_score
# 专门为优化 F1 指标定义的类
class OptimizedF1(object):
    def __init__(self):
        self.coef_ = []

    # 计算优化 F1 指标的损失函数
    def _kappa_loss(self, coef, X, y):
        """
        y_hat = argmax(coef*X, axis=-1)
        :param coef: (1D array) weights
        :param X: (2D array)logits
        :param y: (1D array) label
        :return: -f1
        """
        X_p = np.copy(X)
```

```
        X_p = coef*X_p
        ll = f1_score(y, np.argmax(X_p, axis=-1), average='macro')
        return -ll

    # 适应模型输出的标签
    def fit(self, X, y):
        loss_partial = partial(self._kappa_loss, X=X, y=y)
        initial_coef = [1. for _ in range(len(set(y)))]
        self.coef_ = sp.optimize.minimize(loss_partial, initial_coef, method='nelder-
mead')

    # 正向推理函数
    def predict(self, X, y):
        X_p = np.copy(X)
        X_p = self.coef_['x'] * X_p
        return f1_score(y, np.argmax(X_p, axis=-1), average='macro')

    # 计算协方差
    def coefficients(self):
        return self.coef_['x']
```

调用时的代码如代码清单 4-2 所示。

代码清单 4-2 调用代码

```
# 定义一个专门为优化 F1 值的对象
op = OptimizedF1()
# 通过训练集优化该优化类的参数
op.fit(logits,labels)
# 正向预测当前模型输出的 logits 值
logits = op.coefficients()*logits
```

4.4.2 对抗训练代码

在介绍对抗训练之前，先介绍“对抗样本”的概念，在论文 *Intriguing properties of neural networks* 中第一次提到这个概念。简单而言，对抗样本指的是对于人类“看起来”几乎一样，对于模型而言预测结果却不一样的样本，“对抗攻击”指的是想办法造出更多的对抗样本，而“对抗防御”指的是让模型能正确识别更多的对抗样本。

对抗训练属于对抗防御的一种，它构造对抗样本加入训练数据集中，希望增强模型对抗样本的鲁棒性，同时提高模型的效果，对抗训练可以写成如下格式：

$$\min_{\theta} E_{(x,y)\sim D}\left[\max_{\Delta x\in\Omega} L(x+\Delta x, y;\theta)\right]$$

其中 x 代表样本输入，y 代表标签，D 代表训练样本集，θ 是模型参数，$L(x+\Delta x,y;\theta)$ 是单个样本的损失函数，Δx 是对抗扰动，Ω 是扰动空间。式子的含义具体解释如下：

（1）向 x 中注入扰动Δx，目标是让 $L(x+\Delta x,y;\theta)$ 越大越好，尽可能让现有模型的预测出错。

（2）Δx 不能太大，否则达不到对于人类“看起来几乎一样”的效果，所以要满足一定的约束，一般的约束是 \\ Δ x\\<ε，其中 ε 是一个常数。

（3）每个样本都构造出对抗样本 (x+ Δ x,y) 后，用对抗样本作为训练数据集，最小化损失函数来更新参数 θ。

反复执行上面三步，更新得到最终的模型参数 θ。现在的问题是如何生成扰动Δ x，它的目标是增大 L(x+ Δ x,y;θ)，梯度下降法可以让损失函数减小，反过来，让损失函数增大的方法是梯度上升，从而有：

$$\Delta x = \epsilon \nabla_x L(x, y; \theta)$$

为了防止过大，可以通过如下方式来做标准化：

$$\Delta x = \epsilon \frac{\nabla x L(x, y; \theta)}{\|\nabla x L(x, y; \theta)\|} \quad \text{或} \quad \Delta x = \epsilon \, \mathrm{sign}(\nabla_x L(x, y; \theta))$$

再将代入前面的式子，进行优化求解：

$$\min_\theta E_{(x,y)\sim D}\left[\max_{\Delta x \in \Omega} L(x + \Delta x, y; \theta)\right]$$

这就构成了一种对抗训练方法，称为 FGM（Fast Gradient Method），对抗训练代码如代码清单 4-3 所示。

代码清单 4-3　对抗训练代码

```
def adversarial_training(model, embedding_name, epsilon=1):
    # 给模型添加对抗训练
    # 其中 model 是需要添加对抗训练的 keras 模型，embedding_name 则是 model 里面 Embedding 层的名字。
要在模型 compile 之后使用
    # 如果还没有训练函数，手动 make
    if model.train_function is None:
        model._make_train_function()
    # 备份旧的训练函数
    old_train_function = model.train_function

    # 查找 Embedding 层
    for output in model.outputs:
        embedding_layer = search_layer(output, embedding_name)
        if embedding_layer is not None:
            break
    if embedding_layer is None:
        raise Exception('Embedding layer not found')

    # 求 Embedding 梯度
    embeddings = embedding_layer.embeddings
    gradients = K.gradients(model.total_loss, [embeddings])
    # 转为 dense tensor
    gradients = K.zeros_like(embeddings) + gradients[0]
```

```
    # 封装为函数
    inputs = (model._feed_inputs +
              model._feed_targets +
              model._feed_sample_weights)  # 所有输入层
    embedding_gradients = K.function(
        inputs=inputs,
        outputs=[gradients],
        name='embedding_gradients',
    )

# 重新定义训练函数
def train_function(inputs):
    # Embedding 梯度
    grads = embedding_gradients(inputs)[0]
    # 计算扰动
    delta = epsilon * grads / (np.sqrt((grads**2).sum()) + 1e-8)
    # 注入扰动
    K.set_value(embeddings, K.eval(embeddings) + delta)
    # 梯度下降
    outputs = old_train_function(inputs)
    # 删除扰动
    K.set_value(embeddings, K.eval(embeddings) - delta)
    return outputs

# 覆盖原训练函数
model.train_function = train_function
```

4.5 本章小结

文本情感分析是对带有主观感情色彩的文本进行分析、处理、归纳和推理的过程。情感分析是舆情系统的核心需求，需要精准及时地为客户甄别和推送负面信息，负面信息识别的准确性直接影响信息推送和客户体验，其中基于文本的情感分析在舆情分析中的重要性不言而喻。

本章重点介绍了情感分析技术的发展历程，从传统的逻辑回归机器学习模型、基于深度学习的 TextCnn、TextRnn 模型到以 BERT 为代表的预训练模型、ALBERT 模型等，同时结合 NLP 模型开发平台加快模型版本的迭代优化速度。除情感分析模型的落地实践外，我们还介绍了业界的情感分析比赛、我们的方案以及采用的各种机器学习技巧，最后对比赛方案的源码进行解读，帮助读者更深入地理解情感分析模型的技术原理和算法技巧。

4.6 习　题

1. Word2Vec 中的 Skip-Gram 和 CBOW 模型有什么区别？它们如何决定要预测的上下文或

目标词？

2. Word2Vec 中的负采样有什么作用？请解释负采样的原理和优点。

3. Word2Vec 模型在词向量训练中有哪些问题？在训练 Word2Vec 时，你会如何解决这些问题？

4. Word2Vec 模型是否存在局限性？如果是，请说明其中的局限性，并提出改进思路。

5. ALBERT 模型中的 Factorized Embedding Parameterization 是什么意思？它如何影响模型的性能和效率？

6. 当面对情感表达复杂的文本时，ALBERT 模型的性能可能会受到影响。请讨论一些可能的解决方案，以提高 ALBERT 模型在此类情况下的性能。

7. 预训练和后训练的区别是什么？

8. 用维基百科预训练所使用的语料和微博的语料有很大的分布差异，这种差异可能对模型性能造成哪些影响？有方法来减轻这种影响吗？

4.7 本章参考文献

[1] Sun C, Huang L, Qiu X. Utilizing BERT for aspect-based sentiment analysis via constructing auxiliary sentence[J]. arXiv preprint arXiv:1903.09588, 2019.

[2] Kenton J D M W C, Toutanova L K. Bert: Pre-training of deep bidirectional transformers for language understanding[C]//Proceedings of naacL-HLT. 2019, 1: 2.

[3] Qiao Y, Xiong C, Liu Z, et al. Understanding the Behaviors of BERT in Ranking[J]. arXiv preprint arXiv:1904.07531, 2019.

[4] Lan Z, Chen M, Goodman S, et al. Albert: A lite bert for self-supervised learning of language representations[J]. arXiv preprint arXiv:1909.11942, 2019.

[5] Vaswani A, Shazeer N, Parmar N, et al. Attention is all you need[J]. Advances in neural information processing systems, 2017, 30.

[6] Gong L, He D, Li Z, et al. Efficient training of BERT by progressively stacking[C] // International conference on machine learning. PMLR, 2019: 2337-2346.

[7] https://github.com/thunlp/PLMpapers.

[8] http://jalammar.github.io/illustrated-bert/.

[9] https://huyenchip.com/2020/06/22/mlops.html.

[10] https://github.com/AliyunContainerService/gpushare-scheduler-extender.

[11] https://docs.seldon.io/projects/seldon-core/en/latest/.

第 5 章
文本机器翻译

本章主要介绍文本机器翻译的背景、各种机器翻译技术，具体包括规则方法、统计方法、神经网络、注意力机制和 Transformer 模型等，然后介绍机器翻译的比赛和方案，最后对方案的源码进行解读。

5.1 机器翻译背景介绍

文字是人类为了表达信息而创建的一套符号系统。文字的使用使人类知识更新的速度产生了翻天覆地的变化，人类通过文字来表达信息、交换信息，一代一代不断积累，升级自己对世界的认知，从而进一步改造世界。其他动物可能比人类身体更强壮，块头更高大，嗅觉更敏锐，听觉更灵敏，视觉更清晰，甚至部分动物也会制造和使用工具。但它们无一例外，都没有创造和使用文字的能力。因此，在进化的漫漫千万年中，它们都无法积聚充分的认识世界的知识和改造世界的能力。

文字就像魔法一样，使得柔弱的人类拥有了不断迭代、增强的智慧。但是，使用不同的文字宛如“鸡同鸭讲”，也造成了人类之间信息甚至文明的隔阂，极大地阻碍了人类社会的和谐发展。世界上一共有多少种人类语言？专家们的估计是 4000~8000 种。德国出版的《语言学及语言交际工具问题手册》提供了比较具体的数字：5561 种，其中约 2000 种有书面文字。

在世界各国，文字的创建、演变、合并、消亡一直都在进行中。比如秦王朝统一六国后，进行的轰轰烈烈的“书同文，车同轨”运动。秦统一六国前，诸侯国各自为政，文字的形体极其紊乱，给政令的推行和文化交流造成了严重障碍。因此，在统一六国后，以秦国文字为基础，参照六国文字，创造出了一种形体匀圆齐整、笔画简略的新文字，称为“秦篆”，又称“小篆”，作为官方规范文字，同时废除了其他异体字。秦始皇用行政力量搞“书同文”成功了，但另一个忧国忧民的理想主义学者却没这么好运。这位是波兰籍犹太人，语言学家柴门霍夫。在童年时代，为了人类和平，创建国际语的伟大理想就在他头脑里产生了。他曾说：“在比亚利斯托克，居民由 4 种不同的成分构成：俄罗斯人、波兰人、日尔曼人和犹太人。每种人都讲着各自的语言，相互关系不友好。在这样的城里，具有敏感天性的人更易感受到语言的隔阂带来的极大不幸，语言的分歧是使人类大家庭破裂、分化成敌对阵营的唯一原因，或至少是主要原因。是大家把我培养成了一个理想主义者，是大家教我认识到所有的人都是亲兄弟。然而，在大街上，在庭院里，到处都让我感到，真正含义的人是不存在的，只有俄罗斯人、波兰人、日尔曼人、犹太人等。”最终，他耗尽毕生心血创造了世界语（Esperanto，希望之语），希望这门简单易学的人造语言成为普世语言，用以促进交流并帮助世界各地的人民了解他国的文化，但很可惜，目前全球仅有两百万人在使用世界语。

进入 20 世纪 60 年代后，伴随着通信、计算等新一代科学技术的飞速发展，全球化贸易、科学、技术和文化交流日益增强，人类开始一步一步迈向信息社会、智能社会，不同国家或地区、不同族群和不同文化之间的联系越来越紧密。人类开始意识到，在全球化的今天，语言不通成为人们交流的主要障碍之一，也成为一个亟待解决的问题。既然逆天而创的世界语难以成功，因此我们需要寻求其他桥梁来跨越这个障碍。我们首先想到的，就是最直接的办法——人工翻译。实际上，人类历史上很早就出现了翻译，公元前 2000 多年，吉尔伽美什的苏美尔史诗就被部分翻译成当时的西南亚语言；公元前 196 年的罗赛塔石碑（Rosetta Stone），上面同时使用了古埃及文、古希腊文以及当地通俗文字来记载古埃及国王托勒密五世登基的诏书。公元 629 年（贞观 3 年）开始，我国著名的大唐高僧玄奘和尚远赴印度取经 75 部，总计 1335 卷，并从梵文译为古汉语。但是，依赖人的传统翻译很难快速翻译汹涌澎湃的资料。幸运的是，机器翻译的发展让我们看到了曙光。但机器翻译的发展绝非一帆风顺，甚至可以说是跌宕起伏、一波三折。机器翻译的思想由来已久，约 500 年前，著名数学家笛卡儿提出了一种在统一的数字代码基础上编写字典的理念，不同语言中的相同思想共享一个符号，并与莱布尼兹等人试图来实现。在该思想的影响下，维尔金斯在 1668 年提出了中介语。中介语的设计试图将世界上所有的概念加以分类和编码，有规律地列出并描述所有的概念和实体，并根据它们各自的特点和性质给予不同的记号和名称。随后的时间又有不少先驱为这一目标探索奋斗，包括法国、前苏联科学家们，但都无疾而终。

5.2 机器翻译技术

5.2.1 基于规则的机器翻译

机器翻译第一个被认可的实际研究项目出现于冷战背景下。1949 年，资讯理论研究者 Warren Weave 正式提出了机器翻译的概念。1954 年，IBM 与美国乔治敦大学合作公布了世界上第一台翻译机 IBM-701。它能够将俄语翻译为英文，虽然身躯巨大，事实上它里面只内建了 6 条文法转换规则，以及 250 个单字。但即使如此，这仍是技术的重大突破，那时人类开始觉得应该很快就能将语言的高墙打破。实验以每秒打印两行半的惊人速度，成功将约 60 句俄文自动翻译成英文，被视为机器翻译可行的开端。

随后，美苏两个超级大国出于军事、政治和经济目的，均投入巨资来进行机器翻译研究，以此来获取更多敌方的情报。同时，欧洲国家由于地缘政治和经济的需要，也对机器翻译研究给予了相当大的重视。中国早在1956年就把机器翻译研究列入了全国科学工作发展规划。1957年，中国科学院语言研究所与计算技术研究所合作开展了俄汉机器翻译试验，翻译了9种不同类型的句子。

当时，人们对机器翻译的高度期待和乐观主义情绪高涨，但是低估了问题的难度，尤其是自然语言翻译本身的复杂性以及当时计算机软硬件系统的局限性。不久，人们失望地看到，各家机器翻译的效果都与期望相差甚远。泡沫很快要被刺破了。

1964年，美国科学院成立了语言自动处理咨询委员会。两年后，在委员会提出的报告中认为机器翻译代价昂贵，准确率低，速度慢于人工翻译，未来也不会达到人工翻译的质量。结论就是给机器翻译的研究直接判了死刑，认为完全不值得继续投入。在接下来的10多年中，机器翻译研究迅速跌入谷底，研究几乎完全停滞。

进入20世纪70年代，随着科学技术的发展和各国科技情报交流的日趋频繁，国与国之间的语言障碍显得更为严重，传统的人工作业方式已经远远不能满足需求，人们迫切地需要计算机来从事翻译工作。

这个时候，现代语言之父乔姆斯基（Chomsky）的“转换生成语法”产生了深远影响，学者们意识到，要想实现好的翻译效果，必须在理解语言的基础上进行翻译，从理解句法结构上下功夫。有了新思想信念的加持，再加上计算机软硬件系统飞速地发展，基于语法规则的机器翻译研究开始如火如荼地展开，相关技术、产品不断涌现。

但很快，基于规则的机器翻译就遇到了瓶颈。纯靠人工编纂、维护的规则很难全面、准确地覆盖人类繁杂、凌乱、不断演化的语言现实，而且可拓展性很差。译文的准确率虽有进步，但依然达不到可用的预期。

自20世纪80年代开始，研究人员逐渐开始使用数据驱动的机器翻译方法。1980年，Martin Kay提出了翻译记忆方法，其基本思想是在翻译新句子时从已经翻译好的旧句子中找出相似部分来辅助新句子的翻译。1984年，长尾真（Makoto Nagao）提出基于实例的机器翻译方法，该方法从实例库中提取翻译知识，通过增、删、改、替换等操作完成翻译。这些方法在实践中都得以广泛应用。

5.2.2 统计机器翻译

20世纪80年代末起，基于数据和算法的统计学习方法在理论和应用层面都取得了飞速进展。一个极端的例子是，将统计模型引入语音识别和语言处理的现代语音识别和自然语言处理研究的先驱Frederick Jelinek曾有过如此令人惊讶的言论：每当我开除一个语言学家，语音识别系统就更准确了。

于是，在基于规则的机器翻译受挫后，学者们开始全面转型统计机器翻译。标志性事件是，

1990 年在芬兰赫尔辛基召开的第 13 届国际计算语言学会议，会上提出了处理大规模真实文本的战略任务，开启了语言计算的一个新的历史阶段——基于大规模语料库的统计自然语言处理。基于词的统计机器翻译模型处理的单元较小，后来逐渐发展起来的基于短语的方法成为统计机器翻译的主流工作。研究人员开始基于大规模的语料对照数据构建模型，训练优化目标，自动化测评效果。这首次使得机器翻译趋于流程化，从而上了可以快速迭代的快车道。

具体来说，Och 在 2003 年提出的基于最大熵的对数—线性模型和参数最小错误训练方法促使统计机器翻译方法能够将多种不同的特征函数融合进机器翻译模型中，并且自动学习它们各自的特征权重，使得翻译性能显著超越了其他传统机器翻译方法。此外，自动评测指标 BLEU 的提出不仅避免了人工评价成本昂贵的弊端，而且可以直接成为模型优化的目标，极大地提高了统计机器翻译系统模型训练、迭代、更新的效率。统计机器翻译方法的特点是几乎完全依赖对大规模双语语料库的自动学习，自动构造机器翻译系统。这种方法具有广泛的一般性，与具体语种无关，与语法细节无关，与语言的内容无关，自此也不再需要人工规则集。一些研究机构不断先后开源机器翻译系统，以促进学术研究，其中比较著名的是约翰霍普金斯大学教授 Philipp Koehn 团队开发的 Moses 系统（http://www.statmt.org/moses/），常被作为学术论文中的对比基线。21 世纪初期开始，借助于互联网的发展，统计机器翻译系统逐渐从 2B、2G 走向全世界个体的 2C。以谷歌、微软为代表的科研机构和企业均相继成立机器翻译团队，并相继发布了能够支持世界上几十种、几百种常用语言的互联网机器翻译系统，迅速普及了机器翻译的应用场景，极大地提高了人们使用机器翻译的便利性。

5.2.3 神经网络机器翻译

随着深度学习的迅猛发展，以及在语音、图像识别领域取得巨大突破，越来越多的自然语言处理问题开始采用深度学习技术。研究人员逐渐放弃了统计机器翻译框架中各子模型独立计算的模式，提出了端到端（End-to-End，句子到句子）的神经机器翻译模型架构。该架构由编码器和解码器两部分组成，其中编码器负责将源语言句子编码成一个实数值向量，然后解码器基于该向量解码出目标译文。

机器翻译本质上是序列到序列（Sequence to Sequence）问题的一个特例，即源语言句子（源语言的词序列）到目标语言句子（目标语言的词序列）。Sutskever 等在 2014 年提出了基于循环神经网络（Recurrent Neural Network，RNN）的编码器 - 解码器（Encoder-Decoder）架构，并用于序列到序列学习。他们使用一个循环神经网络将源语句中的词序列编码为一个高维向量，然后通过一个解码器循环神经网络将此向量解码为目标语句的词序列。他们将此模型应用于翻译任务，并在英法翻译任务上达到了媲美传统的统计机器翻译的效果，由此掀起了神经网络机器翻译的热潮。

2016 年 9 月 30 日，Google 发布了新版谷歌神经机器翻译（Google Neural Machine Translation，GNMT）系统，通过对维基百科和新闻网站选取的语句的测试，相比基于短语的统计翻译能减少 55%~85% 的翻译错误，在中英文翻译人工测评的准确率高达 80%。面对机器的强悍，翻译从业人员首次感受到了寒意，有翻译员甚至这样形容：作为一名翻译员，看到这个新闻的时候，我理解了 18 世纪纺织工人看到蒸汽机时的忧虑与恐惧。

但机器翻译进化的脚步并没有停下来，随着注意力机制被引入，机器翻译的效果又有了飞速的提升。2017 年以来，机器翻译人员抛弃了传统的 RNN、CNN 结构，采用完全基于注意力机制的 Transformer 模型，在效果、训练速度、性能等多个维度上碾压之前所有模型。图 5-1 是采用了 Transformer 模型的百分点机器翻译系统的翻译演示案例，从上面的中文和翻译得到的英文来看，效果优秀，基本不用修改。

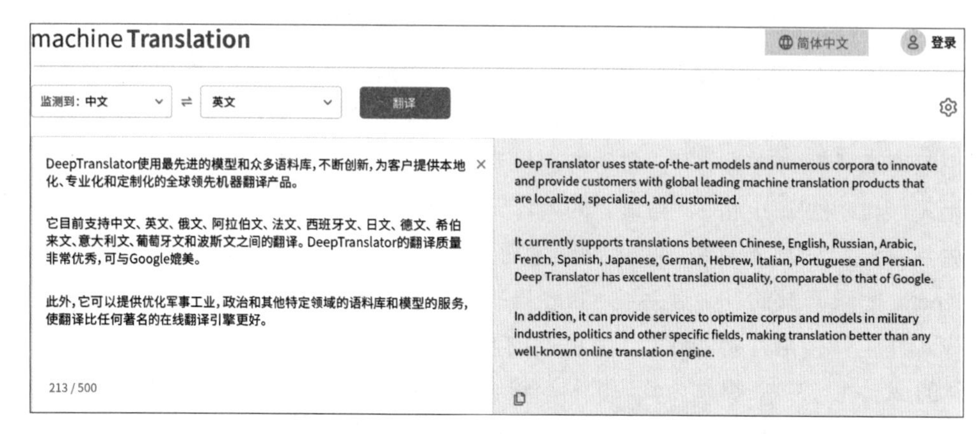

图 5-1 机器翻译系统演示例子

但是，神经网络机器翻译依旧存在不少待解决的重要问题，包括：

- 海量数据依赖：效果优异的翻译模型的训练普遍需要上千万条平行语料，而现实中除少量世界级大语种之间，很难有如此海量的语料。如何让模型学习少量的数据或者单边语料就能达到较好的效果是当前亟待解决的问题。
- 易受噪声影响：当前模型非常容易受噪声的影响，我们在实际训练中发现，引入 20% 左右的低质量语料（比如意译味较浓的字幕翻译）就能使翻译效果迅速下降。如果训练模型能更稳健，那么可用的语料数量将大大提高。
- 专业领域翻译：在细分的专业领域（比如医疗）内，专业语料本身的量会非常稀少，同时存在大量的专业词汇没有出现在训练语料中。如果能利用大量的普通语料和少量的专业语料来建立准确的专业领域机器翻译系统，那么机器翻译的应用场景将不仅仅局限于日常新闻领域，真正突破不同语言国家之间的文化、科技藩篱。
- 翻译风格问题：由于训练语料来源广而杂，同一类型的翻译在训练语料中的翻译方法时可能由于翻译员的个人偏好而五花八门。因此，用这些语料训练出来的模型，博采各家之所长，但也部分继承各家之所短。在用来翻译新的句子的时候，其结果会有很多不可预见性。如何对翻译模型中的知识进行提纯，得到风格统一的翻译模型是非常有挑战性的重要目标。

前面讲述了机器翻译的历史发展，接下来将分享机器翻译系统的理论算法和技术实践。前面我们回顾了机器翻译的发展史，接下来将介绍机器翻译系统的理论算法和技术实践，讲解神经机器翻译具体是如何炼成的。读完这部分内容，你将了解：

- 神经机器翻译模型如何进化并发展成令 NLP 研究者瞩目的 Transformer 模型。
- 基于 Transformer 模型，我们如何打造工业级的神经机器翻译系统。

2013—2014 年不温不火的自然语言处理领域发生了翻天覆地的变化，因为谷歌大脑的 Mikolov 等提出了大规模的词嵌入技术 Word2Vec，RNN、CNN 等深度网络也开始应用于 NLP 的各项任务，全世界 NLP 研究者欢欣鼓舞、跃跃欲试，准备告别令人煎熬的平淡期，开启一个属于 NLP 的新时代。

在这两年，机器翻译领域同样发生了 The Big Bang。2013 年牛津大学 Nal Kalchbrenner 和 Phil Blunsom 提出端到端神经机器翻译（Encoder-Decoder 模型），2014 年谷歌公司的 Ilya Sutskerver 等将 LSTM 引入 Encoder-Decoder 模型中。这两件事标志着以神经网络为基础的机器翻译开始全面超越此前以统计模型为基础的统计机器翻译（Statistical Machine Translation，SMT），并快速成为在线翻译系统的主流标配。2016 年谷歌部署神经机器翻译系统之后，当时网上有一句广为流传的话："作为一名翻译员，看到这个新闻的时候，我理解了 18 世纪纺织工人看到蒸汽机时的忧虑与恐惧。"

2015 年注意力机制和基于记忆的神经网络缓解了 Encoder-Decoder 模型的信息表示瓶颈，这是神经网络机器翻译优于经典的基于短语的机器翻译的关键。2017 年谷歌 Ashish Vaswani 等参考注意力机制提出了基于自注意力机制的 Transformer 模型，Transformer 家族至今依然在 NLP 的各项任务中保持最佳效果。总结近 10 年 NMT 的发展，主要经历了三个阶段：一般的编码器 - 解码器模型（Encoder-Decoder）、注意力机制模型、Transformer 模型。

5.2.4 Encoder-Decoder 模型

前文提到了在 2013 年提出的这种端到端的机器翻译模型。一个自然语言的句子可被视作一个时间序列数据，类似于 LSTM、GRU 等循环神经网络比较适用于处理有时间顺序的序列数据。假设把源语言和目标语言都视作一个独立的时间序列数据，那么机器翻译就是一个序列生成任务，如何实现一个序列生成任务呢？一般以循环神经网络为基础的编码器 - 解码器模型框架（也称 Sequence to Sequence，简称 Seq2Seq）进行序列生成，Seq2Seq 模型包括两个子模型：一个编码器和一个解码器，编码器、解码器是各自独立的循环神经网络，该模型可将一个给定的源语言句子首先使用一个编码器映射为一个连续、稠密的向量，然后使用一个解码器将该向量转换为一个目标语言句子，如图 5-2 所示。编码器 Encoder 对输入的源语言句子进行编码，通过非线性变换转换为中间语义表示 C：

$$C=F(X_1,X_2,\cdots,X_m)$$

在第 i 时刻，解码器 Decoder 根据句子编码器输出的中间语义表示 C 和之前已经生成的历史信息 $y_1,y_2,\cdots,y_{i-1}$ 来生成下一个目标语言的单词：

$$y_i=G(C,y_1,y_2,\cdots,y_{i-1})$$

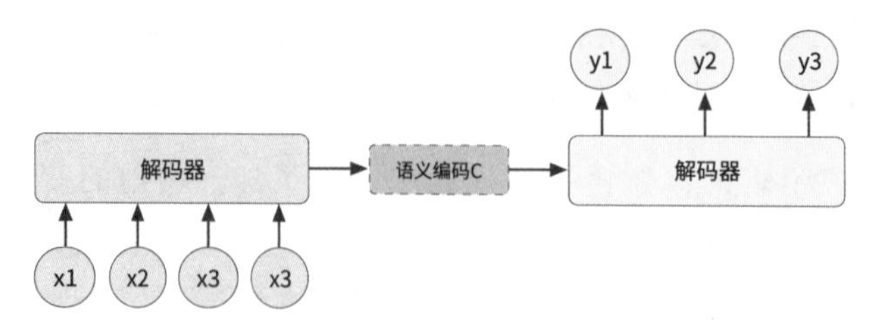

图 5-2 Encoder-Decoder 模型

每个 y_i 依次这么产生，即 Seq2Seq 模型就是根据输入源语言句子生成目标语言句子的翻译模型。源语言与目标语言的句子虽然语言、语序不一样，但具有相同的语义，Encoder 在将源语言句子浓缩成一个嵌入空间的向量 C 后，Decoder 能利用隐含在该向量中的语义信息来重新生成具有相同语义的目标语言句子。总而言之，Seq2Seq 神经翻译模型可模拟人类做翻译的两个主要过程：

- 编码器 Encoder 解译来源文字的文意。
- 解码器 Decoder 重新编译该文意至目标语言。

5.2.5 注意力机制模型

1. Seq2Seq 模型的局限性

Seq2Seq 模型的一个重要假设是编码器可把输入句子的语义全都压缩成一个固定维度的语义向量，解码器利用该向量的信息就能重新生成具有相同意义但不同语言的句子。由于随着输入句子长度的增加，编解码器的性能急剧下降，以一个固定维度中间语义向量作为编码器输出会丢失很多细节信息，因此循环神经网络难以处理输入的长句子，一般的 Seq2Seq 模型存在信息表示的瓶颈。

一般的 Seq2Seq 模型把源语句跟目标语句分开进行处理，不能直接建模源语句跟目标语句之间的关系。那么如何解决这种局限性呢？2015 年，Bahdanau 等发表论文首次把注意机制应用到联合翻译和对齐单词中，解决了 Seq2Seq 的瓶颈问题。注意力机制可计算目标词与每个源语词之间的关系，从而直接建模源语句与目标语句之间的关系。注意力机制又是什么“神器”，可让 NMT 一战成名，决胜机器翻译竞赛？

2. 注意力机制的一般原理

通俗地解释，在数据库中一般用主键 Key 唯一地标识某一条数据记录 Value，访问某一条数据记录的时候可查询语句 Query，搜索与查询条件匹配的主键 Key 并取出其中的数据 Value。注意力机制类似于该思路，是一种软寻址的概念：假设数据按照 <Key,Value> 存储，计算所有的主键 Key 与某一个查询条件 Query 的匹配程度，作为权重值再分别与各条数据 Value 做加权和作为查询的结果，该结果即注意力。因此，注意力机制的一般原理如图 5-3 所示。首先，将源语句中的构成元素想象成由一系列的 <Key,Value> 数据对构成，目标语句由一系列元素 Query 构成；然后，给定目标语句中的某个元素 Query，通过计算 Query 和各个 Key 的相似性或者相关性，得到每个 Key 对应 Value 的权重系数；最后，对 Value 进行加权，即可得到最终的 Attention 数值。因此，本质上注意力机制是对源语句中元素的 Value 值进行加权求和，而 Query 和 Key 用来计算对应 Value 的权重系数。

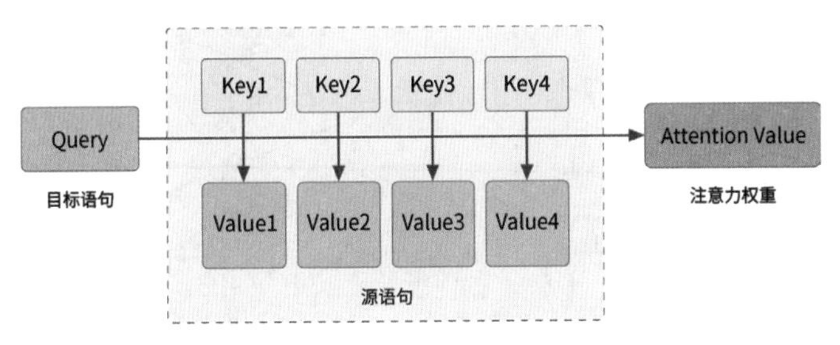

图 5-3　注意力机制

一般计算公式为：

$$\text{Attention}(\text{Query},\text{Source})=\sum_{i=1}^{Lx}\text{Similarity}(\text{Query},\text{Key}_i)*\text{Value}_i$$

在机器翻译中，Seq2Seq 模型一般是由多个 LSTM/GRU 等 RNN 层叠起来的。2016 年 9 月，谷歌发布了神经机器翻译系统，采用 Seq2Seq+ 注意力机制的模型框架，编码器网络和解码器网络都具有 8 层 LSTM 隐层，编码器的输出通过注意力机制加权平均后输入解码器的各个 LSTM 隐层，最后连接 Softmax 层输出每个目标语言词典的每个词的概率。

- 源语句长度为 M 的字符串：$X=x_1,x_2,\cdots,x_M$。
- 目标语句长度为 N 的字符串：$Y=y_1,y_2,\cdots,y_N$。
- 编码器输出 d 维向量 h 作为 X 的编码：$h_1,h_2,\cdots,h_M=F(x_1,x_2,\cdots,x_M)$。

利用贝叶斯定理，句子对的条件概率如下：

$$P(Y\mid X)=\prod_{i=1}^{N}\{P(y_i\mid y_0,y_1,\cdots,y_{i-1};h_1,h_2,\cdots,h_M)\}$$

解码时，解码器在时间点 i 根据编码器输出的编码和前 i−1 个解码器输出，最大化 P(Y|X) 可求得目标词。GNMT 注意力机制实际的计算步骤如下：

$$s_t=\text{Attention}(y_{i-1},x_t)\ \forall t,1\leqslant t\leqslant M$$

$$p_t=\frac{\exp(s_t)}{\sum_{t-1}^{M}\exp(s_t)}\ \forall t,1\leqslant t\leqslant M$$

$$a_t=\sum_{t=1}^{M}p_t\cdot x_t$$

GNMT 模型原理如图 5-4 所示。

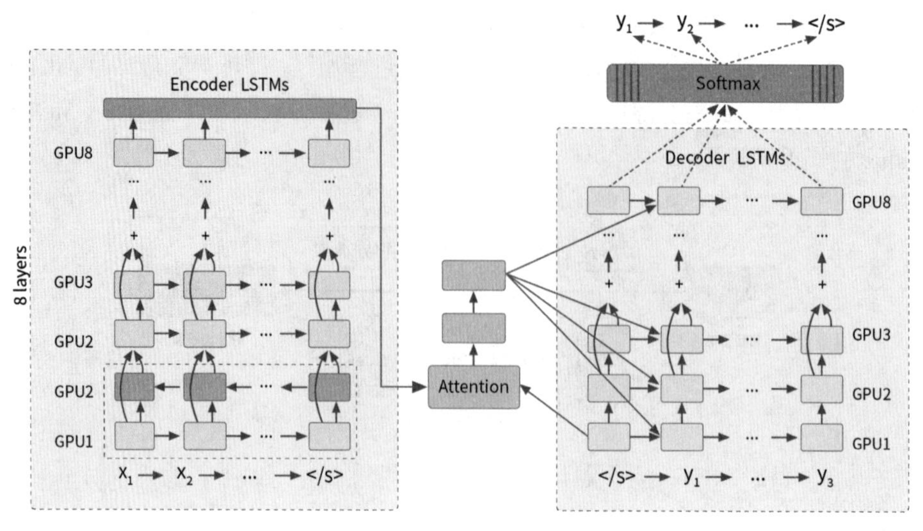

图 5-4 GNMT 模型原理

5.2.6 工业级神经网络实践

1. 多语言模型翻译框架

谷歌 GNMT 采用对多种语言的巨大平行语料同时进行训练得到一个可支持多种源语言输入、多种目标语言输出的神经翻译模型，但该方法需要昂贵的计算资源支持训练和部署运行。百分点的神经翻译系统 Deep Translator 目前支持中文、英文、日文、俄文、法文、德文、阿拉伯文、西班牙文、葡萄牙文、意大利文、希伯来文、波斯文等 20 多种语言、数百个方向的两两互译，如何在有限的服务器资源条件下进行模型训练与在线计算呢？

不同于谷歌 GNMT 采用多语言单一翻译模型的架构，研发团队提出的 Deep Translator 多语言翻译模型（见图 5-5）为多平行子模型集成方案。该方案有两个主要特点：一是模型独立性，针对不同语言方向训练不同的翻译模型；二是“桥接”翻译，对于中文到其他语言平行语料较少的语言方向，以语料资源较为丰富的英文作为中间语言进行中转翻译，即先将源语言翻译为英文，再将英文翻译为目标语言。

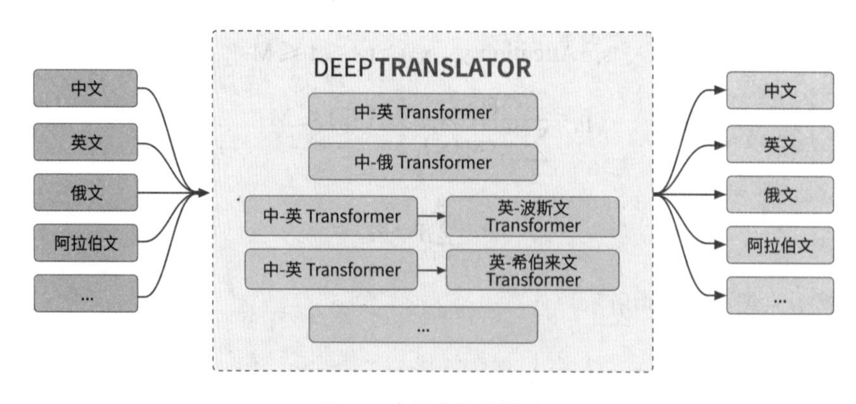

图 5-5 多语言翻译模型

采取上述方案，我们是如何思考的？第一点，不同于谷歌面向全球的互联网用户，国内企业最终用户语种翻译需求明确且要求系统本地化部署，对部分语言方向（如英中、中俄等）翻译质量要求较高，同时希望这些语言方向的翻译效果能持续提升，发现问题时能及时校正，而其他使用频次较低的翻译模型能保证其稳定性，这导致高频使用的语言模型更新频率较高，低频使用的语言模型更新频率较低。若将多语言方向的模型统一在一个框架下，既增加模型复杂度，也影响模型稳定性，因为升级一个语言方向，势必会对整个模型参数进行更新，这样其他语言方向的翻译效果也会受到影响，每次升级都要对所有语言方向进行效果评测，若部分翻译效果下降明显，还要重新训练，费时费力。而独立的模型结构对一种语言方向的参数优化不会影响其他语言方向的翻译效果，在保证系统整体翻译效果稳定性的基础上，又大大减少了模型更新的工作量。

第二点，工业级可用的神经机器翻译模型对平行语料质量要求较高，一个可用的翻译模型需要千万级以上的平行训练语料，系统支持的语言方向相对较多，现阶段很多语言方向很难获取足够的双边训练数据。针对这个问题的解决方案一般有两种，一是采用无监督翻译模型，这种翻译模型只需单边训练语料，而单边训练语料相对容易获取，但缺点是目前无监督翻译模型成熟度较低，翻译效果难以满足使用需求；二是采用“桥接”的方式，因为不同语言同英文之间的双边语料相对容易获取，缺点是经英文转译后精度有所损失，且计算资源加倍，执行效率降低。通过对用户需求进行分析发现，用户对翻译效果的要求大于对执行效率的要求，且通过对两种模型翻译效果的测评对比，“桥接”结构的翻译效果优于目前无监督翻译模型，所以最终选择英文“桥接”的框架结构。

2. 十亿级平行语料构建

平行语料是神经机器翻译研究者梦寐以求的资源，可以毫不夸张地说，在突破 Transformer 模型结构之前，平行语料资源就是机器翻译的竞争力！不论谷歌、脸书如何从海量的互联网爬取多少平行语料，在行业领域的平行语料永远是稀缺资源，因为行业领域大量的单边语料（如电子文档、图书）、专业的翻译工作者的翻译成果并不在互联网上。这些资源的获取、整理成平行语料并不免费，需要大量的人工，因此是神经机器翻译深入行业应用的拦路虎。

我们如何构建自有的多语种平行语料库呢？除获取全世界互联网上开放的语料库资源外，开发团队设计一种从电子文档中的单边语料构建领域平行语料的模型与工具，可较为高效地构建高质量的行业领域平行语料支撑模型训练。从单边语料构建平行语料需经过分句和句子对齐，那么如何从上千万句单边语料计算语句语义的相似性？开发团队提出通过给译文分类的方式学习语义相似性：给定一对双语文本输入，设计一个可以返回表示各种自然语言关系（包括相似性和相关性）的编码模型。利用这种方式，模型训练时间大大减少，同时还能保证双语语义相似度分类的性能。由此，即可实现快速的双语文本自动对齐，构建十亿级平行语料，如图 5-6 所示。

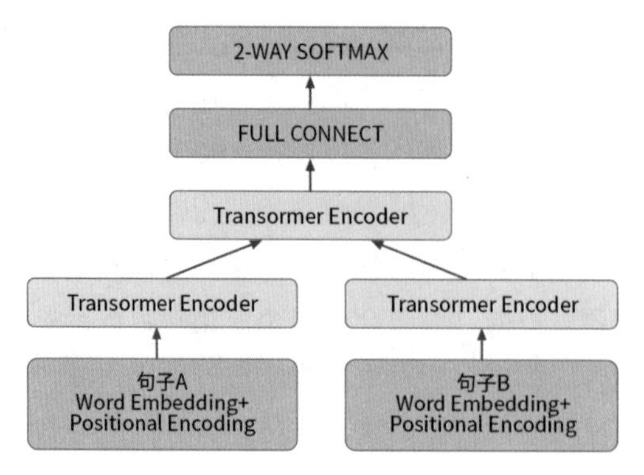

图 5-6 平行语料库的构建

经过整理网上开源的平行语料与构建行业级平行语料，形成的部分语种高质量平行语料库的数量如表 5-1 所示。

表5-1 平行语料库的数量

语种	中	英	俄	法	阿	西
中	—	—	—	—	—	—
英	12000万	—	—	—	—	—
俄	4600万	2600万	—	—	—	—
法	7600万	11800万	3300万	—	—	—
阿	2400万	3500万	3200万	3240万	—	—
西	5600万	8200万	2800万	6100万	1400万	—

3. 文档格式转换、OCR 与 UI 设计

打造一款用户体验良好的面向行业领域的用户机器翻译系统始终是我们孜孜不倦的追求。为了实现这个梦想，不仅要采用端到端的神经翻译模型达到当前效果最佳的多语言翻译质量，还要提供多用户协同使用的端到端的翻译系统。端到端的翻译系统主要需要解决两个问题：第一，如何解决多种格式多语言文档格式转换、图片文字 OCR 的技术难题；第二，提供多用户协同操作使用的 UI 界面。

最终用户一般希望将 PDF、图片、幻灯片等不同格式的文档通过系统统一转换为可编辑的电子版文件并转译成最终的目标语言，并较好地保持原有文档的排版格式进行阅读。那么如何对文档的格式进行转换、对图片的文字进行识别并达到在此技术领域的最佳效果呢？采用领先的 OCR 技术让 Deep Translator 翻译系统更加贴近用户的实际工作场景，支持对 PDF、PPT、图片等多种格式、多种语言文档的直接多语言翻译而不用人工进行转换，最终输出 PDF、Word、PPT 等可编辑的格式并保持原有的排版风格与格式，方便用户在源文与译文之间比较阅读。

面向科研院所或公司，需要在服务器资源有限的条件下支持多用户协同操作使用并提供友好的 UI 操作界面。Deep Translator 翻译系统经过迭代打磨，形成了四大特色：第一，提供文档翻译、文本翻译和文档转换的功能操作，以满足用户不同的使用需求；第二，设计任务优先级调度与排序算法对多用户加急任务和正常任务的翻译；第三，支持单用户多文档批量上传、批量下载、参数配置、翻译进度查看等丰富的操作；第四，支持多种权限、多种角色管理及账号密码的统一认证。

5.3 机器翻译比赛和方案

5.3.1 WMT21 翻译任务

WMT 国际机器翻译大赛是全球学术界公认的国际顶级翻译比赛。自 2006 年至今，WMT 及其翻译比赛已成功举办 17 届，每次比赛都是全球各大高校、科技公司和学术机构展示自身机器翻译实力的平台，更见证了机器翻译技术的不断进步。其“大规模多语言机器翻译”评测任务赛道提供了上百种语言翻译的开发集和部分语言数据，旨在推动多语言机器翻译的研究。该评测任务由三个子任务组成：一个大任务，即用一个模型支持 102 种语言之间的 10302 个方向上的翻译任务，以及两个小任务：一个专注于包括英语和 5 种欧洲语种之间的翻译，另一个专注于包括英语和 5 种东南亚语种之间的翻译。

在 WMT 2021 比赛中脱颖而出的多语言机器翻译模型 Microsoft ZCode-DeltaLM 是在微软 ZCode 的多任务学习框架下进行训练的，而实现该模型的核心技术则是基于微软亚洲研究院机器翻译研究团队此前打造的能支持上百种语言的多语言预训练模型 DeltaLM。

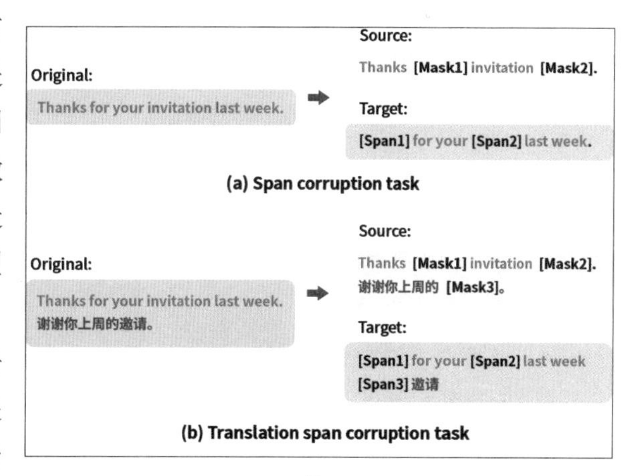

图 5-7 DeltaLM 模型预训练任务示例

DeltaLM 模型的预训练充分使用了多语言的单语语料和平行语料，它的训练任务是重构单语句子和拼接后的双语句对中随机指定的语块，如图 5-7 所示。

预训练一个语言模型通常需要很长的训练时间，为了提高 DeltaLM 的训练效率和效果，并没有从头开始训练模型参数，而是从先前预训练的当前最先进的编码器模型（InfoXLM）来进行参数初始化。虽然初始化编码器很简单，但直接初始化解码器却有一定难度，因为与编码器相比解码器增加了额外的交叉注意力模块。因此，DeltaLM 基于传统的 Transformer 结构进行了部分改动，采用了一种新颖的交错架构来解决这个问题。在解码器中的自注意力层和交叉注意力层之间增加了全连接层。具体而言，奇数层的编码器用于初始化解码器的自注意力，偶数层的编码器用于初始化解码器的交叉注意力。通过这种交错的初始化，解码器与编码器的结构匹配，可以与编码器用相同的方式进行参数初始化。

在参数微调方面，使用双语平行数据对其进行参数微调，由于多语言机器翻译的训练数据规模较大，因此参数微调的成本也非常大。为了提高微调的效率，采用渐进式训练方法来对模型进行从浅层到深层的学习。

微调的过程可以分为两个阶段：在第一阶段，直接在 DeltaLM 模型的 24 层编码器和 12 层解码器架构上使用所有可用的多语言语料库进行参数微调；在第二阶段，将编码器的深度从 24

层增加到 36 层，其中编码器的底部 24 层复用微调后的参数，顶部 12 层参数随机初始化，然后在此基础上继续使用双语数据进行训练。

DeltaLM 模型结构及参数初始化方法如图 5-8 所示。

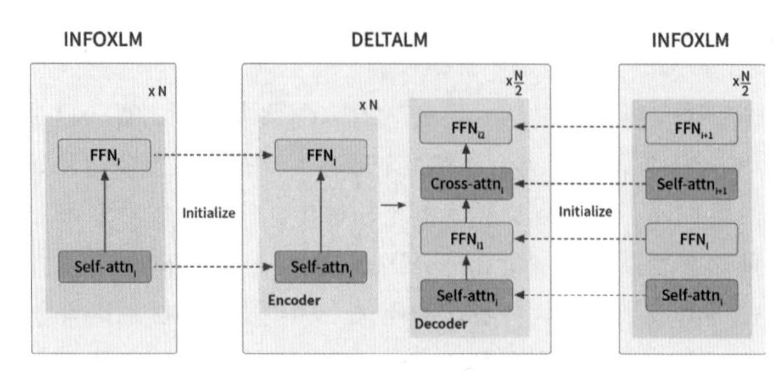

图 5-8 DeltaLM 模型结构及参数初始化方法示意图

此外，还采用了多种数据增强技术，以解决多语言机器翻译多个方向的数据稀疏问题，进一步提高多语言模型的翻译性能。微软的方案中使用单语语料库和双语语料库在以下三个方面进行数据增强：

- 为了得到英文到任意语言的反向翻译数据，使用初始的翻译模型回译英文单语数据以及其他语言的单语数据。
- 为了得到非英文方向的双向平行数据，利用各种机器翻模模型将 Wikipedia 上的单英语句子翻译成其他 70 种语言。
- 使用中枢语言来进行数据增强。具体而言，就是将中枢语言到英文的双语数据进行回译，从而得到目标语言到英文以及中枢语言的三语数据。

基于以上方法，微软团队构建的大规模多语言系统 Microsoft ZCode-DeltaLM 模型在 WMT 2021 隐藏测试集的官方评测结果超出预期。该模型领先位于第二的竞争对手大约平均 4BLEU 分数，比基准 M2M-175 模型领先 10~21BLEU 分数。与较大的 M2M-615 模型比较，模型翻译质量也分别领先 10~18 BLEU 分数。

5.3.2 WMT22 翻译任务

在 WMT 2022 的对话翻译和生物医学领域翻译任务中，面对诸多强劲对手，微信翻译团队采用性能与多样性俱佳的 Mix-AAN Transformers 架构，通过增加模型和数据的多样性，使用域内数据微调模型，在每个源语句的开头插入标签来提高系统的翻译质量，最终实现优异的翻译效果，夺得桂冠。

具体而言，在模型架构方面，该方案采用 BIG 和 DEEP Transformer 模型，分别包含 10 层和 20 层编码器、过滤大小为 10240 和 4096，具有 TRANSFORMER-BIG 设置。为了增加模型的多样性，在解码器部分使用 Average Attention Transformer（AAN）和 Mixed-AAN Transformer 架

构等结构。在数据增强方面，通过前向翻译、迭代回译、知识蒸馏来生产高质量的伪数据，并在源端加入不同粒度的人工噪声以及采用动态 Top-p 采样来提高伪数据的多样性。同时，在训练优化中加入目标端抗噪训练、Speaker-aware 模型训练、基于 Prompt 的对话历史建模、基于梯度调度的多任务训练等多种训练方式提升翻译效率和精度。对于微调，使用领域内双语语料库将模型从通用领域微调到生物医学领域，并使用目标去噪来提高模型的多样性并减轻训练生成差异。在模型集成方面，基于 WMT 2020 和 WMT 2021 的竞赛经验，利用 Self-BLEU 来衡量模型间的多样性，有效地改进了集成搜索算法的效率，并针对任务特定的评估指标进行了适配。

我们在每个源句子的开头插入一个标记来表示其类型：<BT> 用于反向翻译数据，<NOISE> 用于合成噪声数据， <REAL> 用于真实双语语料库，<FT> 用于前向翻译数据。此外，我们在每个句子的第二个位置插入一个标签来表示其域：<BIO> 用于域内数据，<NEWS> 用于 WMT22 通用翻译任务的数据，<INHOUSE> 用于来自我们的内部语料库的数据。在推理时，我们总是使用 <REAL> 和 <BIO> 标签。

该方案中采用的模型与基线模型相比，在 WMT22 共享生物翻译任务提供的域内双语数据（+INDBIO）带来了巨大的改进，BLEU 分数提高了 6.5 分。添加内部域外语料库（+OOD-INHOUSE）后，进一步获得 +1.1 BLEU。进一步通过应用反向翻译（+Back-Translation）获得 +1.8 BLEU，通过使用知识蒸馏（+Knowledge Distillation）获得 +0.23 BLEU，通过使用前向翻译（+ Forward-Translation）获得 +0.25 BLEU，使用迭代回译（+Multi BT）后，进一步实现了 +0.84 BLEU 的改进。

总体而言，该方案在 WMT21 OK 对齐的生物医学测试集上获得了 46.91 BLEU 分，并且在所有提交中获得了最高的 BLEU 分数。

5.4 机器翻译源码解读

5.4.1 通用框架介绍

1. OpenNMT

OpenNMT 是一个用于神经机器翻译和神经序列学习的开源生态系统。它有一个很棒的开发者社区。它的设计考虑了代码模块化、效率和可扩展性。该项目于 2016 年 12 月由哈佛 NLP 小组和 SYSTRAN 启动，此后已用于多项研究和行业应用。它目前由 SYSTRAN 和 Ubiqus 维护。他们拥有生产就绪代码，并被多家公司使用。

OpenNMT 是一个用于训练和部署神经机器翻译模型的完整库。该系统是哈佛大学开发的 seq2seq-attn 的继承者，并且已经完全重写以提高效率、可读性和通用性。它包括普通的 NMT 模型以及对注意力、门控、堆叠、输入馈送、正则化、波束搜索和所有其他最先进性能所需的选项的支持。主要系统在 Lua/Torch 数学框架中实现，可以使用 Torch 的内部标准神经网络组件轻松扩展。它也被 Facebook Research 的 Adam Lerer 扩展为支持 Python/PyTorch 框架，具有相同的 API。OpenNMT 提供了两种流行的深度学习框架 PyTorch 和 Keras 的实现。

- OpenNMT-py：这是使用 PyTorch 深度学习框架实现的可扩展的深度学习框架，并且具有易用性的 PyTorch 的快速实现。
- OpenNMT-tf：基于 TensorFlow 深度学习框架。

2. Tensor2Tensor

Tensor2Tensor 简称 T2T，是一个深度学习模型和数据集库，旨在使深度学习更容易获得并加速 ML 研究。Tensor2Tensor 是一个预配置深度学习模型和数据集的库。Google Brain 团队开发它是为了更快、更容易地进行深度学习研究。它始终使用 TensorFlow，旨在大力提高性能和可用性。模型可以在本地或云端的任何 CPU、单个 GPU、多个 GPU 和 TPU 上进行训练。Tensor2Tensor 模型需要最少或零配置或特定于设备的代码。它为跨不同媒体平台（如图像、视频、文本和音频）的广受好评的模型和数据集提供支持。然而，Tensor2Tensor 在神经机器翻译中展示了出色的性能，拥有大量预训练和预配置的模型和神经机器翻译数据集。

基于 Tensor2Tensor 的 Transformer 没有固定大小的瓶颈问题。该架构中的每个时间步都可以直接访问自注意力机制启用的输入序列的完整历史记录。众所周知，自注意力机制是建模顺序数据的强大工具。即使在长序列的翻译过程中，它也能实现高速训练并保持距离－时间关系。Transformer 神经机器翻译模型由两部分组成：编码器和解码器。编码器和解码器部分由多头自注意力层和完全连接的前馈网络层组成。

5.4.2 翻译模型实现

1. 全连接前馈神经网络

首先介绍全连接前馈神经网络（Fully Connected Feed-Forward Neural Network，FFN）和 Layer Normalization 层。完全连接的前馈网络由两个线性变换组成（Vaswani et al.），中间有一个 ReLU 激活函数。第一个线性变换产生的输出维度，d_{FFN}=2048，而第二个线性变换产生的输出维度，d_{model}=512。FeedForward 类继承自 Keras 中的 Layer 基类并初始化 Dense 层和 ReLU Activation。

代码清单 5-1 全连接前馈神经网络代码

```
class FeedForward(Layer):
    def __init__(self, d_ff, d_model, **kwargs):
        super(FeedForward, self).__init__(**kwargs)
        self.fully_connected1 = Dense(d_ff)  # First fully connected layer
        self.fully_connected2 = Dense(d_model)  # Second fully connected layer
        self.activation = ReLU()  # ReLU activation layer
        ...
```

其由两个线性变换组成，中间有 ReLU Activation，它被添加到类方法 call() 中，该方法接收输入并将其传递给具有 ReLU 激活的两个完全连接的层，返回维度等于 512 的输出。

代码清单 5-2 线性变换代码

```
...
def call(self, x):
    # The input is passed into the two fully-connected layers, with a ReLU in between
    x_fc1 = self.fully_connected1(x)

    return self.fully_connected2(self.activation(x_fc1))
```

另一个类 AddNormalization，其也继承自 Keras 中的 Layer 基类并初始化一个 Layer 归一化层。

代码清单 5-3 归一化代码

```
...
class AddNormalization(Layer):
    def __init__(self, **kwargs):
        super(AddNormalization, self).__init__(**kwargs)
        self.layer_norm = LayerNormalization()  # Layer normalization layer
        ...
```

其中包括以下类方法，该方法将其子层的输入和输出相加，将其作为输入接收，并对结果应用层归一化。

代码清单 5-4 归一化代码

```
...
def call(self, x, sublayer_x):
    # The sublayer input and output need to be of the same shape to be summed
    add = x + sublayer_x

    # Apply layer normalization to the sum
    return self.layer_norm(add)
```

2. 多头注意力（Multi-Head Attention）

MultiHeadAttention 类继承自 Keras 中的 Layer 基类，其中 Attention 的维度为（batch、head、max sequence length、size of per head）：$\text{Attention}(Q,K,V)=\text{Softmax}(\frac{QK}{\sqrt{d_k}})V$。

代码清单 5-5 多头注意力代码

```
...
class MultiHeadAttention(Layer):
    def __init__(self, h, d_k, d_v, d_model, **kwargs):
        super(MultiHeadAttention, self).__init__(**kwargs)
        # Scaled dot product attention
        self.attention = DotProductAttention()
        # Number of attention heads to use
        self.heads = h
        # Dimensionality of the linearly projected queries and keys
        self.d_k = d_k
        # Dimensionality of the linearly projected values
```

```
        self.d_v = d_v
        # Learned projection matrix for the queries
        self.W_q = Dense(d_k)
        # Learned projection matrix for the keys
        self.W_k = Dense(d_k)
        # Learned projection matrix for the values
        self.W_v = Dense(d_v)
        # Learned projection matrix for the multi-head output
        self.W_o = Dense(d_model)
...
```

创建实现的DotProductAttention类的一个实例，它的输出被分配给变量Attention。DotProductAttention类实现如代码清单5-6所示。

代码清单 5-6 点积实现代码

```
from tensorflow import matmul, math, cast, float32
from tensorflow.keras.layers import Layer
from keras.backend import softmax

# Implementing the Scaled-Dot Product Attention
class DotProductAttention(Layer):
    def __init__(self, **kwargs):
        super(DotProductAttention, self).__init__(**kwargs)

    def call(self, queries, keys, values, d_k, mask=None):
        # Scoring the queries against the keys after transposing the latter, and scaling
        scores = matmul(queries, keys, transpose_b=True) / math.sqrt(cast(d_k, float32))

        # Apply mask to the attention scores
        if mask is not None:
            scores += -1e9 * mask

        # Computing the weights by a softmax operation
        weights = softmax(scores)

        # Computing the attention by a weighted sum of the value vectors
        return matmul(weights, values)
```

接下来，通过重塑线性Project后的查询、键和值的方式并行计算Attention Head。查询、键和值将作为输入馈送到形状为（batch size, sequence length, model dimensionality）的Multi-Head Block，其中Batch Size是训练过程的超参数，序列长度（Sequence Length）定义输入/输出短语的最大长度，模型维度（Model Dimensionality）是模型所有子层产生的输出的维度。然后将它们通过相应的Dense层以线性的方式投影到指定的形状（batch size, sequence length, queries/keys/values dimensionality）。

线性Project后的查询（Query）、键（Key）和值（Value）将被重新排列为（batch size, number of heads, sequence length, depth），方法是首先将它们重塑为（batch size, sequence length, number of heads, depth），然后转置第二个和第三个维度。通过类方法reshape_tensor进行重塑，如代码清单5-7所示。

代码清单 5-7 reshape_tensor 实现代码

```
...
def reshape_tensor(self, x, heads, flag):
    if flag:
        # Tensor shape after reshaping and transposing: (batch_size, heads, seq_
length, -1)
        x = reshape(x, shape=(shape(x)[0], shape(x)[1], heads, -1))
        x = transpose(x, perm=(0, 2, 1, 3))
    else:
        # Reverting the reshaping and transposing operations: (batch_size, seq_length,
d_model)
        x = transpose(x, perm=(0, 2, 1, 3))
        x = reshape(x, shape=(shape(x)[0], shape(x)[1], -1))
    return x
```

reshape_tensor 方法接收线性 Project 后的查询、键或值作为输入（同时将标志（Flag）设置为 True），如前所述重新排列。一旦生成了 Multi-Head Attention 输出，它也会被送入同一函数（这次将 Flag 设置为 False）以执行反向操作，有效地将所有 Head 的结果连接在一起。因此，下一步是将线性 Project 后的查询、键和值提供给进行重新排列的 reshape_tensor 方法，然后将它们提供给 scaled dot-product attention 函数，如代码清单 5-8 所示。

代码清单 5-8 call() 实现代码

```
...
def call(self, queries, keys, values, mask=None):
    # Rearrange the queries to be able to compute all heads in parallel
    # Resulting tensor shape: (batch_size, heads, input_seq_length, -1)
    q_reshaped = self.reshape_tensor(self.W_q(queries), self.heads, True)

    # Rearrange the keys to be able to compute all heads in parallel
    # Resulting tensor shape: (batch_size, heads, input_seq_length, -1)
    k_reshaped = self.reshape_tensor(self.W_k(keys), self.heads, True)

    # Rearrange the values to be able to compute all heads in parallel
    # Resulting tensor shape: (batch_size, heads, input_seq_length, -1)
    v_reshaped = self.reshape_tensor(self.W_v(values), self.heads, True)

    # Compute the multi-head attention output using the reshaped queries, keys and
values
    # Resulting tensor shape: (batch_size, heads, input_seq_length, -1)
    o_reshaped = self.attention(q_reshaped, k_reshaped, v_reshaped, self.d_k, mask)
        ...
```

从所有 Attention Head 生成 Multi-Head Attention 输出后，最后的步骤是将所有输出连接回一个形状（batch size, sequence length, values dimensionality）的张量，并将结果传递到一个最终的 Dense 层，如代码清单 5-9 所示。

代码清单 5-9 输出处理代码

```
...
# Rearrange back the output into concatenated form
# Resulting tensor shape: (batch_size, input_seq_length, d_v)
output = self.reshape_tensor(o_reshaped, self.heads, False)

# Apply one final linear projection to the output to generate the multi-head attention
# Resulting tensor shape: (batch_size, input_seq_length, d_model)
return self.W_o(output)
```

3. 编码器层（Encoder Layer）

编码器层用 EncoderLayer 类来实现，Transformer 编码器将相同的层重复 N 次，如代码清单 5-10 所示。

代码清单 5-10 编码器代码

```
...
class EncoderLayer(Layer):
    def __init__(self, h, d_k, d_v, d_model, d_ff, rate, **kwargs):
        super(EncoderLayer, self).__init__(**kwargs)
        self.multihead_attention = MultiHeadAttention(h, d_k, d_v, d_model)
        self.dropout1 = Dropout(rate)
        self.add_norm1 = AddNormalization()
        self.feed_forward = FeedForward(d_ff, d_model)
        self.dropout2 = Dropout(rate)
        self.add_norm2 = AddNormalization()
        ...
```

在这里，已经初始化了的 FeedForward 和 Add Normalization 类的实例的输出将被分配给各自的变量 feed_forward 和 add_norm。Dropout 层的 dropout rate 被定义为输入单元被设置为 0 的频率。 Multi-Head Attention 类需要包含来自 multihead_attention import 的代码行。

4. 编码器子层的多头注意力

编码器子层的 MultiHeadAttention 类的 call() 方法如代码清单 5-11 所示。

代码清单 5-11 多头自注意力代码

```
...
def call(self, x, padding_mask, training):
    # Multi-Head Attention layer
    # Expected output shape = (batch_size, sequence_length, d_model)
    multihead_output = self.multihead_attention(x, x, x, padding_mask)

    # Add in a dropout layer
    multihead_output = self.dropout1(multihead_output, training=training)

    # Followed by an Add & Norm layer
    # Expected output shape = (batch_size, sequence_length, d_model)
    addnorm_output = self.add_norm1(x, multihead_output)
```

```
    # Followed by a fully connected layer, Expected output shape = (batch_size,
sequence_length, d_model)
    feedforward_output = self.feed_forward(addnorm_output)

    # Add in another dropout layer
    feedforward_output = self.dropout2(feedforward_output, training=training)

    # Followed by another Add & Norm layer
    return self.add_norm2(addnorm_output, feedforward_output)
```

除输入数据外，call() 方法还可以 Padding Mask。Padding Mask 对于抑制输入序列中的零填充与实际输入值一起处理是必要的。该类方法可以接收一个 Training Flag，当设置为 True 时，将只在训练期间应用 Dropout 层。

5. Transformer 编码器类

最后是 Transformer 编码器类，如代码清单 5-12 所示。

代码清单 5-12 Transformer 编码器类代码

```
...
class Encoder(Layer):
    def __init__(self, vocab_size, sequence_length, h, d_k, d_v, d_model, d_ff, n,
rate, **kwargs):
        super(Encoder, self).__init__(**kwargs)
        self.pos_encoding = PositionEmbeddingFixedWeights(sequence_length, vocab_size,
d_model)
        self.dropout = Dropout(rate)
        self.encoder_layer = [EncoderLayer(h, d_k, d_v, d_model, d_ff, rate) for _ in
range(n)]
        ...
```

Transformer 编码器接收到一个经过词嵌入和位置编码的输入序列。使用 PositionEmbeddingFixedWeights 类计算位置编码。类方法 call() 将词嵌入和位置编码应用于输入序列并将结果提供给 N 个编码器层，具体如代码清单 5-13 所示。

代码清单 5-13 call() 方法代码

```
...
def call(self, input_sentence, padding_mask, training):
    # Generate the positional encoding
    # Expected output shape = (batch_size, sequence_length, d_model)
    pos_encoding_output = self.pos_encoding(input_sentence)

    # Add in a dropout layer
    x = self.dropout(pos_encoding_output, training=training)

    # Pass on the positional encoded values to each encoder layer
    for i, layer in enumerate(self.encoder_layer):
        x = layer(x, padding_mask, training)
```

```
    return x
```

完整的 Transformer 编码器的代码如代码清单 5-14 所示。

代码清单 5-14 编码器完整代码

```
from tensorflow.keras.layers import LayerNormalization, Layer, Dense, ReLU, Dropout
from multihead_attention import MultiHeadAttention
from positional_encoding import PositionEmbeddingFixedWeights

# Implementing the Add & Norm Layer
class AddNormalization(Layer):
    def __init__(self, **kwargs):
        super(AddNormalization, self).__init__(**kwargs)
        self.layer_norm = LayerNormalization()  # Layer normalization layer

    def call(self, x, sublayer_x):
        # The sublayer input and output need to be of the same shape to be summed
        add = x + sublayer_x

        # Apply layer normalization to the sum
        return self.layer_norm(add)

# Implementing the Feed-Forward Layer
class FeedForward(Layer):
    def __init__(self, d_ff, d_model, **kwargs):
        super(FeedForward, self).__init__(**kwargs)
        self.fully_connected1 = Dense(d_ff)  # First fully connected layer
        self.fully_connected2 = Dense(d_model)  # Second fully connected layer
        self.activation = ReLU()  # ReLU activation layer

    def call(self, x):
        # The input is passed into the two fully-connected layers, with a ReLU in
between
        x_fc1 = self.fully_connected1(x)

        return self.fully_connected2(self.activation(x_fc1))

# Implementing the Encoder Layer
class EncoderLayer(Layer):
    def __init__(self, h, d_k, d_v, d_model, d_ff, rate, **kwargs):
        super(EncoderLayer, self).__init__(**kwargs)
        self.multihead_attention = MultiHeadAttention(h, d_k, d_v, d_model)
        self.dropout1 = Dropout(rate)
        self.add_norm1 = AddNormalization()
        self.feed_forward = FeedForward(d_ff, d_model)
        self.dropout2 = Dropout(rate)
        self.add_norm2 = AddNormalization()

    def call(self, x, padding_mask, training):
        # Multi-Head attention layer
```

```
        # Expected output shape = (batch_size, sequence_length, d_model)
        multihead_output = self.multihead_attention(x, x, x, padding_mask)


        # Add in a dropout layer
        multihead_output = self.dropout1(multihead_output, training=training)

        # Followed by an Add & Norm layer
        # Expected output shape = (batch_size, sequence_length, d_model)
        addnorm_output = self.add_norm1(x, multihead_output)

        # Followed by a fully connected layer
        # Expected output shape = (batch_size, sequence_length, d_model)
        feedforward_output = self.feed_forward(addnorm_output)

        # Add in another dropout layer
        feedforward_output = self.dropout2(feedforward_output, training=training)

        # Followed by another Add & Norm layer
        return self.add_norm2(addnorm_output, feedforward_output)

# Implementing the Encoder
class Encoder(Layer):
    def __init__(self, vocab_size, sequence_length, h, d_k, d_v, d_model, d_ff, n,
rate, **kwargs):
        super(Encoder, self).__init__(**kwargs)
        self.pos_encoding = PositionEmbeddingFixedWeights(sequence_length, vocab_size,
d_model)
        self.dropout = Dropout(rate)
        self.encoder_layer = [EncoderLayer(h, d_k, d_v, d_model, d_ff, rate) for _ in
range(n)]

    def call(self, input_sentence, padding_mask, training):
        # Generate the positional encoding
        # Expected output shape = (batch_size, sequence_length, d_model)
        pos_encoding_output = self.pos_encoding(input_sentence)

        # Add in a dropout layer
        x = self.dropout(pos_encoding_output, training=training)

        # Pass on the positional encoded values to each encoder layer
        for i, layer in enumerate(self.encoder_layer):
            x = layer(x, padding_mask, training)

        return x
```

6. 解码器层

Transformer 解码器层的类实现如代码清单 5-15 所示。

代码清单 5-15 解码器层的类实现代码

```
from multihead_attention import MultiHeadAttention
from encoder import AddNormalization, FeedForward

class DecoderLayer(Layer):
    def __init__(self, h, d_k, d_v, d_model, d_ff, rate, **kwargs):
        super(DecoderLayer, self).__init__(**kwargs)
        self.multihead_attention1 = MultiHeadAttention(h, d_k, d_v, d_model)
        self.dropout1 = Dropout(rate)
        self.add_norm1 = AddNormalization()
        self.multihead_attention2 = MultiHeadAttention(h, d_k, d_v, d_model)
        self.dropout2 = Dropout(rate)
        self.add_norm2 = AddNormalization()
        self.feed_forward = FeedForward(d_ff, d_model)
        self.dropout3 = Dropout(rate)
        self.add_norm3 = AddNormalization()
        ...
```

解码器子层的 call() 类方法如代码清单 5-16 所示。

代码清单 5-16 解码器子层的 call() 方法代码

```
...
def call(self, x, encoder_output, lookahead_mask, padding_mask, training):
    # Multi-Head attention layer
    # Expected output shape = (batch_size, sequence_length, d_model)
    multihead_output1 = self.multihead_attention1(x, x, x, lookahead_mask)

    # Add in a dropout layer
    multihead_output1 = self.dropout1(multihead_output1, training=training)

    # Followed by an Add & Norm layer
    # Expected output shape = (batch_size, sequence_length, d_model)
    addnorm_output1 = self.add_norm1(x, multihead_output1)

    # Followed by another multi-head attention layer
    multihead_output2 = self.multihead_attention2(addnorm_output1, encoder_output,
encoder_output, padding_mask)

    # Add in another dropout layer
    multihead_output2 = self.dropout2(multihead_output2, training=training)

    # Followed by another Add & Norm layer
    addnorm_output2 = self.add_norm1(addnorm_output1, multihead_output2)

    # Followed by a fully connected layer
    # Expected output shape = (batch_size, sequence_length, d_model)
    feedforward_output = self.feed_forward(addnorm_output2)

    # Add in another dropout layer
```

```
    feedforward_output = self.dropout3(feedforward_output, training=training)

    # Followed by another Add & Norm layer
    return self.add_norm3(addnorm_output2, feedforward_output)
```

7. Transformer 的解码器类

Transformer 解码器采用解码器层并将其完全相同地复制 N 次。

Transformer 解码器 Decoder 类如代码清单 5-17 所示。

代码清单 5-17　解码器 Decoder 类代码

```
from positional_encoding import PositionEmbeddingFixedWeights

class Decoder(Layer):
    def __init__(self, vocab_size, sequence_length, h, d_k, d_v, d_model, d_ff, n,
rate, **kwargs):
        super(Decoder, self).__init__(**kwargs)
        self.pos_encoding = PositionEmbeddingFixedWeights(sequence_length, vocab_size,
d_model)
        self.dropout = Dropout(rate)
        self.decoder_layer = [DecoderLayer(h, d_k, d_v, d_model, d_ff, rate) for _ in
range(n)
        ...
```

与 Transformer Encoder 一样，Decoder 端的第一个 Multi-Head Attention Block 的输入接收到的是输入序列，在此之前输入序列会经历 Word Embedding 和 Positional Encoding 的过程。初始化了的 PositionEmbeddingFixedWeights 类的实例将其输出分配给 pos_encoding 变量。

最后是类方法 call()，它将词嵌入和位置编码应用于输入序列，并将结果与编码器输出一起提供给解码器层，如代码清单 5-18 所示。

代码清单 5-18　Decoder call() 方法代码

```
...
def call(self, output_target, encoder_output, lookahead_mask, padding_mask, training):
    # Generate the positional encoding
    # Expected output shape = (number of sentences, sequence_length, d_model)
    pos_encoding_output = self.pos_encoding(output_target)

    # Add in a dropout layer
    x = self.dropout(pos_encoding_output, training=training)

    # Pass on the positional encoded values to each encoder layer
    for i, layer in enumerate(self.decoder_layer):
        x = layer(x, encoder_output, lookahead_mask, padding_mask, training)

    return x
```

5.5 本章小结

本章对文本机器翻译技术及最新的模型进行了全面的介绍和讨论，按照机器翻译技术发展史，从最早期的机器翻译模型开始，本章以机器翻译技术、机器翻译比赛方案及机器翻译源码解读对文本机器翻译进行了描述，期间也涉及编码器、解码器等多个重要概念。对机器翻译技术的介绍分为5个部分，对翻译的技术由浅入深地介绍，同时模型的复杂度也在依次增加。

在5.1节中，对机器翻译的背景进行介绍，指出机器翻译的重要性以及机器翻译技术出现的背景。在5.2节中，从基于规则的机器翻译、统计机器翻译和神经网络机器翻译三个方向介绍机器翻译技术。基于规则的机器翻译是在理解语言的基础上进行翻译，但随着不断深入的研究，这种基于规则的机器翻译就遇到了瓶颈。接着出现了统计机器翻译，统计机器翻译模型是近30年来机器翻译领域的重要里程碑，其统计建模的思想长期影响着机器翻译方法的研究，统计机器翻译为机器翻译的研究提供了一种范式，让计算机用概率化的“知识”描述翻译问题，这些所谓的“知识”就是统计机器翻译模型的参数，模型可以从大量的数据中自动学习参数，这种建模思想在现在的机器翻译研究中仍然是随处可见。神经网络为解决机器翻译问题提供了全新的思路。神经网络机器翻译是近几年的热门方向，无论是前沿性的技术探索，还是面向应用的系统研发，神经网络机器翻译已经成为当下最好的选择之一。研究者们对神经网络机器翻译的热情使得这个领域得到了迅速的发展。本章对神经网络机器翻译的建模思想和基础框架进行了描述，同时对常用的神经网络机器翻译架构Encoder-Decoder和Transformer进行了讨论与分析。由于神经网络机器翻译的模型和技术方法已经十分丰富，无论是对基础问题的研究，还是研发实际可用的系统，都会面临很多选择。在5.3节，从机器翻译比赛和方案的角度介绍WMT比赛近一两年里冠军团队在神经网络机器翻译中采用的方案，对前沿的神经网络机器翻译技术进行了介绍。在5.4节，对机器翻译中Transformer模型的源码进行解读，通过源码解读，让读者从代码实现层对神经网络机器翻译中的Transformer模型进行深入理解。

尽管神经网络机器翻译的质量突飞猛进，在准确度和流利度上均有显著提升，但仍然会产生一些让人摸不着头脑的译文。目前的神经网络机器翻译面临着来自多方面、多领域的挑战，以下三个问题尤为突出：

- 罕见词/集外词翻译：在词汇层面，神经网络机器翻译比较突出的是罕见词的翻译问题。由于神经网络机器翻译训练的复杂度会随着词汇表的数量剧增，其词汇表的容量一般较小，通常在30 000～80 000。现实翻译活动涉及的词汇灵活多变，人名、地名、机构名等命名实体频现，加上互联网时代语言更新速度快，神经网络机器翻译在运行时不可避免会碰到一些罕见词（Rareword），又称集外词（Out-Of-Vocabulary Word），影响其翻译的质量。
- 长句翻译：长句一直以来都是神经网络机器翻译质量提升的难点之一。多项研究显示，随着句子增长到一定的字数，神经网络机器翻译的质量会快速下降；相比之下，统计机器翻译的表现更为稳定。
- 漏译的明显性：漏译的明显性是指“只阅读译文的时候对漏译错误出现的预期，即从单语角度读译文时漏译的明显程度”。尽管神经网络机器翻译产出的译文流畅度高，但随之而来“宁顺而不信”的问题也让人摸不着头脑，如果不对照原文进行分析，机器翻译译文的错误很难识别出来。过去基于规则和基于短语的机器翻译译文，漏译错误往往出现在不流利处。只要读到不通顺的译文，就可猜想这里可能是机器漏译了原文中的一些内容。而神经网络机器翻译，漏译错误的特点发生了变化，单读译文，读者不一定能发现有遗漏之处。

作为机器翻译的最新进展，神经网络机器翻译成果斐然，但还存在很大的发展空间。随着人工智能渗透到我们生活的方方面面，人类对机器翻译的需求日益增加，机器翻译的使用场景也会越来越广泛。在这样的背景下，提升神经网络机器翻译的质量显得尤为重要，这需要各个领域的专家交流合作，共同朝着这一人工智能的终极目标迈进。正如 Koehn 所说的，机器翻译研究要破解的“魔咒”不是要达到完美的翻译，而是降低错误率。我们追求的目标不是让机器翻译取代人工翻译，而是利用它最大限度地便利人类的翻译活动，让机器翻译成为一种生产力，助力国家经济发展与社会进步。

5.6 习　题

1. 神经机器翻译模型的架构是什么？

2. 注意力机制在机器翻译中起了什么作用？

3. 为什么说平行语料资源是机器翻译的竞争力？为什么行业领域的平行语料相对稀缺？

4. 从单边语料构建平行语料的过程中，为了计算语句语义的相似性，开发团队采用了什么方式？请解释该方式的优势。

5. 为什么 DeltaLM 中的编码器相比解码器要多加一个交叉注意力模块？

6. DeltaLM 与传统语言模型（如 ChatGPT）之间的区别是什么？

7. 什么是零样本学习（Zero-Shot Learning）？ DeltaLM 支持零样本学习吗？如果支持，你能给出一个零样本学习的示例吗？

8. 模型生成的文本如何评估其质量？请介绍一种评估语言生成模型质量的指标，并解释其原理。

5.7 本章参考文献

[1] 李沐，刘树杰，张冬冬，周明 . 机器翻译 [M]. 北京：高等教育出版社，2018.

[2] Philipp Koehn, Franz J. Och, and Daniel Marcu. Statistical Phrase-Based Translation. In Proceedings of NAACL，2003.

[3] Franz Josef Och. Minimum Error Rate Training in Statistical Machine Translation. In Proceedings of ACL，2003.

[4] David Chiang. Hierarchical Phrase-Based Translation. Computational Linguistics，2007.

[5] Ilya Sutskever, Oriol Vinyals, and Quoc V. Le. Sequence to Sequence Learning with Neural Networks. In Proceedings of NIPS，2014.

[6] Dzmitry Bahdanau, Kyunghyun Cho, and Yoshua Bengio.Neural Machine Translation by Jointly Learning to Align and Translate. In Proceedings of ICLR，2015.

[7] Ashish Vaswani, Noam Shazeer, Niki Parmar, Jakob Uszkoreit, Llion Jones, Aidan N. Gomez, Lukasz Kaiser, and Illia Polosukhin. Attention is All You Need. In Proceedings of NIPS，2017.

[8] Nal Kalchbrenner and Phil Blunsom. Recurrent Continuous TranslationModels. In Proceedings of EMNLP，2013.

[9] Ilya Sutskever,etc. Sequence to Sequence Learning with NeuralNetworks.In Proceedings of NIPS，2014.

[10] Dzmitry Bahdanau etc. Neural Machine Translation by Jointly Learningto Align and Translate. In Proceedings of ICLR，2015.

[11] Ashish Vaswani,etc.Attention is All You Need. In Proceedings of NIPS，2017.

[12] Jay Alammar TheIllustrated Transformer，http://jalammar.github.io /illustrated- transformer/.

[13] https://zhuanlan.zhihu.com/p/37601161.

第 6 章 文本智能纠错

本章首先介绍文本智能纠错背景、各种智能纠错技术，具体包括业界主流解决方案和具体的实践等；然后介绍智能纠错的比赛和方案；最后对方案的原理和源码进行解读，具体包括GECToR、MacBERT、PERT、PLOME 等。

6.1 文本纠错背景介绍

无论是媒体行业还是出版行业，校对方式都经历了人工校对和人机校对两个阶段。在进入计算机时代之前的校对工作主要是由人工“校异同”，这种校对方式属于传统校对方式。“校异同”也就是在稿件上版之前，校对工作者拿原稿与排版打印出来的样张逐字逐句对照，以原稿为准纠正样张上的多字、漏字、错字等错误，反复进行三次，即所谓的“三校”，直到样张和原稿内容完全一致才可发布。

在进入计算机时代后，纸质稿件逐渐变为电子稿件，从而使原稿和样张合二为一，这种改变对校对人员提出了更高的要求，要求校对工作对编辑工作起补充和完善作用，因此该阶段由“校异同”开始向“校是非”转变。“校是非”顾名思义就是校对文本内容的正确与否，不再是对原稿一致性的检查，虽然这个阶段的“校是非”比重较小，但这标志着传统校对的创新和变革。

稿件电子化和对校对人员更高的要求催生了校对软件，也就出现了新的校对方式，即“人机校对”。此时的校对软件采用 N-Gram 统计语言模型的校对计算技术，主要实现查找错别字、专有名词、标点符号等错误，相比人工校对提升了效率。举个简单的例子，“饯行社会主义核心价值观”，该句中“饯行”一词本身没有错误，但在该句中却是错误的，利用校对软件能够自动识别出这类错误。虽然校对软件具有一定优势，在识别文本的错字错词方面提高了效率，但是其局限性也十分明显，因而要求采用“人校＋机校相结合”的方式。

基于 N-Gram 统计语言模型的校对，其实现方式可以简单地按照如下思路理解：首先基于大量的语料进行分词，进行统计得到 N-Gram 语言模型，对需要校对的文本，判断相邻词语在语言模型中出现的次数是否高于一定的阈值，如果达不到该要求，则报错。这种方法实现比较简单，效果也比较一般，容易误报和漏报。

新兴的利用人工智能技术的校对软件，是利用自然语言处理技术和深度学习技术对大量语料进行模型训练从而完成校对的。算法人员和出版行业的人员合作、标准和业务知识设计对应的模型，让机器通过模型学习语料中的错误的案例和对应的正确的内容，同时以知识库作为补充和完善，最终识别和提示稿件中的不规范内容，并给出修改建议。基于深度学习模型的方法需要更多的语料，实现更加复杂，但是效果相比传统的N-Gram统计语言模型有明显的提升。

目前市面上的校对软件主要分为两类，分别是基于N-Gram统计语言模型的校对软件和利用深度学习技术的校对软件，这两种类型的软件有各自的优缺点。基于N-Gram统计语言模型方式实现校对的软件，有以下优势：一是进入行业早，客户多，知名度高；二是软件的功能多，通用性强。其缺点也是显而易见的，由于采用的是传统统计语言模型，效果一般。

利用深度学习技术的校对软件，结合前沿的深度学习技术，具有以下优势：一是利用深度学习技术满足了不同业务场景下的语法错误校对，校对效果好；二是可快速优化效果，根据收集的错误案例及时优化模型，快速解决客户的问题，其优势非常明显，在信息爆炸、新闻时效性高、稿件量大、工作任务紧、质量要求高的情况下，这种优势变得越来越重要。

尽管校对软件可以辅助人工审稿，提高审稿效率，降低错误率，但所有校对软件的准确率目前都还无法达到100%。中国汉字语言博大精深，差之毫厘，谬以千里。完全由机器替代人工完成校对工作是不现实的，因此依旧需要人机结合校对。

目前市面上的大多数校对软件都支持网页端、插件端等多种使用方式，编校人员可根据实际使用场景选择合适的版本。如果媒体编校人员对文本格式要求不高，可以选择网页端的软件，这种版本无须下载安装任何软件，直接登录浏览器输入账号和密码即可使用，灵活易用。对于稿件格式有较高要求的编校人员，可以选用Word插件或WPS插件，避免修改文本错误后再次调整格式的重复工作。

无论是基于N-Gram统计语言模型的校对软件还是利用深度学习技术的校对软件，在编校工作中都发挥了重要的作用，帮助编校人员提高了审稿效率，降低了内容错误率，助力机构把好内容安全生产关，避免不良信息传播，增强其公信力与权威性。但目前校对软件只能辅助人工审稿，不能完全替代人工审稿，编校人员依然要不断学习，增强自身专业能力和知识功底。

6.2 文本智能纠错技术

大数据时代的到来带来了文本信息的爆炸，各种传统的文本分析处理工作都开始被计算机取代。文本数据量越大，其中所包含的错误的总数也越多，通过校对工作来纠正文本中的错误显得尤其重要。传统的校对主要依赖人工，通过人来发现和纠正文本中的错误，人工校对效率低、强度大、周期长，显然已经不能满足目前文本快速增长的需求。智能校对系统在这个背景下应运而生。伴随着机器学习和自然语言处理技术的发展，使用算法模型解决文本校对问题成为可能。智能校对系统的研发极大地减轻了校对人员的工作负担，让从前繁重的工作模式变得简单、轻松和高效。本节将从校对中遇到的技术问题出发，带领各位读者了解业界校对的技术方法，以及我们在校对算法方面的技术原理和实践经验。

6.2.1 智能纠错的意义和难点

文本校对系统的研发成功有着重要的现实意义：

- 文本自动校对能大大降低人工校对的成本，提高校对效率和质量。
- 文本校对使得信息检索变得准确高效，只有正确的文本输入才能有效提高信息检索能力。
- 具有广泛的应用领域和重要应用价值，可以用于文字编辑审稿、智能写作、智能搜索、智能问答系统等领域。
- 文本校对是很多自然语言处理任务的基础，例如文本来源于 OCR 或者语音系统识别之后的结果，就需要先通过校对算法将其转换为正确的输入文本，才能进行后续的自然语言处理分析。

文本自动校对是自然语言处理的主要应用领域之一，也是自然语言处理领域的研究难题。难点主要体现在：

- 真实错误样本分布未知。该问题和其他自然语言处理问题或者模式识别问题有很大差异。其他自然语言处理任务都有客观存在的对应关系，即模型靠识别固定的模式得到答案。但是在文本校对中，是从错误的句子或者词语出发找到正确的句子和词语，并不存在客观的对应关系，只能说不同的校对工作者会得出不同的答案，该答案的最终判定和校对工作者的文化水平和知识结构相关。由于是“错”找“对”，因此一个正确的字可能由于用户输入习惯不同产生不同的错误字，线上真实生产环境中的错误样本数据集中，错字到对字的分布规律随时都会发生变化，这让基于独立分布假设的机器学习在这个问题上遇到了挑战。
- 领域范围广。由于公司业务服务于各行各业，因此校对中遇到的输入文本含有各个领域的专有名词，需要大量的专业知识词典用于纠正来自不同行业的输入用户的输入错误。另外，在不同的专业领域内，语料的字符分布差异很大，训练模型时较难找到输入训练语料的分布平衡性，即不同来源的语料应该分别输入多少到模型中进行训练。
- 性能要求高。具体体现在召回率、准确率、模型推理速度。召回率是校对系统性能的主要评测依据，用于描述在真实发生的错误中有多少错误能够通过算法找出来。准确率是良好客户体验的重要保证，试想一个准确率低，通篇都是误报的系统必将极大地影响用户使用时的感受和降低用户使用的效率。模型推理速度快是系统服务客户的重要要求，如果校对模型的速度慢，对于在线使用校对服务的用户，体验就会特别差。

6.2.2 智能纠错解决的问题

前面描述了文本校对算法的难点，接下来我们将校对算法要解决的问题简单地分为以下几个方面。

- 错别字：这个月冲值有优惠吗？我这个月重置了话费？请帮我查木月的流量(“重置”应该是“充值”，“木月”应该是“本月”）。
- 字词冗余错误：《手机早晚日报》具体如何好订阅收费（“好”是多余的）？
- 字词缺失错误：为什么我的卡又无缘无故地扣掉几块钱（“扣掉”应该是“被扣掉”）？

- 词性搭配错误：他很兴致地回答了问题→他很有兴致地回答了问题（副词不能接名词）。
- 关联词搭配错误：只有提高经济实力，我们就能富国强民（“只有”只能搭配“才”，不能搭配“就”）。
- 句型错误：通过这次学雷锋活动，使我们受到了很大的教育（缺主语）。
- 语义搭配错误：漫天飞雪，他戴着帽子和皮靴出门了（“皮靴”不“能戴”）。
- 标点符号错误。

由于汉字是象形文字，要将汉字这种字符集非常大的文字录入计算机，需要使用人为设计的编码来表示，具体表现为各种输入法。常用的输入法有汉语拼音输入法和五笔输入法。

例如在汉语拼音输入法中，一个拼音对应多个同音或者近音字，输入过程中会因为粗心导致输入错误，这就成了汉语错字的主要来源。另外，汉字中还有很多汉字形状相近或者写法相似，这表现为在五笔输入法中，可能相近的汉字表示为同一编码，这造成了另一种错字主要来源，即形近错别字。还有意义相近的汉字或汉语词语，被误用的成语、习语也是校对任务中的高频错误。

6.2.3 业界主流解决方案

虽然国内关于中文文本校对的研究起步较晚，但目前不少大学、科研机构和公司都已经开始投入资源来研究中文文本校对的相关技术和解决方案。它们大多采用的是字、词级别上的统计方法，也有一些语义级层面的探讨。主要有如下两种解决思路。

- 学术界方案介绍规则的思路：将中文文本校对分为两个步骤来解决：错误检测和错误改正。错误检测是通过分词工具对中文进行分词，由于句子中含有错别字，因此分词的过程中会有切分错误的情况，通过散串来完成错误检测，形成错误位置候选。错误改正：遍历所有疑似错误的位置，使用音近、形近词典来替换原词，通过语言模型计算新句子的困惑度，通过排序得到最优纠正词。
- 深度模型的思路：为了减少规则方法中的人工知识库构建成本，采用端到端的深度模型来完成错误句子到正确句子的改正是一个看似不错的解决方案。常用的模型有 BERT 的 MLM 任务，Seq2Seq 的翻译任务。它们的本质都是利用深度模型的强拟合能力对文本进行向量表征，使得在特定上下文语境中，相对正确的字或词的排序尽量靠前。

目前业界也出现了不少纠错的解决方案，包括 HANSpeller++、FASPell、MacBERT、SpellGCN、PLOME 等，下面具体介绍。

1. HANSpeller++

HANSpeller 框架分为检测和纠错两部分，主要包含两项工作：对输入句子生成候选集和对候选集进行排序。HANSpeller 框架流程图如图 6-1 所示。

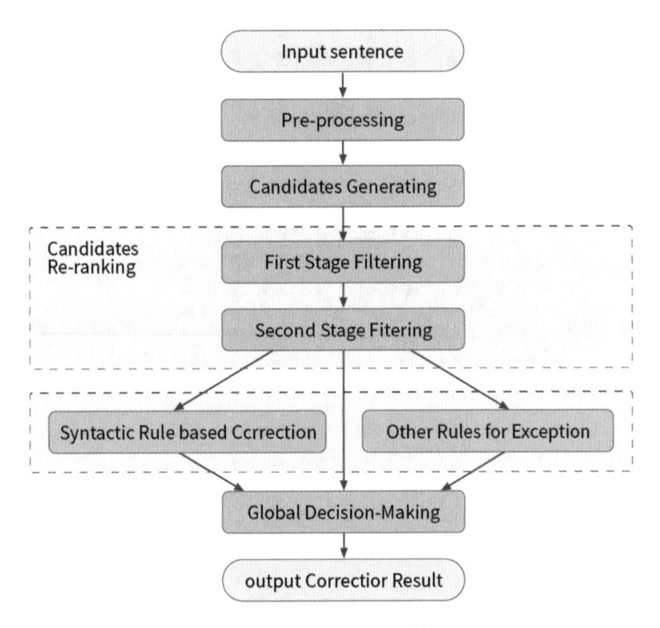

图 6-1　HANSpeller 框架图

在数据处理阶段，通过将长句子根据标点切分为短句，并且去掉非汉字内容，基于 SIGHAN-2013、SIGHAN-2014 数据集构建混淆集。在候选生成阶段，利用混淆集生成相应的候选集。根据同音、近音、形近等特征筛选候选集，保留权重较高的候选。权重计算方法如下，其中 P(c) 表示 c 这个字符可能出错的概率，edit_dist 表示编辑距离：

$$priority=\alpha*\log(P(C))+\beta*edit\_dist$$

在候选结果排序阶段，通过初筛、精筛和排序三个步骤完成。初筛时，用到的特征有 N-Gram 特征、词典统计特征、编辑距离特征以及分词特征，利用这些特征进行逻辑回归分类预测。精筛时，用外部依赖数据、搜索引擎的搜索结果和英文翻译结果进行筛选。两次筛选后，保留最有可能的 Top5 候选结果。最后采用 N-Gram 语言模型进行最终排序。

2. FASPell

传统的中文拼写纠错主要存在两个问题，纠错平行语料不足和混淆集不够充分。FASPell 提出了一种解决中文拼写错误的新范式，抛弃了传统的混淆集，转而训练了一个以 BERT 为基础的深度降噪自动编码器（Denoising Auto Encoder，DAE）和以置信度 - 字音字形相似度为基础的解码器 CSD（Confidence-Similarity Decoder），可以有效缓解以上两点不足。

具体来说，利用预训练模型使用 DAE 来对 BERT 进行预训练，Mask 句子中每个位置的字符获取候选集，通过上下文置信度信息和字符相似度构建了一个解码器 CSD 来对句子中的每个字符的候选集进行筛选，模型框架及用例展示如图 6-2 所示。

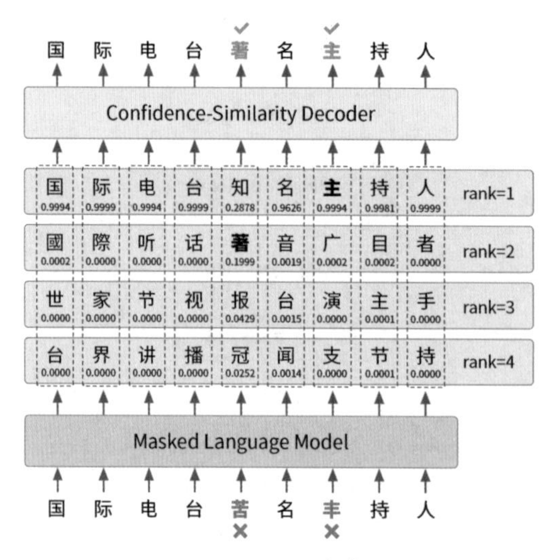

图 6-2 FASPell 框架图

对 BERT 的预训练策略与原始的 BERT 预训练方法一致，对句子按 15% 的概率进行掩码。在微调阶段，对存在错误的句子采用两种方式进行微调：①给定句子，将其中的错误字全部使用这个字本身进行掩码，并将预测目标设置为正确字；②对部分正确字也使用字本身进行掩码，并将预测目标设为字本身。

FASPell 通过上下文的 confidence score 和字音的 similarity score 联合打分进行过滤。在 SIGHAN13、14、15 数据集上的实验，纠错均达到 SOTA 的效果。

3. MacBERT：MLM as correction BERT

MacBERT 对 BERT 的改进工作分为三个方面：①使用全词遮盖和 N-Gram 遮盖策略来选择候选 Tokens 进行遮盖，从单字符到 4 字符的遮盖百分比为 40%、30%、20%、10%；②使用意思相近的单词来替换 [MASK] Token 遮盖的单词，从而缓解预训练任务与下游微调任务不一致的情况；③使用 ALBERT 提出的句子顺序预测（Sentence Order Prediction，SOP）任务替换 BERT 原始的 NSP 任务，通过切换两个连续句子的原顺序创建负样本。

MacBERT 在多项中文任务中的良好表现显示了特定预训练策略的重要性，而且该模型在校对任务中也有不错的效果。

4. SpellGCN

基于深度学习的预训练模型往往是建立在字词级别的语言建模上的，而中文文本校对需要考虑字音字形等特征，而不仅仅是语义层面的特征。为了充分利用错别字中的拼音相似和字形相似的特征，前文所述的 FASPell 的做法是在后处理阶段利用这些特征信息作为排序依据。而 SpellGCN 的做法是在预训练阶段将字音字形特征进行融合，使得大规模的无监督预训练过程和中文的校对任务特征能有效结合。SpellGCN 模型架构图如图 6-3 所示。

SpellGCN 的突出特点在于通过构建图神经网络的方式构建了拼音相似图和字形相似图。通过卷积操作和注意力机制来实现字音字形的特征动态提取。在经过图卷积和注意力合并的操作后，SpellGCN 能够捕获字符相似性的知识。

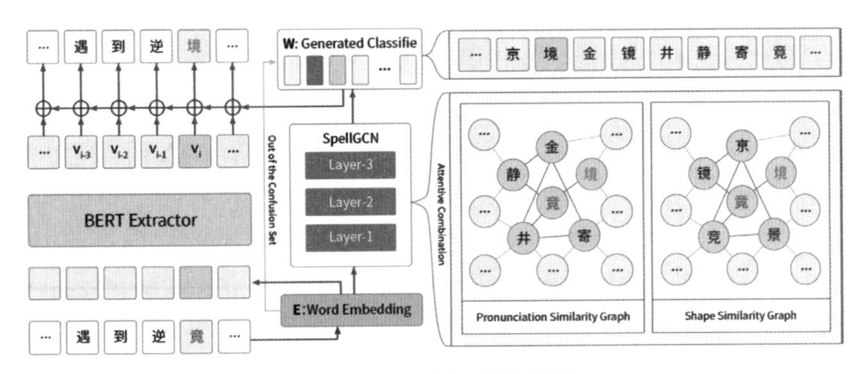

图 6-3　SpellGCN 模型框架

5. PLOME

中文纠错主要有纠正近音错误和形近错误两个类型的纠错。PLOME 为腾讯在 ACL 会议上提出的建模汉字在发音和字形上的相似性预训练模型。该预训练模型架构如图 6-4 所示。

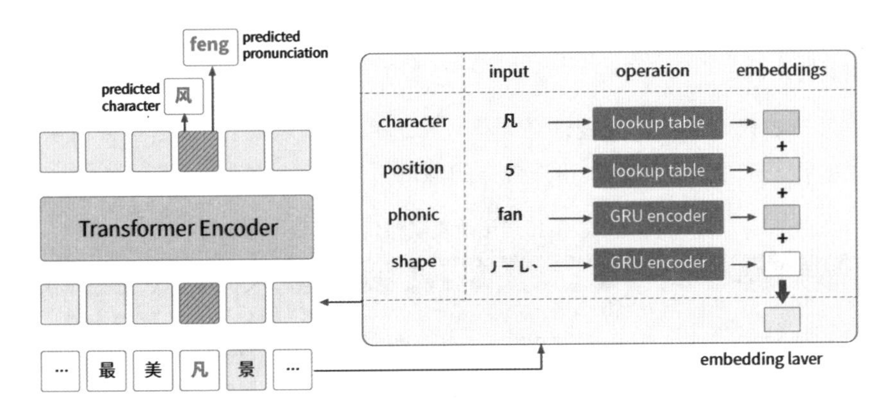

图 6-4　PLOME 框架图

为了建模汉字在发音和字形上的相似性，该模型中引入了两个 GRU 子网络分别计算汉字的拼音向量和笔画向量，图 6-5 展示了这两个子网络的计算过程。模型的编码层和 BERT Base 结构完全相同。

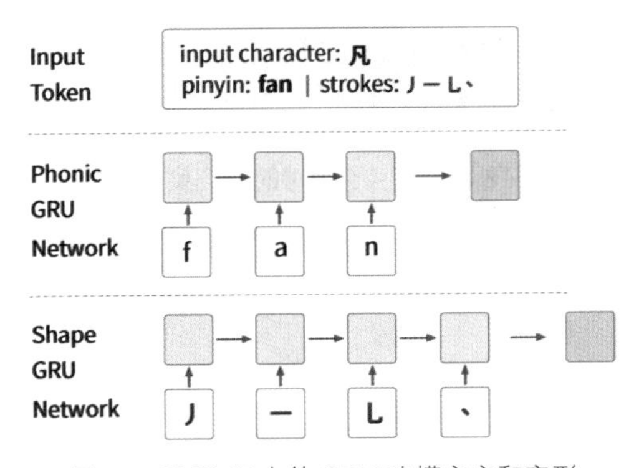

图 6-5　PLOME 中的 GRU 建模字音和字形

6.2.4 技术方案实践

我们的校对技术方案不同于许多“端到端”的校对方法，为了保证校对的高准确率，整体主要分为两步，即检错步和纠错步。检错步的目的是检测出文章所存在的错误位置，纠错步旨在将检错步的检错结果予以矫正，其中检错步尤为重要，决定着系统整体的召回和准确的上限。基础字词错主要可以划分为两种，一种是真词错误，即词与词之间的错误，例如“截止”→“截至”，“可以”→“刻意”，其次是非词错误，即由字错误从而导致词错误，例如“要求”→“邀求”，“秸秆”→“秸杆”。通过我们对真实错误分析后发现，单字真词错误和非词错误几乎占据大部分错误样本，其中同音、近音、形近错误占据大多数。

1. 基于有监督学习的混淆集构建方法

由于真实的错误样本十分匮乏，在检错模型的训练设计中，我们主要采用人造错误样本来训练。然而，现有模型的学习能力都是有限的，错误空间不可无序扩张。由上述内容可知，人造错误样本的设计必须尽可能拟合真实的错误情况，错误类型应尽量满足同音、近音、形近的要求，针对此要求，我们设计了一种基于机器学习的人造混淆方法。

步骤01 收集真实错误。

收集错别字－建议混淆对，并统计其频率，筛选高频错误混淆对（语料中错误频率大于50的为高频错误）并人工校对得到真实错误分布的混淆集，例子如表6-1所示。

表6-1 混淆集真实错误分布

错别字	纠错建议	错误频率
合	和	37 678
住	主	572 257
型	性	51 935
只	支	13 716
白	百	7 189

步骤02 构造汉字混淆对特征。

此步骤的任务定义为，选取汉字集合C，有任意的汉字Ca和汉字Cb，且 $Ca \subset C$，$Cb \subset C$，构建GetFeature函数，使得GetFeature(Ca,Cb)的返回结果为Ca和Cb的混淆特征。

对每个汉字混淆对构建特征，如表6-2所示。

表6-2 汉字混淆对的特征集合

特征	特征类型
最长拼音字符子串占比	数值型
声母是否相同	布尔型
韵母是否相同	布尔型
字体结构是否相同	布尔型
最长笔画字符子串占比	数值型

特征描述和其构造方法如下。

- 最长拼音字符子串占比：此特征主要描述两个字在拼音拼写上的相似程度。
- 声母是否相同：此特征主要衡量两个字声母是否相同。
- 韵母是否相同：此特征主要衡量两个字韵母是否相同。
- 字体结构是否相同：中文汉字属于象形文字，每个字都有其字体结构。此特征主要描述两个字在字形上是否相似。
- 最长笔画字符子串占比：此特征主要描述两个字在字形上是否相似。

混淆对“白－百”示例特征如表 6-3 所示。

表6-3 示例的特征取值

特征	特征值
最长拼音字符子串占比	1.0
声母是否相同	1
韵母是否相同	1
字体结构是否相同	1
最长笔画字符子串占比	0.83

步骤 03　用混淆对特征构造混淆集。

依靠步骤 01中获得的真实用户错误分布数据集和步骤 02中的特征，利用机器学习对特征和错误分布之间的关系进行建模，其中真实用户错误的混淆对为正例，其他为负例。机器学习模型训练完成后，对穷举的每个汉字混淆对特征进行预测。预测结果为正例的则加入混淆集合中。具体流程如图 6-6 所示。

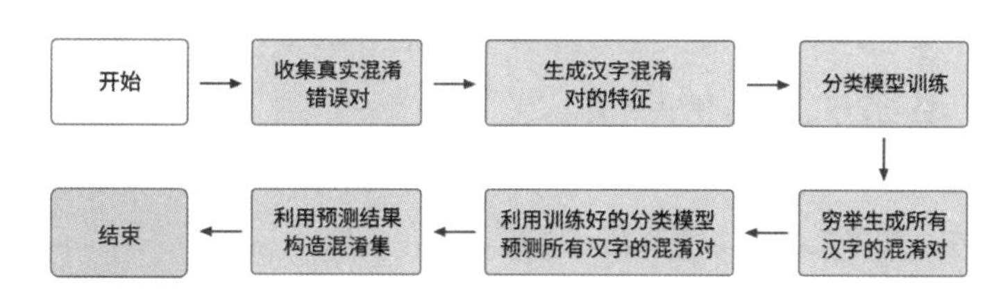

图 6-6 混淆集构建流程图

2. 检错和纠错技术方案

由于校对问题是从“错误”的文本来找到“正确”的文本，因此存在训练的样本是不充分的。举例说明，训练样本中存在“住”到“主”的错误对，但是真实错误中可能出现“柱”到“主”的情况，为了能够找到“主”字潜在的混淆集，采用了从已有混淆集挖掘潜在相似字的机器学习方法。基于上述构建的混淆集产生的样本，我们构建如下模型训练方案。

- 检错步训练：利用人造错误样本，将 BERT 预训练模型用于 Sequence Classification 的二分类任务。其中负例为无错，正例为有错。
- 纠错步训练：利用人造错误样本将 BERT 预训练模型用于 LM 任务，其中只对检错有效的地方计算 Loss。不用 MLM 任务的原因是，原字虽为错字，但是对正确字的预测过程具有启发信息，所以不用 MASK Token 来替代原字。

整体系统推理过程如下：

步骤01 利用上述检错步训练后的 BERT 对文章进行检错，如图 6-7 所示。

步骤02 基于步骤01的检错结果，利用上述纠错步训练的 BERT 对错误位置进行纠错，如图 6-8 所示。

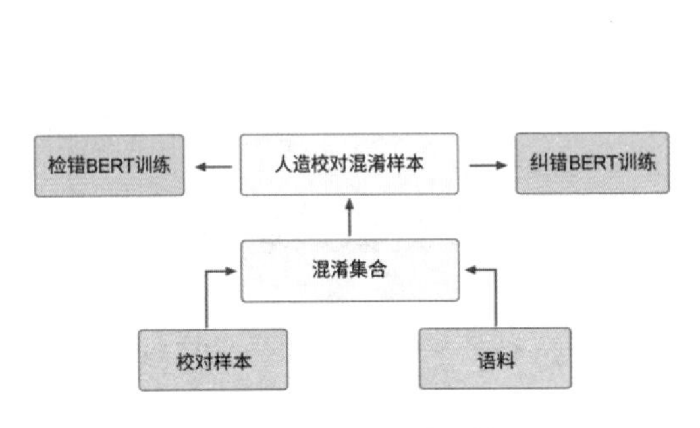

图 6-7 检错－纠错训练整体流程图

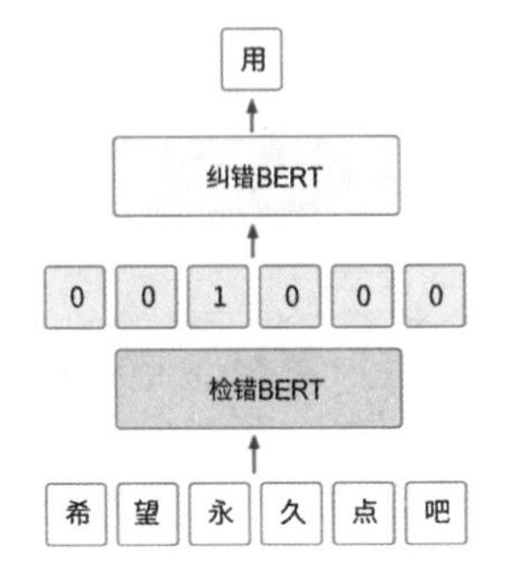

图 6-8 检错－纠错推理过程示意图

生成对抗方法在预训练模型中的应用，经过研究，我们可以将业界的算法基本分为以下两种技术路线：

（1）端到端的机器翻译方法。

（2）检错、召回和排序方法。

端到端的机器翻译方法存在的问题是需要大量的样本来训练模型，并且模型解释性差、不可以定向优化，所以我们采用了第二种方式。但是第二种方式同样存在着一些弊端：

- 模型之间互相独立，Pipeline 传递误差。
- 召回策略不充分，各种人工召回策略并不足以召回正确的字。
- 检错效果存在性能天花板，影响后续模型的表现。
- 排序效果不佳，正确的字不一定能够通过预训练模型排到错误的字前面。

为了解决以上问题，我们提出了一种基于生成对抗网络预训练模型的校对算法。构建模型如图 6-9 所示。

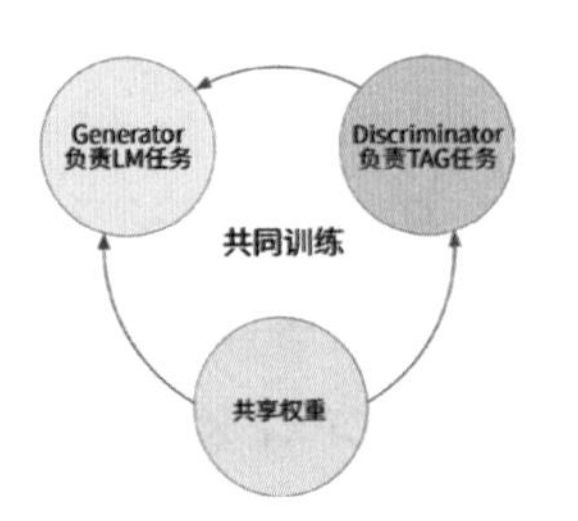

图 6-9 对抗训练的原理示意图

取生成对抗网络的 Discriminator 负责检错任务，Generator 负责 LM 任务，其中 Generator 由于和 Discriminator 共享 Embedding，我们只需要取得 Generator 底层若干 Transformer 即可，最大限度地复用并节省模型参数。此方法将检错模型和召回模型合为一体，由于生成对抗预训练的方法使得模型在预训练阶段就具备判别输入语句错误的位置的能力，因此只需要提供大量未标记语料和少量标记语料即可完成训练。实验效果：根据构建的测试集，我们评测了本技术方案的效果，准确率在 70% 以上，召回率在 75% 以上，千字平均耗时在 2 秒左右。

总体而言，本小节介绍了文本校对技术所解决的问题和存在的难点，还讲解了业界的算法模型，并分析了当前各种方法可能存在的一些问题。为了解决这些问题，我们提出了两点改进：

- 通过建模少量真实混淆集，对所有汉字使用相似度排序的方法预测真实生产环境中可能存在的混淆集，使得标记数据的成本大大降低。
- 使用生成对抗网络的训练方法训练预训练模型，使得检错和召回模型能够共享权值和同步训练，让模型在预训练阶段具有一定的检错和召回能力。

上述两点改进提升了校对算法的准确率和召回率，在实际使用中取得了不错的效果，提升了用户使用文本校对系统的体验。

6.3 文本智能纠错技术

6.3.1 比赛介绍

我们团队于 2022 年参加了 WAIC2022 蜜度文本纠错大赛，经过两个月的比赛，取得了 A 榜第二、B 榜第一的成绩，相关技术也已经在智能校对应用落地，借此机会，我们想和大家分享一些对于文本校对的比赛方案。中文文本纠错任务的形式非常简单：给定一个中文句子，纠正其中可能含有的各种类型的错误，包括但不限于拼写、语法和语义错误。虽然形式简单，但该任务难点众多，比如：

- 训练数据稀缺：与其他常见的生成任务（如机器翻译、摘要等）相比，真实的纠错训练数据很难获取很多，首先是语病在日常文本中非常稀疏，其次需要标注者拥有良好的语文背景；由于文本纠错任务本身是一个从错误出发找到正确文字的任务，错误的类型多种多样，甚至从逻辑上来说有无限多种，正如乔姆斯基所说的“人类用有限的词汇组成了无限的语言”。所以标记数据相对于由错误组成的纠错语料来说永远是很缺乏的。
- 中文表达灵活和所涉及的文本范围广：不像英语等语言有着大量易于纠正的词形错误（单复数、人称、时态），中文的表达博大精深，很多错误非常隐晦且难以修改，需要丰富的语法知识，现阶段的模型很难处理。各种内容都可能出现，意味着系统需要积累不同方面的词库和知识。
- 错误稀疏和分布不确定：毕竟大多数位置都是正确的。由于系统输入是含有错误的文本，错误的分布是没有固定分布和规律的，可能存在训练数据和测试数据错误分布不一致，模型难以从训练数据学习到特征用于预测测试集数据的问题。

与传统的中文纠错评测（NLPCC18，CGED 系列）不同，本次 WAIC 评测主要面向的是汉语母语者文本，更贴近真实场景。经过对主办方提供的开发集进行仔细观察后，我们总结了本次数据的一些特点：

- 文本来自互联网，主题多样，包括科技、教育、新闻等主题。
- 数据中命名实体多（如地名、人名、账号名）、口语化、成语多、句子较长等，加大了纠错的难度。
- 常见错误类型：拼写错误（高频）、字词冗余（高频）、字词缺失（中频）、字词误用（低频）、语义错误（句式杂糅等，低频）。

此外，本次评测主办方仅提供了约 3000 条真实数据用于模型训练，因此合适的数据增强策略显得尤为重要。

6.3.2 校对问题思考

解决一个问题首先要对这个问题进行归类和定性，属于什么领域的什么性质的问题。此问题为语文问题，我们使用计算机技术手段来解决。既然是语文问题，就应该从语文的角度来对错误进行分类，实际上是按照错误在文本中的表现形式（参考《汉语文本自动校对研究》刘亮亮）：

- 错别字：这个月冲值有优惠吗？我这个月重置了话费？请帮我查木月的流量（“重置”应该是“充值”，“木月”应该是“本月”）。
- 字词冗余错误：《手机早晚日报》具体如何好订阅收费（“好”是多余的）？
- 字词缺失错误：为什么我的卡又无缘无地扣掉几块钱（“扣掉”应该是“被扣掉”）？
- 词性搭配错误：他很兴致地回答了问题→他很有兴致地回答了问题（副词不能接名词）。
- 关联词搭配错误：只有提高经济实力，我们就能富国强民（只有只能搭配才，不能搭配就）。
- 句型错误：通过这次学雷锋活动，使我们受到了很大的教育（缺主语）。
- 语义搭配错误：漫天飞雪，他戴着帽子和皮靴出门了（“皮靴”不能“戴”）。

参考张仰森老师《统计语言建模与中文文本自动校对技术》第 65 页：

- 键盘录入错误：键盘录入错误主要是由于输入过程中的疏忽造成的，与输入法有很大关系。
- 识别错误：包括 OCR 识别错误、语音识别错误。近期有很多文章研究此类问题的校对。
- 原稿错误：文稿形成过程中，由于作者疏忽而形成的错误，如写错别字、搭配不当、结构残缺。

我们认为解决问题的关键在于计算机存储相应的知识，在这里知识有以下类型。

- 搭配知识：微信的主要业务是生产台式机配件、笔记本。这里正确的语句应该是微星的主要业务是生产台式机配件、笔记本。
- 汉字混淆知识：比如同音字、形近字、经常误用的成语和词语。要考虑训练一个同时考虑字的声音、发音和写法的模型，例如后文中讨论的 PLOME 模型。
- 常用的成语、古诗、歇后语等：基于白话文训练的语言模型对于古文的语言结构不能适应会出现报错多的问题。成语和古诗为固定表达，需要借助存储的知识修正。

- 语料统计知识：概率转移关系构成文本检错和纠错的强特征。

同时，文本纠错需要的知识有以下两种存储方式。

- 参数化存储：将系统需要的知识通过预训练语料和微调标记数据的方式训练到模型中。主要参考后文中预训练的方法和微调的方法。
- 结构化存储：借助数据库和倒排索引将知识保存到表格和检索组件中。对于一些关键要素，需要用结构化的方式进行存储，从而提高模型的鲁棒性。而且结构化存储的方式可以通过手动修改做到局部可控。

综上所述，一个好的纠错模型一定要融合以上所有方面才能够达到比较好的效果：

- 模型的输入需要考虑字音（发音、拼音的组成字母序列）、字形（笔画顺序、字体结构、图形）等模态，例如后文中讨论的 PLOME 模型。
- 纠错模型应该有适合纠错任务的预训练方式，并将语料中的知识通过预训练融入到参数化模型中，例如：......
- 纠错模型应该有一个适合的微调方法，例如后文中讨论的 GECToR。

6.4 纠错方案和源码解读

6.4.1 GECToR 原理解读

本小节解读 GECToR 的方案源码，原始论文 *GECTOR-Grammatical Error Correction: Tag, Not Rewrite* 从标题就能看出来，使用的是给序列打标签来替代主流的 Seq2Seq 模型。由于 Seq2Seq 在机器翻译等领域的成功应用，把这种方法用到类似的语法纠错问题上也是非常自然的想法。机器翻译的输入是源语言（比如英语），输出是另一个目标语言（比如法语）。而语法纠错的输入是有语法错误的句子，输出是与之对应的语法正确的句子，区别似乎只在于机器翻译的输入输出是不同的语言，而语法纠错的输入输出是相同的语言。

随着 Transformer 在机器翻译领域的成功，主流的语法纠错也都使用 Transformer 来作为 Seq2Seq 模型的 Encoder 和 Decoder。当然，随着 BERT 等预训练（Pre-Training）模型的出现，机器翻译和语法纠错都使用了这些预训练的 Transformer 模型来作为初始化参数，并且使用领域的数据进行微调。由于领域数据相对预训练的无监督数据量太少，最近合成的（Synthetic）数据用于微调变得流行起来。查看一下 NLP Progress 的 GEC 任务，排行榜里的方法大多都是使用 BERT 等预训练的 Seq2Seq 模型。

但是 Seq2Seq 模型有如下缺点。

（1）解码速度慢：因为解码不能并行计算。

（2）需要大量训练数据：因为输出的长度不定，相对本文的序列标签模型需要更多的数据。

（3）不可解释：输入了错误的句子，输出只是正确的句子，不能直接知道到底是什么类型的语法错误，通常还需要使用其他工具来分析错误，比如 errant。

本小节的内容可以解决这三个问题，思路是使用序列标签模型替代生成模型。注意：我们这里使用的是序列标签而不是更常见的序列标注来翻译 Sequence Tagging，原因在于它和用来解决 NER 等问题的序列标注不同。序列标注的标签通常是有关联的，比如以 BIO 三标签为例，I 只能出现在 B 或者 I 后面，它们的组合是有意义的。而这里给每一个 Token 打的标签和前后的标签没有关联，当然给当前 Token 打标签需要参考上下文，但这只是在输入层面，而在标签层面是无关的。这里的训练分为三个阶段：在合成数据上的预训练，在错误 - 正确的句对上的微调，在同时包含错误 - 正确和正确 - 正确句对数据上的微调。

1. 纠错问题转换

怎么把纠错问题用序列标注来解决呢？我们的数据是有语法错误和语法正确的两个句子。和机器翻译不同，语法纠错的两个句子通常非常相似，只是在某些局部会有不同的地方。因此，类似于比较两个句子的 Diff，我们可以找到一系列编辑操作，从而把语法错误的句子变成语法正确的句子，这和编辑距离的编辑很类似。编辑操作怎么变成序列打标签呢？我们可以把编辑映射到某个 Token 上，认为是对这个 Token 的操作。但是这里还有一个问题，有时候需要对同一个 Token 进行多个编辑操作，因为序列打标签的输出只能是一个，那怎么办呢？这里采取了一种迭代的方法，也就是通过多次（其实最多也就需两三次）序列打标签。说起来有点抽象，我们来看一个例子。

比如表 6-4 的例子，红色的句子是语法错误的句子：A ten years old boy go school。我们先经过一次序列打标签，发现需要对 ten 和 go 进行操作，也就是把 ten 和 years 合并成 ten-years，把 go 变成 goes。注意：这里用连字符“-”把两个词合并的操作定义在前面的 Token 上。接着进行一次序列打标签，发现需要对 ten-years 和 goes 进行操作，把 ten-years 变成 ten-year 然后与 old 合并，在 goes 后面增加 to。最后一次序列打标签在 school 后面增加句号“.”。上述编辑操作被定义为对某个 Token 的变换（Transform），如果词汇量是 5000 的话，则总共包含 4971 个基本变换（Basic Transform）和 29 个 g- 变换。

表6-4 纠错例子

Iteration #（迭代次数）	句子的演变	# corr.
原始语句t	A ten years old boy go school	-
Iteration 1	A ten-years old boy goes school	2
Iteration 2	A ten-year-old boy goes to school	5
Iteration 3	A ten-year-old boy goes to school.	6

1）基本变换

基本变化包括两类，分别是与 Token 无关的变换和与 Token 相关的变换。与 Token 无关的

变换包括 $KEEP（不做修改）、$DELETE（删除当前 Token）。与 Token 相关的变换有 1167 个 $APPEND_t1 变换，也就是在当前 Token 后面可以插入 1167 个常见词 t1（5000 个词并不是所有的词都可以被插入，因为有些词很少会遗漏）；另外，还有 3802 个 $REPLACE_t2，也就是把当前 Token 替换成 t2。

2）g- 变换

前面的变换只是把当前词换成另一个词，但是英语有很多时态和单复数的变化，如果把不同形态的词都当成一个新词，则词的数量会暴增，而且也不利于模型学习到这种时态的变化。所以这里定义了 g- 变换，也就是对当前 Token 进行特殊的变换。完整的 g- 变换包括：

- CASE：CASE 类的变换包括字母大小写的纠错，比如 $CASE_CAPITAL_1 就是把第 2 个（下标从 0 开始）字母变成对象，因此它会把 iphone 纠正为 iPhone。
- MERGE：把当前 Token 和下一个合并，包括 MERGESPACE、MERGESPACE 和 MERGE_HYPHEN，分别是用空格和连字符"-"合并两个 Token。
- SPLIT：$SPLIT-HYPHEN 把包含连字符的当前 Token 分开成两个。
- NOUN_NUMBER：把单数变成复数或者复数变成单数。
- VERB_FORM：动词的时态变化，这是最复杂的，我们只看一个例子。比如 VERB_FORM_VB_VBZ 可以把 go 纠正成 goes。

因为时态变化很多且是不规则的，需要有一个变换词典，这里使用了 Word Forms 提供的词典。

2. 预处理过程

通过前面的方法，我们可以把纠错问题转换成多次迭代的序列打标签问题。但是我们的训练数据只是错误 - 正确的句对，没有我们要的 VERB_FORM_VB_VBZ 标签，因此需要有一个预处理的过程把句对变成 Token 上的变换标签。这里使用如下步骤进行预处理。

步骤 01 把源句子（语法错误句子）的每个 Token 映射为目标句子（语法正确的句子）的零个（删除）或者多个 Token。比如"A ten years old boy go school"→"A ten-year-old boy goes to school."会得到如代码清单 6-1 所示的映射。

代码清单 6-1 映射关系

```
A → A
ten → ten, -
years → year, -
old → old
boy → boy
go → goes, to
school → school, .
```

这是一种对齐算法，但是不能直接用基于连续块（Span）的对齐，因为这可能会把源句子的多个 Token 映射为目标句子的一个 Token。我们要求每个 Token 有且仅有一个标签，所以这里使用修改过的编辑距离的对齐算法。这个问题的形式化描述为：假设源句子为 $x_1,\cdots,x_N$，目标句子为 $y_1,\cdots,y_M$，对于源句子的每个 Token $x_i(1 \leqslant i \leqslant N)$，我们需要找到与之对齐的子序列 $y_{j1},\cdots,y_{j2}$，其中 $1 \leqslant j_1 \leqslant j_{21} \leqslant M$，使得修改后的编辑距离最小。这里的编辑距离的 Cost 函数经过了修改，使得 g- 变换的代价为零。

步骤 02 通过前面的对齐，我们可以找到每个 Token 的变换，因为是一对多的，所以可能一个 Token 会有多个变换。比如上面的例子，会得到如代码清单 6-2 所示的变换。

代码清单 6-2 变换关系示例

```
[A → A] : $KEEP
[ten → ten, -]: $KEEP, $MERGE_HYPHEN
[years → year, -]: $NOUN_NUMBER_SINGULAR, $MERGE_HYPHEN
[old → old]: $KEEP
[boy → boy]: $KEEP
[go → goes, to]: $VERB_FORM_VB_VBZ, $APPEND_to
[school → school, .]: $KEEP, $APPEND_{.}
```

步骤 03 只保留一个变换，因为一个 Token 只能有一个 Tag。但是有读者可能会问，这样岂不是纠错没完全纠对？是的，所以这种算法需要多次迭代纠错。最后一个问题是，多个变换保留哪个呢？论文说优先保留 KEEP 之外的，因为这个 Tag 太多了，训练数据足够。如果去掉 KEEP 还有多个，则保留第一个。所以最终得到的标签如代码清单 6-3 所示。

代码清单 6-3 映射关系对应的最终标签

```
[A → A] : $KEEP
[ten → ten, -]: $MERGE_HYPHEN
[years → year, -]: $NOUN_NUMBER_SINGULAR
[old → old]: $KEEP
[boy → boy]: $KEEP
[go → goes, to]: $VERB_FORM_VB_VBZ
[school → school, .]: $APPEND_{.}
```

3. 模型结构

模型就是类似 BERT 的 Transformer 模型，在最上面加两个全连接层和一个 Softmax。根据不同的预训练模型选择不同的 Subword 切分算法：RoBERTa 使用 BPE，BERT 使用 WordPiece，XLNet 使用 SentencePiece。因为我们需要在 Token 上而不是在 Subword 上打标签，所以只把每个 Token 的第一个 Subword 的输出传给全连接层。前面介绍过，有的时候需要对一个 Token 进行多次纠错。比如前面的 go 先要变成 goes，然后在后面增加 to。因此，我们的纠错算法需要进行多次，理论上会一直迭代直到没有发现新的错误。但是最后设置一个上限，因此论文做了如表 6-5 所示的统计，基本上两次迭代就能达到比较好的效果，如果不在意纠错速度，可以进行 3 次或者 4 次迭代。

表6-5　迭代次数对结果的影响

Iteration #	P	R	F0.5	# corr.
Iteration 1	72.3	38.6	61.5	787
Iteration 2	73.7	41.1	63.6	934
Iteration 3	74.0	41.5	64.0	956
Iteration 4	73.9	41.5	64.0	958

6.4.2 MacBERT 原理解读

在 BERT 和 RoBERTa 的英文版里面，都采用的是 WordPiece，具体如表 6-6 所示，最小的 Token 切分单位并不是单个英文词，而是更细粒度的切分，如表中 predict 这个词被切分成 pre、##di、##ct 三个 Token（## 表示非完整单词，而是某个单词的非开头部分），这种切分方式的好处在于能缓解未见词的问题，也丰富了词表的表征能力。但对于汉语来说，并没有 WordPiece 的切分法，因为汉语最小单位就是字，并不能像英语一样，再把词切分成字母的组合。全词遮盖（Whole Word Masking，WWN）：虽然 Token 是最小的单位，但在掩码的时候是基于分词的，如表 6-6 所示。

表6-6　不同掩码策略的例子

	汉语	英语
Original Sentence	使用语言模型来预测下一个词出现的概率。	we use a language model to predict the probability of the next word.
+CWS	使用 语言 模型 来 预测 下 一个 词 的 概率。	-
+BERT Tokenizer	使 用 语 言 模 型 来 预 测 下 一 个 词 的 概 率 。	we use a language model to pre ##di ##ct the pro##ba ##bility of the next word.
Original Masking	使 用 语 言 [M] 型 来 [M] 测 下 一 个 词 的 概 率 。	we use a language [M] to [M] ##di ##ct the pro [M] ##bility of the next word.
+WWM	使用语言[M][M]来[M][M]下一个词的概率。	we use a language [M] to [M][M][M] the [M][M][M] of the next word .
++N-Gram Masking	使用[M][M][M][M]来[M][M]下一个词的概率。	we use a [M] [M] to [M][M][M] the [M][M] [M] [M][M] next word .
+++ Mac Masking	使 用 语 法 建 模 来 预 见 下 一 个 词 的 概 率 。	we use a text system to ca ##lc ##ulate the po ##si ##bility of the next word .

使用语言模型来预测下一个词的概率，进行 Tokenizer 后，变成使用语言模型来预测下一个词的概率。论文中，使用中文分词工具 LTP 来决定词的边界，如分词后变成“使用 语言 模型来预测下一个词的概率”，在掩码（Mask）的时候，是对分词后的结构进行掩码的（如不能只掩掉“语”这个 Token，要不就把“语言”都掩掉），N-Gram Masking 的意思是对连续 n 个词进行掩码，如表 6-6 中把“语言模型”都掩码了，就是一个 2-Gram Masking。虽然掩码是对分词后的结果进行的，但在输入的时候还是单个 Token。MacBERT 采用基于分词的 N-Gram Masking，1-Gram~4-Gram Masking 的概率分别是 40%、30%、20% 和 10%。

用相似词代替被掩掉的词：BERT 存在预训练的输入和应用于下游任务时不一样的缺陷，

预训练时有 [MASK] 字符作为输入，但在下游任务中，并没有 [MASK] 字符，这种差异对模型的应用效果影响极大。Macbert 采用了利用近义词来代替被掩掉的词。近义词使用的是 Synonyms，这款工具也是基于 Word2Vec 计算的。举个例子，现在“语言”这两个 Token 作为一个词，被挑选进行掩码，用 Synonyms 计算与它欧氏距离最近的词向量，为“言语”，那么在输入的时候，就用“言语”来代替。若被掩掉的词没有近义词，则使用随机词代替被掩掉的词。

最终，MacBERT 的输入如下，对基于分词的结果随机挑选 15% 的词进行掩码，其中 80% 用同义词代替，10% 用随机词代替，10% 保持不变，预训练中将没有 [MASK] 字符，对于 NSP 任务，采用与 ALBERT 一样的句子顺序预测（Sentence-Order Prediction，SOP）任务，预测这两个句子对是正序还是逆序。

6.4.3 PERT 原理解读

PERT 主要用于 NLU 任务，且是一个基于全排列的自编码语言模型。其主要思路是对输入文本的一部分进行全排列，训练目标是预测出原始字符的位置，同时也使用了全词掩码（Whole Word Masking，WWM）与 N-Gram 掩码来提升 PERT 的性能。在中英文数据集上进行实验，发现部分任务有明显的提升。

预训练模型通常有两种训练模式：以 BERT 为代表的自编码方式和以 GPT 为代表的自回归方式。基于 MLM 任务，有不少的改进方式，比如 WWM、N-Gram 等，因此也诞生了 ERNIE、RoBERTa、ALBERT、ELECTRA、MacBERT 等模型。

本书探索了非 MLM 相关的预训练任务，动机很有趣，对于很多谚语，篡改其中的几个汉字不会影响阅读理解。如表 6-7 所示，打乱几个字的顺序，并不会改变人们对句子的理解。基于此想法，作者提出了一个新的预训练任务——PerLM（Permuted Language Model，排列语言模型），PerLM 试图从无序的句子中恢复字符的顺序，其目的是预测原始字符的位置。

表6-7 BERT和PERT输入和输出的比较

	输入	输出
Original Text	研究表明这一句话的顺序并不影响阅读	—
WordPiece	研 究 表 明 这 一 句 话 的 顺 序 并 不 影 响 阅 读	—
BERT	研 究 表 明 这 一 句 [M] 的 顺 [M] 并 不 [M] 响 阅读	Pos7→话 Pos10→序 Pos13→影
PERT	研 究 表 明 这 一 句 话 的 顺 序 并 不 影 响 阅 读	Pos2→Pos3 Pos3→Pos2 Pos 13→Pos 14 Pos 14→Pos 13

PERT 的模型结构如图 6-10 所示，PERT 的输入为乱序的句子，训练目标是预测原始字符的位置。PERT 有如下特征：

- PERT 采用了和 BERT 一样的切词 WordPiece、词表等。
- PERT 没有 [MASK] 字符。
- 预测的空间是基于输入的句子的，而不是整个词表空间。
- 由于 PERT 的主体与 BERT 相同，因此通过适当的微调，BERT 可以直接被 PERT 取代。

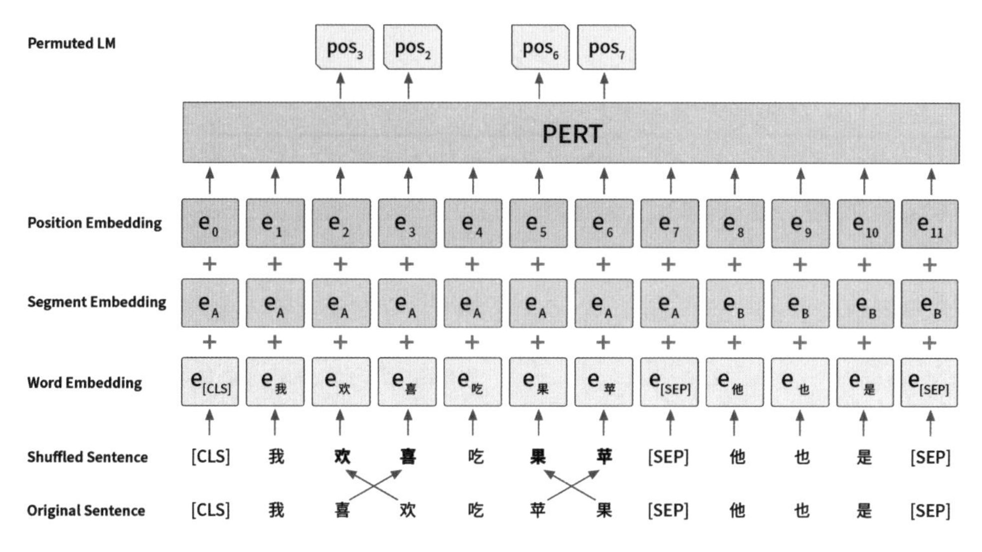

图 6-10 PERT 模型结构

在 PERT 模型中，随机选择 90% 的字符并打乱它们的顺序。对于其余 10% 的字符，保持不变，将其视为负样本。PERT 通过打乱句子中的字词来学习上下文的文本表征，提出了一个新的预训练任务，即乱序语言模型（PerLM）。

PerLM 与 MLM 相比的特性如下：

（1）PerLM 的效率更高。PerLM 没有使用 [MASK] 字符，缓解了预训练－微调之间的偏差问题。相比 MLM 任务，PerLM 预测空间是句子，而不是整个词表，比 MLM 任务效率更高。

（2）预训练 STAGE。给定句子 A 和句子 B，完成随机字符打乱之后，拼接在一起输入 PERT 中。

$$X = [CLS]A_1^{'} \cdots A_n^{'}[SEP]B_1^{'} \quad B_m^{'}[SEP]$$

经过 Embedding 层与 L 层的 Transformer 结构：

$$H^0 = \text{Embedding}(X)$$

$$H^i = \text{Transformer}(H^{i-1}, i \in \{1, \cdots, L\}, H = H^L$$

PERT 只需要去预测所选定的位置，最后经过一个 FFN 与 LayerNorm，使用 Softmax 输出标准化之后的概率分布，损失函数为交叉熵。

6.4.4 PLOME 原理解读

PLOME 模型是专门针对中文文本纠错任务构建的预训练语言模型。PLOME 在训练预训练语言模型时，采用了基于语义混淆的掩码策略，主要有 4 种，如表 6-8 所示，分别是 Phonic Masking（字音混淆词替换）、Shape Masking（字形混淆词替换）、Random Masking（随机替换）、Unchanging（原词不变）。PLOME 的掩码策略同样仅遮盖 15% 的 Token，且 4 种掩码策略占比分别为 60%、15%、10% 和 15%。

表6-8 预训练掩码策略

语句	
原始语句	他想明天去（qu）南京探望奶奶。
BERT Masking	他想明天[MASK]南京看奶奶。
Phonic Masking	他想明天曲（qu）南京看奶奶。
Shape Masking	他想明天丢（diu）南京看奶奶。
Random Masking	他想明天浩（hao）南京看奶奶。
Unchanging	他想明天去（qu）南京看奶奶。

PLOME 将拼音和笔画作为预训练语言模型以及模型微调的输入，将字符预测任务和拼音预测任务作为预训练语言模型以及模型微调的训练目标，PLOME 模型的框架如图 6-11 所示。

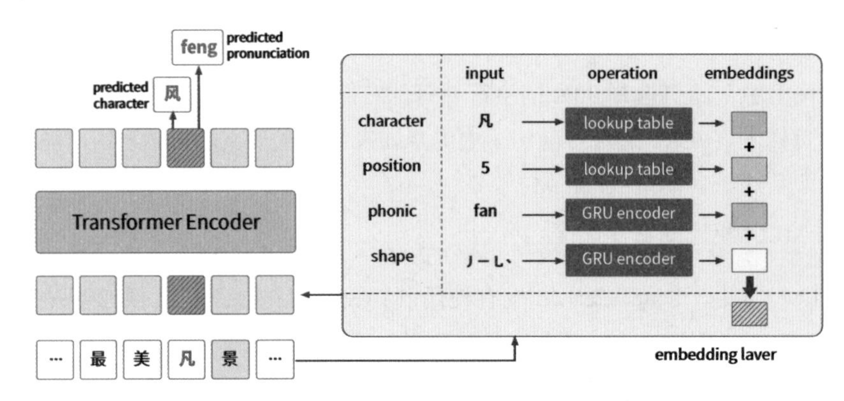

图 6-11 PLOME 模型的框架

在词嵌入模块中，采用了字符嵌入（Character Embedding）、位置嵌入（Position Embedding）、语音嵌入（Phonic Embedding）和形状嵌入（Shape Embedding）。其中，字符嵌入和位置嵌入与 BERT 的输入一致。

构建语音嵌入时，使用 Unihan 数据库得到字符－拼音的映射表（不考虑音调），然后将每个字的多个拼音字母序列输入 GRU 网络中，得到该字的拼音嵌入向量。同样，构建字形嵌入时，使用 Chaizi 数据库得到字形的笔画顺序，然后将字形的笔画顺序序列输入 GRU 网络中，得到该字的字形嵌入向量，如图 6-12 所示。

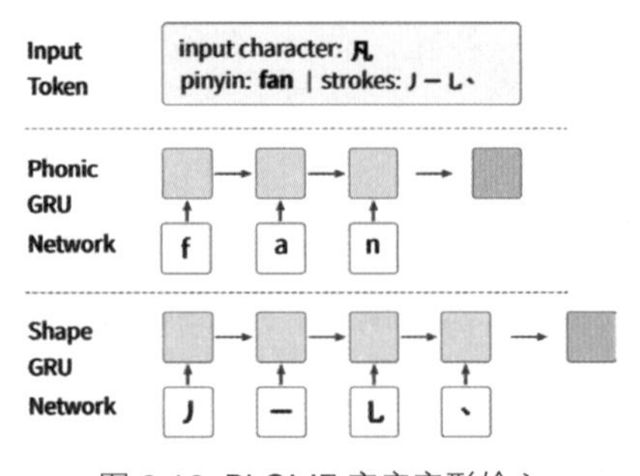

图 6-12 PLOME 字音字形输入

PLOME 的主要训练任务有字符预测（Character

Prediction）和拼音预测（Pronunciation Prediction），字符预测和 BERT 一样，PLOME 预测输入句子中每个被替换掉的字符，由于在 CSC 任务中有 80% 的错误是同音或近音错误，因此为了学习在语音层面上拼写纠错的相关知识，论文将拼写预测作为 PLOME 的预训练任务，即预测被替换的词的正确发音（汉语大约有 430 种不同的发音）。

PLOME 的模型训练也包括两个不同的优化目标：字符预测优化和拼音预测优化。

字符预测任务 Loss：

$$L_c = -\sum_{i=1}^{n} \log p_c(y_i = l_i \mid X)$$

其中，L_c 是字符预测的目标损失，l_i 是真实字符。

拼音预测任务 Loss：

$$L_p = -\sum_{i=1}^{n} \log\ p_p(g_i = r_i \mid x)$$

其中，L_p 是拼音预测的目标损失，r_i 是字符的真实发音。

总体 Loss：

$$L=L_c+L_p$$

微调 Procedure：PLOME 预训练语言模型的下游任务主要是文本纠错任务。该任务的输入是字符序列，输出是预测的字符序列。微调的训练目标和预训练任务一致，都设置了字符预测任务和拼音预测任务。但与预训练仅需对替换的字符进行预测不同，微调过程中需对所有的输入字符都进行预测。由于 PLOME 在微调过程中同时预测了字符和拼音，因此论文中构建了字符和拼音的联合概率分布：

$$p_j\,(y_i=j|x)=p_c\,(y_i=j|x)\times p_p\,(g_i=j^p\,|x)$$

$$p_j\,(y_i\,|x)=[p_p\,(g_i\,|X)\cdot I^T]P_c\,(y_i\,|X)$$

6.4.5 比赛方案

比赛数据为 3000 条真实数据，包括科技、教育、新闻等主题，成语多，口语化，句子较长。

模型策略如图 6-13 所示。

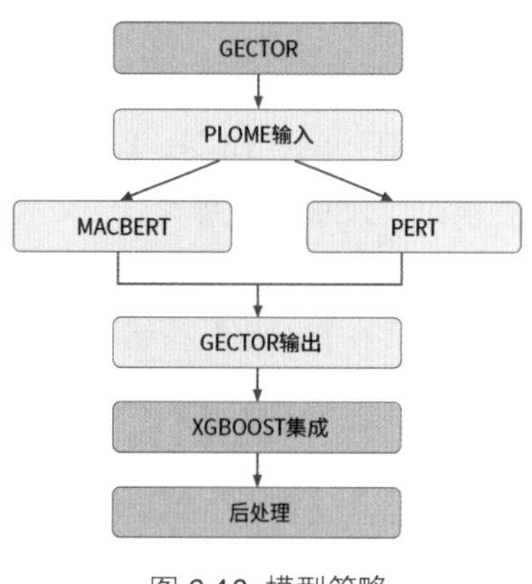

图 6-13　模型策略

首先将句子对输入 GECTOR，采用字符嵌入、位置嵌入、语音嵌入和形状嵌入，分别使用 MacBERT 和 PERT 的预训练方式，通过 GECTOR 得到修正后的句子。

比赛中，我们通过替换随机种子分别选取了 5 个 MacBERT 和 5 个 PERT 模型，针对一些模型本身纠错精确度较高的错误类型，如拼写错误和词序错误，我们会降低集成的阈值来提升召回度；而对于一些精确度较低的错误类型，比如词语缺失类错误，我们会提升集成的阈值，将得到的候选修正词构建机器学习特征，输入 XGBOOST 判断是否保留该字的修正。

由于主办方提供的数据较少，我们通过获取互联网上公开的语义错误相关问题，抽取出其中的语义错误模板并扩充为正则表达式。我们为此类模板定义了两种简单的修改方式，分别是删除左侧词语和删除右侧词语，并且利用预训练语言模型来自动确定修改动作。

数据增强采用了构建混淆集，包括词级别同音混淆集、字级别音近混淆集和字级别形近混淆集。词级别同音混淆集的构建方法为：从语料中获得所有中文词语，并根据拼音是否相同对它们进行归类，与此同时筛除低频词。字级别音近混淆集的构建方式与词级别同音混淆集类似，但考虑了模糊音（如 cheng 和 ceng），并且过滤了生僻字。字级别形近混淆集的构建方法主要依据的是 FASpell 工具中字形相似度计算模块，保留了字形相似程度在 0.8 以上的字符，并过滤了生僻字。

最终训练我们采用了约 2000 万自造的伪数据进行预训练，然后用主办方提供的 100 万伪语料过滤的拼写错误进行微调，最后用主办方提供的真实数据过滤的拼写错误进行精调；后处理部分，对于常见的成语构建索引放入 ElasticSearch，采用检索的方式进行召回计算编辑距离，将常见的成语错误进行修正。过滤掉非中文修改，如英文和标点的修改。

6.5 本章小结

新兴的利用人工智能技术的校对软件是利用自然语言处理技术和深度学习技术对大量语料进行模型训练从而完成校对的。算法人员依据行业规范、标准和业务知识设计对应的模型，让机器通过模型来学习语料中的错误案例和对应的正确内容，同时以知识库作为补充和完善，最终识别和提示稿件中的不规范内容，并给出修改建议。基于深度学习模型的方法需要更多语料，实现更加复杂，但是效果比传统的 N-Gram 统计语言模型有明显的提升。文本校对是很多自然语言处理任务的基础，例如文本来源于 OCR 或者语音系统识别之后的结果，就需要先通过校对算法将其转换为正确的输入文本，才能进行后续的自然语言处理分析。

针对纠错问题，目前业界也出现了不少纠错的解决方案，包括 HANSpeller++、FASPell、MacBERT、SpellGCN、PLOME 等。端到端的机器翻译方法存在的问题是需要大量的样本来训练模型，并且模型解释性差，不可以定向优化。为了解决以上问题，我们提出了一种基于生成对抗网络预训练模型的校对算法，使得检错和召回模型能够共享权值和同步训练，让模型在预训练阶段具有一定的检错和召回能力。

最后，我们解读 GECToR 的方案源码，GECToR 方案是一个用于自然语言生成的模型，其思路是在现有的文本纠错模型的基础上，增加了对词汇替换和重排的支持，从而实现更加全面的语言纠错和优化。该方案还引入了上下文敏感的变换机制，以更好地捕捉文本的上下文信息，并针对不同类型的错误提供更精准的建议和修正方案。

6.6 习　题

1. 什么是 N-Gram 统计语言模型？

2. 请解释一下 HANSpeller 的工作原理，它是如何进行拼写错误检查和纠正的？

3. HANSpeller 在多语言环境中的表现如何？它有没有针对不同语言的特定优化和适应性？

4. FASPell 在处理长文本时是否存在性能问题？如果存在，你认为可能的原因是什么？有什么方法可以解决这个问题？

5. MacBERT 为什么使用全词掩码和 N-Gram 掩码策略来选择候选 Tokens 进行掩码？

6. 在 SpellGCN 中，如何将文本表示为图结构？请描述该过程，并说明为什么将文本建模为图对于拼写纠正任务是有效的。

7. 为什么人造错误样本的设计必须尽可能拟合真实的错误情况？有什么好处和意义？

8. 在用混淆对特征构造混淆集时，机器学习模型是如何利用特征和错误分布之间的关系进行建模的？简要概括一下机器学习模型的训练过程。

6.7 本章参考文献

[1] Hong Y, Yu X, He N, et al. FASPell: A fast, adaptable, simple, powerful Chinese spell checker based on DAE-decoder paradigm[C]//Proceedings of the 5th Workshop on Noisy User-generated Text (W-NUT 2019). 2019: 160-169.

[2] Cui Y, Che W, Liu T, et al. Revisiting pre-trained models for Chinese natural language processing [J]. arXiv preprint arXiv:2004.13922, 2020.

[3] Liu S, Yang T, Yue T, et al. PLOME: Pre-training with misspelled knowledge for Chinese spelling correction[C]//Proceedings of the 59th Annual Meeting of the Association for Computational Linguistics and the 11th International Joint Conference on Natural Language Processing (Volume 1: Long Papers). 2021: 2991-3000.

[4] Cheng X, Xu W, Chen K, et al. Spellgcn: Incorporating phonological and visual similarities into language models for chinese spelling check[J]. arXiv preprint arXiv:2004.14166, 2020.

[5] 刘亮亮 . 汉语文本自动校对研究 [M]. 南京：江苏人民出版社，2020.

第 7 章 知识图谱构建

本章主要介绍知识图谱(Knowledge Graph)构建的背景、知识图谱的构建范式以及相关内容，包括知识的定义、结构化数据、半结构化数据和非结构化数据的抽取方案。在讨论非结构化信息抽取时，我们将重点介绍实体识别、关系识别和事件抽取的各种方案。最后，我们将介绍生成式统一模型抽取技术。

7.1 知识图谱背景介绍

知识图谱和数据科学有着密切的关系。知识图谱是一种基于语义的知识表示方法，它通过将实体、属性和关系以图形化的方式呈现，帮助人们更好地理解和利用知识。而数据科学则是一门利用数学、统计学、计算机科学等方法从数据中提取有用信息的学科。在数据科学中，知识图谱可以作为一种数据结构，帮助数据科学家更好地理解和分析数据，从而提高数据分析的效率和准确性。

7.1.1 知识和知识图谱

哲学家柏拉图把知识定义为确证的真信念（Justified True Belief），满足该定义的知识具有三个要素：合理性（Justified）、真实性（True）、被相信（Believed）。柏拉图三要素原则是哲学界对于知识定义的主流观点，即人类的知识是通过观察、学习和思考有关客观世界的各种现象而获得和总结出的所有事实（Facts）、概念（Concepts）、规则或原则（Rules&Principles）的集合。人类发明了各种手段来描述、表示和传承知识，如自然语言、绘画、音乐、数学语言、物理模型、化学公式等，可见对于客观世界规律的知识化描述对于人类社会发展的重要性。

知识图谱以结构化的形式描述客观世界中的概念、实体及其之间的关系，将互联网的信息表达成更接近人类认知世界的形式，提供了一种更好地组织、管理和理解互联网海量信息的能力。知识图谱本质上是以三元组结构（主语 - 谓语 - 宾语）表示实体及实体关系的语义网络，谷歌公司于 2012 年重新提出了知识图谱的概念以保持其在智能搜索引擎的领先地位。时任谷歌副总裁阿密特·辛格（Amit Singhal）指出知识图谱是“Things，Not Strings”，在此之前搜索引擎通过爬取网页并基于关键词返回网页排序结果，而基于知识图谱得到的是与关键词有关联的表示真实世界中的实体的图文描述信息。

在行业的实践中，往往人们对知识图谱期望太高，因为人类知识和知识图谱这两个概念容易引起歧义：人类知识包括原理、技能等高级知识，而知识图谱源自语义网络、本体论，借助 RDF 三元组及模式（Schema）的形式构建计算机可理解、可计算的实体及实体之间关联的事实性知识库，即图谱可形象地称作“万事通”而非“科学家”。

7.1.2 知识获取、知识抽取与信息抽取的区别

行业用户往往希望结构化知识来源方式是靠 AI 自动化构建的，不用介入任何人工活动，产生低成本、高质量的不切实际的幻想。因此，这里要正本清源，辨析知识图谱的常规获取知识方式。

知识获取是组织从某种知识源中总结和抽取有价值的知识的活动（GB/T23703 定义）。本书认为根据该定义，知识获取强调的是获取知识的一种活动，包括从结构化、半结构化和非结构化的信息资源中提取出计算机可理解和计算的结构化数据，以供进一步分析和利用。因此，其范围应包括知识抽取和信息抽取。

知识抽取即从不同来源、不同结构的数据中进行知识提取，形成知识（结构化数据）存入到知识图谱。信息抽取即从自然语言文本中抽取指定类型的实体、关系、事件等事实信息，并形成结构化数据输出的文本处理技术。

数据、信息和知识的关系为：信息是存在于数据（数字、文本、图像等）中的反映客观世界的实体，通过提炼、加工建立实体之间的联系形成了知识，知识是对世界客观规律的归纳和总结。因此，知识抽取在方法上包括信息抽取和数据仓库（Extract-Transform-Load，ETL），但方法不局限于结构化信息的生成或关系数据库模式（Schema）的直接转换，还需借助本体库或自动方法归纳新的模式。在本书中，知识抽取和信息抽取的内涵与外延近乎等价，两者都是应用自然语言技术从文本获取实体、关系、属性和事件知识的。

总的来说，知识、知识图谱、知识获取、知识抽取、信息抽取这些概念逐层包含，以一幅韦恩图表示（见图 7-1），知识的表示、获取和处理是人类特有的能力，知识图谱架起了一座基于人类知识和计算机获取认知能力的桥梁，知识获取涵盖产生机器可理解的知识的活动，知识抽取强调通过数据模式组织三元组知识，而信息抽取是借助自然语言处理技术生产知识的能力。信息抽取是知识工程、大数据、机器学习、自然语言处理的交叉技术，下面将重点探讨信息抽取在知识图谱的应用与实践。

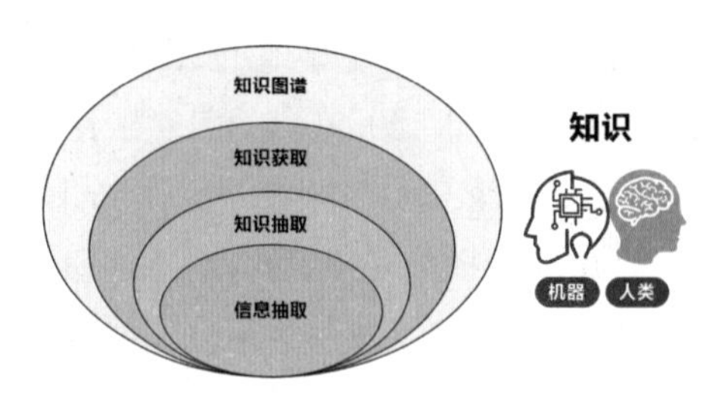

图 7-1 知识相关概念的包含关系

7.1.3 知识图谱构建范式

近年来，自然语言处理技术的飞速发展，尤其是深度迁移学习技术给方兴未艾的知识图谱注入了一针“强心剂”。预训练语言模型性能的提升降低了从海量的非结构化文本中获取知识的成本，推动了知识图谱在行业企业的落地应用。如图 7-2 所示的构建流程，我们在行业知识图谱的实践应用中，信息抽取技术占据着核心地位。行业知识图谱构建的生命周期历经知识定义、知识获取、知识融合、知识存储、知识应用多个环节，这些过程的每一步都需要专业的信息处理技术与技能才能完成。

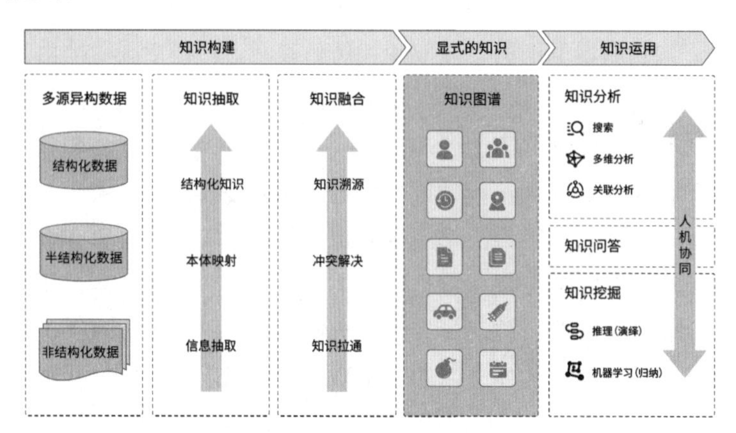

图 7-2 知识图谱的构建流程

在构建出知识图谱后，可以实现各种智能场景应用。未来知识图谱一定会深入各行各业，只有将知识图谱技术和具体业务需求深度结合起来，才能真正发挥出知识图谱的价值，解决行业问题。在实际应用中有很多结构化和非结构化的数据，要让这些数据在人工智能时代发挥价值，就需要通过技术手段从数据中提炼出知识，并通过算法等方式建模服务于应用。知识图谱可以让数据转变为业务知识，和智能化应用建立有效衔接。

知识图谱的构建应是业务应用驱动的。做知识图谱之前，首先要考虑投入产出比，明确需求是什么，要解决什么样的业务问题，以及评估技术的可行性。如果没有想清楚业务需求就开始做，这个项目的效率通常会很低。接下来需要对数据进行知识获取、知识建模等处理。在文本中可以提取背景知识，经过数据治理后，产生一些结构化的数据，还有很多视频的非结构化数据，我们需要从这些数据中进行数据抽取、建模，再通过知识映射、知识消歧等技术手段，提取出有效的知识进行融合，最后提供搜索、推荐、问答等应用方式，如图 7-3 所示。

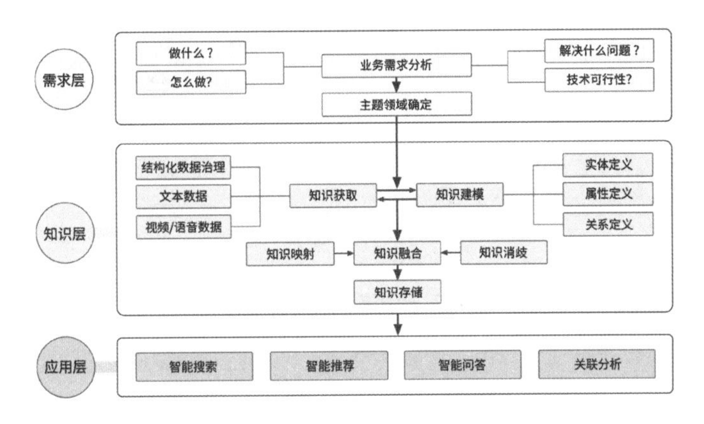

图 7-3　基于业务应用驱动的知识图谱构建

1. 知识定义

在知识图谱的构建过程中，知识定义和知识抽取是非常重要的环节。传统的知识工程研究领域人们以本体、主题词表、元数据、数据模式来建立结构化的知识，在本书中知识定义泛指结构化的数据模型，即通过构建图谱模式规范数据层的表达与存储。数据模型是线状或网状的结构化知识库的概念模板，知识图谱一般采用资源描述框架（Resource Description Framework，RDF）、RDF 模式语言（RDFS）、网络本体语言（Web Ontology Language，OWL）及属性图模型。

1）RDF 模型

RDF 在形式上以三元组表示实体及实体之间的关系，反映了物理世界中具体的事物及关系，如图 7-4 所示。

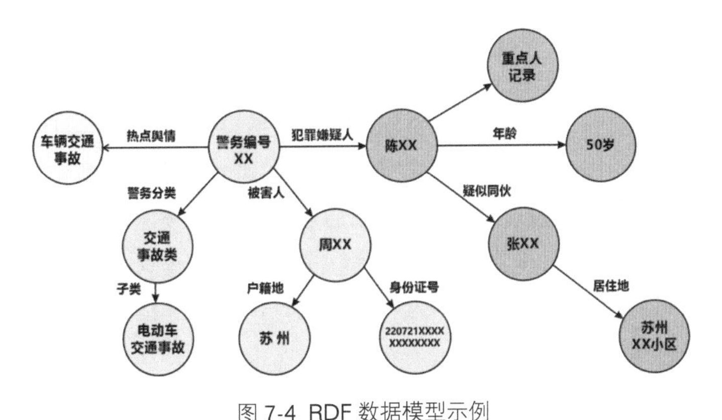

图 7-4　RDF 数据模型示例

2）RDFS 模型

RDFS 在 RDF 的基础上定义了类、属性以及关系来描述资源，并且通过属性的定义域和值域来约束资源。RDFS 在数据层的基础上引入了模式层，模式层定义了一种约束规则，而数据层是在这种规则下的一个实例填充，如图 7-5 所示。

Ws15型号
航空发动机
子系统
隶属
J-10A型
歼击机
空军第XX
飞行中队
事实层
模式层
武器装备
隶属
组织机构
上下位

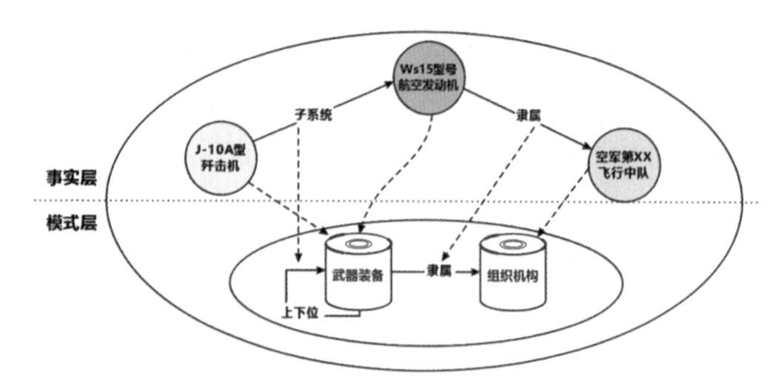

图 7-5 RDFS 数据模型示例

3）OWL 模型

OWL 是对 RDFS 关于描述资源词汇的一个扩展，OWL 中添加了额外的预定义词汇来描述资源，具备更好的语义表达能力。

4）属性图

属性图数据模型由顶点、边及其属性构成，图数据库通常是指基于属性图模型的图数据库，如图 7-6 所示。属性图与 RDF 图最大的区别在于：① RDF 图可以更好地支持多值属性；② RDF 图不支持两顶点间多个相同类型的边；③ RDF 图不支持边属性。

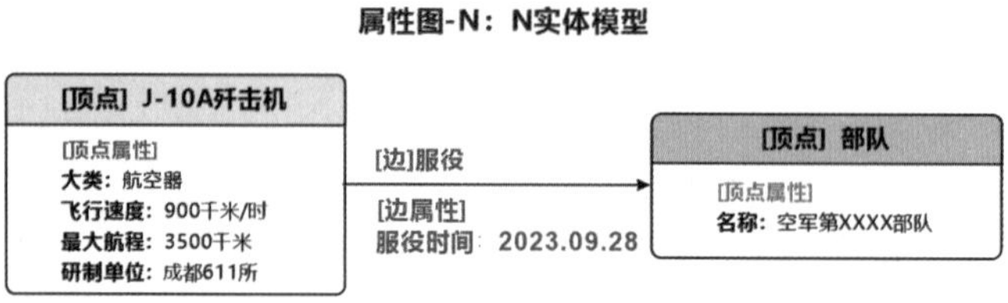

属性图-N：N实体模型
[顶点] J-10A歼击机
[顶点属性]
大类：航空器
飞行速度：900千米/时
最大航程：3500千米
研制单位：成都611所
[边]服役
[边属性]
服役时间 2023.09.28
[顶点] 部队
[顶点属性]
名称：空军第XXXX部队

图 7-6 属性图数据模型

知识定义与信息模型的概念类似，可借鉴元数据和本体论技术，描述定义域的实体类型及其属性、关系和实体上的允许操作，常见的流行方法包括自顶向下（Top-Down）的构建方式和自底向上（Bottom-Up）的构建方式。自顶向下的构建方式由行业专家预先定义图谱模式，再以模式组织数据层资源建设；自底向上的构建方式通过信息抽取技术从文本中抽取出实体，再依赖大数据挖掘、机器学习技术分析实体的语义关联关系来构建模式。自顶向下的构建方式显然更加准确，然而自底向上的构建方式代表着数据驱动的自动图谱构建模式，不论是哪一种方法，知识定义应是信息抽取的前提条件。

2. 知识获取

按数据源类型划分，知识获取包括从结构化、半结构化和非结构化的数据中获取知识。从结构化数据中获取知识需把关系数据库中的数据转换成 RDF 形式的知识，可使用开源工具 D2RQ 等将关系数据库转换为 RDF，但难点在于难以自动与图谱模式结合与映射，需要依赖人工编写映射规则。从半结构化的网页数据获取知识主要采用包装器方法，而对于行文格式稳定的文本可视作半结构化数据，可通过格式解析、基于规则的方法进行抽取。

1）结构化信息抽取

行业知识图谱的构建过程往往需要将业务系统的部分关系数据库的数据抽取出来，并转换为RDF模型或属性图模型的形式存入图谱数据库中，这种从关系数据库接入数据、预处理并映射为图谱模式的抽取方式称为结构化信息抽取。W3C为此制定了两个知识映射标准语言：R2RML及直接映射（Direct Mapping，DM），DM和R2RML映射语言用于定义关系数据库中的数据如何转换为RDF数据的各种规则，具体包括URI的生成、RDF类和属性的定义、空节点的处理、数据间关联关系的表达等。直接映射将关系数据库中的一张表映射为RDF的类（Class），表中的列映射为属性（Property），表的一行映射为一个资源或实体并创建资源标识符，单元格值映射为属性值。直接映射可将关系数据库表结构和数据直接转换为RDF图，但直接映射仅仅提供简单转换能力。而R2RML映射语言可灵活定制从关系数据库的数据实例转换为RDF数据集的映射规则，符合R2RML映射算法的工具输入是关系数据库检索数据的逻辑表，逻辑表通过三元组映射转换为具有相同数据模式的RDF并作为输出结果。

2）半结构化信息抽取

半结构化数据是一种特殊的结构化数据形式，该形式的数据不符合关系数据库或其他形式的数据表形式结构，但又包含标签或其他标记来分离语义元素并保持记录和数据字段的层次结构。针对网页数据的信息抽取技术较为成熟，可依网页结构化的不同程度分别采用人工方法、半自动或全自动的方法开发包装器进行信息抽取。基于有监督学习的包装器归纳方法首先从已标注的训练数据中学习网页信息抽取规则，然后对具有相同结构的网页数据进行抽取，一般的开发流程遵循“网页清洗、数据标注、包装器空间生成、评估”4个步骤，该方法依赖人工长期维护更新包装器。手工方法开发包装器首先通过人工分析网页的结构和代码，并编写网页的数据抽取表达式，表达式的形式一般可以是XPath表达式、CSS选择器的表达式等，该方法适合简单、结构稳定的网站的抽取。

3）非结构化信息抽取

对于非结构化的文本数据，抽取的知识包括实体、关系、属性、事件。对应的研究问题有4个：一是实体抽取，即命名实体识别，实体包括概念、组织机构、人名、地名、时间等；二是关系抽取，即两个实体之间的关联性知识等，包括上下位、类属关系等；三是属性抽取，即实体或关系的特征信息，关系反映实体与外部的联系，而属性体现实体的内部特征；四是事件抽取，事件是发生在某个特定时间点或时间段、某个特定地域范围内，由一个或者多个角色参与的一个或者多个动作组成的事情或者状态的改变。

7.2 非结构化信息抽取技术

7.2.1 信息抽取框架

非结构化文本的信息抽取主要包括命名实体识别、属性抽取、关系抽取、事件抽取4个任务。

命名实体识别是知识图谱构建和知识获取的基础和关键，属性抽取可看作实体和属性值之间的一种名词性关系而转换为关系抽取，因此信息抽取可归纳为实体抽取、关系抽取和事件抽取三大任务。

7.2.2 命名实体识别

命名实体识别主流方法可概括为：基于词典和规则的方法、基于统计机器学习的方法、基于深度学习的方法、基于迁移学习的方法等，如图 7-7 所示。在项目实际应用中，一般应结合词典或规则、深度学习等多种方法，充分利用不同方法的优势抽取不同类型的实体，从而提高准确率和效率。在中文分词领域，国内科研机构推出的多种分词工具（基于规则和词典为主）已被广泛使用，例如哈尔滨工业大学的 LTP、中科院计算所的 NLPIR、清华大学的 THULAC 和 Jieba 分词等。

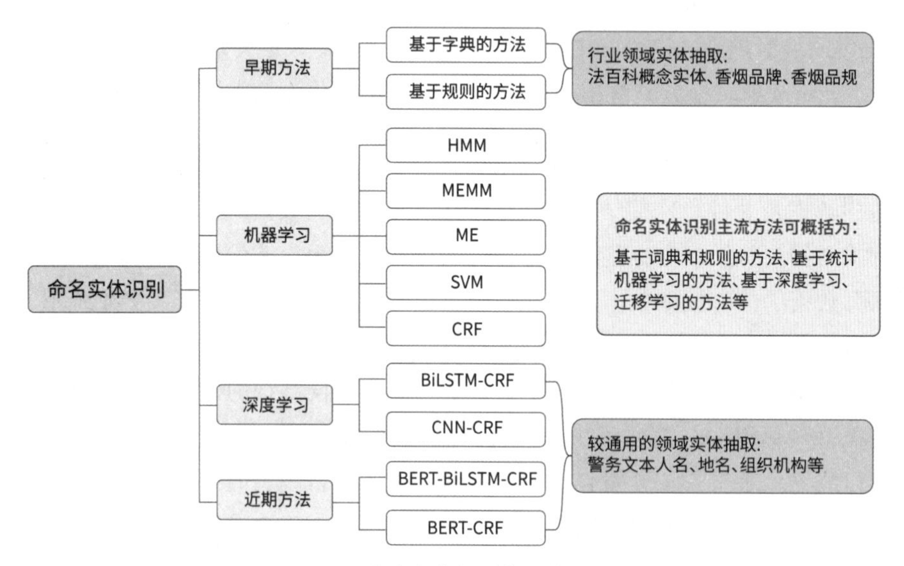

图 7-7 命名实体识别的方法分类

基于统计机器学习的方法可细分为两类：第一类，分类方法，即首先识别出文本中所有命名实体的边界，再对这些命名实体进行分类；第二类，序列化标注方法，即对于文本中每个词可以有若干候选的类别标签，每个标签对应其在各类命名实体中所处的位置，通过对文本中的每个词进行序列化的自动标注（分类），再将自动标注的标签进行整合，最终获得由若干词构成的命名实体及其类别。序列化标注曾经是最普遍并且有效的方法，典型模型包括条件随机场（Conditional Random Field，CRF）、隐马尔可夫模型（Hidden Markov Model，HMM）、最大熵马尔可夫模型（Maximum Entropy Markov Models，MEMM）、最大熵（Maximum Entropy，ME）、支持向量机（Support Vector Machine，SVM）等。

深度学习、迁移学习使用低维、实值、稠密的向量形式表示字、词、句，再使用 RNN/CNN/注意力机制等深层网络获取文本特征表示，避免了传统命名实体识别人工特征工程耗时耗力的问题，且得到了更好的效果，目前常用的框架方法有 BiLSTM-CRF、BERT-CRF/BERT-BiLSTM-CRF，BERT-CRF 模型结构基于 BERT 对输入文本进行表示编码，然后序列解码器采用 CRF 模型，具体架构如图 7-8 所示，这种模型架构比以往的深度学习模型 BiLSTM+CRF 有更好的效果。

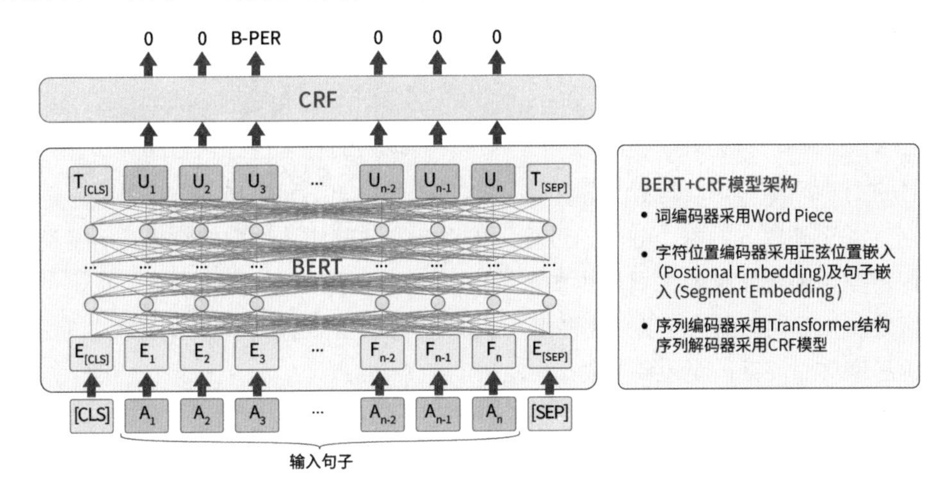

图 7-8 BERT+CRF 序列标注模型架构

7.2.3 关系识别

识别出来实体之后，我们要进行关系识别。从前文可知，关系抽取是指三元组抽取，实体间的关系形式化地描述为关系三元组（主语，谓语，宾语），其中主语和宾语指的是实体，谓语指的是实体间的关系。早期的关系抽取方法包括基于规则的关系抽取方法、基于词典驱动的关系抽取方法、基于本体的关系抽取方法。基于机器学习的抽取方法以数据是否被标注作为标准进行分类，包括有监督的关系抽取算法、半监督的关系抽取算法、无监督的关系抽取算法，如图 7-9 所示。

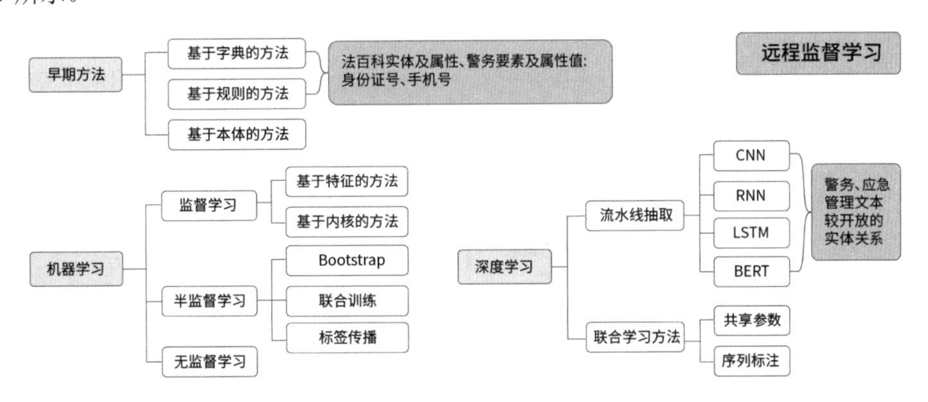

图 7-9 关系抽取的方法分类

有监督的机器学习方法将一般的二元关系抽取视为分类问题，通常需预先了解语料库中所有可能的目标关系的种类，并通过人工对数据进行标注，建立训练语料库，使用标注数据训练的分类器对新的候选实体及其关系进行预测、判断。同样地，传统机器学习的关系抽取方法选择的人工特征工程十分繁杂，而深度学习的关系抽取方法通过训练大量数据自动获得模型，无须人工提取特征。深度学习经过多年的发展，逐渐被研究者应用在实体关系抽取方面，有监督的关系抽取方法主要有流水线（Pipeline）式关系抽取方法和实体关系联合（Joint）学习抽取方法学习两种。

1）流水线式关系抽取方法

该方法将关系抽取分为两阶段任务：第一阶段对输入的句子进行命名实体识别；第二阶段对命名实体进行两两组合，再进行关系分类，把存在关系的三元组作为输出结果。流水线方法将实体识别、关系抽取分为两个独立的过程，关系抽取依赖实体抽取的结果，容易造成误差累积。当前深度学习的关系抽取主要聚焦在有监督学习的句子级别的关系抽取、根据使用的编码器以及是否使用依存句法树，可以大致将相关系统划分为三种：基于卷积神经网络的关系抽取，基于循环神经网络的关系抽取和基于依存句法树的关系抽取。

2）实体关系联合学习抽取方法

实体关系联合学习抽取方法主要包括以下两种。

- 基于共享参数的方法：典型的方法有 BiLSTM、BiLSTM+Attention 等，命名实体识别和关系抽取两阶段任务通过共享编码层在训练过程中产生的共享参数相互依赖，最终训练得到最佳的全局参数。流水线方法中存在的错误累积传播问题和忽视两阶段子任务间关系依赖的问题在该方法中可得到改善，并提高模型的鲁棒性。
- 基于序列标注的方法：由于基于共享参数的方法容易产生信息冗余，如果将命名实体识别和实体关系抽取融合成一个序列标注问题，可同时识别出实体和关系，值得注意的是，应使用新的标注策略标注（实体位置、关系类型、关系角色）。该方法利用一个端到端的神经网络模型抽取出实体之间的关系三元组，减少了无效实体对模型的影响，提高了关系抽取的召回率和准确率。

随着预训练模型 BERT 的出现，基于 BERT 进行关系分类是特别经典的方法，在进行关系识别的时候需要做一些技术改造，如图 7-10 所示，通过前后两个实体（实体 1、实体 2）加特殊符号，并基于开始的 CLS 符号表示就可以进行关系识别，这是用 BERT 进行关系分类典型的思路。

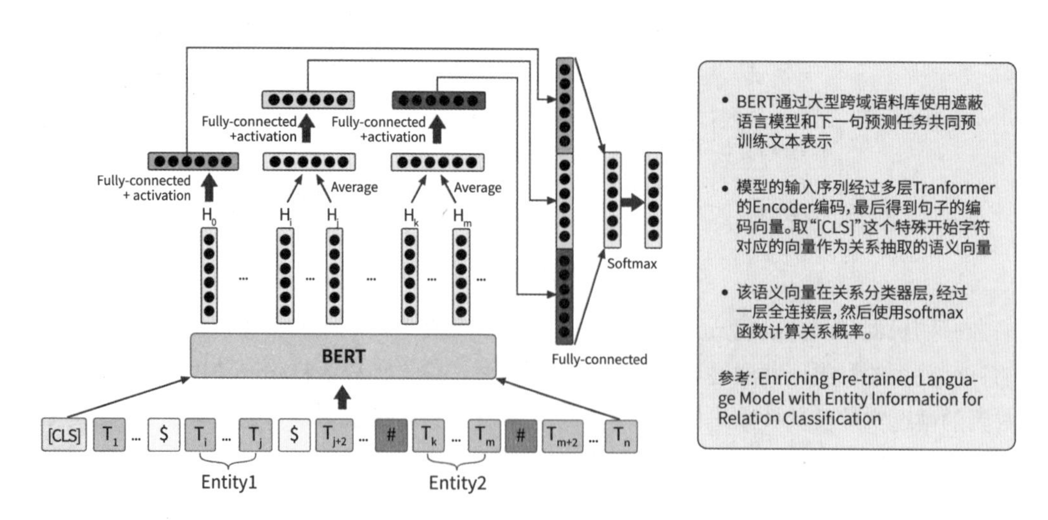

图 7-10 基于 BERT 的关系分类模型

7.2.4 事件抽取

“事件”被用于描述事情的发生或事务状态的改变，而事件抽取则是一种从自然语言文本中提取出具有事件框架的结构化信息的方法。具体地，一个事件的主要组成如表 7-1 所示。

表7-1 事件组成框架

实 体	一个或一组对象，可以通过其名称在文本中被引用。在ACE标准中，一共给出了6种实体类型，包括设施、地理位置、组织机构、交通、人名、人称
事件触发词	事件出现的标志，用于描述事件、动作、状态、状态变化和经历。在大多数情况下，触发词总是以动词或动词短语的形式出现，且是所在句子范围内最直接描述事件的部分
事件论元	也称作事件元素角色，指在事件中扮演某个角色的参与者，主要由实体、时间、数值组成。其中，每个事件的论元数量在很大程度上取决于该触发词的含义
事件类型	指当前事件所属的类别，该类别通常是预定义的。每个事件类型和子类型都有自己的一组潜在的参与者角色，因此，事件论元的角色与事件类型密切相关。在某些情况下，针对潜在事件的检测问题，也取决于是否有事件论元填补相应的事件参与者角色

从上述定义可以看出，实体、触发词、事件论元以及事件类型 4 者相互之间存在着包含或约束的关系。其中，实体是一种适用于所有文本的概念，但在自动内容抽取（Automatic Content Extraction，ACE）评测会议标准定义的事件中，实体是事件论元的主要组成部分。值得注意的是，实体本身的类型并不代表着其作为论元时在事件中的角色。事件论元的角色只与事件类型和触发词有关。事件论元的角色可以通过与事件句内触发词或其他实体的关系挖掘而确定。一般事件类型具有该类型下的事件模板，其中包含固定的事件论元角色。此外，由于触发词是事件发生的标志，因此事件类型的判别往往通过触发词的识别完成。事件抽取任务主要包含两部分：

（1）事件类型检测。通常触发词与事件类型之间存在着对应关系，因此对事件类型的判定可通过触发词的识别和匹配实现。

（2）事件论元识别。在确定了事件类型后，根据该类型所具有的事件模板找到事件参与者的角色，再通过语义关系解析从事件句中挖掘相关论元。因此，基于 ACE 标准的完整事件抽取架构包括：文本预处理、事件类型检测和事件论元识别，如图 7-11 所示。

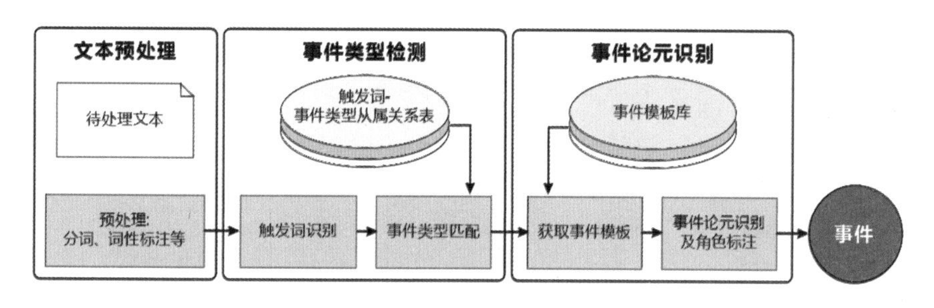

图 7-11 基于 ACE 的事件抽取框架

7.3 生成式统一模型抽取技术

信息抽取的本质是建模 N 元 Span 之间的关系，主要有两类方案：一种是 Tagging 抽取方案，这类方案的特点是需要在 Token 的位置上进行标记（Tagging），例如序列标注，需要对实体 Span 的每个 Token 进行标记，例如 Span 标注，需要对实体片段的 Start 和 End 结束位置进行标记；另一种是生成式模型抽取方案，用生成的方式来解决信息抽取的问题，针对实体识别、关系识别、事件抽取等任务，采用 Text-to-Text（Seq2Seq）模型，进行统一建模，即一个模型可同时解决多个任务，不用再针对各个子任务定制训练模型。

本节介绍的 UIE 模型就是一个统一文本到结构的生成框架，来自论文 *Unified Structure Generation for Universal Information Extraction*。UIE 可以进行通用的抽取任务建模，不同的信息抽取任务自适应生成有针对性的结构，从不同的知识来源统一学习。通用的信息抽取能力实验结果表明，UIE 在零样本和少样本的抽取任务中表现出良好的效果，同时验证了其普遍性、有效性和可转移性。

1. UIE 的诞生背景

众所周知，信息抽取是一个从文本到结构的转换过程。常见的实体、关系、事件分别采取 Span、Triplet、Record 形式的异构结构。曾几何时，当我们面对复杂多样的信息抽取任务时，总会造各式各样信息抽取模型的轮子来满足不同复杂任务的多变需求。

如图 7-12 所示，由于多样的抽取目标、相异的复杂结构、多变的领域需求，导致信息抽取模型一直难以实现统一建模，极大地限制了信息抽取系统高效架构开发、有效知识共享、快速跨域适配。比如，一个真实的情况是针对不同任务设定，需要针对特定领域 Schema 建模，不同信息抽取模型被单个训练、不共享，一个公司可能需要管理众多信息抽取模型。当我们每次训练模型的时候，就面临一个组合爆炸的问题，如图 7-13 所示。

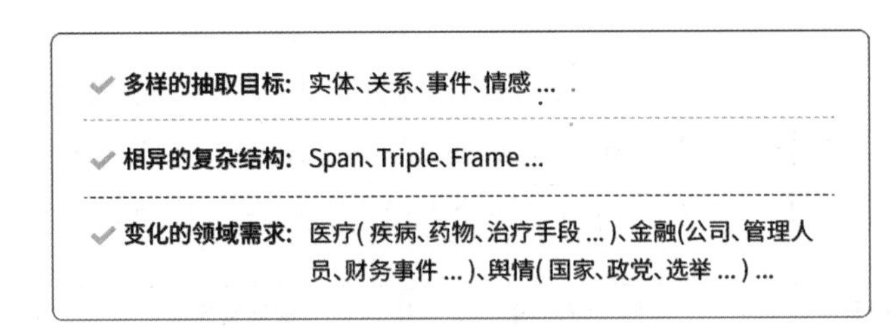

图 7-12 信息抽取模型难以统一建模的原因

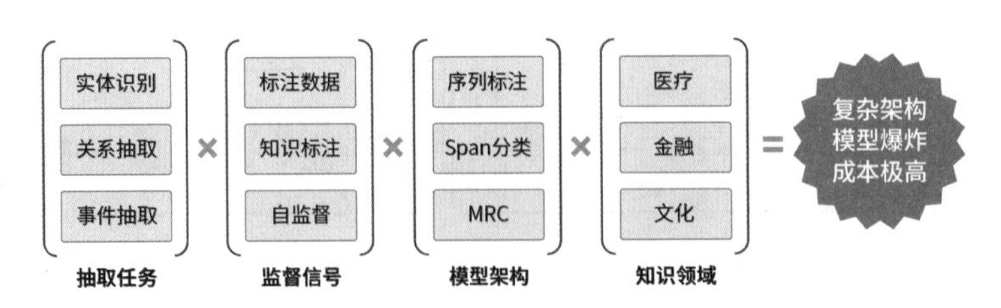

图 7-13 组合爆炸问题

2. UIE 的研究内容

UIE 模型提出了一个面向信息抽取的统一文本到结构的生成框架（见图 7-14），它可以：

- 统一地建模不同的信息抽取任务。
- 自适应地生成目标结构。
- 从不同的知识来源统一学习通用的信息抽取能力。

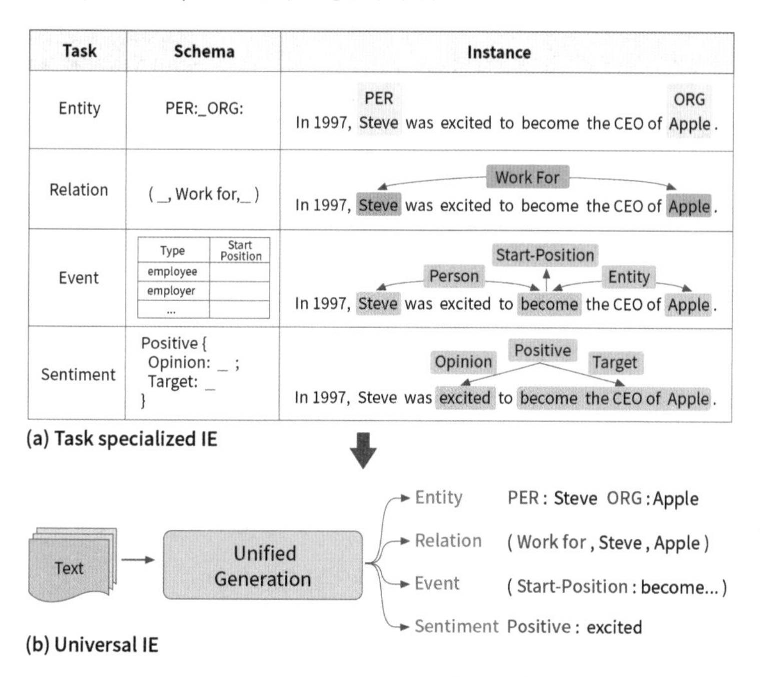

图 7-14　信息抽取的统一建模

建模方式是文本到结构生成。信息抽取任务可以表述为“文本到结构”的问题，不同的信息抽取任务对应不同的结构。UIE 旨在通过单一框架统一建模不同信息抽取任务的文本到结构的转换，也就是不同的结构转换共享模型中相同的底层操作和不同的转换能力。这里主要有两个挑战：

- 信息抽取任务的多样性，需要提取许多不同的目标结构，如实体、关系、事件等。
- 信息抽取任务通常是使用不同模式定义的特定需求（不同 Schema），需要自适应地控制提取过程。

因此，针对上述挑战，需要：

- 设计结构化抽取语言（Structured Extraction Language，SEL）来统一编码异构提取结构，即编码实体、关系、事件统一表示。
- 构建结构化模式提示器（Structural Schema Instructor，SSI），一个基于 Schema 的 Prompt 机制，用于控制不同的生成需求。

图 7-15 展示了 UIE 的整体框架，整体架构就是 SSI + Text → SEL，一句话简单概括，就是 SSI 输入特定抽取任务的 Schema，SEL 把不同任务的抽取结果统一用一种语言表示。SEL 是结

构化抽取语言的简称。

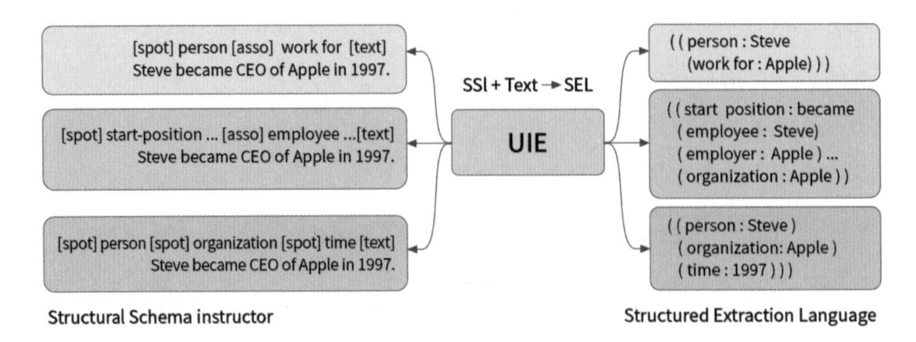

图 7-15 UIE 的整体框架

不同的信息抽取任务可以分解为以下两个原子操作。

- Spotting：找出 Spot Name 对应的 Info Span，如某个实体或 Trigger 触发词。
- Associating：找出 Asso Name 对应的 Info Span，链接 Info Span 片段间的关系，例如两个实体 Pair 的关系，论元和触发词间的关系。如图 7-16 所示，SEL 语言可以统一用（Spot Name：Info Span（Asso Name：Info Span）（Asso Name：Info Span）…）形式表示，具体说明如下。
  - Spot Name：Spotting 操作的 Info Span 的类别信息，如实体类型。
  - Asso Name: Associating 操作的 Info Span 的类别信息，如关系类型。
  - Info Span：Spotting 或 Associating 操作相关的文本 Span。

如图 7-17 所示，蓝色部分代表关系任务，person 为实体类型 Spot Name，work for 为关系类型 Asso Name；红色部分代表事件任务，start-position 为事件类型 Spot Name，employee 为论元类型 Asso Name；黑色部分代表实体任务，organization 和 time 为实体类型 Spot Name。

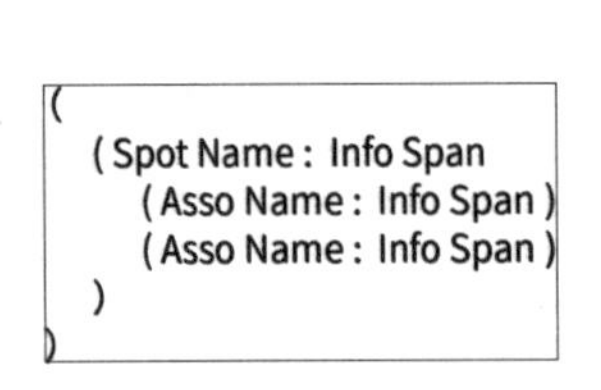

图 7-16 Associating 原子操作

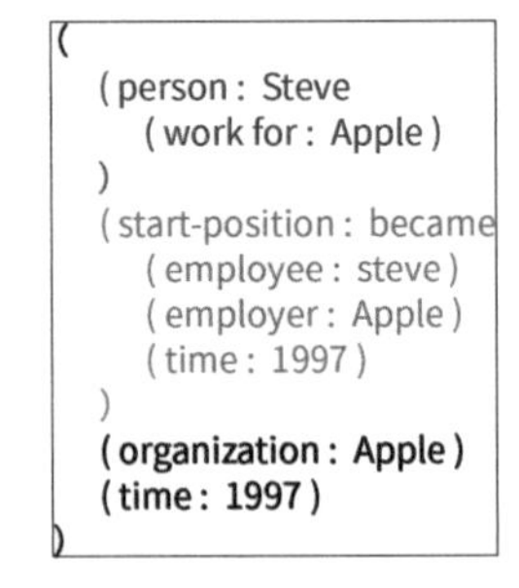

图 7-17 SEL 语言的形式表示

SSI 表示结构化模式提示器，SSI 的本质是一个基于 Schema 的 Prompt 机制，用于控制不同的生成需求，在 Text 前拼接上相应的 Schema Prompt，输出相应的 SEL 结构语言。不同任务的形式如下：

- 实体抽取：[spot] 实体类别 [text]。
- 关系抽取：[spot] 实体类别 [asso] 关系类别 [text]。

- 事件抽取：[spot] 事件类别 [asso] 论元类别 [text]。
- 观点抽取：[spot] 评价维度 [asso] 观点类别 [text]。

表 7-2 给出了不同任务数据集的 SSI 形式。

表7-2 不同任务数据集的SSI形式

Task	Dataset	Structural Schema Instructor
Entity	ACE04/05-Ent	<spot> facility <spot> geographical social political <spot> location <spot> organization <spot> person <spot> vehicle <spot> weapon
Relation	CoNLL04	<spot> location <spot> organization <spot> other <spot> people <asoc> kill <asoc> live in <asoc> located in <asoc> organization in <asoc> work for
Event	ACE05-Evt	<spot> acquit <spot> appeal <spot> arrest jail <spot> attack <spot> born <spot> charge indict <spot> convict <spot> declare bankruptcy <spot> demonstrate <spot> die <spot> divorce <spot> elect <spot> end organization <spot> end position <spot> execute <spot> extradite <spot> fine <spot> injure <spot> marry <spot> meet <spot> merge organization <spot> nominate <spot> pardon <spot> phone write <spot> release parole <spot> sentence <spot> start organization <spot> start position <spot> sue <spot> transfer money <spot> transfer ownership <spot> transport <spot> trial hearing <asoc> adjudicator <asoc> agent <asoc> artifact <asoc> attacker <asoc> beneficiary <asoc> buyer <asoc> defendant <asoc> destination <asoc> entity <asoc> giver <asoc> instrument <asoc> organization <asoc> origin <asoc> person <asoc> place <asoc> plaintiff <asoc> prosecutor <asoc> recipient <asoc> seller <asoc> target <asoc> vehicle <asoc> victim
Sentiment	14-lap	<spot> aspect <spot> opinion <asoc> negative <asoc> neutral <asoc> positive

下面介绍 UIE 预训练和微调方式。

1）预训练

如何预训练一个大规模的 UIE 模型来捕获不同信息抽取任务间的通用信息抽取能力？UIE 模型的预训练语料主要来自 Wikipedia、Wikidata 和 ConceptNet 等，构建了以下 3 种预训练数据。

- D_pair：通过 Wikipedia 对齐 Wikidata，构建 text-to-struct 平行语料：（SSI，Text，SEL）。
- D_record：构造只包含 SEL 语法结构化的 Record 数据：（None，None，SEL）。
- D_text：构造无结构的原始文本数据：（None，Text'（掩码过的文本），Text''（原始文本））。

针对上述数据，分别构造 3 种预训练任务，将大规模异构数据整合到一起进行预训练。

- Text-to-Structure Pre-Training：为了构建基础的文本到结构的映射能力，对平行语料 D_pair 进行训练，同时构建负样本作为噪声训练（引入 Negative Schema）。
- Structure Generation Pre-training：为了具备 SEL 语言的结构化能力，对 D_record 数据只训练 UIE 的 Decoder 部分。
- Retrofitting Semantic Representation：为了具备基础的语义编码能力，对 D_text 数据进行 Span

Corruption 训练。

最终的预训练目标包含以上 3 部分。

$$L=L_{Pair}+L_{Record}+L_{Text}$$

2）微调

如何通过快速的微调使 UIE 适应不同设置下的不同信息抽取任务。拒识噪声注入的模型微调机制：为了解决自回归 Teacher-Forcing 的暴露偏差，构建了拒识噪声注入的模型微调机制，具体做法是随机采样 SEL 中不存在的 SpotName 类别和 AssoName 类别，即 (SPOTNAME, [NULL]) 和 (ASSONAME, [NULL])，学会拒绝生成错误结果的能力，如图 7-18 所示。

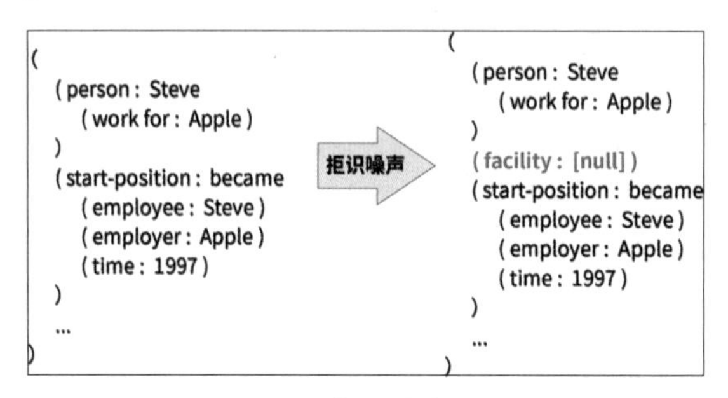

图 7-18 拒识噪声注入

7.4 模型源码解读

前面介绍了生成式统一模型 UIE，本节提供 UIE 模型的实现源码，帮助读者更加深入地理解 UIE 模型的原理。目前已有的 UIE 模型开源实现包括两个版本：一个是原始论文 *Unified Structure Generation for Universal Information Extraction* 中的 PyTorch 实现版本，采用 T5 模型来进行抽取结果的生成，代码链接是 https://github.com/universal-ie/UIE；另一个是百度实现的 Paddle 版本，采用的是 Span 抽取方法，预测实体的 Start 和 End 位置，代码链接是 https://github.com/ PaddlePaddle/PaddleNLP/tree/develop/model_zoo/uie，它与 PyTorch 版本不大一样，但是大方向是一致的，两个版本具体的相同点和不同点总结如下：

- 相同点：两个版本的输入是相同的，采用的都是 Schema+Text 的前缀 Prompt 形式作为输入，针对实体识别任务，Schema 为实体类别，例如人名、地名、组织名等。另外，两个版本采用的训练方式是相同的，都是分预训练和微调两个阶段。
- 不同点：Paddle 版本是把实体识别作为抽取任务，预测 Start 和 End 位置，要针对 Schema 进行多次解码，例如人名进行一次解码，地名再进行一次解码，等等，一条文本要进行 N 次解码，N 为 Schema 的个数。PyTorch 版本把实体识别作为生成任务，一次可以生成多个 Schema 对应的结果。Paddle 版本是基于 ERNIE 框架进行模型预训练的，PyTorch 版本基于 T5 模型。另外，Paddle 版本在使用 UIE 进行实体识别时，Taskflow 预测的时间与 Schema 内的实体类别数量成正比，实体识别中每次取一个类别，与原文本连接作为模型的 Prompt 输入，因此需要预测多次。

Paddle 版本的 UIE 模型原理如图 7-19 所示，由于业界开发者普遍使用的 UIE 模型是 Paddle 版本的，因此接下来我们对 Paddle 版本的 UIE 模型的源码进行解读。

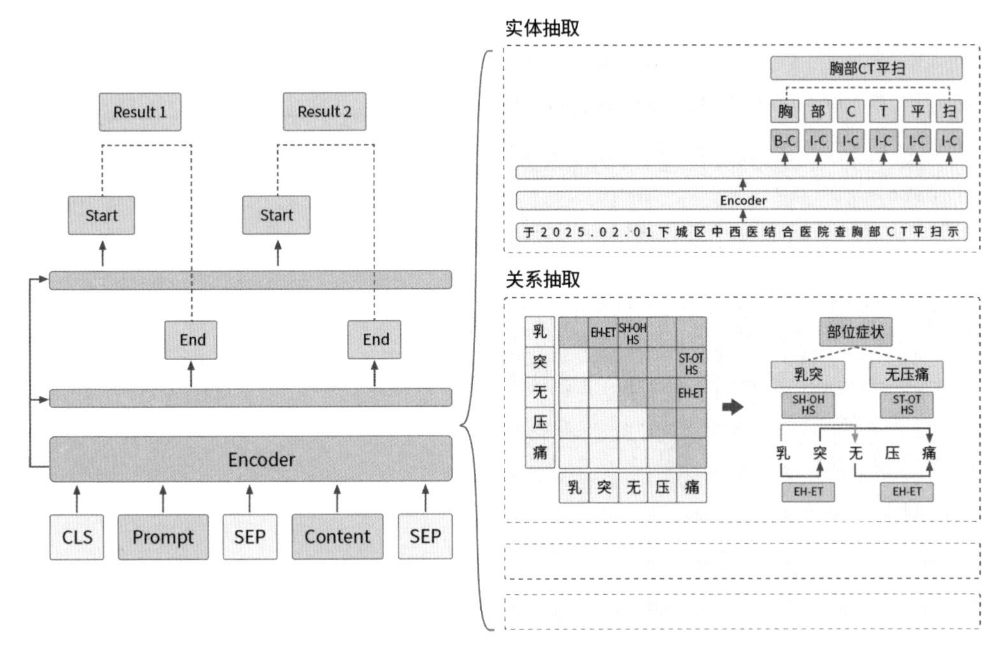

图 7-19 Paddle 版本 UIE 模型原理图

首先需要为模型准备训练数据 train.txt，数据的格式如下：

```
{"content": "9月3日公交交通费123元", "result_list": [{"text": "9月3日", "start": 0,
"end": 4}], "prompt": "时间"}
{"content": "北京西站高铁到武汉时间是9月24日费用是530元", "result_list": [{"text": "北京
西站", "start": 0, "end": 4}], "prompt": "出发地"}
{"content": "从北京飞往武汉出差飞机票费1200元", "result_list": [{"text": "武汉", "start":
5, "end": 7}], "prompt": "目的地"}
```

接下来，将 train.txt 数据转换为 input_ids，代码如代码清单 7-1 所示。

代码清单 7-1 训练数据转换代码

```
def convert_example(example, tokenizer, max_seq_len):
    # 提示学习
    encoded_inputs = tokenizer(text=[example["prompt"]],
                               text_pair=[example["content"]],
                               truncation=True,
                               max_seq_len=max_seq_len,
                               pad_to_max_seq_len=True,
                               return_attention_mask=True,
                               return_position_ids=True,
                               return_dict=False,
```

```
                              return_offsets_mapping=True)
    encoded_inputs = encoded_inputs[0]
    # offset_mapping 来映射，变换前和变化后的 id
    offset_mapping = [list(x) for x in encoded_inputs["offset_mapping"]]
    bias = 0
    for index in range(1, len(offset_mapping)):
        mapping = offset_mapping[index]
        if mapping[0] == 0 and mapping[1] == 0 and bias == 0:
            bias = offset_mapping[index - 1][1] + 1  # Includes [SEP] token
        if mapping[0] == 0 and mapping[1] == 0:
            continue
        offset_mapping[index][0] += bias
        offset_mapping[index][1] += bias
    start_ids = [0 for x in range(max_seq_len)]
    end_ids = [0 for x in range(max_seq_len)]
    for item in example["result_list"]:
        start = map_offset(item["start"] + bias, offset_mapping)
        end = map_offset(item["end"] - 1 + bias, offset_mapping)
        # start 和 end 是 input_ids 中的位置
        start_ids[start] = 1.0
        end_ids[end] = 1.0

    tokenized_output = [
        encoded_inputs["input_ids"], encoded_inputs["token_type_ids"],
        encoded_inputs["position_ids"], encoded_inputs["attention_mask"],
        start_ids, end_ids
    ]
    tokenized_output = [np.array(x, dtype="int64") for x in tokenized_output]
    return tuple(tokenized_output)
```

UIE 模型的定义代码如代码清单 7-2 所示。

代码清单 7-2 模型定义代码

```
class UIE(ErniePretrainedModel):
    def __init__(self, encoding_model):
        super(UIE, self).__init__()
        self.encoder = encoding_model
        hidden_size = self.encoder.config["hidden_size"]
        self.linear_start = paddle.nn.Linear(hidden_size, 1)
        # 二分类
        self.linear_end = paddle.nn.Linear(hidden_size, 1)
        self.sigmoid = nn.Sigmoid()

    def forward(self, input_ids, token_type_ids, pos_ids, att_mask):
        sequence_output, pooled_output = self.encoder(
            input_ids=input_ids,
            token_type_ids=token_type_ids,
            position_ids=pos_ids,
            attention_mask=att_mask)
        start_logits = self.linear_start(sequence_output)
```

```
        start_logits = paddle.squeeze(start_logits, -1)
        start_prob = self.sigmoid(start_logits)
        end_logits = self.linear_end(sequence_output)
        end_logits = paddle.squeeze(end_logits, -1)
        end_prob = self.sigmoid(end_logits)
        return start_prob, end_prob
```

UIE 模型的训练代码如代码清单 7-3 所示。

代码清单 7-3　模型训练代码

```
model = UIE.from_pretrained(args.model)
criterion = paddle.nn.BCELoss()
for epoch in range(1, args.num_epochs + 1):
    for batch in train_data_loader:
        input_ids, token_type_ids, att_mask, pos_ids, start_ids, end_ids = batch
        start_prob, end_prob = model(input_ids, token_type_ids, att_mask, pos_ids)
        # start_ids shape 为: batch_size * max_seq_len
        # start_ids 是记录开始位置
        start_ids = paddle.cast(start_ids, 'float32')
        end_ids = paddle.cast(end_ids, 'float32')
        loss_start = criterion(start_prob, start_ids)
        loss_end = criterion(end_prob, end_ids)
        loss = (loss_start + loss_end) / 2.0
```

模型训练完成后，运行预测脚本，加载模型进行推理应用，代码如代码清单 7-4 所示。

代码清单 7-4　模型应用代码

```
if __name__ == "__main__":
    from rich import print
    sentence = '5 月 17 号晚上 10 点 35 分从公司加班打车回家，36 块五。'

    # 实体识别例子
    ner_example(
        sentence=sentence,
        schema=['出发地', '目的地', '时间']
        )

    # 事件抽取示例
    event_extract_example(
        sentence=sentence,
        schema={
                '加班触发词': ['时间','地点'],
                '出行触发词': ['时间','出发地', '目的地', '花费']
            }
    )
```

执行代码得到如下推理结果：

```
[+] NER Results:
{
    '出发地': ['公司'],
```

```
    '目的地': ['家'],
    '时间': ['5月17号晚上10点35分']
    }

[+] Event-Extraction Results:
{
    '加班触发词': {},
    '出行触发词': {
        '时间': ['5月17号晚上10点35分', '公司'],
        '出发地': ['公司'],
        '目的地': ['公司', '家'],
        '花费': ['36块五']
    }
}
```

7.5 本章小结

知识图谱与数据科学密切相关。知识图谱通过建立实体之间的关系，将数据转换为知识，并利用图形分析和机器学习等方法进行数据分析和挖掘。同时，数据科学通过处理和分析数据来揭示潜在的规律和趋势，并将这些发现转换为可行的业务决策。知识图谱提供了一种可视化数据的方式，为数据科学家提供了更加直观和丰富的数据解释方式，同时也为数据科学家提供了更多的数据资源和思路。

信息抽取是把文本数据中的实体要素和要素之间的有效关系抽取出来，是知识图谱构建中十分重要的一环，具体的任务包括命名实体识别、关系识别、事件抽取等。本章，我们介绍了命名实体识别和关系识别的各种技术方案，包括传统机器学习模型、深度模型和基于预训练模型的方法，除这些方法外，还介绍了生成式统一建模方案UIE，它是一个统一文本到结构的生成框架，UIE可以通过建模，让不同的信息抽取任务自适应生成有针对性的结构，从不同的知识来源统一学习。我们重点介绍了UIE模型的原理，包括预训练和微调两个阶段，最后对UIE模型的实现源代码进行了讲解，帮助读者更深入地理解UIE模型。

7.6 习　题

1. 什么是知识图谱？请详细解释其概念和作用。

2. 知识图谱构建中的关键要素有哪些？其中哪些是比较关键的技术环节？

3. 知识图谱的表示方式有哪些，并且各有何优缺点？

4. 如何从结构化和非结构化数据中抽取实体以及它们之间的关系，以构建一个知识图谱？

5. 知识图谱中的实体和关系如何表示？请讲解至少两种常用的表示方法，并比较它们的优缺点。

6. 知识图谱如何处理在不同领域和不同语种中出现的同义词和异构表达？

7. 当知识图谱中的数据发生变动时，如何及时地更新和维护知识图谱？请提供一些常用的维护策略和技术。

8. 在知识图谱的表示和构建过程中，如何处理数据质量和准确性的问题？请提供一些常见的处理方法和技巧。

9. 如何有效利用公共安全和应急管理领域的文本数据？解释从文本数据中提取有价值信息的过程以及对辅助决策的重要性。

7.7 本章参考文献

[1] 中国中文信息学会 . 知识图谱发展报告，2018.

[2] 中国电子技术标准化研究院 . 知识图谱标准化白皮书，2019.

[3] 清华大学人工智能研究院 . 人工智能之知识图谱，2019 年第 2 期 .

[4] GB/T 23703.2 知识管理 第 2 部分：术语 .

[5] 赵军，刘康，周光有等 . 开放式文本信息抽取 [J]. 中文信息学报，2011，25(6): 98-110.

[6] 中国信息通信研究院云计算与大数据研究所 . 图数据库白皮书，2019.

[7] 王昊奋，漆桂林，陈华钧 . 知识图谱：方法、实践与应用 [M]. 北京：电子工业出版社 . 2019.

[8] 陈玉博 . 事件抽取与金融事件图谱构建 . 中科院自动化所，2018.

[9] 黄晴雁，牟永敏 . 命名实体识别方法研究进展 [J]. 现代计算机 : 中旬刊，2018 (12): 12-17.

[10] 刘浏，王东波 . 命名实体识别研究综述 [J]. 情报学报，2018，37(3): 329-340.

[11] 李冬梅，张扬，李东远等 . 实体关系抽取方法研究综述 [J]. 计算机研究与发展，2020，57(7): 1424-1448.

[12] Zheng S, Wang F, Bao H, et al. Joint extraction of entities and relations based on a novel tagging scheme[J]. arXiv preprint arXiv:1706.05075, 2017.

[13] 邹馨仪 . 基于深度学习的金融事件抽取技术研究 [D]. 电子科技大学，2023.

[14] Wei Z, Su J, Wang Y, et al. A novel cascade binary tagging framework for relational triple extraction[J]. arXiv preprint arXiv:1909.03227, 2019.

[15] Lu Y, Liu Q, Dai D, et al. Unified structure generation for universal information extraction[J]. arXiv preprint arXiv:2203.12277, 2022.

第 8 章 知识图谱问答

本章首先介绍知识图谱问答的背景；接着介绍知识图谱问答的技术，包括信息检索方法和语义解析方法；然后对知识图谱的方案和源码进行解读；最后介绍如何用生成式模型 T5、BART 和 UniLM 进行实现。

8.1 背景介绍

知识图谱问答（Knowledge Base Question Answering，KBQA）是指根据用户提供的自然语言问题，在知识图谱中找到相应的答案，并将其返回给用户。知识图谱是一个由实体、属性和关系组成的图形知识库，可以用于描述真实世界中的各种实体和它们之间的关联关系。

我们以 2021 年全国知识图谱与语义计算大会（China Conference on Knowledge Graph and Semantic Computing，CCKS）知识图谱问答竞赛的数据举一个简单的例子来介绍 KBQA 的任务。如图 8-1 所示，输入一个自然语言问句。

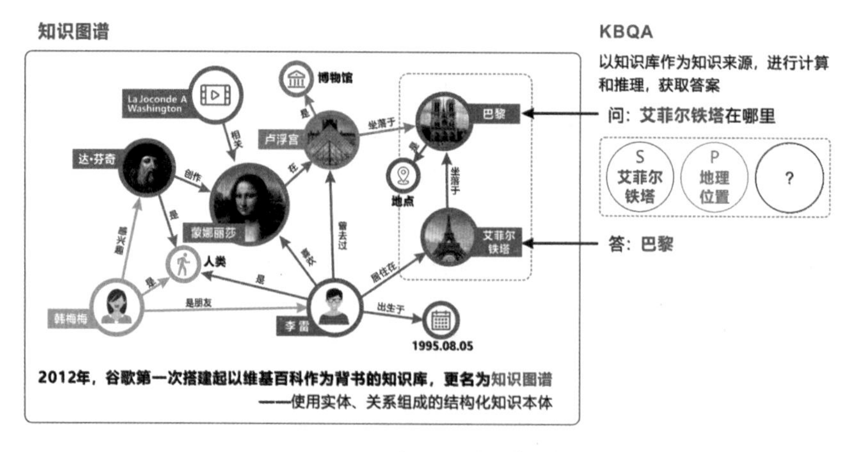

图 8-1 知识图谱问答

对于提问“艾菲尔铁塔在哪里？”，我们需要根据知识图谱中的艾菲尔铁塔节点所在的位置找到对应的边“地理位置”所连接的节点得到答案：巴黎。同样，在 CCKS 中的 KBQA 赛道训练数据中，如果提问是“莫妮卡·贝鲁奇的代表作品是什么？”，我们可以用对应的 SPARQL 语句来查询：

```
select ?x where { <莫妮卡·贝鲁奇> <代表作品> ?x. }
```

查询到该问题的答案：《西西里的美丽传说》。

这里简单解释一下上面的 SPARQL 语言，其中的 ?x 表示一个变量，括号中为一组三元组，select ?x 表示该查询所返回的就是后面三元组中 ?x 所在位置的实体。

当然，以上问题只涉及一个实体和一个关系，实际该问题所覆盖的 SPARQL 语言有很多比上述问题复杂的，还是以 CCKS 数据集举例。

问题：武汉大学出了哪些科学家？

查询语句：

```
select ?x where {?x<职业><科学家_（从事科学研究的人群）>.?x<毕业院校><武汉大学>.}
```

答案："<郭传杰><张贻明><刘西尧><石正丽><王小村>"。

问题：凯文·杜兰特得过哪些奖？

查询语句：

```
select ?x where { <凯文·杜兰特> <主要奖项> ?x . }
```

答案："7 次全明星（2010−2016）""5 次 NBA 最佳阵容（2010-2014）""NBA 得分王（2010−2012; 2014）""NBA 全明星赛 MVP（2012）""NBA 常规赛 MVP（2014）"。

问题：获得性免疫缺陷综合征涉及哪些症状？

查询语句：

```
select ?x where {<获得性免疫缺陷综合征><涉及症状>?x.}
```

答案："<淋巴结肿大><HIV 感染><脾肿大><心力衰竭><肾源性水肿><抑郁><心源性呼吸困难><低蛋白血症><不明原因发热><免疫缺陷><高凝状态><右下腹痛伴呕吐>"。

问题：詹妮弗·安妮斯顿出演了一部 1994 年上映的美国情景剧，这部美剧共有多少集？

查询语句：

```
select ?y where {?x<主演><詹妮弗·安妮斯顿>.?x<上映时间>""1994"".?x<集数>?y.}
```

答案：236。

为了方便使用机器学习技术进行建模，需要将问题进行拆解实现各个击破，我们将 CCKS 的数据集中的问题根据所涉及的实体个数和查询所要经过的步数把问题分为如图 8-2 所示的几个类型。

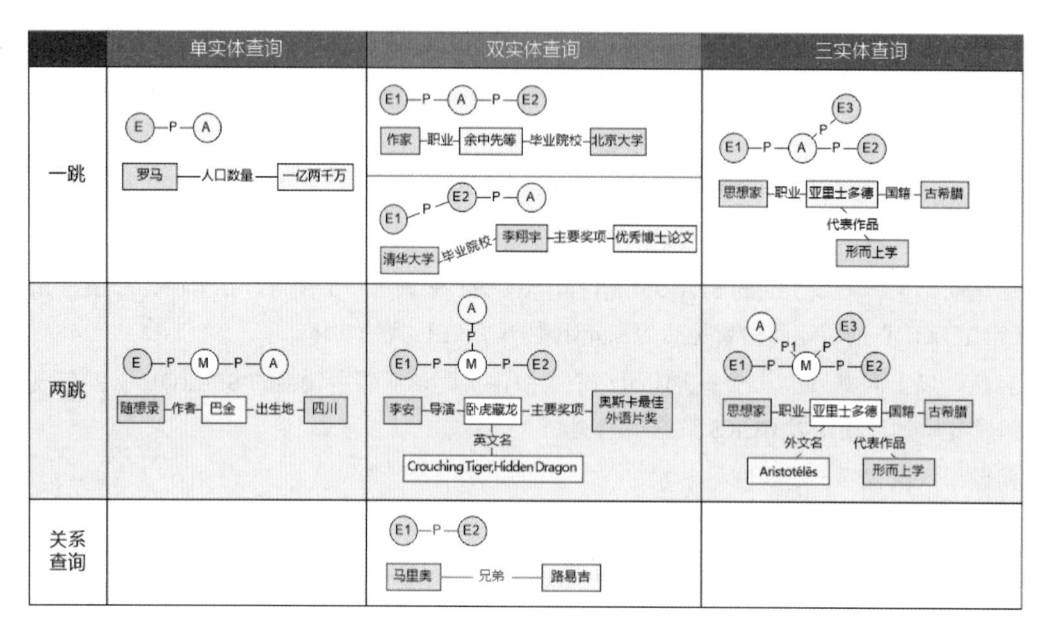

图 8-2 实体查询类型

图 8-2 中的 E 表示实体，A 表示答案，P 表示关系，M 表示查询路径中要经过的实体节点。

另外，CCKS 的 KBQA 数据集在 2021 年发布的时候还增加了 filter、order 等函数，我们根据数据集总结了该任务中出现的一些新类型的 SPARQL 语句。

特殊类型 1：含有 filter。

问题：在北京，神玉艺术馆附近 5 公里的景点都有什么？

```
SPARQL: select ?y where { <神玉艺术馆> <附近> ?cvt. ?cvt <实体名称> ?y. ?cvt <距离值>
?distance. filter(?distance <= 5). ?y <城市> <北京>. ?y <类型> <景点>.}
```

特殊类型 2：含有 count。

问题：皇冠假日品牌的酒店在天津有几个？

```
SPARQL:  select (count(?x) as ?count_hotel) where { ?x <酒店品牌名称> <皇冠假日>. ?x <
城市> <天津> }
```

特殊类型 3：含有 max。

问题：北京丽晶酒店的房型最多可以住几个人？

```
SPARQL:  select (max(?x) as ?max_x) where { <北京丽晶酒店> <房型名称> ?y. ?y <容纳人数>
?x. }
```

特殊类型 4：含有 filter 和 avg。

问题：景山公园附近 5 公里的酒店的平均价格是多少？

```
SPARQL:  select (avg(?x) as ?avg_x) where { <景山公园> <附近> ?cvt. ?cvt <实体名称> ?y.
?cvt <距离值> ?distance. filter(?distance < 5.0) ?y <平均价格> ?x. ?y <类型> <酒店>. }
```

特殊类型 5：含有多个 filter。

问题：景山公园附近 2 公里且价格低于 1000 元的酒店有哪几家？

```
SPARQL:  select ?y where { <景山公园> <附近> ?cvt. ?cvt <实体名称> ?y. ?cvt <距离值>
?distance. filter(?distance <= 2). ?y <城市> <北京>. ?y <类型> <酒店>.  ?y <平均价格>
?price. filter(?price < 1000) }
```

特殊类型 6：含有 filter 和 order。

问题：距离故宫 5 千米内最便宜的酒店是多少钱？

```
SPARQL:  select ?price  where { <故宫博物院（故宫）> <附近> ?cvt. ?cvt <实体名称> ?y.
?cvt <距离值> ?distance. ?y <类型> <酒店>. ?y <平均价格> ?price. filter(?distance <= 5).
} ORDER BY asc(?price) LIMIT 1
```

该任务的复杂和难点不只是该数据集中各种类型的问题和对应的 SPARQL 语句，还主要表现在以下几个方面。

- 知识图谱量级巨大：官方给出的知识图谱三元组超过 6 千万个，实体关系数量都是千万级，关系数超过 10 万的超级节点多，使得检索和召回复杂度高。
- 知识图谱噪声实体多：知识图谱中有很多无效的实体，即没有真实语义但与真正有意义的实体在字符上十分类似，无效实体数量极多，使得定位实体的难度提高。
- 赛道需要构建复杂的多个算法任务，并且任务之间的结果相互依赖，从而导致误差传播且难以定位误差。
- 自然语言问法变化多：对于同一问题，在自然语言上的句式变化是多种多样的，机器难以理解中文的博大精深，所以可能存在训练集训练过的问题换了一种表达方式模型不能识别的情况。

8.2 知识图谱问答技术

KBQA 任务主要由两种技术手段实现，分别是信息检索技术和语义解析技术。其中语义解析技术指的是将自然语言问题转换为 SPARQL 语言的技术，简称为 NL2SPARQL 技术。这里简要介绍一下 SPARQL 语言。SPARQL 的英文全称为 SPARQL Protocol and RDF Query Language，是为 RDF 开发的一种查询语言和数据获取协议，它是由 W3C 所开发的 RDF 数据模型定义的，但是可用于任何用 RDF 来表示的信息资源。SPARQL 在本书中是主要实现知识图谱问答中的查询语句，其地位和 NL2SQL 中查询表结构的 SQL 相同，只是不同点在于 NL2SPARQL 应用在图数据库的查询中。

8.2.1 信息检索方法

信息检索方法是通过召回关键实体和路径排序两个部分组成的。比如，要回答“莫妮卡 • 贝鲁奇是哪个国家的演员”，我们需要找到莫妮卡 • 贝鲁奇这个实体，然后找到该实体所有的边，再将所有的边和实体组成一个路径。通过比对排序得到和原问题最为接近的路径。下面对信息检索方法中的每一个操作步骤进行详细的解释。

实体召回是指在知识图谱中根据用户的查询语句找到与查询语句中的实体相关联的实体。实体召回的技术方案主要有以下几种：

- 基于词向量的实体召回：该方法使用 Word2Vec 等词向量模型将实体和文本转换为向量，然后计算向量之间的相似度，选取相似度较高的实体作为召回结果。该方法的优点是召回效果较好，但需要大量的语料库进行训练。
- 基于知识库的实体召回：该方法利用知识库中的实体、属性和关系构建实体图，然后使用 PageRank 等算法计算实体的重要性，选取重要性较高的实体作为召回结果。该方法的优点是召回效果较好，但需要大量的知识库进行构建。
- 基于深度学习的实体召回：该方法使用深度学习模型对知识库进行建模，例如使用图卷积网络（Graph Convolutional Networks，GCN）对实体图进行建模，然后使用模型对实体进行召回。该方法的优点是召回效果较好，但需要大量的数据进行训练。
- 基于规则的实体召回：该方法使用手工编写的规则进行实体召回，例如根据实体的类型、属性和关系进行匹配。该方法的优点是召回效果稳定，但需要手工编写规则，且难以处理复杂的查询语句。

对于路径排序的实现，有以下几种具体的技术路线。

- 基于图神经网络的路径排序：该方法使用图神经网络对知识图谱中的实体和关系进行建模，然后通过学习得到实体和关系之间的嵌入表示，最终使用嵌入表示对路径进行排序。该方法的优点是能够自动学习实体和关系之间的相互作用，适用于复杂的问题和数据集。例如，使用图注意力网络（Graph Attention Networks，GAT）对实体和关系进行建模，然后使用 GAT 对路径进行排序。
- 基于路径特征的路径排序：该方法首先提取路径的语义特征，例如实体类型、关系类型、路径长度等信息，然后使用机器学习模型对路径进行排序。该方法的优点是解释性较强，能够提供人类可理解的路径排序结果。例如，使用逻辑回归模型对路径特征进行建模，然后使用模型对路径进行排序。
- 基于规则的路径排序：该方法使用手工编写的规则进行路径排序，例如根据关系类型、路径长度和实体类型进行匹配。该方法的优点是召回效果稳定，但需要手工编写规则，且难以处理复杂的查询语句。例如，根据路径长度、关系类型和实体类型进行规则匹配，然后对路径进行排序。

但是，信息检索方法在处理复杂问题、多跳问题以及富含各种语法现象的问题时存在一些局限性。举几个例子来说明：

- 如果我们需要回答“张三的妻子的妹妹是谁”，信息检索方法需要进行多次搜索和路径排序，计算复杂度较高，效率较低。相比之下，语义解析的方法更适合处理这种复杂问题。我们可以使用机器翻译的模型将自然语言问题转换为 SPARQL 的查询语句，如：

```
SELECT ?sister WHERE { 张三 婚姻关系 ?wife . ?wife 妹妹 ?sister}
```

然后在知识图谱中查找张三的妻子的妹妹是谁。语义解析方法可以处理多跳问题和复杂问题，也能够适应不同的语法现象和问句形式，因此在知识图谱问答系统中得到广泛应用。

- 如果我们需要回答“张三的国籍是什么”，信息检索方法可能会将“国籍”识别为一个实体，而不是一个属性，导致搜索失败。
- 如果我们需要回答“张三和李四都喜欢的电影有哪些”，信息检索方法需要将两个人的喜好进行比对，计算复杂度较高，效率较低。

因此，相对于信息检索方法，语义解析方法更适合处理复杂问题、多跳问题以及富含各种语法现象的问题。

8.2.2 语义解析方法

在处理复杂问题、多跳问题以及富含各种语法现象的问题时，就需要语义解析的方法，它更像机器翻译的方法。它是将原自然语言问题通过机器翻译的模型转换为 SPARQL 的查询语句。

传统的语义解析方法可以分为多个管道算法实现，包括预测语义现象和实体推理。其中第一步是预测 SPARQL 中的语法现象和它们之间的逻辑关系。第二步是对 SPARQL 中的实体进行推理，并将它们填入第一步预测的语义现象中，作为语义现象的主语或宾语，实现语义解析。随着深度学习的发展，语义解析方法也逐渐从多个管道的方法过渡到端到端的方法。端到端的方法省去了管道之间拼接的步骤，以统一的深度学习模型直接将自然语言问题转换为 SPARQL 查询语句。相比而言，多管道方法存在传递误差和误差放大的问题、多管道方法也有其方便定位问题，修复程序故障的优势。

编码器 - 解码器范式提供了标准的解决方案，通过注意力机制来调节输入问题的搜索。直接应用编码器 - 解码器框架将问题转换为 SPARQL 查询。然而，这两种方法都采用了无约束解码器，从巨大的搜索空间中预测自由形式的查询，但不能保证准确性。为了提供一个可靠的保证，一个更有效的解决方案是对预测施加事实级的约束。具体来说，可以通过预测一个查询令牌并施加一组可接受的令牌来约束预测。同时，新的由 PLM 驱动的上下文编码器的解码器可以支持更多类型的知识图谱查询。

语义解析的方法主要有以下几种：

- 基于规则的语义解析方法的例子：假设我们需要回答“李白的诗有哪些”，我们可以使用规则匹配的方式将自然语言转换为查询语句，如：

```
SELECT ?poem WHERE { 李白 创作 ?poem}
```

通过比对排序得到具体的查询语句，然后在知识图谱中查找李白创作的诗歌。

- 基于统计的语义解析方法的例子：假设我们需要回答“明天北京的天气怎么样”，我们可以使用机器学习的方法将自然语言转换为查询语句，如：

```
SELECT ?weather WHERE { 北京 时间＝明天 天气 ?weather}
```

通过比对排序得到具体的查询语句，然后在知识图谱中查找明天北京的天气信息。

- 混合型语义解析方法的例子：假设我们需要回答“电影《阿凡达》的票房收入是多少”，我们可以综合使用规则和统计方法将自然语言转换为查询语句，如：

```
SELECT ?box_office WHERE { 电影名称 =' 阿凡达 ' ?movie 电影票房 ?box_office}
```

通过比对排序得到具体的查询语句，然后在知识图谱中查找电影《阿凡达》的票房收入。

在这些例子中，我们可以看到不同的语义解析方法和模型适用于不同的场景和任务，需要根据实际情况进行选择。

语义解析的模型主要有以下几种。

- 基于模板的模型：例如，当用户说“我想知道天气”时，助理可以使用预定义的模板将其转换为查询语句：“查询天气”。
- 基于规则的模型：例如，当用户说“告诉我最近的电影院在哪里”时，助理可以使用匹配规则将其转换为查询语句：“查询附近的电影院”。
- 基于统计的模型：例如，当用户说“我想听一首流行歌曲”时，助理可以使用机器学习的方法将其转换为查询语句：“推荐一首热门歌曲”。
- 基于深度学习的模型：例如，当用户说“明天有没有什么会议”时，助理可以使用神经网络的方法将其转换为查询语句：“查询明天的会议安排”。

不同的语义解析方法和模型适用于不同的场景和任务，需要根据实际情况进行选择。语义解析的方法包括以下几个步骤：

步骤01 先将自然语言问题通过翻译模型转换为 SPARQL。

步骤02 将步骤01中的 SPARQL 语言根据知识图谱的相关实体和边进行修正。

步骤03 在修正后得到多条 SPARQL 语句，需要通过比对排序得到具体的查询语句。

以下是使用语义解析的方法举例。

- 自然语言问题：“张三的妻子是谁？” SPARQL 查询语句：

```
SELECT ?wife WHERE { 张三 婚姻关系 ?wife}
```

- 自然语言问题：“张三的女友是谁？” SPARQL 查询语句：

```
SELECT ?boyfriend WHERE { 张三 恋爱关系 ?boyfriend}
```

- 自然语言问题：“中国历史上最著名的皇帝是谁？” SPARQL 查询语句：

```
SELECT ?emperor WHERE {?emperor 是 中国历史上最著名的皇帝 }
```

这些自然语言问题通过机器翻译的模型转换为 SPARQL 的查询语句，然后通过比对排序得到具体的查询语句，最后在知识图谱中找到答案并返回给用户。

举个例子，如果我们需要回答“张三的妻子是谁”，如果采用信息检索方法，首先需要找到张三这个实体，然后找到其边，包括个人关系、婚姻关系等。但是，我们可以直接使用语义解析的方法将原问题转换为 SPARQL，如：

```
SELECT ?wife WHERE { 张三 婚姻关系 ?wife}
```

通过比对排序得到具体的查询语句，然后在知识图谱中查找张三的妻子是谁。

8.3 方案和源码解读

KBQA 两大主流技术路线包括基于信息检索的方法和基于语义解析的方法，此处讲的语义解析特指将自然语言通过端到端模型翻译成形式语言的方法。接下来主要介绍的是基于语义解析的技术路线。语义解析方法旨在让计算机学会理解自然语言，并将其翻译成机器可以执行、形式化的编程语言，如 KBQA 中的 SPARQL 语言。该方法通常将自然语言转换为中间的语义表示，然后将其转换为可以在知识库中执行的描述性语言，语义解析有 4 种主流方法：

- 语义解析（Semantic Parsing）过程转换为 query map 生成问题的各类方法。
- 仅在领域数据集适用的 Encoder-Decoder 模型化解析方法。
- 基于 Transition-based 的状态迁移可学习的解析方法。
- 利用 KV-Memory NN 实现解释性更强的深度 KBQA 模型。

NL2SPARQL 是语义解析的第一种解决方案，即通过语义解析过程转换为 query map 生成问题。语义解析的思路是通过对自然语言进行语义上的分析，将其转换成一种能够让知识库“看懂”的语义表示，进而通过知识库中的知识进行推理（Inference）查询（Query），得出最终的答案。简而言之，语义解析要做的事情就是将自然语言的问题转换为一种能够让知识库“看懂”的语义表示，这种语义表示即逻辑形式（Logic Form）。而信息检索是从大规模非结构化数据的集合中找出满足用户信息需求的资料的过程，是针对 KBQA 任务的另一种技术路线。

本节介绍 NL2SPARQL 语义解析技术，包括具体的理论原理以及实践部分，首先介绍 NLSPARQL 基本任务，其次介绍解决这类任务的生成式模型，会通过代码来展示这类问题的主要操作步骤。最后介绍如何用生成式模型（T5、BART、UniLM）来构建面向 SPARQL 语言的原型系统。

8.3.1 NL2SPARQL

类似于 NL2SQL，NL2SPARQL 也是一种将自然语言转换成查询语句的过程，只不过两者的主要区别在于 NL2SQL 是将自然语言转换成 SQL 查询语句，而 NL2SPARQL 是将自然语言转换成 SPARQL 查询语句，SQL 是从结构化数据库中查询的语言，而 SPARQL 是从图数据库中查询的语言，代表性的数据集有 ComplexWebQuestions、GraphQuestions、DBNQA、GRAILQA 等，SPARQL 查询语句如下：

```
PREFIX ab: <http://learningsparql.com/ns/addressbook#>
SELECT ? craig_email WHERE { ab:craig ab:email ?craig_email . }
```

简单对该查询语句做个说明：PREFIX ab: http://learningsparql.com/ns/addressbook# 表示使用哪个 URI，并取别名。后续的查询语句类似于 SQL，是对三元组做查询，?craig_email 为变量，查询三元组中的宾语，用自然语言表示，就是“查询 craig 的电子邮箱是什么？”。

8.3.2 NL2SPARQL 语义解析方案

在本书中，我们采取的是生成模型的技术路线，具体采用 T5、BART、UniLM 三个生成模型对原始查询问题进行表征学习并通过预测得到 SPARQL 语句，同时我们对模型生成的 SPARQL 语句进行修正和排序得到最终可以查询的 SPARQL 语句。

8.3.3 T5、BART、UniLM 模型简介

1. T5 模型

T5（Text-to-Text Transfer Transformer）是一种自然语言处理模型，其基于 Transformer 模型架构，由 Google Brain 团队在 2019 年提出。T5 是一个多任务的文本生成模型，可用于各种 NLP 任务，包括语言翻译、文本摘要、问答系统等。

T5 模型的核心思想是将不同的 NLP 任务转换为一个通用的文本转换任务。具体而言，T5 模型将每个任务的输入数据转换成一个文本序列，并将该序列作为模型的输入。模型通过预测目标文本序列来执行任务，可以生成翻译后的文本或者生成一个回答问题的答案等。通过这种方式，T5 模型能够同时执行多个 NLP 任务，而不需要专门针对每个任务训练单独的模型，从而节省了训练时间和计算资源。

T5 模型的架构基于 Transformer 模型，它是一种基于自注意力机制的神经网络。这种机制使得模型可以同时考虑输入序列中的所有单词，并根据其重要性来赋予它们不同的权重。这种机制在处理自然语言处理任务时非常有效，因为它允许模型从整体上理解输入序列的语义和结构，并提高了模型的泛化能力。

T5 模型的预训练过程包括两个阶段：预训练和微调。在预训练阶段，T5 模型使用大量的未标记的文本数据进行无监督学习，学习了自然语言中的语义和结构。在微调阶段，T5 模型使用少量的标记数据对特定任务进行有监督学习，进一步提高了模型的性能。

2. BART 模型

BART 也是一个生成式的模型，模型结构见图 8-3。区别于 BART 和 GPT，BERT 只用了 Transformer 中的 Encoder，而 GPT 只用了 Transformer 中的 Decoder，BART 既使用了

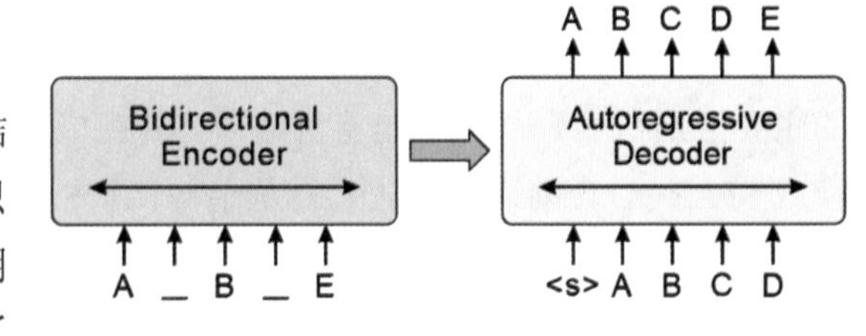

图 8-3 BART 模型结构

Encoder，又使用了 Decoder。

Encoder 负责将 Source 输入进行自注意力操作并获得句子中每个词的表示，最经典的 Encoder 架构就是 BERT，通过 MLM 来学习词之间的关系，另外还有 XLNet、RoBERTa、ALBERT、DistilBERT 等，但是单独 Encoder 结构更适合处理自然语言理解任务，如文本分类、自然语言推理，而不适合生成任务，如翻译任务。

Decoder 中输入与输出之间差一个位置，主要是模拟在 Inference 时，不能让模型看到未来的词，这种方式称为 AutoRegressive，常见的基于 Decoder 的模型通常是用来做序列生成的，例如 GPT、CTRL 等，但是单独 Decoder 结构仅基于左侧上下文预测单词，无法学习双向交互。

而两者合在一起后，就能当成一种 Seq2Seq 模型进行翻译任务，图 8-3 是 BART 的主要结构。在训练阶段，Encoder 端使用双向模型编码预测被破坏的文本，然后 Decoder 采用自回归的方式计算出原始输入。在测试或微调阶段，Encoder 和 Decoder 的输入都是未被破坏的文本。

BART 使用标准的 Transformer 模型，不过做了一些改变：

- 同 GPT 一样，将 ReLU 激活函数改为 GeLU，并且参数初始化服从正态分布 N (0 , 0.02)、N(0, 0.02)、N(0,0.02)。
- BART Base 模型的 Encoder 和 Decoder 各有 6 层，Large 模型增加到了 12 层。
- BART 解码器的各层对编码器最终隐藏层额外执行 Cross-Attention。
- BERT 在词预测之前使用了额外的前馈神经网络，而 BART 没有使用。

已有研究表明，BART 模型在 NLG 任务上相较于 GPT 系列模型有更好的表现，在 NLU 任务上大体与 Roberta 效果持平。

3. UniLM 模型

UniLM 模型结构如图 8-4 所示。类似于 BERT，但是相比 BERT，UnilM 的优点在于它不仅能很好地处理 NLU 任务，也能很好地处理 NLG 任务，可以解释为一种既能阅读又能自动生成的预训练模型。

UniLM 模型是微软研究院在 BERT 的基础上最新产出的预训练语言模型，被称为统一预训练语言模型。使用三种特殊 Mask 的预训练目标，从而使得模型可以用于 NLG，同时在 NLU 任务获得和 BERT 一样的效果。它可以完成单向、序列到序列和双向预测任务，可以说是结合了 AR 和 AE 两种语言模型的优点，UniLM 在抽象摘要、生成式问题回答和语言生成数据集的抽样领域取得了最优秀的成绩。

在 NL2SPARQL 任务中，我们利用 BART、UniLM、T5 模型天生适合做生成任务的特点，将三个模型生成的 SPARQL 语句进行集成并修正来得到最佳 SPARQL 查询语句。后面我们将具体介绍这三个模型在 NL2SPARQL 任务上的实战应用。

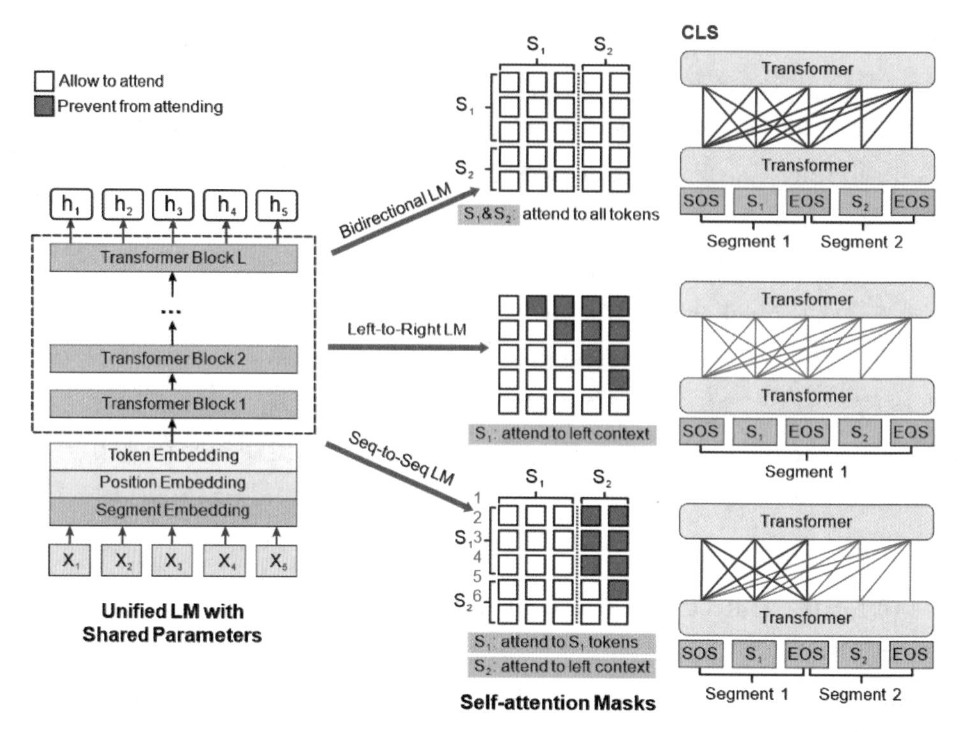

图 8-4 UniLM 模型框架图

8.3.4 T5、BART、UniLM 方案

这是一个基于生成模型加修正和排序综合而成的技术方案，如图 8-5 所示，整体操作有以下几个步骤：

步骤01 将自然语言问题作为输入，SPARQL 语言标签作为输出，放入 T5、BART、UniLM 模型中进行训练，得到模型的权值文件。这个步骤推理出来的 SPARQL 语句为伪 SPARQL 语句，可能不能直接用于知识图谱的查询。

步骤02 对步骤01中输出的 SPARQL 语句进行排序。排序的依据是原自然语言问题的语义，相当于对原自然语言问题和生成的 SPARQL 语句做一个语义匹配，从而得到和原问题语义最为接近的 SPARQL 语句。

步骤03 对步骤02中输出的 SPARQL 语句进行修正。通过自研的 SPARQL 语言分析器对 SPARQL 语句做语法分析，得到 SPARQL 语句中的实体和边。由于生成模型所生成的实体和边可能与知识图谱中的实体和边不匹配，不能直接在知识图谱中查询，因此在此处对实体和边进行修正。

步骤04 根据不同的修正结果，我们可以得到多条路径。在此处要第 2 次进行路径排序，得到和原自然语言问题语义最为接近的路径。

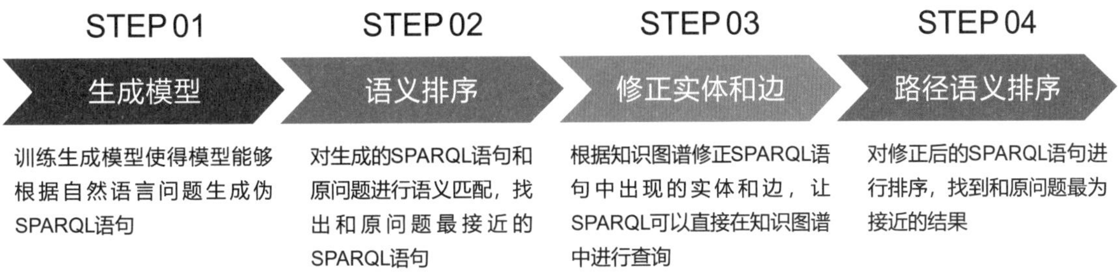

STEP 01	STEP 02	STEP 03	STEP 04
生成模型	语义排序	修正实体和边	路径语义排序
训练生成模型使得模型能够根据自然语言问题生成伪SPARQL语句	对生成的SPARQL语句和原问题进行语义匹配，找出和原问题最接近的SPARQL语句	根据知识图谱修正SPARQL语句中出现的实体和边，让SPARQL可以直接在知识图谱中进行查询	对修正后的SPARQL语句进行排序，找到和原问题最为接近的结果

图 8-5　生成模型方案图

这是一个基于生成模型加修正和排序综合而成的技术方案。接下来举例说明每个步骤的操作和数据：

步骤01 模型训练：我们以自然语言问题作为输入，使用 T5、BART、UniLM 等生成模型进行训练，得到模型的权值文件。例如，我们输入“谁是美国总统？”，经过训练后，模型可能生成一个伪 SPARQL 语句 "SELECT ?person WHERE {?person <presidentOf> <United States>}"，但这个语句可能不能直接用于知识图谱的查询。

步骤02 排序：我们对步骤01中生成的伪 SPARQL 语句进行排序，依据是原自然语言问题的语义匹配程度。例如，对于问题“美国总统是谁？”，排序后选出的最佳 SPARQL 语句可能是 "SELECT ?person WHERE {?person <position> <president> . ?person <nationality> <United States>}"，这个语句在语义上更接近原问题。

步骤03 修正：我们通过自研的 SPARQL 语言分析器对步骤02中选择的 SPARQL 语句进行修正。分析器可以识别语句中的实体和边，并将其与知识图谱中的实体和边进行匹配。例如，如果生成的 SPARQL 语句中的实体和边与知识图谱不匹配，我们可以将其修正为正确的形式，以便在知识图谱中进行查询。

步骤04 路径排序：根据修正后的多条 SPARQL 语句，我们可以得到多条查询路径。在这一步，我们再次对路径进行排序，选择与原自然语言问题语义最为接近的路径。例如，对于问题“美国总统是谁？”，可能有两条路径：

```
"?person <position> <president> . ?person <nationality> <United States>"
"?person <presidentOf> <United States>"
```

我们选择与原问题更接近的路径进行后续处理。

通过上述步骤，我们能够利用生成模型、排序和修正技术得到最接近原自然语言问题语义的 SPARQL 语句和查询路径，从而更准确地查询知识图谱。

8.3.5 训练 T5、BART、UniLM 生成模型

下面是用 Python 编写的示例代码，使用 T5 模型训练自然语言问题到 SPARQL 语句的模型，并进行训练和测试。

首先，安装所需的库和框架。在这个示例中，我们使用 Hugging Face 的 Transformers 库和 PyTorch 框架。

```
# 安装所需的库
!pip install transformers
!pip install torch ```
```

训练 T5 模型如代码清单 8-1 所示。

代码清单 8-1 T5 模型训练

```
import torch from transformers
import T5Tokenizer, T5ForConditionalGeneration
# 加载预训练的 T5 模型和 tokenizer
model_name = 't5-base'
tokenizer = T5Tokenizer.from_pretrained(model_name)
model = T5ForConditionalGeneration.from_pretrained(model_name)
# 设置训练和测试的输入数据
train_data = [
    {'input': 'What is the capital of France?', 'output': 'SELECT ?capital WHERE {
<Paris> <capital> ?capital }'},
    {'input': 'Who wrote Harry Potter?', 'output': 'SELECT ?author WHERE { <Harry_
Potter> <author> ?author }'},
# 添加更多的训练样本
test_data = [
    {'input': 'What is the largest country by population?', 'output': 'SELECT ?country
WHERE { ?country <population> ?value . } ORDER BY DESC(?value) LIMIT 1'},
    {'input': 'Who is the founder of Microsoft?', 'output': 'SELECT ?founder WHERE {
<Microsoft> <founder> ?founder }'},
# 添加更多的测试样本
# 将输入数据转换为模型输入格式
train_input_ids = []
train_labels = []
for example in train_data:
    train_input = 'translate English to SPARQL: ' + example['input']
    train_output = example['output']
    train_encoded = tokenizer.encode_plus(train_input, return_tensors='pt',
padding=True, truncation=True)
    train_input_ids.append(train_encoded.input_ids)
    train_labels.append(tokenizer.encode(train_output, add_special_tokens=False))
test_input_ids = []
test_labels = []
for example in test_data:
    test_input = 'translate English to SPARQL: ' + example['input']
    test_output = example['output']
    test_encoded = tokenizer.encode_plus(test_input, return_tensors='pt',
padding=True, truncation=True) test_input_ids.append(test_encoded.input_ids)
    test_labels.append(tokenizer.encode(test_output, add_special_tokens=False))
 # 训练模型
device = torch.device('cuda' if torch.cuda.is_available() else 'cpu')
model.to(device)
```

```
train_input_ids = torch.cat(train_input_ids, dim=0).to(device)
train_labels = torch.cat(train_labels, dim=0).to(device)
optimizer = torch.optim.AdamW(params=model.parameters(), lr=1e-4)
num_epochs = 10
model.train()
for epoch in range(num_epochs):
    optimizer.zero_grad()
    outputs = model(input_ids=train_input_ids, labels=train_labels)
    loss = outputs.loss loss.backward()
    optimizer.step()
# 测试模型
model.eval()
with torch.no_grad():
    test_input_ids = torch.cat(test_input_ids, dim=0).to(device)
    test_labels = torch.cat(test_labels, dim=0).to(device)
    test_outputs = model.generate(input_ids=test_input_ids, max_length=128)
    test_predictions = [tokenizer.decode(output, skip_special_tokens=True) for output
in test_outputs]
# 打印测试结果
print('--- Test Results ---')
for i in range(len(test_data)):
    input_text = test_data[i]['input']
    expected_output = test_data[i]['output']
    predicted_output = test_predictions[i]
    print('Input:', input_text)
    print('Expected Output:', expected_output)
    print('Predicted Output:', predicted_output)
    print('-' * 20)
```

在这个示例中，我们假设已经有了一些训练和测试数据。训练数据是由自然语言问题和对应的 SPARQL 语句组成的，测试数据也是类似的。

首先，我们加载预训练的 T5 模型和 Tokenizer。然后，将输入数据转换为模型所需的格式，使用 Tokenizer 对文本进行编码。接下来，我们定义了训练模型的代码。在每个 Epoch 中，计算 Loss，并使用反向传播和优化器更新模型参数。最后，测试模型。在测试阶段，我们使用模型生成对应的 SPARQL 语句，并与预期输出进行比较。可以根据实际需求修改训练和测试数据，以及其他超参数（如学习率、Epoch 等）来进行实验。

8.3.6 语义排序方案和代码

在讲解具体的语义排序方案和代码之前，我们先简单介绍一下如何使用预训练模型和词向量模型等表征能力提高语义排序的效果。

基于深度学习的语义比对模型是一类利用神经网络进行相似度计算的模型。这些模型旨在分析和比较文本、图像或其他形式的数据，在语义层面上判断它们的相似性。

在自然语言处理中，基于深度学习的语义比对模型通常采用词嵌入技术（如 Word2Vec、GloVe 或 BERT）来将文本转换为向量表示。然后，通过多层神经网络（如卷积神经网络或循环神经网络）进行特征提取和组合，以捕捉文本的语义信息。最后，使用一些相似度度量方法（如余弦相似度或欧式距离）来比较向量表示，从而得到文本之间的相似度分数。

对于图像数据，基于深度学习的语义比对模型常常使用预训练的卷积神经网络（如 VGG、ResNet 或 Inception）来提取图像的特征向量。将这些特征向量输入一些额外的全连接层或其他神经网络结构中，以获得更高级别的语义表示。最后，通过计算特征向量之间的距离或相似度来评估图像之间的相似性。

基于深度学习的语义比对模型在多个领域都有应用，包括文本匹配、重复问题检测、图像搜索与分类等。它们在挖掘文本和图像的语义信息方面表现出较好的效果，并广泛用于信息检索、推荐系统和自动化决策等任务中。

在将自然语言转换为 SPARQL 语句时，方案的步骤02中，我们使用预训练模型作为语义排序的特征提取模型，以下为常见的使用预训练模型代码，BERT 做语义排序的代码。BERT 模型是一种强大的自然语言处理工具，可以用于文本分类、命名实体识别、语义相似度计算等任务。下面是一个使用 BERT 模型进行语义相似度排序的示例代码。

代码清单 8-2 是使用 Python 和 BERT 模型进行语义相似度排序的代码示例。

代码清单 8-2 语义相似度排序

```
import tensorflow as tf
import tensorflow_hub as hub
import numpy as np

# 使用已经经过训练的 BERT 模型
bert_model_url = "https://tfhub.dev/google/bert_uncased_L-12_H-768_A-12/1"

# 加载 BERT 模型
bert_layer = hub.KerasLayer(bert_model_url, trainable=True)

# 创建输入层
input_word_ids = tf.keras.layers.Input(shape=(max_seq_length,), dtype=tf.int32,
                                       name="input_word_ids")
input_mask = tf.keras.layers.Input(shape=(max_seq_length,), dtype=tf.int32,
                                   name="input_mask")
segment_ids = tf.keras.layers.Input(shape=(max_seq_length,), dtype=tf.int32,
                                    name="segment_ids")

# 构建 BERT 模型
pooled_output, sequence_output = bert_layer([input_word_ids, input_mask, segment_ids])

# 构建语义相似度计算层
semantic_similarity = tf.keras.layers.Dense(1, activation='sigmoid')(pooled_output)

# 创建模型
model = tf.keras.Model(inputs=[input_word_ids, input_mask, segment_ids],
outputs=semantic_similarity)
```

```
# 编译模型
model.compile(optimizer=tf.keras.optimizers.Adam(learning_rate=1e-5),
              loss='binary_crossentropy',
              metrics=['accuracy'])

# 加载训练数据
train_input_word_ids = ...
train_input_mask = ...
train_segment_ids = ...
train_labels = ...

# 训练模型
model.fit([train_input_word_ids, train_input_mask, train_segment_ids], train_labels,
batch_size=32, epochs=5)

# 加载测试数据
test_input_word_ids = ...
test_input_mask = ...
test_segment_ids = ...

# 预测语义相似度
predictions = model.predict([test_input_word_ids, test_input_mask, test_segment_ids])

# 对预测结果进行排序
sorted_indexes = np.argsort(predictions.flatten())[::-1]
sorted_predictions = predictions[sorted_indexes]

# 打印结果
for i in range(len(sorted_indexes)):
    print(f"Text {i+1}: Similarity score {sorted_predictions[i]}")
```

上面的代码假设你已经了解如何使用 BERT 模型进行语义相似度计算，并且具有训练和测试数据。你需要根据实际情况提供训练和测试数据，并根据需要调整模型和训练参数。

8.3.7 SPARQL 修正代码

在修正 SPARQL 语句之前，先要对 SPARQL 语句的语法进行检查和解析，从而得到 SPARQL 语句中提到的实体和边，再分别对实体和边进行修正，以下为解析 SPARQL 语句中实体和边的具体代码。

要解析 SPARQL 语句中提到的实体和边，可以使用 RDFlib 库来处理 RDF 数据。代码清单 8-3 展示如何解析 SPARQL 语句中的实体和边的示例代码。

代码清单 8-3 SPARQL 语句解析

```
from rdflib import Graph, URIRef
```

```
from rdflib.plugins.sparql.parser import parseQuery

def parse_sparql(query):
    # 解析 SPARQL 语句
    parsed_query = parseQuery(query)

    # 获取所涉及的三元组模式
    patterns = parsed_query.where

    entities = set()          # 存储实体
    edges = set()             # 存储边

    for pattern in patterns:
        if pattern.name == 'TriplesSameSubjectPath':
            subject = pattern[0]
            predicate = pattern[1]
            object = pattern[2]
        else:
            subject = pattern[0][0]
            predicate = pattern[0][1]
            object = pattern[0][2]

        # 将 URI 转换为字符串格式
        subject_str = str(subject)
        predicate_str = str(predicate)
        object_str = str(object)

        # 把实体和边添加到结果集中
        entities.add(subject_str)
        entities.add(object_str)
        edges.add((subject_str, predicate_str, object_str))

    return entities, edges

# 示例 SPARQL 查询语句
sparql_query = """
SELECT ?person ?name ?age
WHERE {
    ?person rdf:type foaf:Person .
    ?person foaf:name ?name .
    ?person foaf:age ?age .
}
"""

# 解析 SPARQL 语句
entities, edges = parse_sparql(sparql_query)

# 打印结果
print("Entities:")
for entity in entities:
```

```
    print(entity)

print("\nEdges:")
for edge in edges:
    print(edge)
```

注意，上述代码示例中使用了 RDFlib 库，它提供了一些用于处理 RDF（Resource Description Framework）数据的功能。在解析 SPARQL 语句时，我们使用了 RDFlib 的 SPARQL 解析器，然后从解析结果中提取出实体和边。在示例中，我们假设 SPARQL 语句中的实体和边都是以 URI 格式表示的。你可以根据具体情况对代码进行调整。

在总体方案的步骤03中，我们需要对生成模型输出的 SPARQL 语言进行进一步的修正，修正的根据是知识图谱中保存的实体和边，以下为具体操作步骤。

首先，解析 SPARQL 语言得到的实体和边，从知识图谱中召回对应的真实存在的实体和边。要从知识图谱中召回存在某个关键词的实体和边，可以使用 Python 编程语言和相关图数据库或知识图谱库来实现。代码清单 8-4 是使用 Py2neo 库和 Neo4j 图数据库来查询并召回存在某个关键词的实体和边的示例代码。

代码清单 8-4　实体和边的召回

```
from py2neo import Graph

# 连接到 Neo4j 图数据库
graph = Graph("bolt://localhost:7687", auth=("neo4j", "password"))

# 定义关键词
keyword = "关键词"

# 查询实体
query_entity = f"MATCH (e) WHERE e.name CONTAINS '{keyword}' RETURN e"
results_entity = graph.run(query_entity).data()

# 查询边
query_edge = f"MATCH ()-[r]->() WHERE r.name CONTAINS '{keyword}' RETURN r"
results_edge = graph.run(query_edge).data()

# 打印结果
print("Entities:")
for record in results_entity:
    entity = record['e']
    print(entity)

print("Edges:")
for record in results_edge:
    edge = record['r']
    print(edge)
```

请确保已安装 Py2neo 库，并根据实际数据库配置修改连接参数。在上述示例中，keyword

变量用于指定关键词，可以根据需要修改。查询语句使用 Cypher 查询语言，在 MATCH 子句中使用 CONTAINS 操作符进行关键词匹配，然后返回符合条件的实体和边。可以根据实际需要修改查询语句。

然后，根据语义相似度判定在召回的候选实体和边中哪一个实体和边应该被用于修正 SPARQL 语言。代码清单 8-5 是基于 Python 的词向量语义相似度排序的示例代码。

代码清单 8-5 基于词向量的语义相似度排序

```
import numpy as np
from scipy.spatial.distance import cosine

# 词向量矩阵
word_vectors = np.array([
    # 各个词的向量表示
])

# 计算词之间的余弦相似度
def calculate_similarity(word1, word2):
    idx1 = np.where(word_vectors[:, 0] == word1)[0]
    idx2 = np.where(word_vectors[:, 0] == word2)[0]
    if len(idx1) == 0 or len(idx2) == 0:
        return None
    vector1 = word_vectors[idx1, 1:]
    vector2 = word_vectors[idx2, 1:]
    return 1 - cosine(vector1, vector2)

# 语义相似度排序
def sort_by_similarity(word, words):
    similarities = []
    for w in words:
        similarity = calculate_similarity(word, w)
        if similarity is not None:
            similarities.append((w, similarity))
    similarities.sort(key=lambda x: x[1], reverse=True)
    return similarities

# 示例使用
word = 'apple'
words = ['banana', 'orange', 'kiwi', 'strawberry']
similarities = sort_by_similarity(word, words)
for w, sim in similarities:
    print(w, sim)
```

注意，以上代码只提供了一个基本的框架，其中 word_vectors 矩阵需要根据实际的词向量数据进行填充。此外，此示例使用的相似度度量是余弦相似度，你也可以选择其他度量方法。另外，词向量模型的加载和计算相似度的过程可能需要使用相应的 Python 库（例如 Gensim 或 FastText）。

8.4 本章小结

知识图谱问答任务主要通过两种技术手段来实现，分别是信息检索技术和语义解析技术。本章的内容着重介绍了语义解析技术 NL2SPARQL，该技术是基于知识图谱的智能问答系统的重要组成部分，解决这类问题的关键在于如何生成能够查询正确答案的 SPARQL 语句。

为了解决这类问题，我们利用 T5、BART、UniLM 三个生成模型天然适合做生成任务的特点，通过三个模型来生成 SPARQL 语句，对生成的 SPARQL 语句的路径（实体关系三元组）进行排序，并对每种路径打分，选择得分最高的路径所对应的 SPARQL 语句作为最终能够查询的 SPARQL 语句。

同时，对于模型无法生成的 SPARQL 语句，例如会出现实体或关系的不全等问题，我们通过利用图数据库来修正模型所生成的错误 SPARQL 语句，对于实体错误或是关系错误问题，我们在知识库中寻找了所有与实体相似度最接近的若干实体，遍历了知识库中的所有关系来构建修正后的 SPARQL 语句，修正后的 SPARQL 语句会得到多种查询答案，所以我们对修正后的 SPARQL 语句所对应的路径再进行排序，以便得到能查询到问题最准确答案的最佳 SPARQL 语句。通过对 SPARQL 语句的修正和路径排序，最终确保了模型一定能够生成合理的 SPARQL 语句，得到最合理的查询答案。这种方式为知识图谱问答系统的构建开辟了一条新的道路。

8.5 习　题

1. 知识图谱问答的困难与挑战在于什么地方？

2. 知识图谱问答系统如何从知识图谱中查找相关的信息来回答用户的问题？请描述一种常用的信息检索方法。

3. 当面对大规模知识图谱时，如何高效地进行数据查询和检索？请提供一些常用的优化技术和策略。

4. 在知识图谱问答过程中，如何处理多义词和歧义问题？请举例说明解决方法。

5. T5 模型的预训练阶段使用了什么类型的数据进行无监督学习，目的是什么？

6. T5 模型的微调阶段使用了什么类型的数据进行有监督学习，目的是什么？

7. BART 模型存在哪些局限性？有哪些改进方法可以尝试？

8. UniLM 是如何实现多任务学习的？它有哪些优势和挑战？

第 9 章 结构化知识 NL2SQL 问答

本章首先介绍结构化知识 NL2SQL 问答的背景，以及 NL2SQL 技术，具体包括 X-SQL、IRNET、SQLNET 等，然后介绍 NL2SQL 的比赛和方案，最后对方案的源码进行解读。

9.1 NL2SQL 背景介绍

NL2SQL 属于语义解析和智能问答领域的前沿问题，可以将人类的自然语言语句转换为结构化查询语句，是实现人类和数据库的无缝交互和提高数据库分析效率的核心技术。我们结合实际业务和项目的需求，自主研发了 NL2SQL 算法，并在各个公开数据集上取得了良好的效果，同时还在业务项目中积累了宝贵的实际落地经验，本节主要就 NL2SQL 技术路线的发展历史和工程实践中的落地经验进行分享。

以往我们通过 SQL 查询一些业务数据或者做数据分析，一般要经历以下几个步骤：

步骤 01 总结要查询数据的需求。

步骤 02 后端工程师编写 SQL 并部署成服务和数据库连接。

步骤 03 前端工程师编写该 SQL 查询对应的界面。

步骤 04 运维工程师上线服务。

步骤 05 业务数据分析人员和用户登录页面执行查询语句显示数据。

例如图 9-1 中对于一个表格进行查询，针对该需求，需要写成一条 SQL 语句才能在数据库中执行并得到答案。

怎么能够减少数据分析和查询的工作量？最好只需要一个搜索框，用户输入查询语句，通过自然语言处理技术将用户的输入转换为 SQL 语句，直接执行并显示答案，这就是 NL2SQL 要解决的问题。我们用图 9-2 来表示 NL2SQL 解决的问题。

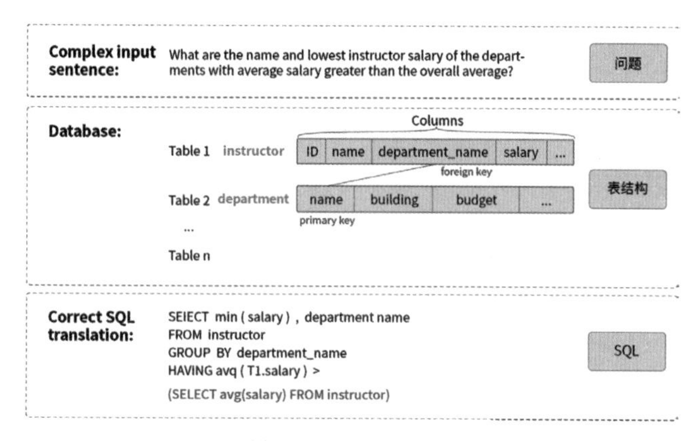

图 9-1 Spider 数据集中自然语言问题和对应的 SQL

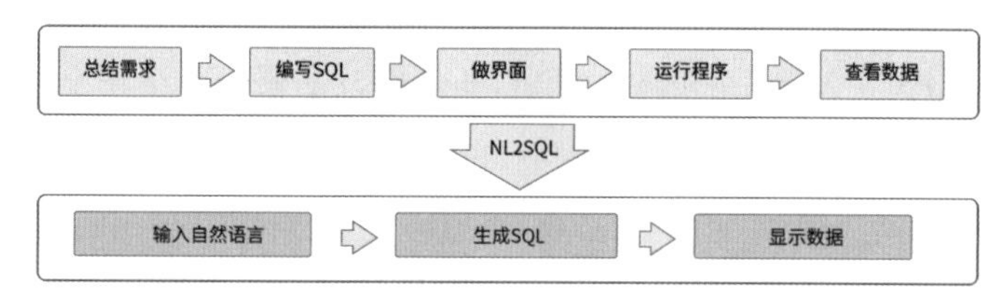

图 9-2 NL2SQL 解决的问题

从图 9-2 可以看出，极大地提高了以前研发 SQL 查询新需求的工作效率，并且很多非 IT 人士也能通过自然语言交互界面便捷、快速地和数据库交互，业务流程速度大为提高。

研究任何一个机器学习算法问题都需要该领域的数据集，在此我们列举 NL2SQL 中经常使用的几个数据集。根据数据集中 SQL 涉及的数据库的表的个数不同，分为单表和多表，根据所生成的 SQL 的结构中是否含有嵌套查询，将数据集分类为有嵌套和无嵌套。

1. 单表无嵌套数据集

1）ATIS&GeoQuery 数据集

ATIS 来源于机票订阅系统，由用户提问生成 SQL 语句，是一个单一领域且上下文相关的数据集。GeoQuery 来源于美国的地理，包括 880 条提问与 SQL 语句，是一个单一领域且上下文无关的数据集。

2）WikiSQL 数据集

ATIS&GeoQuery 这两个数据集存在着数据规模小（SQL 语句不足千句）、标注简单等问题。于是，2017 年，VictorZhong 等研究人员基于维基百科标注了 80654 条训练数据，涵盖 26521 个数据库，取名为 WikiSQL。这个大型数据集一经推出，便引起学术界的广泛关注。因为它对模型的设计提出了新的挑战，需要模型更好地建构 Text 和 SQL 之间的映射关系，更好地利用表格中的属性，更加关注解码的过程。在后续工作中产生了一系列优秀的模型，其中的代表是 Seq2Sql、SQLNet、TypeSQL，项目链接：https://github.com/salesforce/WikiSQL，我们将在后面进行具体介绍。

2. 多表嵌套数据集

但是 WikiSQL 也存在着问题，它的每个问题只涉及一个表格，而且仅支持比较简单的 SQL 操作，这个不是很符合日常生活中的场景。现实生活中存在着医疗、票务、学校、交通等各个领域的数据库，而且每个数据库又有数十甚至上百个表格，表格之间又有着复杂的主外键联系。

于是，2018 年，耶鲁大学的研究人员推出了 Spider 数据集，这也是目前最复杂的 Text-to-SQL 数据集。它有以下几个特点：

（1）领域比较丰富，拥有来自 138 个领域的 200 多个数据库，每个数据库平均对应 5.1 个表格，并且训练集、测试集中出现的数据库不重合。

（2）SQL 语句更为复杂，包含 orderBy、union、except、groupBy、intersect、limit、having 关键字，以及嵌套查询等。作者根据 SQL 语句的复杂程度（关键字个数、嵌套程度）分为 4 种难度，值得注意的是，WikiSQL 在这个划分下只有 EASY 难度。

Spider 相比 WikiSQL，对模型的跨领域、生成复杂 SQL 的能力提出了新的要求，目前的最佳模型也只有 60% 左右的准确度。挑战赛链接：https://yale-lily.github.io/spider。

中文 CSpider 数据集：西湖大学在 EMNLP2019 上提出了一个中文 text-to-sql 的数据集 CSpider，主要是选择 Spider 作为源数据集进行问题的翻译，并利用 SyntaxSQLNet 作为基线系统进行测试，同时探索了在中文上产生的一些额外挑战，包括中文问题对英文数据库的对应问题（question-to-DBmapping）、中文的分词问题以及一些其他的语言现象。挑战赛链接：https://taolusi.github.io/CSpider-explorer/。

3. 竞赛数据集

国内 NL2SQL 共举办过几次竞赛，其中规模较大的两次分别为追一科技的“首届中文 NL2SQL 挑战赛”和百度的“2020 语言与智能技术竞赛：语义解析任务”。

其中追一比赛数据集为单表无嵌套 NL2SQL 数据集，数据形式较为简单，每一条 SQL 语句只有求最大值、最小值、平均值、求和、计数和条件过滤语法现象，无聚合函数。所以排行榜得分较高，算法实现较为容易，如图 9-3 所示。

图 9-3 追一比赛官网截图

百度数据集为多表含有嵌套 SQL 数据集 DUSQL，它基于实际应用分析构建了多领域、多表、包含复杂问题的数据集，数据形式较为复杂，更贴近真实用户和工业落地场景。数据集构建主要分为两大步骤：数据库构建和 < 问题 ,SQL 查询语句 > 构建。在数据库构建中，要保证数据库覆盖的领域足够广泛，在 < 问题 , SQL 查询语句 > 构建中，要保证覆盖实际应用中常见的问题类型。数据库主要来自百科（包括三元组数据和百科页面中的表格）、权威网站（如国家统计局、天眼查、中国产业信息网、中关村在线等）、各行业年度报告以及论坛（如贴吧）等，如图 9-4 所示。

2020语言与智能技术竞赛: 语义解析任务 结束

让机器自动将用户输入的自然语言问题转成可与数据库操作的编程语言 (如SQL)。

奖池：¥70,000

报名人数: 738

标签: 语义解析　　比赛时间: 2020/03/10 -2020/05/20

已结束

比赛介绍　赛题说明　数据集　提交结果　我的团队　排行榜　讨论区

当今世界，大量信息存储在结构化和半结构化知识库中。当前，需要通过编程语言 (如SQL查询语句) 与数据库进行交互来使用这些数据，这需要使用者对编程语言非常了解且熟练使用。所以，高效且简单的结构化数据查询工具是必要的，且要适用于对SQL等编程语言不擅长的使用者。语义解析是让机器自动将用户输入的自然语言问题转成可与数据库操作的编程语言 (如SQL)，降低了结构化数据使用的门槛和成本，同时提升了结构化数据使用的价值和效率。语义解析是自然语言理解的核心目标，近年来受到学术界和工业界的广泛关注。

A significant amount of information in today’ s world is stored in structured and semi-structured knowledge bases. Accessing this data currently requires programming languages (e.g..SQL) which need users to understand them and be skilled in using them. Efficient and simple methods to query structured data are essential and must not be restricted to only those who have expertise in formal query languages. Semantic parsing is a task of automatically converting natural language questions to programming language (ea..SQL) which can be executed on a database. It not only reduces thresholds and costs for users to use the structured data, but also improves the value and efficiency of the structured data. Semantic parsing is central to the objective of natural language understanding, and has received wide attention across academia and industry in recent years.

此次比赛提供大规模开放领域的复杂中文Text-to-SQL数据集，旨在为研究者提供学术交流平台，进一步提升语义解析的研究水平，推动语言理解和人工智能领域技术和应用的发展，竞赛将在2020年“语言与智能高峰论坛”举办技术交流和颁奖。诚邀学术界和工业界的研究者和开发者参加本次竞赛!

The challenge provides a large-scale complex and cross-domain, Chinese Text-to-SQL dataset and a platform for research and academic exchanges on Text-to-SQL. NIU and other AI technologies, The competition forum and award ceremony will be held at the 2020 “language & Intelligence Summit ”, All researchers and developers are welcomed to this task.

图 9-4　百度比赛截图

9.2 NL2SQL 技术

9.2.1 NL2SQL 技术路线

目前 NL2SQL 问题的技术路线发展主要有以下几种方法。

（1）模板槽位填充方法：该方法是一种类似于完形填空的填充方法，因为 SQL 语言符合一定的语法规则，所以我们可以将 SQL 语法规则定义为一套模板表示，然后通过一定的方式学习模板中需要填充的内容。该方法为当前主流路线之一，以 X-SQL 方法为代表，将 SQL 的生成过程分为多个子任务，每一个子任务负责预测一种语法现象中的列，该方法对于单表无嵌套效果好，并且生成的 SQL 可以保证语法正确，缺点是只能建模固定的 SQL 语法模板，对于有嵌套的 SQL 情况，无法对所有嵌套现象进行灵活处理。

（2）中间表达方法：以 IRNet 为代表，将 SQL 生成分为两步，第一步预测 SQL 语法骨干结构，第二步对前面的预测结果做列和值的补充。基于这种思想，我们在后面的 9.2.2 节会介绍在项目实践中采用的中间表达方法。

（3）Seq2Seq 方法：该方法为当前主流路线之一，以 SQLNET 方法为代表。在深度学习的研究背景下，很多研究人员将 Text-to-SQL 看作一个类似于神经机器翻译的任务，主要采取 Seq2Seq 的模型框架。基线模型 Seq2Seq 在加入 Attention、Copying 等机制后，能够在 ATIS、GeoQuery 数据集上达到 84% 的精确匹配，但是在 WikiSQL 数据集上只能达到 23.3% 的精确匹配，37.0% 的执行正确率；在 Spider 数据集上则只能达到 5%~6% 的精确匹配。我们改进的基于 T5 模型生成 SQL 语句的方法能取得更好的效果，在后面的 9.4 节会进行介绍。

（4）结合图网络的方法：此方法主要为解决多个表中有同名的列的时候，预测不准确的问题，以 Global-GNN、RatSQL 为代表，但是由于数据库之间并没有边相连接，因此此方法提升不大且模型消耗算力较大。

（5）强化学习方法：此方法以 Seq2SQL 为代表，每一步计算当前决策生成的 SQL 是否正确，本质上强化学习是基于交互产生的训练数据集的有监督学习，该方法的效果和翻译模型相似。

（6）表格预训练模型方法：该方法以表格内容作为预训练语料，结合语义匹配任务目标输入数据库 Schema，从而选中需要的列，例如 BREIDGE、GRAPPA 等。

1. X-SQL 方法

X-SQL 方法为当前模板槽位填充方法的代表，槽位填充的目标总体来说分为以下几项内容：

- 该 SQL 中提到哪些列。
- 每一个列上进行了什么样的聚合操作。
- Where 条件中有哪些列。
- Where 条件中的列与列之间是什么关系，and 还是 or。
- Where 里面每个列对应的过滤条件的值是什么内容。

模板是将一个事物的结构规律予以固定化、标准化的成果，它体现的是结构形式的标准化。定义的 SQL 模板基本结构为：“select xxx from xxx where xxx。”这样的一个简单形式，之后使用模型对模板的预留位置进行填充，从而形成一个完整的 SQL 语句。对于上述定义的模板的填充，我们需要将这个大任务分成一个个小任务，采用分块实现，最后合并形成所定义的模板。我们将大任务分成了多个子任务，通过子任务一步一步完成模板的填充，以实现 SQL 语句的生成。

X-SQL 将单表的 NL2SQL 任务转换为 6 个子任务，每一个子任务负责预测一个语法现象中存在的列和对列的操作，将 NL2SQL 任务转换为一个在列上的分类任务。模型结构如图 9-5 所示。

图 9-5 中的模型主要由三部分组成：用于输入文本编码的编码层（Encoder Layer）、基于结构化信息的上下文文本表征增强层（Context Reinforcing Layer）和输出分类层（Output Layer）。

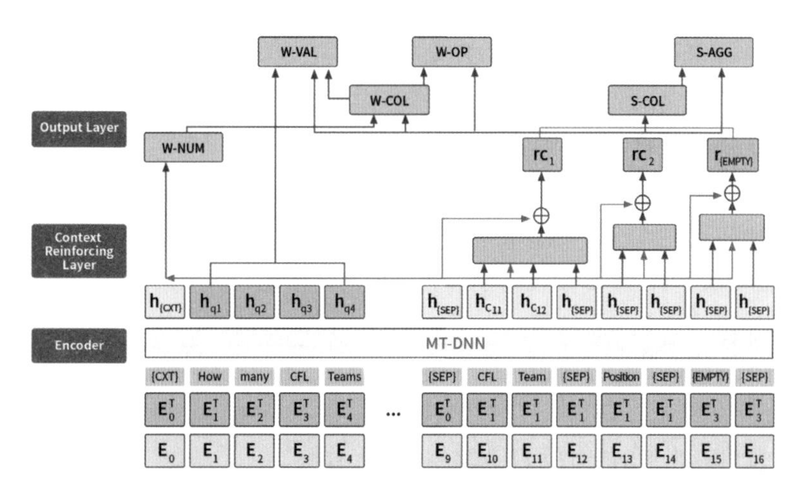

图 9-5　X-SQL 网络结构

编码器：来自改良的 BERT-MT-DNN，其数据输入形式为自然语言问题和各列的名称的拼接，自然语言问题和列名之间用 BERT 中的特殊 Token [SEP] 隔开，并且在每一列的开始位置使用不同的 Token 表示不同的数据类型。编码器还把 [CLS] Token 换成了 [CTX] Token。在该结构中，我们为每个表增加一个空列，然后段编码替换为类型编码，学习 4 个类型：问题、类别型列、数值型列、空列，该模型输出 $H_{[CTX]}$、$H_{q1} \cdots H_{qn}$、$H_{[SEP]}$、$H_{C11} \cdots H_{[SEP]}$、$H_{C21} \cdots H_{[SEP]} \cdots H_{[EMPTY]}$、$H_{[SEP]}$，其中 $H_{[CTX]}$ 为分类编码向量，$H_{[SEP]}$ 为特殊词元 [SEP] 对应的编码向量，$H_{[EMPTY]}$ 为空列对应的编码向量，H_{qi} 为问题中每一个词的编码，H_{cij} 表示第 i 列的第 j 个词编码向量，这些输出表示对句子进行的编码，表示将原始问题的每个字符表征成模型可以学习的词向量。由于 X-SQL 的设计针对的是 WIKI-SQL 这类单表特点的数据集，因此这样的拼接一般能对数据库中的表进行完全覆盖。

上下文增强层：作用是对输入表字符串进行上下文相关的编码表征，具体的做法是将模型输入的 [CXT] 特征向量与经过矩阵运算“聚合”后的列名向量进行叠加，得到最终用于分类的特征向量。上下文增强模式编码器用于增强在序列编码器得到的 $H_{[CTX]}$。虽然在序列编码器的输出中已经捕获了某种程度的上下文，但这种影响因为自注意力机制的原因往往只关注某些区域，难以有效对全文的信息充分利用。另外，$H_{[CTX]}$ 中捕获的全局上下文信息具有足够的多样性，因此需要一种结合上下文语义信息的增强表示 H_{Ci}。

输出层：X-SQL 模型的最关键组件，它的做法是将 SQL 语句的生成转换为若干分类器，通过优化各个子分类器来完成 NL2SQL 的任务。具体来说，X-SQL 构建了若干分类器分别完成列名的选取、聚合操作的选择、条件符号的选择等任务，具体的 6 个子任务分别是：预测查询目标列（S-COL）、预测查询聚合操作（S-AGG）、预测条件个数（W-NUM）、预测条件列（W-COL）、预测条件运算符（W-OP）、预测条件目标值（W-VAL）。输出层将用于分割列名的特殊 Token（[SEP]）以及句子表征 Token（[CXT]）作为子模型的输入，通过多任务（Multi-Task）的联合优化完成 SQL 语句的生成任务。

X-SQL 模型是众多将 NL2SQL 任务改造成分类任务的工作代表，并且在单表数据集上取得了突破性的提升。当然，对于 X-SQL 的改进工作一直在进行，例如我们可以将 Encoder Layer 中的 MT-DNN 替换为当前主流大型预训练模型（BERT、Roberta、XLNet 等）来增强底层的文本特征抽取能力，构造更适合的多任务学习框架等，甚至增加用于嵌套结构预测的子模型来完成复杂 SQL 查询生成任务的适应。

虽然 X-SQL 取得了较好的效果，但仍存在部分问题，如为什么使用 6 个子任务，这是因为该数据集只涉及单表查询，语法比较简单，所以使用 6 个子任务就可以完成。但是如果数据集涉及多表联合查询，那么 6 个子任务是远远不够的，此时需要增加更多的子任务以解决多表查询的任务，但是增加更多的子任务会成为模型优化的负担，因为多任务学习的效果随着任务数目的增加会有明显的下降，这些都是需要担忧的。该模型的效果和思想具有进步意义，可以借鉴或者进行升级，以此来帮助我们更好地解决相关的任务。

2. IRNet 方法

SQL 本身的设计目的是准确地向数据库传达执行细节，而非为了表述自然语言含义，因此不可避免地会有与自然语言（Natural Language，NL）表达不一致的地方。多数情况下，SQL 查询中的 FROM、GROUP BY 和 HAVING 等语句在自然语言中并不会显式地表达出来，我们需要根据问题与表结构的对应关系才能间接推断得出，即通过中间表达的方式解决缺失匹配（Mismatch）问题。

在语义解析任务中，中间表达是指在自然语言和 SQL 查询语言之间，通过语法模型自动化构建一种中间语言，来传递自然语言的语义信息和 SQL 语句的语法结构信息。中间表达的设计目的是解决自然语言表达的意图和 SQL 中的实现细节不匹配问题。想要设计出合理的中间表达是一件比较困难的事情，很多研究工作聚焦于此，在这些研究工作中比较突出的是 IRNET。

IRNET 是一种基于“中间表达”（Intermediate Representation）的面向“复杂有嵌套 SQL 查询”的 NL2SQL 任务解决方案。“复杂有嵌套”的 NL2SQL 数据集代表有 Spider 数据集、CSpider 数据集、DuSQL 数据集等。它们的特点是 SQL 查询语句通常为包含多个子查询语句以及条件语句的复杂结构。对于这类数据集，前述的基于单表的解决方案 X-SQL，由于架构设计上的种种限制，无法直接应用。因此，需要一种新的架构能够适应这类数据集的复杂数据形式。IRNET 与 X-SQL 师出同门，均出自微软亚洲研究院（Microsoft Research Asia，MSRA）的团队。

IRNET 创造性地构造了 SemQL 这样一种高效合理的中间表达语法结构，用来解决缺失匹配问题。在具有挑战性的 Text-to-SQL 数据集 Spider Benchmark 上，IRNET 超越原来的 SOTA Model（最优模型）成绩（19.5%），准确率突破性地达到了 46.7%。并且，实验结果显示，当使用 BERT 对 IRNET 进行增强的时候，IRNET 在 Spider 数据集上的表现能够进一步提升到 54.7% 的准确率，这说明合理的中间表达（SemQL）能够显著地提升复杂自然语言查询到 SQL 查询的转译效果。

IRNET 模型架构如图 9-6 所示，模型总共由三部分组成：NL Encoder、Schema Encoder 以及一个 Decoder。其中，NL Encoder 负责对自然语言问句的编码任务，Schema Encoder 负责对 Schema 的编码任务，Decoder 则负责合成 SemQL 查询语句。

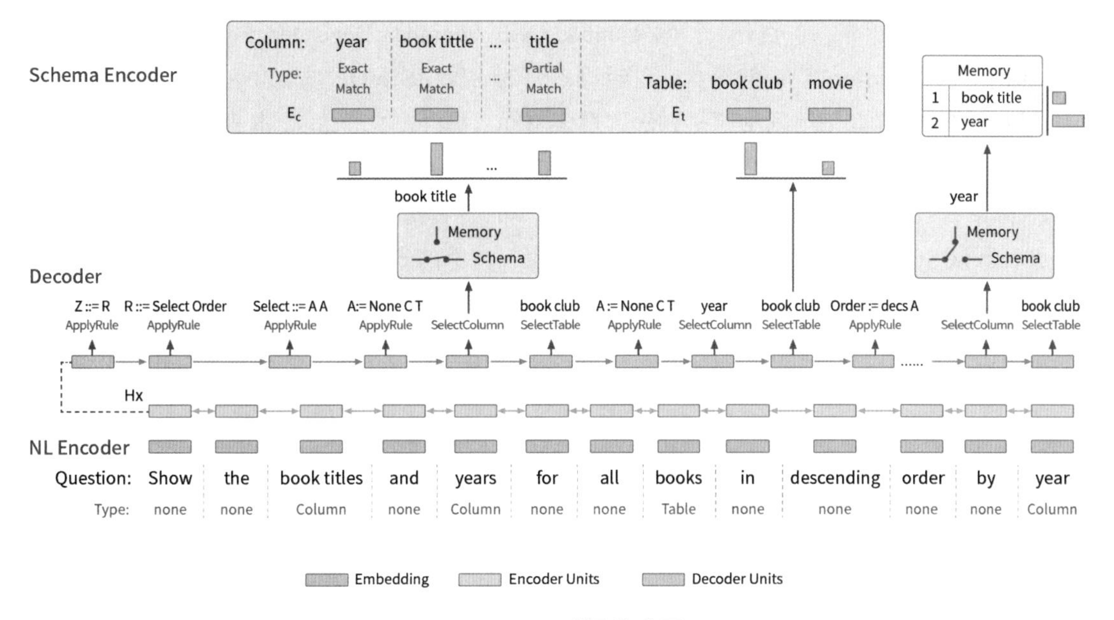

图 9-6 IRNET 模型架构图

IRNET 可以解决“复杂有嵌套”SQL 查询的生成难题，其关键是 SemQL——中间表达语言。为了让 SemQL 和 NL 之间有更好的映射关系，SemQL 是由严格的语法规则构建的。SemQL 是连接自然语言和 SQL 查询语句的一个重要角色，它巧妙地构建了一座自然语言到 SQL 结构化语言的“沟通桥梁”，将其语法结构设计为如图 9-7 所示的树形结构。其中 Z 是根节点，R 表示一个 SQL 语句。树状结构可以有效约束搜索空间，且有利于 SQL 语句的生成。SemQL 采用两步完成 Text-to-sql 的过程：

（1）Schema Encoding 和 Schema Linking：Schema Encoding 顾名思义就是对表结构（表名、列名、列类型、主键、外键等）进行编码，以便后续模型训练使用。Schema Linking 则是要把 Question 中表述的内容与具体的表名和列名对齐。

（2）预测 SemQL，然后用第一步预测的列来填充 SemQL 所表示的 SQL 语法结构。本书设计的中间表达 SemQL 结构如图 9-7 所示，对应的 SQL 样例和拆解得到的 SemQL 树形结构如图 9-8 所示。

```
          Z :: = intersect R R | uion R R | except R R I R
          R :: = Select | Select Filter | Select Order
                 | Select Superlative | Select Order Filter
                 | Select Superlative Filter
     Select :: = A | AA | AAA | AAAA | AA ... A
      Order :: = asc A | desc A
 Suerlative :: = most A | least A
     Filter :: = and Filter Filter | or Filter Filter
                 | >A | >AR | <A | <AR
                 | ≥A | ≥AR | =A | =AR
                 | ≠A | ≠A R | between A
                 | like A | not like A | in A R | not in A R
          A :: = max C T | min C T | count C T
                 | sum C T | avg C T | none C T
          C :: = column
          T :: = table
```

图 9-7 SemQL 结构图

如图9-8所示的样例，受到Lambda DCS（Lambda Dependency-based Compositional Semantics，一种用于表达查询的经典的逻辑语言）的启发，SemQL被设计为一种树形结构。这是因为树形结构可以有效地限制解析过程的搜索空间。另外，由于SQL本身也是树形结构，这样就使得翻译过程更加顺畅且匹配度更高。在图9-8中，Z是根节点，R表示一个SQL单句，Select、Filter表示当前的SQL中包含SELECT和WHERE两个SQL关键词。树中的每一个中间节点表示该SQL含有某一个SQL中的语法现象。其中的C、T分别代表该SQL查询到的列和表。最终通过第一步Schema Encoding和Schema Linking中的结果将该树补全成一条完整的SQL语句。

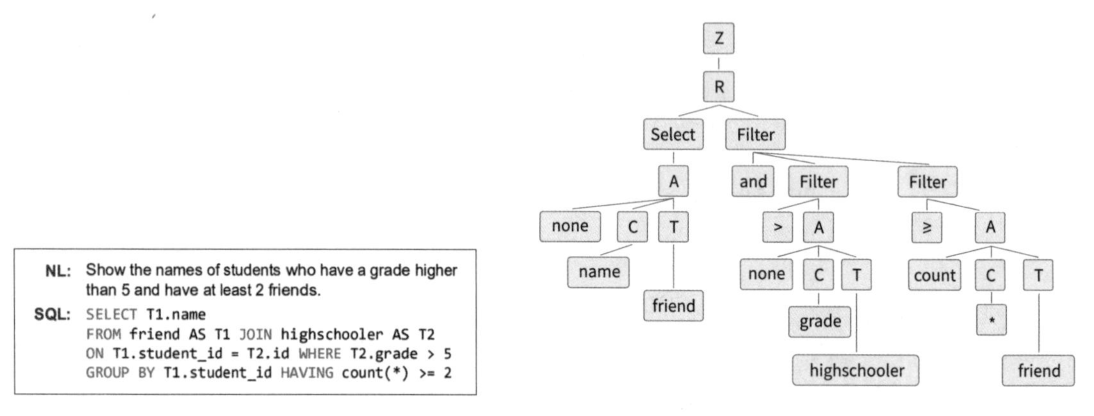

（a）IRNet中SemQL的语法树

（b）SemQL树形结构

图9-8 SemQL语法结构样例展示

我们对其SQL语句进行SemQL中间表征的改写后，可以看到在SemQL结构中，不再出现GROUPBY、Having、FROM等条件，取而代之的是FILTER子树。这种中间表征可以根据SQL语法特征很容易地转换为相应的SQL语句。

3. SQLNET方法

将Seq2Seq方法用于解决NL2SQL问题是一种比较直截了当的思路，但是由于SQL语言的特点，会出现以下两个主要问题。

- 顺序问题（Ordering Issue）：在SQL语句中，WHERE语句中的条件顺序并不会对SQL语句的查询结果造成任何影响，即改变了条件顺序的SQL语句与原语句是完全等价的，但是Seq2Seq模型对这种语序变化是敏感的。
- 条件独立问题（Constraints Independent Issue）：众所周知，在Seq2Seq模型的Decoder输出中，下一个Token的预测依赖于前面所有的Token表征，但是SQL语句中的不同条件语句之间并没有这样的依赖关系，因此传统的Seq2Seq模型结构并不适用于对SQL语句进行语义解析。

Seq2Seq架构的方案无法解决上述两个问题，必须对这种依赖序列顺序的模型架构进行改进，才能更有效地解决NL2SQL任务。SQLNET模型就是一种改进方案，它通过列名注意力机制以及列名集合的巧妙构建，将序列到序列问题转换为序列到集合问题，构造出了一种基于

Seq2Seq 的特殊架构，用于解决顺序问题和条件独立问题。为了解决顺序问题和条件独立问题，在 SQLNET 模型中提出了两种应对措施：序列到集合（Sequence-to-Set）和列名注意力（Column Attention）。其中，序列到集合策略用于解决 WHERE 语句的顺序问题，列名注意力策略用于解决条件独立问题，这两种应对措施具体介绍如下。

- 序列到集合：由于 SQL 语句中的不同 WHERE 条件语句通常为并列关系，不同 WHERE 条件语句之间的相对顺序变化并不影响 SQL 的执行结果。因此，为了取代原始的序列化解析方式，我们可以采用集合的方式来处理 WHERE 语句中出现的列名信息，从而将问题转换为“预测 WHERE 语句中应该出现哪些列名”。具体来讲，直观上，出现在 WHERE 子句中的列名构成了一个包含所有列名的一个子集，子集中的所有列名在 WHERE 语句中的地位相同。因此，为了改进原有的序列化输出列名的方式，我们可以重新定义一个新的任务：通过建模来预测哪些列名应该出现在这个列名子集中。这个新的任务可以被称为“序列到集合”。通过预测出来的列名集合生成的多个 WHERE 条件语句之间没有了 Seq2Seq 模型预测结果的顺序依赖问题。
- 列名注意力：序列到集合的方法虽然解决了不同 WHERE 语句间的顺序依赖问题，但同时也放弃了 Seq2Seq 模型特有的序列信息传递能力，使得由序列到集合方式得到的列名与原自然语言问题中的特定词汇失去了关联，从而导致序列到集合方式预测出的列名的准确性大打折扣。也就是说，序列到集合的解析方式并不会对问句中的各个词汇进行“区别对待”。因此，为了更准确地对 WHERE 子句中出现的列名进行预测，我们不仅需要用到自然语言问句中的文本信息，还需要将问句中的不同部分与特定列之间“联系起来”。我们设计了基于列名的注意力机制来加强这种“联系”。

9.2.2 NL2SQL 项目实践

本小节以某地方空天院的 NL2SQL 项目简单介绍我们工程实施中的方案，经过上文介绍的技术路线，我们对比两种主流技术路线中的优劣势。

- 基于模板填充的方法：优势在于计算资源依赖少，SQL 生成效率高，可控性强，SQL 组件顺序不敏感；劣势在于复杂 SQL 生成乏力，子模型累积误差。
- 基于 Seq2Seq 的方法：优势在于可生成任意形态的 SQL；劣势在于资源依赖高 ，SQL 生成效率低，可控性一般，SQL 组件顺序敏感。

其中可控性指的是模型产生的 SQL 语句是否符合 SQL 语法规范能够正确执行，SQL 顺序敏感指的是在 SQL 的过滤条件中列的前后顺序并不影响 SQL 的正确性。

和 NL2SQL 的技术大赛不同，工业应用对于生成结果可控性的要求比较高，同时涉及的数据形式更复杂，采用 Seq2Seq 模型生成的 SQL 语句无法保证其语法规范性，同时也无法针对具体的领域数据进行定向优化。而简单的“模板填充法”虽然可以实现定向优化，但是无法解决复杂的嵌套表达形式。

为了能够更好地扬长避短，结合两种主流方案的优势，我们提出了以下算法实现方案，它属于中间表达方法的一种，具体包括如下模型。

- SQL 结构预测：将自然语言问句和表结构到最终生成的 SQL 中出现的语法现象编码（子查询、分组等），通过 bert-sequence 建模。
- 列识别模型：预测 SQL 中 Select 部分存在的列和列上执行的操作（聚合函数等）。
- 值识别模型：预测 SQL 中 Where 部分中对应的判断符号（大于、小于、等于）。

整体模型流程如图 9-9 所示。

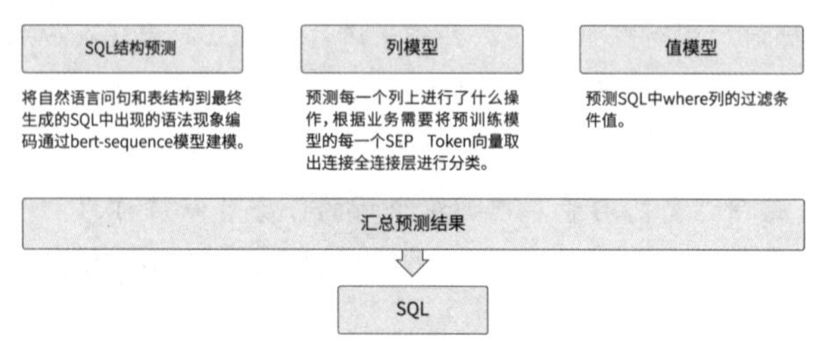

图 9-9 算法流程图

在该项目中，由于自然语言问句和需要生成 SQL 的数据库表格长度较短，因此可以直接进行 Schema Linking，并且不会由于选中列的标记数据稀疏导致训练失效的问题，我们采用上面的方案取得了不错的效果。

9.3 NL2SQL 比赛和方案

1. 比赛赛题及背景

该比赛的题目是《电网运行信息智能检索》，电网调控系统经多年运行汇集了海量的电网运行数据，存储于数据库或文件系统中，呈现出规模大、种类多、范围广等特点，对于这类数据的获取和分析通常需要通过机器编程语言与数据库（或文件系统）进行交互操作，给数据分析带来了较高的门槛。数据挖掘深度不够、数据增值变现能力弱等问题也逐渐显现。亟需通过人工智能技术手段实现人机交互方式变革，提高数据分析挖掘效率，激活数据价值，促进数据价值变现。

针对电网调控系统数据结构化、半结构化形式的存储特点以及海量数据分析烦琐低效的问题，要求参赛者利用语义解析技术训练 AI 智能体，理解调控系统常见问题，解析数据库的表、属性、外键等复杂关系，最终生成 SQL 语句并在数据库中执行获得问题答案，为用户提供自动、高效、精准的信息检索服务。

2. 赛题理解和分析

本赛题属于语义解析领域，即将自然语言转换为逻辑形式的任务，它被认为是从自然语言到语义表征的映射，它可以在各种环境中执行，以便通过将自然语言解析成数据库查询，在会话代理（如 Siri 和 Alexa）中进行查询解析来实现，诸如机器人导航、数据探索分析等任务。语义解析技术发展至今，已经有诸多相关的解决方案和学术研究，例如，基于模板填充的解析技术、基于 Seq2Seq 的语义解析技术、基于强化学习的语义解析技术等。

本次《电网运行信息智能检索》赛题要求“给定自然语言表述的电网调控问题及其对应的数据库，要求参评的语义解析系统自动生成 SQL 查询语句”。分析数据集得知，比赛数据集是来自电网调控领域的真实语料，包含 46 张表以及对应的 1720 条调控场景问题 -SQL 语句对，涉及公共数据、电力一次设备、自动化设备等多个数据对象。收集调控领域常用的查询问题并转写为 SQL 语句，包含同一类问题的不同问法等多种情况。

3. 技术路线

由于本赛题涉及的数据资源属于单一数据库类型，数据并不存在跨领域问题，SQL 表达具有较好的一致性，因此适合使用基于 Seq2Seq 的翻译模型来完成任务。

根据数据集“单一数据库”“较多连表查询”“表列数目较大”等特点，我们设计了基于 Transformer 的融合表列值信息的 Seq2Seq 语义解析模型，我们以 Transformer 作为基础特征提取单元，构建一个融合表、列、值多元信息的 Encoder-Decoder 架构来完成端到端的 NL2SQL 任务。

算法流程描述如图 9-10 所示，首先由于数据量的限制，我们需要对数据进行合理的增广，通过对原始自然问句进行分词，通过列名替换、停用词替换和句式替换等方法得到新的问句 -SQL 查询对。同时，采用 AEDA 的噪声增强技术，掺杂一定比例的噪声样本增强模型鲁棒性。由于 SQL 语句对大小写不敏感，因此我们统一将 SQL 语句转换为小写字符。比较关键的一步是，如何将 Schema 信息与自然语言问句进行交互，我们采用基于模糊匹配的方法，根据不同的自然语言问句动态生成相应的 Schema 信息并与原自然语言问句进行拼接。对于扩充后的数据集，我们采用 T5 模型，进行端到端的微调。在测试时，同样地，我们对测试样本动态生成 Schema 拼接信息，完成端到端推理预测，得到 SQL 语句。

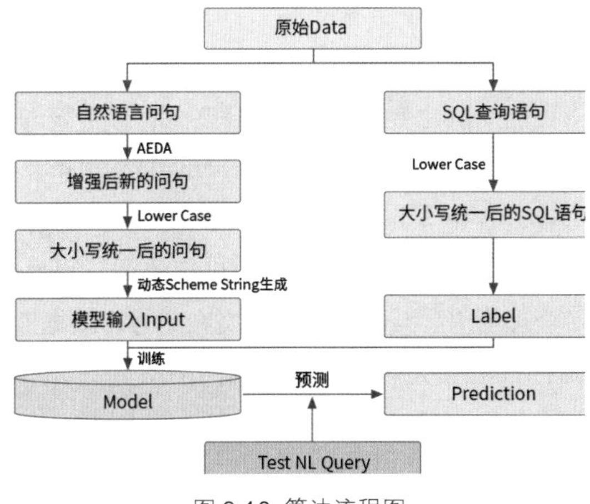

图 9-10　算法流程图

算法的关键环节如下：

- 自然语言问句 AEDA 数据增强。
- 输入文本与输出文本保持大小写统一。
- 对每一个自然语言问句使用动态 Schema 信息生成技术进行额外的信息拼接。
- 对于绝大部分 SQL 语句进行 Greedy Decoding，部分较长的 SQL 查询采用 Top-p Sampling 或 Beam Search Decoding。

接下来，我们对本次比赛中有较多贡献的 AEDA 数据增强技术和动态 Schema 信息生成技术进行详细阐述。首先本次数据集的规模相较于真实用户场景的数据规模而言是非常小的。数据增强技术的使用不可避免。怎样使用数据增强技术，使用哪一种数据增强技术，对于模型的影响都是举足轻重的。

2019 年 的 EDA（*Easy Data Augmentation Techniques for Boosting Performance on Text Classification Tasks*）论文发表于 ICLR 2019，提出了 4 种简单的数据增强操作，包括同义词替换（通过同义词表将句子中的词语进行同义词替换）、随机交换（随机交换句子的两个词语，改变语序）、随机插入（在原始句子中随机插入，句子中某个词的同义词）和随机删除（随机删除句子中的词语）。

本次比赛中应用的 AEDA（An Easier Data Augmentation）是一种简单的用于生成噪声文本的数据增强技术。最开始被用于提升文本分类的鲁棒性，主要是在原始文本中随机插入一些标点符号，属于增加噪声的一种，主要与 EDA 论文对标，突出“简单”二字。传统 EDA 方法无论是在同义词替换，还是随机替换、随机插入、随机删除，都改变了原始文本的序列信息，而 AEDA 方法只是插入标点符号，对于原始数据的序列信息修改不明显。而在 NL2SQL 的 EDA 过程中，我们显然不希望原始问句语义被篡改，因此，在数据量较小的场景下，AEDA 的增强技术能够较好地完成增强 NL2SQL 语义解析模型的鲁棒性提升任务。

接下来我们介绍本次比赛的另一个关键点——动态 Schema 信息生成技术。对于 NL2SQL 任务，如何将输入的自然语言问句与数据库中的存储信息进行连接十分关键，我们称之为 Schema Linking 环节。对于我们此次比赛使用的 T5 模型而言，传统的 Schema Linking 技术并不适用。因而我们采用了一种基于字符串匹配的动态 Schema Information 生成技术，对模型的输入进行动态增强，从而达到翻译过程中 Schema Linking 的目的。

首先，为了将自然语言问句与数据库的 Schema 进行关联，我们需要将数据库中的表名和列名进行规范化（例如对不合理命名、歧义命名、英文命名等，根据业务进行重新梳理规整）。然后，对于所有的规范化后的表名和列名，通过模糊匹配的方式对其与自然语言问句进行相似度评分，并依据评分从大到小进行表列名的字符串拼接，形式如下：

```
{Table name1: Column1 | Column2 | ...} | {...}...
```

这里，我们将不同表的信息用“{}”进行聚合，然后通过“|”分隔，同一张表内的不同列之间通过“|”分隔，无论是表间信息的排序还是表内信息的排序，都是依据字符串模糊匹配得

分来进行的。我们对每一个自然语言问句在模型输入前，均进行这样的动态 Schema 信息生成，然后拼接到原始自然语言问句中，作为模型新的输入。这里由于拼接信息可能会超过 512 字符（传统 BERT 模型的限制），于是我们采用基于更长距离建模特征的 Transformer-XL 替代原始 Transformer 模块来完成长序列的建模。同样地，动态 Schema 生成技术也可用于 DB Content 的信息拼接，思路大同小异。

总结一下，算法的创新点如下：

- End-to-End 方式解决 NL2SQL 任务执行效率高，无子模型 Pipeline 误差传递。
- AEDA 数据增强技术是简单直接的文本增强技术，可以生成带噪声的自然语言问句样本。
- 动态融合 Schema 信息和 DB Content 信息可以构建简单合理的 Schema Linking 机制，使得自然语言问句与数据库中的目标表和列联系更加紧密。

4. 比赛成绩

在该比赛中，我们的参赛团队名称是“语义解析”队，我们的方案在初赛中的精准匹配率是 0.8228，获得了第三名的成绩，具体成绩排名如图 9-11 所示。

我们的算法方案在决赛中的精准匹配率是 0.6554，获得了第五名的成绩，具体成绩排名如图 9-12 所示。

图 9-11　初赛排名　　　　图 9-12　复赛排名

9.4 NL2SQL 源码解读

Seq2Seq 方法是 NL2SQL 的主流技术路线，本节主要介绍 T5 模型如何解决 NL2SQL 的问题，目标是通过原始问题得到 SQL 语句，因为 SQL 语句是从数据库中进行查询的语句，要想得到 SQL 语句，其中不可避免会涉及数据库、表结构和表所对应的列。因此，为了生成更精准的 SQL 语句，我们将原始问题、数据库表结构和列作为 T5 的模型输入。我们分别训练三个 T5 模型：第一个模型的输入是原始问题，输出是数据库；第二个 T5 模型的输入是原始问题和数据库，输出是表和列；第三个 T5 模型的输入是原始问题、表和列，输出是 SQL 语句。

首先，我们将原始问题和数据库拼接作为输入，中间用“|”号隔开（拼接方式中间用“|”分隔开），用第一个 T5 模型学习一个由问题到数据库的映射。

其次，我们将原始问题和第一个 T5 模型预测得到的数据库进行拼接作为输入，表结构（表名）作为标签，用第二个 T5 模型来学习从数据库和原始问题的拼接到表结构的映射。

最后，将原始问题、两个 T5 模型预测得到的表结构信息（表名）以及生成的表所对应的所有列信息（列名和列的数据类型）的拼接作为输入，数据库、表结构和生成表对应的列中间用“|”分隔开，训练一个能够得到 SQL 语句的输出。

本节将通过代码讲解如何通过 T5 生成模型来将自然语言转换成 SQL 语言，同时给出训练样本示例、生成模型结构示例以及从自然语言转换成 SQL 语言的流程示例，另外还会展示具体步骤和代码。

首先从 Transformers 和 Simpletransformers 库中引入相关的包和库，其中包含 T5model、T5Tokenizer、T5Args，T5model 包含 T5 模型的网络架构，T5 的 Tokenizer 可以将原始输入文本转换成相应的 Token_id，T5Args 包含微调 T5 模型的参数，这三块构成了微调 T5 模型的主要模块。

首先是数据的处理和导入，load_dbname 函数用来导入训练所需要的数据库和原始问题。我们需要的是 question_list 和 db_name_list 这两列，其中 question_list 是第一个 T5 模型的原始输入，而 db_name_list 是输出，如表 9-1 所示。

表9-1 dbname数据样例

question_list	db_name_list
基金经理最高学历为硕士且任职天数小于365天的有哪些	ccks_fund
2021年收入从大到小排名前5的是哪几家公司	ccks_stock
找到指标周期为“一个月”的基金收益为正的基金数目，按基金性质分组展示	ccks_fund
去年哪家公司的成本最多	ccks_stock
帮我确认一下天齐锂业的主要经营业务范围	ccks_stock

输入数据 Token 形式如图 9-13 所示，具体包含需要导入的原始问题 question_list、数据库 dbname、表结构 table_all_list。

图 9-13 T5 模型输入的 Token 形式

第一个 T5 模型的输入和输出架构如图 9-14 所示，根据输入的问题，预测对应的数据库名称。

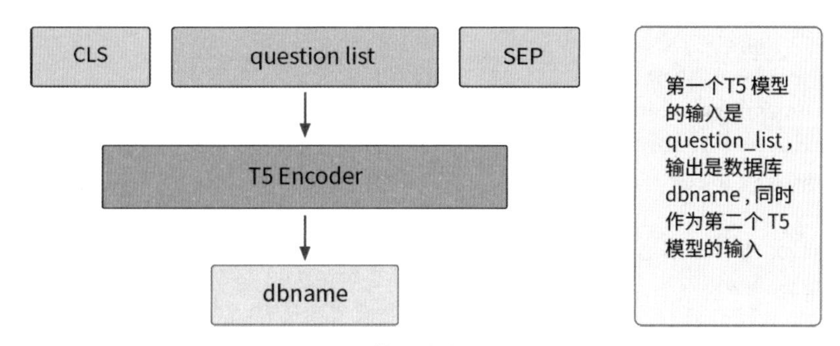

图 9-14　T5 模型的输入和输出架构

代码清单 9-1 展示的是 T5 模型的训练集数据导入的流程，首先数据导入函数 load_dbname 用来加载数据库中的数据，经过 load_dbname 得到 question_list 和 db_name_list 的列表形式，在函数中对应的是 texts 和 labels，作为第一个 T5 模型的输入和输出。

代码清单 9-1　T5 模型的数据导入

```
import os
import random
import logging
import pandas as pd
from simpletransformers.t5 import T5Model, T5Args
from transformers.models.t5 import T5Tokenizer
os.environ['CUDA_VISIBLE_DEVICES'] = "0"
logging.basicConfig(level=logging.INFO)
transformers_logger = logging.getLogger("transformers")
transformers_logger.setLevel(logging.WARNING)

# 导入原始问题和数据库，分别用 texts 和 labels 表示，对应第一个 T5 模型的输入和输出
def load_dbname(filename):
    texts = []
    labels = []
    df = pd.read_csv(filename)
    for index, row in df.iterrows():
        content = row['question_list']
        title = row['db_name_list']
        texts.append(content)
        labels.append(title)
    return texts, labels

# 导入原始问题和表结构，分别用 texts 和 labels 表示，对应第二个 T5 模型的输入和输出
def load_table(filename):
    texts = []
    labels = []
    df = pd.read_csv(filename)
    for index, row in df.iterrows():
        content = row['question_list'] + '|' + row['db_name_list'] + '|' + row['table_
```

```
all_list']
        title = row['table_units_chinese_list']
        texts.append(content)
        labels.append(title)
    return texts, labels

# 导入原始问题和 SQL 查询语句，分别用 texts 和 labels 表示，对应第三个 T5 模型的输入和输出
def load_sql(filename):
    texts = []
    labels = []
    df = pd.read_csv(filename)
    for index, row in df.iterrows():
        content = row['question_list'] + '|' + row['table_units_chinese_list'] + '|' +
row['col_list']
        title = row['sql_query_chinese_list']
        texts.append(content)
        labels.append(title)
    return texts, labels
```

代码清单 9-1 中的 load_table 函数用来得到第二个 T5 模型的输入和输出，question_list、db_name_list 和表结构 table_all_list 一起组成 texts，table_units_chinese_list 作为 labels，得到第二个 T5 模型的输入和输出，其架构如图 9-15 所示。

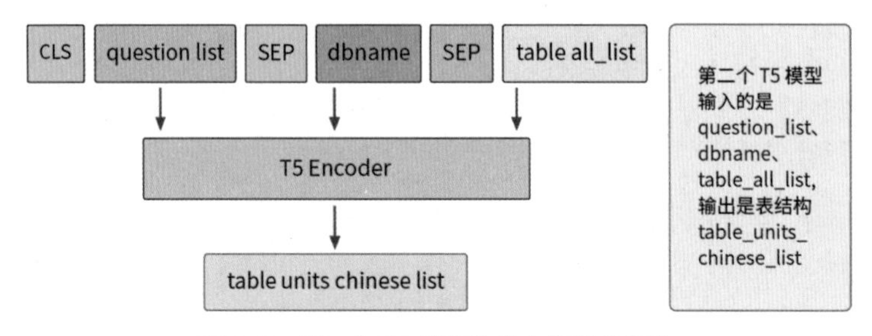

图 9-15 第二个 T5 模型的输入和输出架构

代码清单 9-1 中的 load_sql 导入的是 CSV 文件，question_list、table_units_chinese_list、col_list 一起组成 texts，sql_query_chinese_list 作为 labels，得到第三个 T5 模型的输入和输出，具体如图 9-16 和图 9-17 所示，其中 sql_query_chinese_list 就是我们最终所需要的 SQL 语句，例如：

```
select 中文名称缩写 from 公司主营业务构成 where strftime('%Y', 截止日期) =
strftime('%Y', DATE('now', '-1 year')) order by 主营业务成本(元) desc limit 1
```

图 9-16 第三个 T5 模型 Token 输入

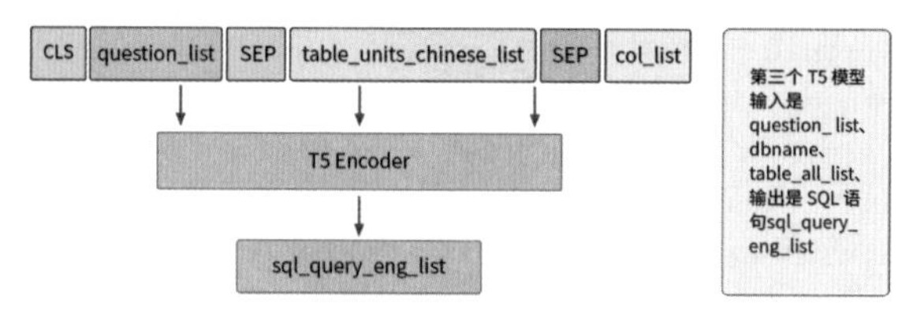

图 9-17　第三个 T5 模型的输入和输出架构

模型训练完之后，在推理应用阶段，图 9-18 展示了这三个 T5 模型如何进行 Pipeline 处理，生成最后的 SQL 语句。第一个 T5 模型根据问题输入 question，输出数据库 dbname，然后拼接 question、table_all_list，作为第二个 T5 模型的输入，输出问题对应的数据表 table_units_chinese_list，然后拼接 question、col_list，作为第三个 T5 模型的输入，输出最终所需要的 SQL 语句。

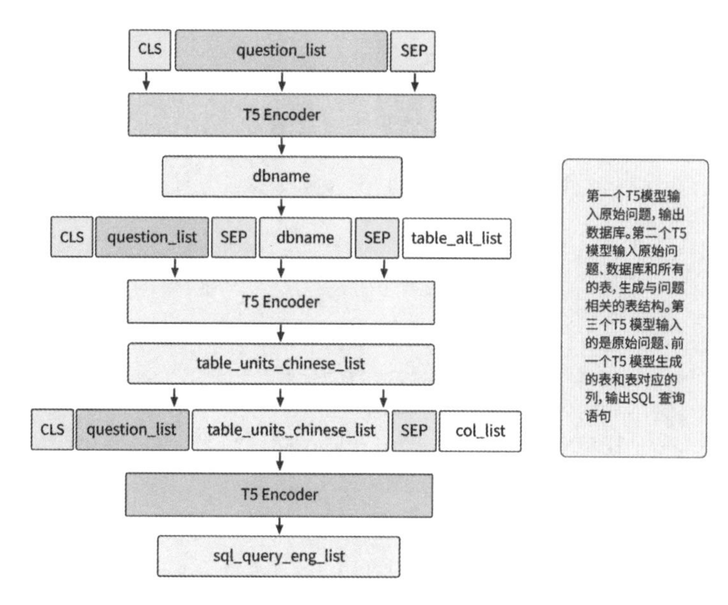

图 9-18　生成 SQL 语句的训练和推理过程

代码清单 9-2 展示了 T5 模型的训练流程以及数据来源，具体的训练步骤在代码中会详细说明。

代码清单 9-2　T5 模型训练

```
def train_T5_model(filename, model_path, max_seq_length, max_target_length, train_
batch_size, best_model_dir):
    # T5 微调的训练函数，第三个 T5 模型的训练函数
    input_text, output_text = load_sql(filename)
    # input_text 和 output_text 分别是 T5 的输入和标签
    df = pd.DataFrame({"prefix":['NL2SQL' for i in range(len(input_text))], "input_
text":input_text, "target_text":output_text})
    # 将列表形式的 input_text 和 output_text 封装在 DataFrame 中
    # 训练集和验证集的划分，训练集占 0.9，验证集占 0.1
    random.seed(1)
    df = df.sample(frac=1).reset_index(drop=True)
```

```
train_df = df[:int(len(df)*0.9)]
eval_df = df[int(len(df)*0.9):]

input_max_len_train = max([len(t) for t in list(train_df['input_text'])])
target_max_len_train = max([len(t) for t in list(train_df['target_text'])])
# 训练集和标签的最大长度
print(f"max_len of train_input: {input_max_len_train}")
print(f"max_len of train_target: {target_max_len_train}")

cache_dir = "./cache_dir/mt5-base"
if not os.path.exists(cache_dir):
    os.mkdir(cache_dir)
# 模型参数
model_args = T5Args()
model_args.manual_seed = 2022
# 最大输入长度
model_args.max_seq_length = max_seq_length
# 最大标签长度
model_args.max_length = max_target_length
# 训练集的 batch
model_args.train_batch_size = train_batch_size
# 验证集的 batch
model_args.eval_batch_size = 8
# 训练轮次
model_args.num_train_epochs = 50
model_args.evaluate_during_training = True
model_args.evaluate_during_training_steps = -1
model_args.use_multiprocessing = False
model_args.use_multiprocessing_for_evaluation = False
model_args.use_multiprocessed_decoding = False
model_args.fp16 = False
model_args.gradient_accumulation_steps = 1
model_args.save_model_every_epoch = True
model_args.save_eval_checkpoints = False
model_args.reprocess_input_data = True
model_args.overwrite_output_dir = True
model_args.output_dir = "./t5_output/"
model_args.best_model_dir = best_model_dir
model_args.preprocess_inputs = False
model_args.num_return_sequences = 1
model_args.cache_dir = cache_dir
model_args.evaluate_generated_text = False
model_args.learning_rate = 1e-4 #学习率
model_args.num_beams = 1
model_args.do_sample = False
model_args.top_k = 50
model_args.top_p = 0.95
model_args.scheduler = "polynomial_decay_schedule_with_warmup"
# 早停机制
model_args.use_early_stopping = True
```

```
    # model_args.use_auth_token = True
    model = T5Model("mt5", model_path, args=model_args)

    # 模型训练
    model.train_model(train_df, eval_data=eval_df)

    # 模型验证
    # Optional: Evaluate the model. We'll test it properly anyway.
    # results = model.eval_model(eval_df, verbose=True)

train_T5_model(filename='../data/train_data.csv', model_path='../model/pretrained_model',
max_seq_length=512, max_target_length=263, train_batch_size=8, best_model_dir='./t5_
output/sql_best_model') # 模型保存
```

train_T5_model 函数用来训练和保存 T5 模型，其中 input_text 和 output_text 是输入和输出，这两个部分由前面的数据导入函数生成，我们采用了 3 个 T5 模型来学习，这 3 个模型的输入和输出是以串联的形式，例如，第一个 T5 模型产生的输出数据库 db_name_list 将作为第二个 T5 模型的输入之一，第二个模型的输入 question_list、第一个模型的输出 db_name_list 以及 table_all_list 三者的拼接，中间用“|”分隔开，输出是 table_units_chinese_list。第三个 T5 模型的输入是 question_list、第二个模型的输出 table_units_chinese_list 和 col_list 三者的拼接，输出是 SQL 查询语句 sql_query_chinese_list。prefix 是模型预测时的提示，类似于 Prompt 的思想，在 NL2SQL 问题上我们选择的是 NL2SQL 作为提示，用来引导模型得到想要的输出，而训练集和验证集我们采取 9:1 的随机划分方式。

其中，T5_Args 是一个定义模型参数的容器，用来存放微调 T5 所需要的参数。max_seq_length 和 max_length 是我们定义的输入和输出的最大长度。我们分别选择的是 512 和 263，和一般的 Transformer 一样，输入长度一般都为 512，输出长度要根据实际情况来决定，一般 SQL 语句长度相对较短，263 也是根据生成 SQL 的最大长度来设置和调整的。

学习率选择的是 1e-4，训练批次选择的是 50，以保证模型能充分学习到 SQL 语句的表征结构。训练的 batch_size 选择的是 8。"./t5_output/sql_best_model" 是模型训练后的保存路径，微调训练结束后就可以导入模型进行推理。

对于训练的具体操作，我们用 load_sql 方法读取 dataframe(.csv 文件) 中的数据，用 list 形式给模型作为输入，将 df 划分为 train_df 和 eval_df，model = T5Model("mt5", model_path, args=model_args) 是我们从 simpletransformers 库中调用的 T5 微调的模型。model_path 是 '../model/pretrained_model'，args 是之前定义的各种模型参数。model.train_model 用来训练模型，而 model.eval_model 用来验证模型。train_T5_model 函数用来启动训练和验证的过程，best_model_dir 是模型的最后保存路径。

代码清单 9-3 展示了 T5 模型的推理流程，也就是生成 SQL 语句的过程，具体推理步骤在代码清单后会有详细的说明。

代码清单 9-3 T5 模型推理预测

```
import json
import pandas as pd
import torch
import logging
import os
from simpletransformers.t5 import T5Model, T5Args

os.environ['CUDA_VISIBLE_DEVICES'] = "0"
device = torch.device('cuda')

class Read_json_mine():
    def __init__(self, file_path):
        self.file_path = file_path

    def read_json(self):
        return json.load(open(self.file_path, 'r', encoding="utf-8"))

def generate_dbname(dev_read):

    model = T5Model("mt5", "./t5_output/dbname_best_model", args=model_args)
    db_name_list = []
    for dev_data in dev_read.read_json():
        text = dev_data['question']
        db_name_list.append(text)
    pred_list = model.predict(db_name_list)
    print('dbname 预测完成， 长度为：', len(pred_list))

    return pred_list

def generate_table(dev_read, db_name_list, db2table):
    model = T5Model("mt5", "./t5_output/table_best_model", args=model_args)
    table_list = []
    for i, dev_data in enumerate(dev_read.read_json()):
        # 通过 db2table 映射字典获得当前样本对应的所有表名，拼接在 query 后面
        text = dev_data['question'] + '|' + ','.join(db2table[db_name_list[i]])
        table_list.append(text)

    pred_list = model.predict(table_list)
    for i in range(len(pred_list)):
        temp = [x.strip() for x in pred_list[i].split(",") if x.strip() != '']
        pred_list[i] = temp

    print('table 预测完成， 长度为：', len(pred_list))
    print(pred_list)
    return pred_list

def generate_sql(dev_read, tables, cols):
    model = T5Model("mt5", "./t5_output/sql_best_model", args=model_args)
    sql_list = []
```

```
    for i, dev_data in enumerate(dev_read.read_json()):
        # print(cols)
        # 拼接预测数的表名和列名
        text = dev_data['question'] + '|' + ','.join(tables[i]) + '|' + cols[i]
        sql_list.append(text)

    # 测试 100 条
    pred_list = model.predict(sql_list)
    print('sql 预测完成 , 长度为: ', len(pred_list))
    return pred_list

# 通过表名，返回该表名下的所有列名
def table2col(tables):
    zhtable2col = {}
    en2zh = {}
    zh2en = {}
    db_dict = Read_json_mine('../data/db_info.json')
    for db_ in db_dict.read_json():
        for table in db_['table_name']:
            if table[0].lower() not in en2zh:
                en2zh[table[0].lower()] = table[1]
            if table[1] not in zh2en:
                zh2en[table[1]] = table[0].lower()

        for column_info in db_['column_info']:
            if en2zh[column_info['table'].lower()] not in zhtable2col:
                temp = ''
                for i in range(1, len(column_info['columns'])):
                    temp += column_info['column_chiName'][i] + ','
                zhtable2col[en2zh[column_info['table']]] = temp[:-1]

    cols = []
    for table in tables:
        temp = ''
        for tb in table:
            temp += zhtable2col[tb] + ','
        cols.append(temp[:-1])

    return cols

def dbname2table():
    db2table = {}
    db_dict = Read_json_mine('../data/db_info.json')
    for db_ in db_dict.read_json():
        temp = []
        if db_['db_name'] not in db2table:
            for i, table in enumerate(db_['table_name']):
                temp.append(table[1])
            db2table[db_['db_name']] = temp
    return db2table
```

```
if __name__ == '__main__':
    logging.basicConfig(level=logging.INFO)
    transformers_logger = logging.getLogger("transformers")
    transformers_logger.setLevel(logging.WARNING)
    cache_dir = "cache_dir/mt5-base"
    if not os.path.exists(cache_dir):
        os.mkdir(cache_dir)
    model_args = T5Args()
    model_args.manual_seed = 2022
    model_args.max_seq_length = 512
    model_args.max_length = 220
    model_args.train_batch_size = 8
    model_args.eval_batch_size = 4
    model_args.num_train_epochs = 30
    model_args.evaluate_during_training = True
    model_args.evaluate_during_training_steps = -1
    model_args.use_multiprocessing = False
    model_args.use_multiprocessing_for_evaluation = False
    model_args.use_multiprocessed_decoding = False
    model_args.fp16 = False
    model_args.gradient_accumulation_steps = 1
    model_args.save_model_every_epoch = False
    model_args.save_eval_checkpoints = False
    model_args.reprocess_input_data = True
    model_args.overwrite_output_dir = True
    model_args.output_dir = "./t5_output/"
    model_args.best_model_dir = "./t5_output/checkpoint-22350-epoch-50"
    model_args.preprocess_inputs = False
    model_args.num_return_sequences = 1
    model_args.cache_dir = cache_dir
    model_args.evaluate_generated_text = False
    model_args.learning_rate = 5e-4
    model_args.num_beams = 1
    model_args.do_sample = False
    model_args.top_k = 50
    model_args.top_p = 0.95
    model_args.scheduler = "polynomial_decay_schedule_with_warmup"
    model_args.use_early_stopping = False

dev_read = Read_json_mine('../data/dev.json')
# 生成 dbname
db_name_list = generate_dbname(dev_read)
# db2table 是 db 到 table 的映射字典
db2table = dbname2table()
# 生成 table
table_list = generate_table(dev_read, db_name_list, db2table)
# zh2en 是中文表名：英文表名的字典，cols 是 table_list 对应的 col_list
cols = table2col(table_list)
sql_list_ = generate_sql(dev_read, table_list, cols)
```

函数 sql_list = generate_sql((dev_read, table_list, cols)) 用来生成 SQL 语句，其中表名和列名都对应模型推理部分的代码，generate_dbname 函数用来生成数据库，这是第一个 T5 模型的输出，即由原始问题得到与原始问题相关的数据库。generate_table 函数用来生成表结构，即通过第二个 T5 模型来得到与问题相关的表和列。generate_sql 函数通过第三个 T5 模型来生成所需要的 SQL 语句。dl2table 和 table2col 函数是两个转换函数，它们将模型得到的文本输出转换成所需要的表结构和列，进而生成所需要的 SQL 语句。

9.5 本章小结

当前语义解析中的 NL2SQL 技术随着自然语言处理技术的发展和预训练模型的大规模应用使其在真实场景落地成为可能。但是在工业实践中应用仍旧有不少问题尚待解决，主要表现在自然语言建模更多的是使用联结主义的方法（如深度学习），而要生成的 SQL 语句为形式化语言。当前人工智能技术尚且无法完全弥合符号主义和联结主义两种方法之间的鸿沟，而这也是 NL2SQL 技术所面对的最大挑战。不过随着自然语言处理技术的发展，逐渐有一些方法开始朝着解决此问题的方向迈出了步伐，笔者相信终有一日 NL2SQL 等语义解析问题会被完美解决，实现人机交互的无缝衔接。

目前一些成熟的工业产品上已经应用了部分前沿 NL2SQL 技术。这些产品有一个共同点，将 NL2SQL 技术作为一个辅助功能模块，为产品的主要功能提供“锦上添花”的功能。例如，在搜索场景下，国外有微软的 PowerBI 产品，以及 Salesforce、ThoughtSpots 等公司的同类商业智能（Business Intelligent，BI）产品。在对话场景下，国内则有将 NL2SQL 技术应用于智能助理中的商业产品，例如认可度较高的“阿里云智能数据助理”。

在这些产品中，NL2SQL 技术被深度嵌入服务于产品的主要功能，已经得到了广大用户的认可。随着 NL2SQL 技术的不断迭代与攻坚克难，相信在未来，不仅以 NL2SQL 技术为辅的产品能遍地开花，一些“纯粹”的 NL2SQL 应用，例如“人机对话”等，也能突破性地进行适当场景的落地实践。

9.6 习　题

1. Spider 数据集相较于 WikiSQL 数据集有什么特点？

2. 中文 CSpider 数据集相对于 Spider 数据集有哪些独特的挑战？

3. 模板槽位填充方法的流程是怎样的？

4. 请概述一下在 NL2SQL 中使用增强学习方法的思路，并讨论它在提升 NL2SQL 模型性能方面的挑战。

5. 在实际的 NL2SQL 应用中，用户查询可能具有复杂的逻辑关系，例如多个条件的 AND

或 OR 组合。请说明一下如何处理这种复杂查询，并讨论可能的解决方案。

6. X-SQL 方法是如何将 NL2SQL 任务转换为多个子任务的？请解释这个过程和这种方法背后的目的。

7. 在 X-SQL 网络结构中，上下文增强层的作用是什么？它是如何将每个列的输出向量合并到 [CTX] 位置的输出向量中的？

8. X-SQL 方法的输出层包含 6 个子任务。请选一个子任务，描述它在 NL2SQL 任务中的重要性，以及模型如何预测该子任务的输出。

9.7 本章参考文献

[1] Lin X V, Socher R, Xiong C. Bridging textual and tabular data for cross-domain text-to-sql semantic parsing[J]. arXiv preprint arXiv:2012.12627, 2020.

[2] Yu T, Wu C S, Lin X V, et al. Grappa: Grammar-augmented pre-training for table semantic parsing[J]. arXiv preprint arXiv:2009.13845, 2020.

[3] Zhong V, Xiong C, Socher R. Seq2sql: Generating structured queries from natural language using reinforcement learning[J]. arXiv preprint arXiv:1709.00103, 2017.

[4] Xu X, Liu C, Song D. Sqlnet: Generating structured queries from natural language without reinforcement learning[J]. arXiv preprint arXiv:1711.04436, 2017.

[5] Bogin B, Gardner M, Berant J. Global reasoning over database structures for text-to-sql parsing [J]. arXiv preprint arXiv:1908.11214, 2019.

[6] Wang B, Shin R, Liu X, et al. Rat-sql: Relation-aware schema encoding and linking for text-to-sql parsers[J]. arXiv preprint arXiv:1911.04942, 2019.

[7] Guo J, Zhan Z, Gao Y, et al. Towards complex text-to-sql in cross-domain database with intermediate representation[J]. arXiv preprint arXiv:1905.08205, 2019.

第 10 章 ChatGPT 大语言模型

本章首先介绍 ChatGPT 大语言模型的定义和背景，以及 ChatGPT 的发展历程，概述 GPT-1、GPT-2、GPT-3 三代模型的原理。然后介绍 ChatGPT 的实现原理，包括大模型的微调技术、能力来源、预训练和微调。接下来阐述 ChatGPT 的应用，包括提示工程、应用场景和优缺点。最后对开源大模型 ChatGLM、LLaMA 大模型的原理进行介绍。

10.1 ChatGPT 介绍

10.1.1 ChatGPT 的定义和背景

ChatGPT 实际上是一个大型语言预训练模型（Large Language Model，LLM）。什么叫 LLM？ LLM 是基于深度学习和神经网络的强大语言模型。通过在大规模文本数据上进行训练，LLM 能够学习语言的统计特征和上下文关系，以生成连贯、逻辑性强的文本内容。LLM 利用庞大的神经网络，具备处理海量上下文信息的能力，从而生成高质量的文本。它能够理解输入文本的语义和逻辑关系，并预测下一个词语或短语，以及在上下文中选择合适的语言结构。

ChatGPT 是由 OpenAI 基于 GPT（Generative Pre-Trained Transformer）开发出来的大模型，其目标是实现与人类类似的自然对话交互，使机器能够理解用户输入并生成连贯、有意义的回复。随着人工智能技术的快速发展，对话系统成为研究和应用的热门领域之一。人们渴望建立能够与人类进行自然、流畅对话的机器智能。传统的对话系统通常使用规则和模板来生成回复，但在处理更复杂的对话场景时存在局限性。因此，基于深度学习和自然语言处理的对话生成技术逐渐崭露头角。

ChatGPT 延续了 GPT 模型的优势，旨在进一步提升对话系统的自然性和流畅性。它的目标是理解上下文、生成连贯的回复，并在对话交互中创造更真实、有趣的体验。ChatGPT 的研发旨在满足实际应用中对于对话系统的需求，例如虚拟客服、智能助手等。

ChatGPT 的背后依赖于大规模的数据集和强大的计算资源。通过使用海量的对话数据进行预训练，ChatGPT 能够学习常见的对话模式和语言表达方式。同时，ChatGPT 的开发者借助云计算和分布式技术，建立了庞大的计算集群来训练和优化模型。这种大规模计算能力对于提高 ChatGPT 的生成质量和实时性起到重要作用。

10.1.2 ChatGPT 的发展历程

ChatGPT 的发展历程可以追溯到 OpenAI 之前开发的其他自然语言模型。在 2018 年，OpenAI 发布了 GPT-2 模型，它是 GPT 模型的进一步改进，引起了广泛的关注。GPT-2 模型表现出了惊人的生成能力，但由于担心模型被滥用，OpenAI 当时选择不完全公开发布该模型。然而，为了促进模型的研究和发展，OpenAI 在 2019 年年底推出了 GPT-2 的第一个版本，并在 2020 年公开发布了更大规模的 GPT-2 模型，与研究社区分享。这促使了对 GPT 模型性能的进一步探索和改进。

之后，OpenAI 开展了 ChatGPT 项目，旨在将 GPT 模型应用于对话生成领域。它们通过将 GPT 模型微调为一个聊天机器人，使其能够生成连贯的对话回复。然而，初始版本的 ChatGPT 存在一些问题，如生成不一致的回复、敏感话题处理不当等。

为了解决这些问题，OpenAI 推出了一些重要的迭代版本。最初，它们通过与人类执行对话任务的协同方式收集了大量生成数据，并使用该数据进行更强化的微调。这种方法有助于改善模型的生成质量，并减少了不恰当、误导性回复的出现。

此后，OpenAI 开展了 GPT-3 的研究项目，该模型被认为是目前最大规模、最先进的 GPT 模型。GPT-3 具有 1750 亿个参数，具备强大的语言生成能力和理解能力。它被广泛测试和应用于多个领域，包括对话系统。

在 GPT-3 的基础上，OpenAI 推出了新版本的 ChatGPT，即 ChatGPT Plus 和 ChatGPT Pro。这些版本提供了更广泛的访问权限和更强大的性能。ChatGPT Plus 是一种付费订阅服务，为用户提供更稳定、无限制的访问，并优先获取新功能。而 ChatGPT Pro 则提供更高级的订阅服务，提供额外的优先访问权、更快的响应时间和专属支持。

这些发展历程展示了 OpenAI 在不断改进 ChatGPT 上的努力，以提供更好、更稳定的对话生成体验。随着 ChatGPT 的持续发展和用户反馈的集成，预计未来将发布更多的改进版本，为用户提供更出色的对话交互能力。

10.2 GPT 模型概述

GPT-1、GPT-2 和 GPT-3 是 OpenAI 推出的三代语言模型，它们的共同特点是其模型架构都是基于 Transformer 的 Decoder 层，区别在于 GPT-1 是常规生成式语言模型，GPT-2 的亮点是在 Zero-Shot 的多任务学习场景中展示出不错的性能，GPT-3 的亮点是涌现的 In-Context Learning 和 Few-Shot 能力，接下来对这三代模型的原理进行具体的阐述。

10.2.1 GPT-1 模型的原理

GPT-1 是 OpenAI 推出的第一个 GPT 模型，对应的论文是 *Improving Language Understanding by Generative Pre-Training*（通过生成式预训练提升语言理解能力）。GPT-1 的目标是学习一种能够轻微调整就能迁移到一系列任务的通用表示，假定已经存在大量的未标注文本语料库和几个目标任务的标注数据集，不要求这些目标任务与未标注文本语料库在同一领域。GPT-1 采用两阶段训练过程，首先是预训练，使用语言建模目标在未标注文本语料库上学习模型的初始参数。然后是微调，使用目标任务的标注数据集调整这些参数以适应目标任务。

GPT-1 采用了 Transformer 的 Decoder 架构（前面 2.3 节中的 Decoder-AR 结构），并进行了修改，如图 10-1 所示，标准 Transformer 的 Decoder 包括一个 Masked Multi-Head Attention 模块和一个 Multi-Head Attention 模块，GPT-1 中的 Decoder 将 Multi-Head Attention 模块去掉了，只保留了 Masked Multi-Head Attention 模块。

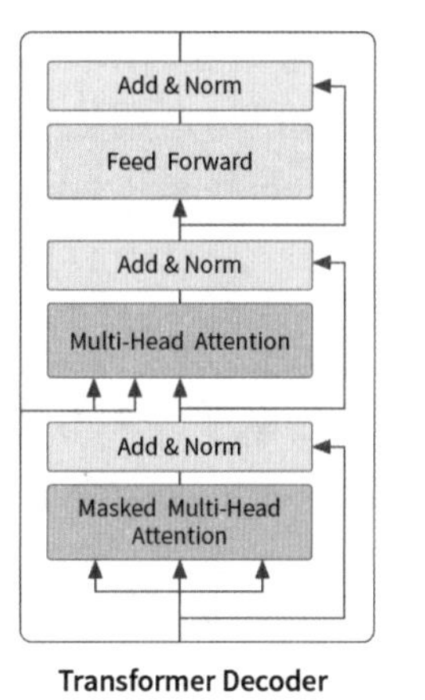

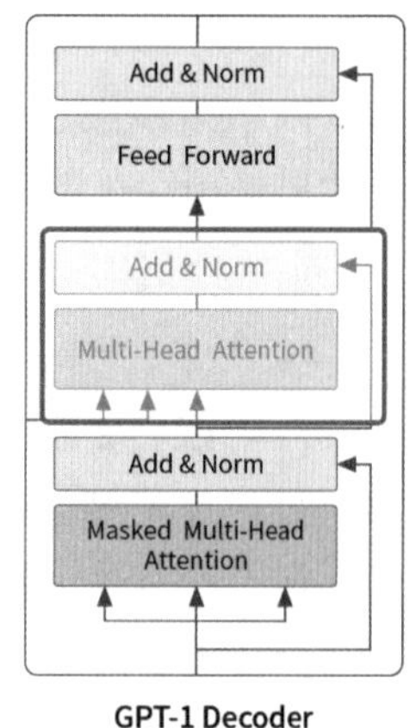

图 10-1 GPT-1 的模型架构

为什么 GPT-1 只用标准 Transformer 的 Decoder 部分呢？因为 GPT-1 采用的是基于自回归的生成式语言模型，使用句子序列的上文预测下一个 Token，而 Decoder 采用 Masked Multi-Head Attention 对句子的下文进行遮挡，防止信息泄露，Decoder 是现成的生成式语言模型，因此 GPT-1 中直接使用 Decoder，没有使用 Encoder，那么 Decoder 中就不需要 Encoder-Decoder Attention 模块（也就是上面提到的 Multi-Head Attention 模块）。因此，GPT-1 和 BERT 的模型架构是不同的，BERT 是标准 Transformer 模型架构中的 Encoder 部分，而 GPT-1 是标准 Transformer 模型架构中的 Decoder 部分（去掉了 Multi-Head Attention 模块）。在模型大小方面，GPT-1 的模型架构包括 12 个这样的 Decoder 模块，将其堆叠组合在一起。Attention 的维度是 768，Feed Forward 层的隐藏维度是 3072，总参数达到 1.5 亿。

GPT-1 的训练过程包括无监督的预训练和有监督的微调。在无监督的预训练方面，给定一个未标注的文本语料库，构建训练目标，就是将 n 个 Token 的词嵌入向量加上位置嵌入向量，然后输入 GPT-1 模型中，分别预测该位置的下一个词，然后对 GPT-1 模型的参数进行最大似然估计。在有监督的微调方面，以情感分类为例，把文本向量加上位置嵌入向量输入 GPT-1 模型，得到最上层最后一个时刻的输出向量，然后通过一个 Softmax 层进行分类，和标注结果计算交叉熵损失，从而调整 GPT-1 模型的参数，达到微调的效果。另外，GPT-1 在微调的时候同时考虑了预训练语言模型的损失函数（使用当前微调任务的文本数据，而不是指预训练阶段的数据），和交叉熵损失进行加权求和，即 Multi-Task Learning，进一步提高模型的泛化能力。

总结来说，GPT-1 模型通过预训练和微调的方式，利用大规模无监督的数据来学习语言模式和规律，通过 Transformer Decoder 来构建模型。GPT-1 在文本生成方面取得了一定的成功，并为后续的 GPT 系列模型奠定了基础。接下来，我们将介绍 GPT-2 模型的原理。

10.2.2 GPT-2 模型的原理

GPT-2 是 OpenAI 推出的第二代 GPT 模型，对应的论文是 *Language Models are Unsupervised*

Multitask Learners（语言模型是无监督多任务学习器）。GPT-2 的诞生背景是：GPT-1 证明了在目标任务的标注数据较少的情况下，通过利用大量的无标注数据获得预训练模型，然后在目标任务的标注数据集上进行有监督的微调，也能取得不错的效果。几个月后，Google 提出了 BERT，效果超过了 GPT-1，BERT 也需要在目标任务的标注数据集上进行微调。GPT-2 的目标是往更通用的模型转变，可以执行各种下游目标任务，适用于各种场景，无须为每个任务构建标注训练数据集。

与 GPT-1 相比，GPT-2 在多任务学习上进行了改进，在模型规模和性能方面都有了重大的提升，从 GPT-2 的论文名称中就可以看出，GPT-2 的预训练过程利用了大量的无标签数据，模型可以处理不同的下游任务，如阅读理解、文本摘要等。GPT-2 的一个重要亮点就是在 Zero-Shot 的多任务学习场景中取得了不错的效果，可以在零样本设置中执行下游任务，不需要修改任何参数或架构。

相比 GPT-1，GPT-2 中最重要的改进是模型的规模和层数的增加，这种巨大的模型规模使得 GPT-2 能够更好地建模复杂的语言现象，并生成更加准确和流畅的文本。另外，在如下方面还进行了一些修改。

- 数据量扩增：GPT-1 的预训练使用了约 5GB 训练集，GPT-2 的预训练使用了 40GB 训练集，对应的数据集名称为 WebText，包含 4500 万个链接的文本数据，并且质量更高。
- 词汇表扩展：GPT-2 的词汇表数量到了 50257，上下文的大小从 512 增加到 1024，并且 Batch Size 使用 512。
- 去掉微调：GPT-2 使用了完全的无监督训练，这样使得预训练和微调的模型结构完全一致。
- 调整 Transformer Decoder：将层归一化移动到每个 Decoder 的输入，并且在最后一个 Self-Attention 之后加了一层归一化。

从模型架构来说，GPT-2 和 GPT-1 类似，都采用了 Transformer 的 Decoder 架构，但是 GPT-2 有超大的参数规模，它是一个基于海量数据训练得到的巨大模型。在 GPT-1 的模型架构中，对 Decoder 模块进行了 12 层的堆叠，但是对于 GPT-2 而言，小号的 GPT-2 模型堆叠了 12 层，参数量是 117M，中号堆叠了 24 层，参数量是 345M，大号堆叠了 36 层，参数量是 762M，特大号堆叠了 48 层，参数量是 1542M，即 15 亿左右个参数，具体如图 10-2 所示。

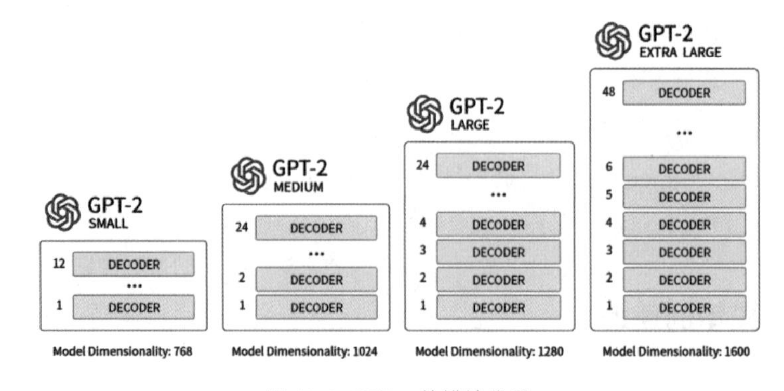

图 10-2 GPT-2 的模块堆叠

针对下游目标任务，GPT-1 进行有监督微调，通常是对任务的输入文本进行构造，在文本中添加开始符和结束符，如图 10-3 所示，这两个符号在预训练中没有见过，但是在有监督微调的过程中，模型会学习到这两个符号。

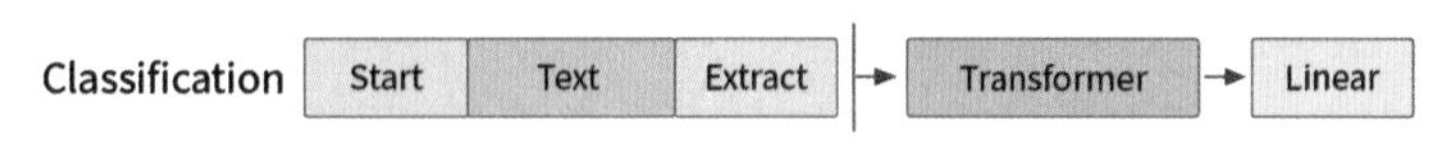

图 10-3 GPT-1 对分类目标任务的处理

那么 GPT-2 是如何处理 Zero-Shot 的下游任务的呢？因为 GPT-2 没有微调阶段，因此开始符和结束符不适合给 GPT-2 模型看。在 GPT-2 中，下游任务可以视为预训练过程（无监督训练）的一个子集，当预训练规模足够大时，把无监督的任务训练好了，下游任务不再需要额外的微调训练，也能取得好的效果，就是所谓的 Zero-Shot。

举个例子来说明，如图 10-4 所示，这段文本中，“Mentez mentez, il en restera toujours quelque chose，”是法语句子，“Lie lie and something will always remain.”是英语句子，而 GPT-2 在无监督的预训练过程中，并没有告诉模型要做 translation 的任务，但是训练文本中却有 which translates as 这样的词语，这种与具体下游目标任务相关的信息，在 GPT-2 中可以通过无监督预训练过程进行学习。那么 GPT-2 如何执行下游任务呢？以英语翻译为法语为例，只需要在下游任务的输入文本中，告诉模型 translate English to French，即给模型一个任务提示（Prompt）即可，因此 GPT-2 中融合了 Prompt Learning，Prompt Learning 的意义在于不用微调也能处理下游任务。

总结来说，GPT-2 是在 GPT-1 的基础上进行改进的第二代 GPT 模型。它通过数据量扩增、词汇表扩展、去掉微调和修改 Decoder 等方式对模型进行了改进，它在处理各种下游目标任务时无须提供任何相关的训练样本（Zero-Shot），直接使用预训练模型在目标任务上做预测，取得了不错的效果。

"I' m not the cleverest man in the world, but like they say in French: **Je ne suis pas un imbecile [I'm not a fool].**

In a now-deleted post from Aug. 16, Soheil Eid, Tory candidate in the riding of Joliette, wrote in French: **"Mentez mentez, il en restera toujours quelque chose,"** which translates as, **" Lie lie and something will always remain."**

"I hate the word **'perfume,'**" Burr says. 'It' s somewhat better in French: **'parfum.'**

If listened carefully at 29:55, a conversation can be heard between two guys in French: **"-Comment on fait pour aller de l' autre coté? -Quel autre coté?"**, which means **"-How do you get to the other side? - What side ?"**.

If this sounds like a bit of a stretch, consider this question in French: **As-tu aller au cinéma?**, or **Did you go to the movies?**, which literally translates as Have-you to go to movies/theater?

"Brevet Sans Garantie Du Gouvernement", translated to English: **"Patented without government warranty"**.

图 10-4 GPT-2 预训练的语料例子

10.2.3 GPT-3 模型的原理

GPT-3 是 OpenAI 推出的第三代 GPT 模型，对应的论文是 *Language Models are Few-Shot Learners*（语言模型是少样本学习器）。对于新的下游目标任务，GPT-1 需要成百上千的标注数据进行有监督微调，更新模型参数，但是人类不需要这种有监督的标注数据集，可以通过一句任务描述或者几个例子，就能执行新的自然语言任务，因此希望模型不需要进行微调就能完成各种下游任务。GPT-2 证明了这个目标是有可能达到的，把任务的描述文本（Prompt）输入预训练的语言模型，然后模型直接输出答案。这是一种 Zero-Shot 方式，无须微调。GPT-2 的不足之处在于它的效果没那么好，在很多任务上不如微调模型，但是GPT-2模型观察到了下游目标任务的性能与模型的量级大小存在一个对数线性的关系（Log-Linear Trends），因此GPT-3训练了一个1750亿参数的超大自回归语言模型，在各种下游目标任务上能与最好的微调模型相媲美。

GPT-3使用与GPT-2相同的模型和架构，包括模型初始化、归一化和输入编码等，但是在Transformer中使用交替的密集和局部稀疏注意力模式，类似于Sparse Transformer（稀疏变换器）。GPT-3在有3000亿单词的语料上预训练拥有1750亿参数的模型（训练语料的60%来自2016–2019的C4，22%来自WebText2 +，16%来自Books，另外3%来自Wikipedia），比GPT-2的15亿参数多了100多倍。模型规模的增加使得GPT-3能够更好地捕捉语法、语义和上下文等复杂的语言现象。GPT三代模型的参数对比情况如表10-1所示，GPT-3使用了GPT-2 1000多倍的语料，同时模型参数量扩展了100多倍。

表10-1 GPT三代模型的对比

模型	发布时间	层 数	头 数（注意力）	词向量长度	参数量	预训练数据量
GPT-1	2018年6月	12	12	768	1.17亿	约5GB
GPT-2	2019年2月	48	—	1600	15亿	40GB
GPT-3	2020年5月	96	96	12888	1750亿	45TB

GPT-3克服了GPT-2效果不如微调模型的问题，而且突现了一种前所未有的能力——上下文学习（In-Context Learning），这是大模型的参数规模必须得增大到一定程度才会显现的能力（至少百亿以上）。什么是上下文学习？它是指模型在不更新自身参数的情况下，通过在模型中输入任务描述与少量样本（任务查询和对应答案，以一对一的形式组织），就能让模型“学习”到任务的特征，就能产生不错的预测效果，如图10-5所示，这本质上是一种小样本学习能力，具体包括Few-Shot、One-Shot和Zero-Shot，其中Zero-Shot方式仅仅给模型一些自然语言描述让它完成推理任务，而Few-Shot方式除提供任务描述外，还会给模型一些例子，因此GPT-3的一个重要亮点是小样本学习能力，这意味着即使是各种下游目标任务，GPT-3基于该任务的一个样本或者少量样本，结合上下文学习，也能获得不错的预测效果。

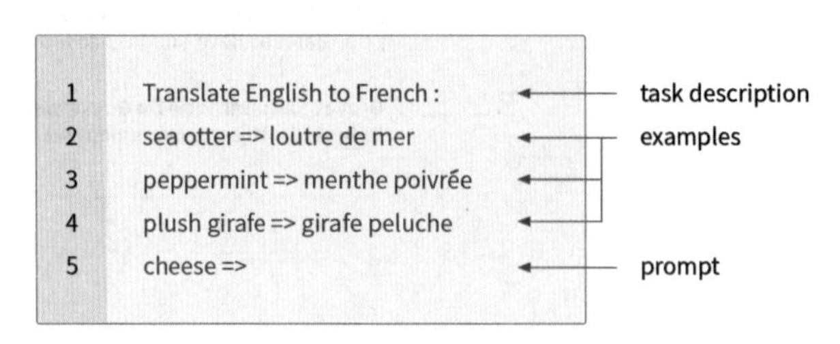

图10-5 GPT-3的上下文学习

总之，GPT-3是目前最先进和最大规模的语言模型之一。它在许多NLP任务和基准测试中展现出了出色的效果，覆盖Few-Shot、One-Shot和Zero-Shot等多种情况。在某些任务中，它几乎能够与最先进的微调模型媲美，而且在即时定义的任务上展现出强大的性能。

10.3 ChatGPT 的实现原理

10.3.1 大模型的微调技术

大模型的微调技术在自然语言处理任务中扮演着至关重要的角色，GPT-1、GPT-2、GPT-3 和 ChatGPT 模型都需要使用微调技术。微调是指在已经经过大规模训练的预训练模型的基础上，进一步调整模型参数来适应特定任务的需求。本小节将详细阐述全微调（Full Fine-Tuning）、参数高效微调（Parameter-Efficient Fine-Tuning）、提示微调（Prompt-Tuning）和指令微调（Instruction-Tuning）这 4 种微调技术。

1. 全微调

全微调是最常见的微调技术之一，它对已经预训练好的模型的所有参数都进行微调，GPT-1 模型采用的就是这种微调方式。这种方法的优势在于能够充分利用预训练模型的知识，使得模型能够更好地适应特定的任务。全微调方法的一个典型示例是将 BERT 模型用于特定的自然语言处理任务，如文本分类、命名实体识别等。通过全微调，预训练模型可以快速适应任务的特定要求，从而提高模型的性能。

2. 参数高效微调

参数高效微调是一种针对预训练模型参数进行精细微调的方法，它通过冻结预训练模型的一部分参数来减少微调过程中的计算开销。这种方法的主要思想是，剩余参数在微调过程中需要更少的数据和计算资源来进行学习。通过参数高效微调，我们可以在减少计算开销的同时，仍然保证模型达到良好的性能。这种方法在具有较少标注数据或计算资源有限的情况下特别有用。

3. 提示微调

在文本分析技术中，提示微调是一种新兴的微调技术，它通过添加或修改模型的提示信息来改变模型的行为，GPT-3 模型采用的就是这种微调方式。提示信息是一种简洁的语言表达，向模型提供关于所需输出的指导。通过设计有效的提示信息，我们可以引导模型更好地适应特定任务。提示信息可以是简短的文字，例如在问答任务中给出问题与答案的形式，或者在文本生成任务中定义所需文本的格式。通过提示微调，我们可以提升大模型在特定任务上的性能，同时减少对大规模标注数据的依赖。

4. 指令微调

指令微调是一种在预训练模型中引入指令的技术，旨在更精确地控制模型在特定任务中的行为。指令可以是人工制定的规则、预先定义的模板或用户输入的自然语言指令，ChatGPT 模型采用的就是指令微调方式。通过指令微调，我们可以引导模型更好地理解任务的需求，从而提高模型的性能。指令微调在提供准确的模型输出方面具有很大的潜力，尤其是对于需要高度控制和可解释性的任务。

10.3.2 ChatGPT 的能力来源

GPT-3 大模型通过预训练已经学习了许多技能，包括文本生成、上下文学习（In-Context Learning）、基础世界知识，具体解释如下：

- 文本生成技能：遵循提示词（Prompt），然后生成补全提示词的句子。这也是用户与语言模型最普遍的交互方式。这项能力是通过预训练任务的训练目标获得的。
- 上下文学习技能：遵循给定任务的几个示例，然后为新的测试用例生成答案。很重要的一点是，GPT-3 虽然是个语言模型，但它的论文几乎没有谈到“语言建模”，论文的重点都投入到了上下文学习，这是 GPT-3 的真正重点。目前针对为什么语言模型预训练会促使上下文学习，以及为什么上下文学习的行为与微调如此不同，还没有清晰的解释。
- 基础世界知识技能：包括事实性知识（Factual Knowledge）和常识（Commonsense）。这些知识来源于预训练任务的 3000 亿单词的训练语料。

从最初的 GPT-3 模型开始，为了展示 OpenAI 是如何发展到 ChatGPT 的，我们看一下 GPT-3.5 的进化树，如图 10-6 所示。

在 2020 年 7 月，OpenAI 发布了关于初代 GPT-3 模型 davinci 的论文，从此该模型就开始不断进化。在 2021 年 7 月，Codex 的论文发布，最初的 Codex 是基于 120 亿参数的 GPT-3 变体进行微调的。后来这个 120 亿参数的模型演变成 OpenAI API 中的 code-cushman-001。在 2022 年 3 月，OpenAI 发布了指令微调（Instruction Tuning）的论文，其中监督指令微调（Supervised Instruction Tuned）的部分对应了 Instruct-davinci-beta 和 text-davinci-001。在 2022 年 4 月至 7 月期间，OpenAI 开始对 code-davinci-002 模型进行 Beta 测试，也称之为 Codex。然后 Text-davinci-002、text-davinci-003 和 ChatGPT 都是通过 code-davinci-002 进行指令微调得到的。

- 第一代 001 模型：包括 code-davinci-001 和 text-davinci-001，其中 code-davinci-001 是基于大量的代码数据对 GPT-3 进行训练，用于处理纯代码任务，但是纯文本上的效果不佳。而 text-davinci-001 是对 GPT-3 进行指令微调的结果，用户处理纯文本任务，但在推理任务上表现不太出色。
- 第二代 002 模型：包括 code-davinci-002 与 text-davinci-002，其中 code-davinci-002 是第一个在文本和代码上都经过训练，然后根据指令进行调整，它是第一个深度融合了代码训练和指令微调的模型，在文本和代码任务上的能力都不错。text-davinci-002 是一个基于 code-davinci-002

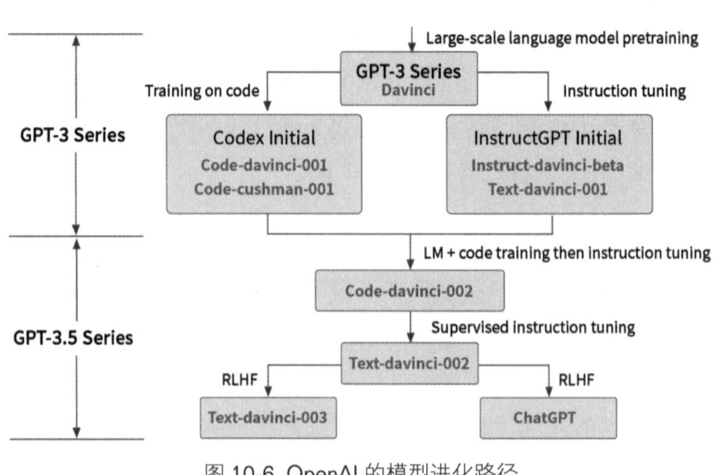

图 10-6 OpenAI 的模型进化路径

的有监督指令微调（Supervised Instruction Tuned）模型，指令微调不会为模型注入新的能力，它的作用是解锁和激发这些能力。在 text-davinci-002 上面进行指令微调很可能降低模型的上下文学习能力，但是增强了模型的零样本能力。因此，code-davinci-002 更擅长上下文学习，text-davinci-002 在零样本任务完成方面表现更好，更符合用户的期待。

- 第三代 003 模型：包括 text-davinci-003 和 ChatGPT，它们是使用人类反馈强化学习（RLHF）的两种模型变体，text-davinci-003 恢复了一些在 text-davinci-002 中丢失的部分上下文学习能力，因此更擅长上下文学习，ChatGPT 似乎牺牲了几乎所有的上下文学习能力来换取多轮对话的能力，因此更擅长对话。

总结一下，ChatGPT 中的各项能力包括文本生成、基础世界知识、上下文学习、代码理解和生成、推理能力、零样本泛化、响应人类指令、多轮对话等，其中文本生成、基础世界知识和上下文学习的能力来自于预训练，代码理解和生成、推理能力来自于结合代码数据的预训练，零样本泛化和响应人类指令的能力来源于指令学习，多轮对话的能力来源于 RLHF。

10.3.3 ChatGPT 的预训练和微调

GPT 大模型通过预训练已经学习了许多技能，在使用中要有一种方法告诉它调用哪种技能。之前的方法就是提示模板（Prompt），在 GPT-3 的论文中，采用的是直接的提示模板和间接的 Few-Shot 示例。但是这两种方法都有问题，提示模板比较麻烦，不同的人表达相似的要求是有差异的，如果大模型要依赖各种提示模板的魔法咒语，那就和“炼丹”一样难以把握。

ChatGPT 选择了不同的道路，以用户为中心，用他们最自然的方式来表达需求，但是模型如何识别用户的需求呢？其实并不复杂，标注样本数据，让模型来学习用户的需求表达方式，从而理解任务。另外，即使模型理解了人类的需求任务，但是生成的答案可能是错误的、有偏见的，因此还需要教会模型生成合适的答案，这就是人类反馈学习。具体而言，这种反馈学习方法包括如下三步：

（1）模型微调（Supervised Fine-Tuning，SFT）：根据采集的 SFT 数据集对 GPT-3 进行有监督的微调，这里本质上是 Instruction-Tuning。

（2）训练奖励模型（Reward Modeling，RM）：收集人工标注的对比数据，训练奖励模型（Reword Model，RM）。

（3）强化学习（Reinforcement Learning，RL）：使用 RM 作为强化学习的优化目标，利用 PPO 算法微调 SFT 模型。

接下来的内容中，对这三个步骤进行具体阐述。

1. 模型微调

在 ChatGPT 中，SFT 通过对模型进行有监督的微调，使其能够更好地适应特定任务或指导。在模型微调的过程中，需要准备一个有监督的微调数据集。这个数据集由人工创建，包含输入对话或文本以及期望的输出或回复。这些期望的输出可以是由人工提供的正确答案，或者是由人工生成的合适的回复。

接下来，根据这个有监督的微调数据集，我们对 GPT 模型进行微调。微调的过程可以通过反向传播和梯度下降算法实现，它们使得模型能够通过调整参数来更好地拟合数据集。在微调过程中，模型会根据输入对话或文本产生预测的输出或回复，并与期望的输出进行比较，计算损失函数。然后，通过最小化损失函数，模型会逐步调整参数，以使预测结果更接近期望输出。

微调之后，ChatGPT 模型将能够更好地执行特定的任务，因为它在有监督的过程中学习到了任务的知识和要求。而这个有监督的微调过程本质上也是 Instruction-Tuning 的一种形式，因为它可以根据人工提供的指导或期望输出来调整模型，具体步骤如图 10-7 所示。

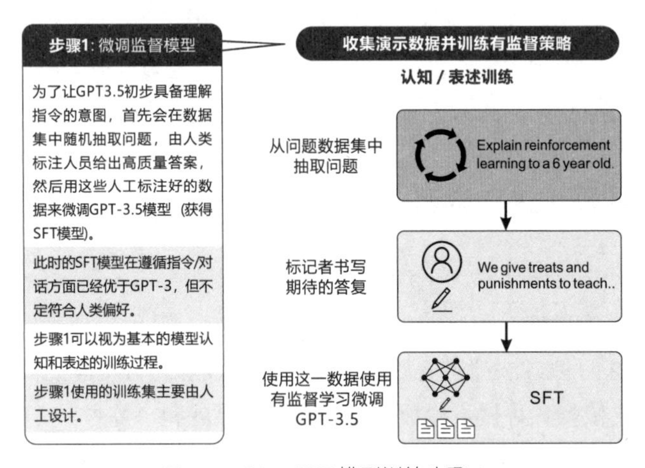

图 10-7 ChatGPT 模型训练步骤 1

2. 训练奖励模型

在 ChatGPT 中，通过收集人工标注的对比数据来训练一个奖励模型，用于指导 GPT 模型的优化过程，如图 10-8 所示。

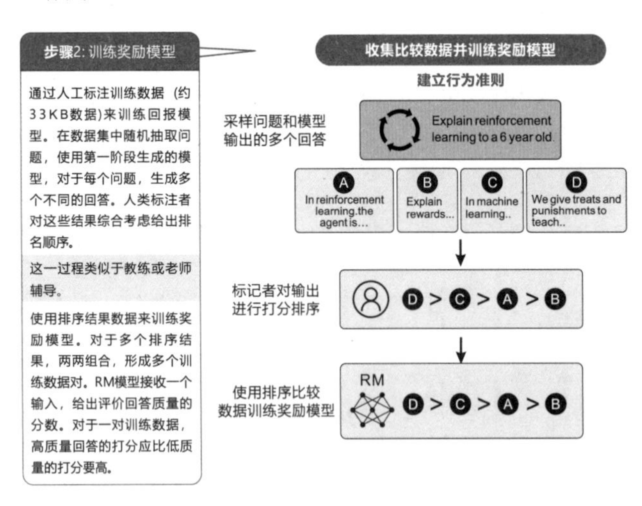

图 10-8 ChatGPT 模型训练步骤 2

为了训练奖励模型，我们需要准备一组对比数据。对比数据由人工创建，包含多个对话或文本的对比实例，每个对比实例包含两个或多个不同的模型回复。人工对这些回复进行标注，给出每个回复的质量或好坏的评分。

接下来，我们使用对比数据训练奖励模型。奖励模型可以是一个分类模型，也可以是一个回归模型，它的输入是对话或文本的特征表示，输出是一个评分或奖励。奖励模型的目标是根据输入的对话或文本来预测模型回复的质量。

使用训练好的奖励模型，我们可以对 GPT 模型的回复进行评分，得到一个奖励值。这个奖励值可以用作强化学习的优化目标，以指导 GPT 模型在后续的对话中生成更优质的回复。

3. 强化学习

在 ChatGPT 中，强化学习是一种反馈学习方法，利用奖励模型作为强化学习的优化目标，通过使用 PPO 算法来微调 SFT 模型。

强化学习通过与环境的交互来学习一种策略，使得模型能够在给定环境下采取最优的行动。在 ChatGPT 中，环境可以看作对话系统的对话环境，模型需要根据输入的对话来生成回复，并受到奖励模型提供的奖励信号的指导。

在强化学习中，我们使用 PPO（Proximal Policy Optimization）算法来微调 SFT 模型。PPO 算法是一种在强化学习中常用的策略优化算法，旨在寻找最优的行动策略，如图 10-9 所示。

首先，我们使用 SFT 模型生成对话回复。然后，使用奖励模型对这些回复进行评分，得到一个奖励值。这个奖励值可以指示模型回复的质量和适应度。

接下来，利用 PPO 算法来微调 SFT 模型。PPO 算法采用基于策略梯度的优化方法，通过最大化期望回报或奖励来更新模型的参数。具体来说，PPO 算法使用短期的策略梯度优化模型的策略，以获得更好的回报。通过不断迭代这个过程，模型的策略会逐渐改进，生成更优质的对话回复。

在强化学习中，模型会通过与环境（对话环境）的交互来学习，根据奖励模型提供的奖励信号和 PPO 算法中的策略梯度更新方法不断调整模型的参数。模型的目标是找到一种策略，使得在给定对话环境下，生成的回复能够获得最大化的奖励或回报。

通过以上三个步骤：模型微调（SFT）、训练奖励模型（RM）、强化学习（RL），ChatGPT 可以通过反馈学习方法不断优化和提升，使其在生成对话回复时更准确、合理和人性化。

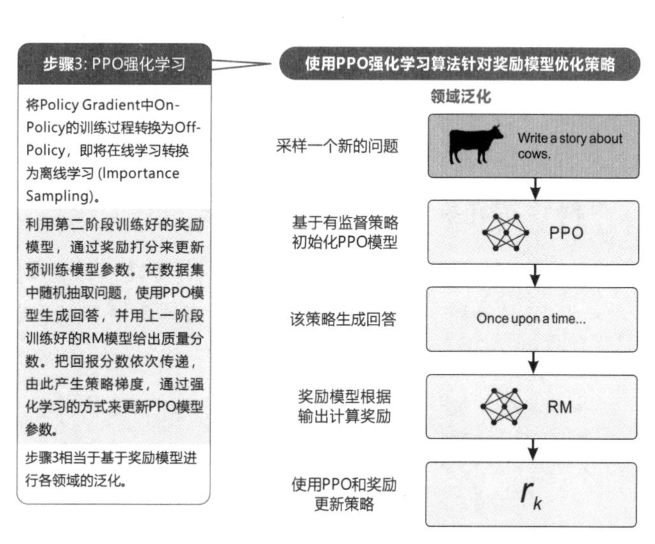

图 10-9 ChatGPT 模型训练步骤 3

这种反馈学习方法的应用可以使 ChatGPT 具备更强的适应性和可控性，让其适应不同的任务和场景，并根据用户的反馈不断改进和提升自身的表现。

10.4 ChatGPT 的应用

10.4.1 ChatGPT 提示工程

ChatGPT 提示工程（Prompt Engineering）是一种针对 ChatGPT 模型设计和优化输入提示（Prompt）的技术方法。在使用 ChatGPT 进行对话生成时，输入的提示文本对于模型的回答至关重要。Prompt 工程的目的是通过精心设计和优化提示，以引导模型生成更准确、有针对性和可控的对话回复。

ChatGPT 提示工程包括以下要素来优化输入提示。

- 角色：明确指定模型所扮演的角色或身份，如医生、法律顾问等，以影响模型生成回答的风格和内容。
- 指令：在提示中提供明确的指令或要求，指导模型以特定方式回答问题或执行任务。
- 上下文信息：在提示中包含对话的历史或相关上下文信息，帮助模型更好地理解对话语境，生成连贯和相关的回答。
- 输入数据：输入数据可以是问题、陈述或其他内容，用于触发模型的回答。输入数据需要具体、清晰，并且能够引导模型生成所需的输出。
- 输出格式：指定所需输出的格式，例如问题回答的长度、特定的结构或标记要求。这有助于模型生成符合要求的输出。

通过在这些要素上进行精心设计和优化，ChatGPT 提示工程旨在引导模型生成准确、相关且符合预期的回答，提供更好的对话体验。程序工程师可以通过调整这些要素的具体内容和权重来指导模型的生成过程。

下面通过若干例子来说明提示的要素组成。

例 1：角色扮演游戏（角色和身份、指令、上下文信息、输出格式）。

- 提示：“你是一位勇敢的战士，任务是拯救被恶龙囚禁的公主。你需要设计一条逃离龙巢的完美计划，包括选择武器、避开陷阱和战胜龙后守卫，内容长度不超过 1000 个字”。
- 角色和身份：勇敢的战士。
- 指令：设计一条逃离龙巢的计划，包括选择武器、避开陷阱和战胜龙后守卫。
- 上下文信息：目标是拯救被恶龙囚禁的公主。
- 输出格式：内容长度不超过 1000 个字。

例 2：健身指导（角色和身份、指令和要求、上下文信息、输入数据）。

- 提示："你是一位健身教练，根据用户年龄、性别、体重和身高，请提供一周的训练计划和饮食建议，确保计划包括有氧运动、力量训练和适当的营养摄入，帮助用户达到健康和体型目标。用户年龄：35，性别：男，体重：90KG，身高：175cm"。
- 角色和身份：健身教练。
- 指令：提供一周的训练计划和饮食建议，确保计划包括有氧运动、力量训练和适当的营养摄入。
- 上下文信息：帮助用户达到健康和体型目标。
- 输入数据：用户年龄：35，性别：男，体重：90KG，身高：175cm。

例 3：旅行规划（角色和身份、指令和要求、上下文信息、输入数据）。

- 提示："你是一位旅行规划师，根据提供的起点和终点，计划一次自驾旅行，请为用户途经的景点、美食和住宿地点提供建议，并给出行程的总时间和预算。起点：北京，终点：西藏"
- 角色和身份：旅行规划师。
- 指令：计划一次自驾旅行，请为用户途经的景点、美食和住宿地点提供建议，并给出行程的总时间和预算。
- 上下文信息：用户希望计划一次自驾旅行，包括起点和终点。
- 输入数据：起点：北京，终点：西藏。

10.4.2 ChatGPT 应用场景

ChatGPT 是一个功能强大的语言模型，可应用于各种场景。其灵活性使其适用于问答、写作、情感分类、翻译、纠错和知识图谱构建等多个领域。

- 在问答方面，ChatGPT 能够回答用户的各种问题。无论是寻求简单事实的答案，还是涉及具体领域的专业问题，ChatGPT 都可以提供准确和有用的回答。它可以作为一个智能问答系统，为用户提供快速的信息获取和问题解答支持。
- 在写作领域，ChatGPT 可以作为一个有创造力和灵感的伙伴。它可以生成文章、故事、新闻稿、博客帖子等各种文本内容。ChatGPT 可以协助写作过程，提供灵感、修改建议或完成文章的草稿。它能够为创作人员节省时间和精力，并提供优质的写作参考。
- 情感分类是 ChatGPT 的另一个应用。它可以分析和理解文本中蕴含的情感倾向，如正面、负面或中立。这对于社交媒体情感分析、产品评论分析和舆情监测等领域非常有用。ChatGPT 可以帮助用户快速评估和了解大量文本数据中的情感倾向。
- 翻译是 ChatGPT 的又一个强大功能。它可以根据用户提供的文本进行实时翻译，支持从一种语言到另一种语言的翻译需求。ChatGPT 能够提供高质量的翻译结果，促进多语言交流和内容传播。
- ChatGPT 还可以帮助纠正语法和拼写错误。它具备语言纠错的功能，可以检测到输入文本中的错误，并提供纠正建议。这对于写作、编辑和在线沟通非常有帮助，可以提高文本的准确性和可读性。

- ChatGPT 可以用于知识图谱构建。它可以处理输入的文本，提取实体和关系，并构建出知识图谱的结构。这样的功能可以应用于信息抽取、语义理解和知识图谱的自动生成。

综上所述，ChatGPT 在问答、写作、情感分类、多语言文本分析、翻译、纠错和知识图谱构建等多个应用场景中发挥着重要的作用，并且具备广泛的实际价值和潜力。

10.4.3 ChatGPT 的优缺点

ChatGPT 拥有多个优势，包括知识丰富、自然对话、持续学习和多语言支持。下面是对这些优势的详细描述。

- 知识丰富：ChatGPT 通过大规模的预训练从大量的互联网文本中获得了丰富的语言知识。这使得它能够对各种话题有一定的了解，并能提供有用和准确的信息。ChatGPT 可以回答各种问题，提供背景知识并与用户分享相关的细节。
- 自然对话：ChatGPT 可以进行自然的、连贯的对话。它能够理解上下文，并根据之前的交互产生有逻辑的回答。ChatGPT 生成的文本通常流畅自然，类似于人类的对话风格。这使得用户能够以更舒适和可理解的方式与 ChatGPT 进行互动。
- 持续学习：ChatGPT 具有持续学习的能力，可以通过与用户的互动不断改进和更新其模型。它能够从用户提供的反馈中学习并适应用户的需求和偏好。这使得 ChatGPT 能够不断提高其回答的质量和准确性，并增加其适应多种应用场景的能力。
- 多语言支持：ChatGPT 具备多语言支持，可以处理多种语言的输入和输出。它可以回答不同语言的问题，并提供相应的翻译和分析。这对于跨语言交流、多语种文本分析和全球化应用非常有用。ChatGPT 能够在不同语言之间进行无缝切换，为用户提供跨文化的语言支持。
- 可定制性：ChatGPT 具有灵活的定制性，可以根据特定的需求和应用场景进行调整和定制。用户可以设定角色、指令和上下文，以便 ChatGPT 按照用户的需求进行回答和交互。这种可定制性使得 ChatGPT 能够在各种不同的情景和任务中发挥作用，并满足用户的特定需求。

因此，ChatGPT 具有知识丰富、自然对话、持续学习和多语言支持等多个优势。这些优势使得 ChatGPT 成为一个强大的语言模型，在问答、对话、知识传递和多语言交流等方面都具备广泛的应用潜力。

ChatGPT 虽然非常强大，但也存在一些不足之处。以下是 ChatGPT 的一些不足之处。

- 回答内容的可信度：尽管 ChatGPT 经过了大规模的预训练，但由于其模型结构的限制，生成的回答可能会出现不准确或无关的情况。在某些情况下，它可能给出看似合理但实际上不正确的回答。因此，在使用 ChatGPT 时需要谨慎对待生成的内容，尤其是在对于关键事实和严谨性要求较高的领域。
- 领域知识的局限性：尽管 ChatGPT 拥有大量的知识，但它的知识来自于预训练数据，因此在某些特定的领域中可能会缺乏深入的专业知识。在处理需要特定领域专业知识的问题时，ChatGPT 可能提供有限的信息或不够准确的答案。对于特定领域的问题，最好依赖专业领域的知识。

- 知识实时性不足：ChatGPT 的预训练数据是基于已有的互联网文本，并没有及时更新的机制。因此，对于一些时效性要求较高的问题，如最新新闻或动态变化的信息，ChatGPT 可能提供过时的回答。在这种情况下，最好参考来源于可靠且实时的信息渠道。
- 模型的速度：由于 ChatGPT 是一个非常大的模型，其生成过程可能相对较慢。特别是对于一些复杂的问题，模型可能需要更长的计算时间来生成回答。这对于需要实时响应的应用场景可能存在限制，特别是当需要高速和实时的服务时。

尽管有这些不足之处，ChatGPT 作为一种强大的语言模型，在广泛的应用场景中仍然能够发挥重要的作用。用户在使用 ChatGPT 的过程中应该注意这些限制，并适当评估和验证生成的内容。

10.5 开源大模型

10.5.1 ChatGLM 大模型

1. GLM 基座模型

在 2022 年上半年，当时主流的预训练模型结构包括三种：Encoder-AE（例如 BERT）、Decoder-AR（例如 GPT）以及 Encoder-Decoder（例如 T5）。Encoder-AE 擅长处理自然语言理解任务，缺点是不适合处理自然语言生成（NLG）任务。Decoder-AR 常用于 NLG 任务，缺点是无法利用到下文的信息，不适合 NLU 任务。Encoder-Decoder 可同时应用于 NLU 任务、无条件 NLG 任务（指在没有明确的输入条件下，直接生成文本或内容，例如生成新闻、诗歌等）、条件 NLG 任务（指根据给定的输入条件生成相应的输出文本，例如回答生成、摘要、翻译等），但往往需要更多的参数量。

那么，是否能发明一种预训练模型结构，在这三种任务上都取得优异的效果呢？以 UniLM 为例，它通过使用不同的掩码矩阵实现了 NLU 任务和无条件 NLG 任务，但它无法进行条件 NLG 任务。

2022 年 5 月发表的论文 *GLM: General Language Model Pretraining with Autoregressive Blank Infilling*（GLM：带有自回归空格填充的通用语言模型预训练）中，提出了 GLM（General Language Model，通用语言模型）结构，实现了这三种模型结构的优势结合，以及这三类任务的统一。这三种主流模型结构的预训练任务目标具体如下：

- GPT 的预训练任务目标是从左到右的方式，预测当前 Token。
- BERT 的预训练任务目标是对文本进行随机掩码，然后预测被掩码的 Token。
- T5 的预训练任务目标是输入一段文本，通过 Seq2Seq 的方式从左到右预测另一段文本。

再看看这三种模型的结构，具体如下：

- GPT 的注意力是单向的，所以无法利用下文的信息。
- BERT 的注意力是双向的，可以同时感知上文和下文。
- T5 的编码器中的注意力是双向的，解码器中的注意力是单向的。

那么 GLM 模型是如何兼容这三种模型结构的预训练任务目标的呢？GLM 使用 Decoder-AR 架构，提出了一个自回归空格填充（Autoregressive Blank Infilling）任务，自回归空格填充有些类似掩码语言模型，首先采样输入文本中的部分片段，将其替换为 [MASK] 标记，然后预测 [MASK] 所对应的文本片段。与掩码语言模型不同的是，预测的过程采用自回归的方式，而且考虑上下文信息，这样 GLM 既具有 Decoder-AR 模型的特性优势，也具备 Encoder-AE 模型的特性。当被掩码的片段长度为 1 的时候，空格填充任务等价于掩码语言建模。当将文本 1 和文本 2 拼接在一起，然后将文本 2 整体掩掉，空格填充任务就等价于条件 NLG 任务。

GLM 的原理如图 10-10 所示，在该图中举了一个例子，假设原始的文本序列为 x_1,x_2,x_3,x_4,x_5,x_6，采样的两个文本片段为 x_3 和 x_5,x_6，那么掩码后的文本序列为 x_1,x_2,[M],x_4,[M]（以下简称 Part A），拆解图中的三块分别可得：我们根据第一个 [M] 解码出 x_3，根据第二个 [M] 依次解码出 x_5 和 x_6，那怎么从 [M] 处解码出变长的序列呢？这就需要用到开始标记 S 和结束标记 E 了。

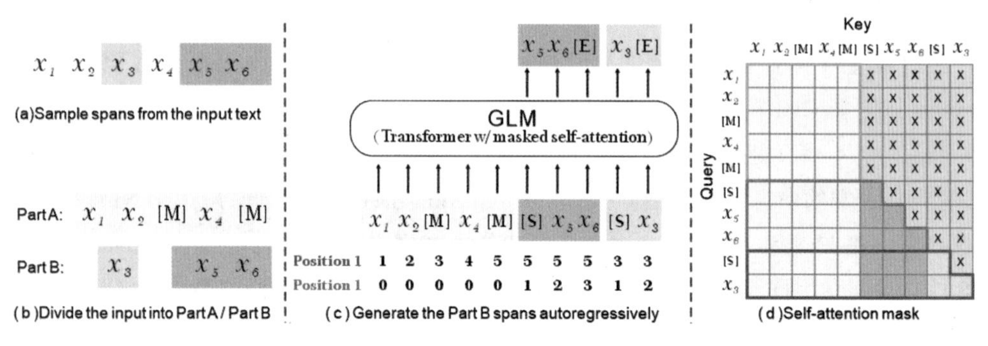

图 10-10 GLM 大模型的原理

我们从开始标记 [S] 开始依次解码出被掩码的文本片段，直至结束标记 E，Transformer 中的位置信息是通过位置向量来记录的，在 GLM 中，位置向量有两个，一个用来记录 Part A 中的相对顺序，另一个用来记录被掩码的文本片段（简称为 Part B）中的相对顺序。

此外，还需要通过自定义自注意力掩码来（Attention Mask）达到以下目的：双向编码器 Part A 中的词彼此可见，即图 10-10（d）中蓝色框的区域；单向解码器 Part B 中的词单向可见，即图 10-10（d）中黄色框的区域；Part B 可见 Part A；其余不可见，即图 10-10（d）中灰色的区域。

GLM 使用自回归空白填充的自监督训练方式，通过调整空格的大小，GLM 既可以像 Encoder-AE 模型那样进行 NLU 任务，也可以像 Decoder-AR 模型那样进行 NLG 任务，还可以像 Encoder-Decoder 模型那样进行条件 NLG 任务。另外，GLM 引入了二维位置编码（2D Position Embedding），通过改变空格的数目和长度，在预训练阶段包含不同类型的任务，在同等模型参数大小和训练数据的情况下，GLM 在 NLU、无条件 NLG 和条件 NLG 这三类任务上的表现都优于 BERT、GPT 和 T5。

基于 GLM 算法架构，GLM-130B 是一个开源开放的双语（汉语和英语）双向稠密模型，拥有 1300 亿参数。它旨在支持在一台 A100（40GB×8）或 V100（32GB×8）服务器上对千亿规模参数的模型进行推理。截至 2022 年 7 月 3 日，GLM-130B 已完成 4000 亿个文本标识符（汉语和英语各 2000 亿）的训练。该模型有以下独特优势：

- 双语：同时支持汉语和英语。
- 高精度（英语）：在公开的英语自然语言榜单 LAMBADA、MMLU 和 Big-bench-lite 上优于 GPT-3 175B（API: davinci，基座模型）、OPT-175B 和 BLOOM-176B。
- 高精度（汉语）：在 7 个零样本 CLUE 数据集和 5 个零样本 FewCLUE 数据集上明显优于 ERNIE TITAN 3.0 260B 和 YUAN 1.0-245B。
- 快速推理：首个实现 INT4 量化的千亿模型，支持用一台 4 卡 3090 或 8 卡 2080Ti 服务器进行快速且基本无损推理。
- 跨平台：支持在国产的海光 DCU、华为昇腾 910 和申威处理器及美国的英伟达芯片上进行训练与推理。

2. ChatGLM 大模型

ChatGLM-6B 是一个开源的、支持中英双语的对话语言模型，基于 GLM 基座模型架构，具有 62 亿参数。ChatGLM-6B 使用和 ChatGPT 相似的技术，针对中文问答和对话进行了优化。经过约 1TB 标识符的中英双语训练，辅以监督微调、反馈自助、人类反馈强化学习等技术的加持，62 亿参数的 ChatGLM-6B 已经能生成相当符合人类偏好的回答。具体来说，ChatGLM-6B 有如下特点：

- 充分的中英双语预训练：ChatGLM-6B 在 1:1 比例的中英语料上训练了 1TB 的 Token 量，兼具双语能力。
- 优化的模型架构和大小：吸取 GLM-130B 训练经验；修正了二维 RoPE 位置编码实现，使用传统 FFN 结构。6B（62 亿）的参数大小，使得研究者和个人开发者自己微调和部署 ChatGLM-6B 成为可能。
- 较低的部署门槛：FP16 半精度下，ChatGLM-6B 需要至少 13GB 的显存进行推理，结合模型量化技术，这一需求可以进一步降低到 10GB（INT8）和 6GB（INT4），使得 ChatGLM-6B 可以部署在消费级显卡上。
- 更长的序列长度：相比 GLM-10B（序列长度为 1024），ChatGLM-6B 的序列长度达 2048，支持更长的对话和应用。
- 人类意图对齐训练：使用了监督微调（Supervised Fine-Tuning）、反馈自助（Feedback Bootstrap）、人类反馈强化学习（Reinforcement Learning from Human Feedback）等方式，使模型初具理解人类指令意图的能力。输出格式为 Markdown，方便展示。

在 2023 年 6 月 25 日，ChatGLM-6B 的升级版本 ChatGLM2-6B 发布了，它在保留初代模型对话流畅、部署门槛较低等众多优秀特性的基础之上，引入了如下新特性。

- 更强大的性能：基于 ChatGLM 初代模型的开发经验，我们全面升级了 ChatGLM2-6B 的基座模型。ChatGLM2-6B 使用了 GLM 的混合目标函数，经过了 1.4TB 中英标识符的预训练与人类偏好对齐训练，评测结果显示，相比于初代模型，ChatGLM2-6B 在 MMLU（+23%）、CEval（+33%）、GSM8K（+571%）、BBH（+60%）等数据集上的性能取得了大幅度的提升，在同尺寸开源模型中具有较强的竞争力。
- 更长的上下文：基于 FlashAttention 技术，我们将基座模型的上下文长度（Context Length）由 ChatGLM-6B 的 2KB 扩展到了 32KB，并在对话阶段使用 8KB 的上下文长度训练，允许更多轮次的对话。但当前版本的 ChatGLM2-6B 对单轮超长文档的理解能力有限，我们会在后续迭代升级中着重进行优化。
- 更高效的推理：基于 Multi-Query Attention 技术，ChatGLM2-6B 有更高效的推理速度和更低的显存占用，在官方的模型实现下，推理速度相比初代提升了 42%。同时，在 INT4 量化下，6GB 显存支持的对话长度由 1KB 提升到了 8KB。

10.5.2 LLaMA 大模型

论文 *Training Compute-Optimal Large Language Models*（训练计算最优的大型语言模型）中提出了一种缩放定律（Scaling Law）：训练大语言模型时，在计算成本达到最优情况下，模型大小和训练数据（Token）的数量应该以相等的比例缩放。换句话说，如果模型的大小加倍，那么训练数据的数量也应该加倍。缩放定律的目标是确定如何在特定的训练计算预算下最佳地扩展数据集和模型大小。然而，这个目标忽略了推理预算，而推理预算在大规模语言模型提供服务时变得至关重要。因为大部分用户其实没有训练 LLM 的资源，他们更多的是使用已经训练好的 LLM 来推理。在这种情况下，我们首选的模型应该不是训练最快的，而应该是推理最快的 LLM。因此，在给定的计算预算下，最好的性能不是由最大的模型实现的，而是由在更多数据上训练的较小模型实现的。

LLaMA 沿着小 LLM 配大数据训练的指导思想，训练了一系列性能强悍的语言模型，参数量从 7B 到 65B。例如，LLaMA-13B 比 GPT-3 小 10 倍，但是在大多数基准测试中都优于 GPT-3。大一点的 65B LLaMA 模型也和 PaLM-540B 的性能相当。同时，LLaMA 模型只使用了公开数据集，开源之后可以复现，但是大多数现有的模型都依赖于不公开或未记录的数据完成训练。

LLaMA 预训练数据大约包含 1.4TB Tokens，对于绝大部分的训练数据，在训练期间模型只见过一次，Wikipedia 和 Books 这两个数据集见过两次。LLaMA 预训练数据的含量和分布如表 10-2 所示，其中包含 CommonCrawl 和 Books 等不同域的数据。

表10-2 LLaMA预训练数据

数据集	采样比例	训练轮次（Epochs）	磁盘大小
CommonCrawl	67.0%	1.10	3.3 TB
C4	15.0%	1.06	783 GB
GitHub	4.5%	0.64	328 GB
Wikipedia	4.5%	2.45	83 GB
Books	4.5%	2.23	85 GB
ArXiv	2.5%	1.06	92 GB
StackExchange	2.0%	1.03	78 GB

LLaMA 预训练使用的具体数据内容如下：

- CommonCrawl（占 67%）：包含 2017 ～ 2020 的 5 个版本。在预处理部分，删除了重复数据，去除了非英文数据，并通过一个 N-Gram 语言模型过滤了低质量内容。
- C4 (占 15%)：在探索性实验中，作者观察到使用不同的预处理 CommonCrawl 数据集可以提高性能，因此在预训练数据集中加了 C4。预处理部分包含删除重复数据，并采用了一些不同的过滤方法，主要依赖于启发式方法，如标点符号的存在或网页中的单词和句子数量。
- GitHub（占 4.5%）：在 GitHub 中，作者只保留了在 Apache、BSD 和 MIT 许可下的项目。此外，作者使用基于行长或字母数字字符比例的启发式方法过滤了低质量文件，并使用正则表达式删除了标题。最后，删除重复数据。
- Wikipedia（占 4.5%）：作者添加了 2022 年 6~8 月的 Wikipedia 数据集，包括 20 种语言，在处理数据时，作者删除了超链接、评论和其他格式模板。
- Gutenberg and Books3（占 4.5%）：作者添加了两个书的数据集，分别是 Gutenberg 和 ThePile 中的 Book3 部分（这是用于训练 LLM 的常用公开数据集）。在处理数据时，作者删除了内容重叠超过 90% 的书籍。
- ArXiv（占 2.5%）：为了添加一些科学数据集，作者处理了 arXiv Latex 文件。作者删除了第一部分之前的所有内容及其参考文献。此外，还删除了 .tex 文件中的评论以及用户编写的内联扩展定义和宏，以提高论文之间的一致性。
- Stack Exchange（占 2%）：作者添加了 Stack Exchange，这是一个涵盖各个领域的高质量问题和答案的网站，范围从计算机科学到化学。作者从 28 个最大的网站提取了数据，并从文本中删除 HTML 标签，并按照分数对答案进行了排序。

在架构选型上，LLaMA 同样采用了 Transformer 架构，并在不同的模型中利用随后提出的各种改进，如 PaLM。下面是与原始架构的主要区别的说明。

1. Pre-Norm

Pre-Norm 是一种在神经网络中使用层归一化的方式，如图 10-11 所示。在进行层归一化后，再应用激活函数。即在每个层的输入之前，先对输入执行归一化操作，再应用激活函数。通过 Pre-Norm 可确保模型输入激活函数时的数值范围已经归一化，以避免因输入值过大或过小导致激活函数饱和的问题。

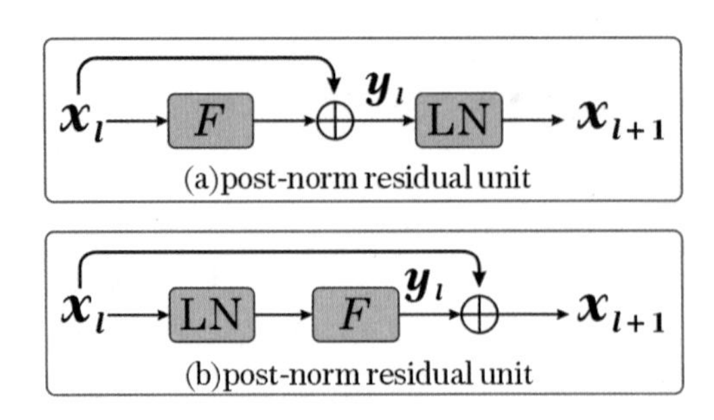

图 10-11 Pre-Norm 和 Post-Norm 的对比

Post-Norm 是在神经网络中使用层归一化的另一种方式，即在每个层的输入经过激活函数之后，再对输出进行归一化操作。Post-Norm 可以确保激活函数能够作用于原始输入值，而不是归一化后的数值。这种归一化方式在 Transformer 模型中被广泛使用。

两种方式在实践中的表现可能会有一定的差异。两者各有优势，Pre-Norm 本质让模型变宽，Post-Norm 本质让模型变深，深比宽有更强的表达能力，因此同一设置之下，Pre-Norm 结构往往更容易训练，但最终效果通常不如 Post Norm。如果层数少，Post-Norm 的效果其实要好一些，如果要把层数加大，为了保证模型训练的稳定性，Pre-Norm 显然更好一些。

为了提高训练的稳定性，LLaMA 采用 Pre-Norm 的方式对每个变换子层的输入进行规范化，而不是对输出进行规范化，并使用了 Zhang 和 Sennrich（2019）介绍的 RMSNorm 归一化函数。RMSNorm 是 LayerNorm 的一种变体，可以在梯度下降时令损失更加平滑。与 LayerNorm 相比，RMSNorm 的主要区别在于去掉了减去均值的部分（Re-Centering），只保留方差部分（Re-Scaling）。

2. SwiGLU

这个改进的启发来自 Google 的 PaLM，用来增强 Transformer 架构中的 FFN 层性能。标准 Transformer 在最新的各种大模型中被舍弃了，使用的都是改进版本，原因是标准 Transformer 实现有比较显著的缺点，具体包括：

- Attention 的时间复杂度较高，为 O(n2)，这限制了输入 Token 序列的长度。
- 显存占用大，是因为 Attention、多头和 FFN 导致的模型参数量大。

GLU（Gated Linear Units，门控线性单元）的提出主要用于改进并替换掉 Transformer 结构中的 FFN 层，SwiGLU 是 GLU 的一种变体，由 Noam Shazeer 在论文 *GLU Variants Improve Transformer* 中提出，目标就是用来代替 FFN。Transformer 模型通过多头注意力层和 FFN 层交替工作。FFN 层存在于 Transformer 架构的编码器和解码器部分。FFN 层包括两个线性变换，中间插入一个非线性激活函数。最初的 Transformer 架构采用了 ReLU 激活函数。

$$\mathrm{FFN}(x,W_1,W_2,b_1,b_2) = \mathrm{ReLU}(xW_1+b_1)W_2+b_2$$

其中 ReLU 的定义为 ReLU(x) = max(0,x)

T5 模型中去除了 FFN 的偏置项 b_1 和 b_2，从而 T5 中的 FFN 表示为：

$$\mathrm{FFN}(x, W_1, W_2) = \mathrm{ReLU}(xW_1)W_2$$

GLU 的目标是将 GLU 引入 Transformer 代替 FFN，它是一个线性变换后面接门控机制的结构，其中门控机制用来控制信息能够通过多少，具体表达如下：

$$\mathrm{GLU}(x, W, V) = \sigma(xW) \otimes (xV)$$

其中 σ 为 Sigmoid 函数，⊗ 为逐元素乘，通过使用其他的激活函数就能够得到 GLU 的各种变体。

SwiGLU 其实就是采用 Swish 作为激活函数的 GLU 变体，Swish 是一种自门控激活函数，可以自适应地调整激活函数的形状，从而提高神经网络的性能。

SwiGLU 的数学表达式如下：

$$\mathrm{SwiGLU}(x, W, V) = \mathrm{Swish\_1}\ (xW) \otimes (xV)$$

其中 $\mathrm{Swish}_\beta\ (x)=x\sigma(\beta x)$。σ(x) 是 Sigmoid 函数，它的取值范围为 0~1。Swish 激活函数的特点在 x 小于 0 时，它的导数趋近于 0，这样可以避免梯度消失的问题；在 x 大于 0 时，它的导数趋近于 1，这样可以保持梯度的稳定性。另外，当 β 趋近于 0 时，Swish 函数趋近于线性函数 y = x，当 β 趋近于无穷大时，Swish 函数趋近于 ReLU 函数。Swish 激活函数的优点是它比 ReLU 激活函数更加平滑，可以避免 ReLU 激活函数的“死亡神经元”问题，同时，它比 Sigmoid 激活函数更加快速，可以提高神经网络的训练性能。

将 FFN 的第一次线性变换用 SwiGLU 进行替换，替换后的 FFN 一般形式为：

$$\mathrm{FFN}_{\mathrm{SwiGLU}}\ (x, W, V, W_2) = \mathrm{Swish}_1\ (xW) \otimes (xV)W_2$$

从替换后的 FFN 的一般形式中可以看出，相对于原始的 FFN 多了一项线性变换，也就是 ⊗(xV) 的操作。

3. RoPE

由于显存资源的限制，大模型在训练过程中的文本长度有限，通常只会设计 4KB 左右。但是在推理的时候，需要支持超过 4096 长度的推理，例如 ChatGLM2-6B 支持最长为 32KB 的文本，GPT-4 支持超过 30KB 的文本，因此如何使得支持模型推理阶段的输入文本长度远远超过预训练时的长度是大模型的核心问题之一，称之为大模型的外推性。外推性的含义是如何在训练阶段只需要学习有限的输入文本长度，在推理阶段能够进行若干倍的输入文本长度扩展，模型仍然能够保持不错的效果，设计合适的位置编码是提升大模型外推性最有效的方式之一。

LLaMA 在位置编码上删除了绝对位置嵌入，而在网络的每一层增加了论文 *RoFormer: Enhanced Transformer with Rotary Position Embedding*（RoFormer：带有旋转位置嵌入的增强型 Transformer）中介绍的旋转位置嵌入（Rotary Position Embeddings，RoPE），它是一种能够将相对位置信息依赖集成到 Self-Attention 中并提升 Transformer 架构性能的位置编码方式，具有良好的外推性，LLaMA 和 GLM 模型都采用的是这种位置编码方式。

在讲解 RoPE 之前，首先介绍一下绝对位置编码，它的做法是在计算 Query、Key 和 Value 向量 q_m、k_n、v_n 之前，先计算一个位置编码向量 p_i，加到词嵌入向量 x_i 中，然后乘以对应的变换矩阵 W{q, k, v}：

$$f_{s:s\in\{q,k,v\}}(x_i, i) = W_{s:s\in\{q,k,v\}}(x_i + p_i)$$
$$q_m = f_q(x_m, m)$$
$$k_n = f_k(x_n, n)$$
$$v_n = f_v(x_n, n)$$

其中位置编码向量经典的计算方式如下：

$$p_{i,2y} = \sin(\frac{i}{10000^{2t/d}})$$
$$p_{i,2t+1} = \cos(\frac{i}{10000^{2t/d}})$$

$p_{i,2t}$ 和 $p_{i,2t+1}$ 分别表示位置向量 p_i 中偶数索引位置和奇数索引位置的取值。

然后，基于 f{q, k, v} 表达式，就可以计算第 i 个词向量对应的 Self-Attention 输入结果，就是 q_m 和其他 k_n 都计算一个 Attention Score，然后将 Attention Score 乘以对应的 v_n，再求和得到输出向量 o_m：

$$a_{m,n} = \frac{\exp(\frac{q_m^T k_n}{\sqrt{d}})}{\sum_{j=1}^{N} \exp(\frac{q_m^T k_j}{\sqrt{d}})}$$
$$o_m = \sum_{n=1}^{N} a_{m,n} v_n$$

绝对位置编码的一个主要缺点是缺乏外推性，推理阶段的输入文本长度不能超过训练阶段的文本输入长度，否则就会出现位置编码不匹配或者缺失的问题。RoPE 的设计目标是提升模型的外推性，在计算注意力分数时，只需要考虑两个 Token 之间的相对位置，不依赖于绝对位置。从数学上来说，就是要找到一个等价的编码方式，使得下面的等式成立：

$$<f_q(x_m,m), f_k(x_n,n)> = g(x_m, x_n, m-n)$$

假定词嵌入向量的维度为 2，采用复数来表示二维向量，论文中提出了一个满足上述等式的 f 和 g 的表示形式如下：

$$f_q(x_m, m) = (W_q x_m)e^{im\theta} = \begin{pmatrix} \cos(m\theta) & -\sin(m\theta) \\ \sin(m\theta) & \cos(m\theta) \end{pmatrix} \begin{pmatrix} W_q^{(11)} & W_q^{(12)} \\ W_q^{(21)} & W_q^{(22)} \end{pmatrix} \begin{pmatrix} x_m^{(1)} \\ x_m^{(2)} \end{pmatrix}$$

$$f_k(x_n, n) = (W_k x_n)e^{in\theta} = \begin{pmatrix} \cos(n\theta) & -\sin(n\theta) \\ \sin(n\theta) & \cos(n\theta) \end{pmatrix} \begin{pmatrix} W_k^{(11)} & W_k^{(12)} \\ W_k^{(21)} & W_k^{(22)} \end{pmatrix} \begin{pmatrix} x_n^{(1)} \\ x_n^{(2)} \end{pmatrix}$$

$$g(x_m, x_n, m-n) = \mathrm{Re}[(W_q x_m)(W_k x_n) * e^{i(m-n)\theta}]$$

上面变换的几何意义就是在二维坐标系下，对向量进行角度为和的旋转变换，因此这种位置编码方法被称为旋转位置编码（RoPE），它将每个 Token 的嵌入向量乘以一个与位置相关的旋转矩阵，从而得到一个新的嵌入向量。

上面的等式是假定词嵌入向量的维度为 2，可以将上面的等式推广到高维的情形，将每两个维度分为一组，进行上面类似的旋转操作，然后组合在一起：

$$f_{\{q,k\}}(x_m, m) = R^d_{\theta,m} W_{\{q,k\}} x_m$$

$$R^d_{\theta,m} = \begin{pmatrix} \cos m\theta_1 & -\sin m\theta_1 & 0 & 0 & \cdots & 0 & 0 \\ \sin m\theta_1 & \cos m\theta_1 & 0 & 0 & \cdots & 0 & 0 \\ 0 & 0 & \cos m\theta_2 & -\sin m\theta_2 & \cdots & 0 & 0 \\ 0 & 0 & \sin m\theta_2 & \cos m\theta_2 & \cdots & 0 & 0 \\ \vdots & \vdots & \vdots & \vdots & \ddots & \vdots & \vdots \\ 0 & 0 & 0 & 0 & \cdots & \cos m\theta_{d/2} & -\sin m\theta_{d/2} \\ 0 & 0 & 0 & 0 & \cdots & \sin m\theta_{d/2} & \cos m\theta_{d/2} \end{pmatrix}$$

其中，$\theta = \left\{\theta_i = 10000\frac{2(i-1)}{d}, i \in [1, 2, \cdots, d/2]\right\}$。

接下来，对基于 RoPE 的 Self-Attention 计算流程进行理解，对于输入 Token 序列中的每个词嵌入向量，首先计算其对应的 Query 和 Key 向量，然后对每个 Token 位置的 Query 和 Key 向量中的元素按照两两一组进行旋转变换（也就是旋转位置编码），最后计算旋转变换之后的 Query 和 Key 向量之间的内积得到 Self-Attention 的计算结果。

图 10-12 比较好地解释了旋转变换的过程。对于词嵌入向量维度 d=2 的情况，RoPE 等同于二维嵌入向量（x_1,x_2）乘以一个与位置相关的旋转矩阵，得到一个新向量（x'_1,x'_2）。对于 d>2 的情况，将每两个维度分为一组，进行上面类似的旋转操作，然后组合在一起。

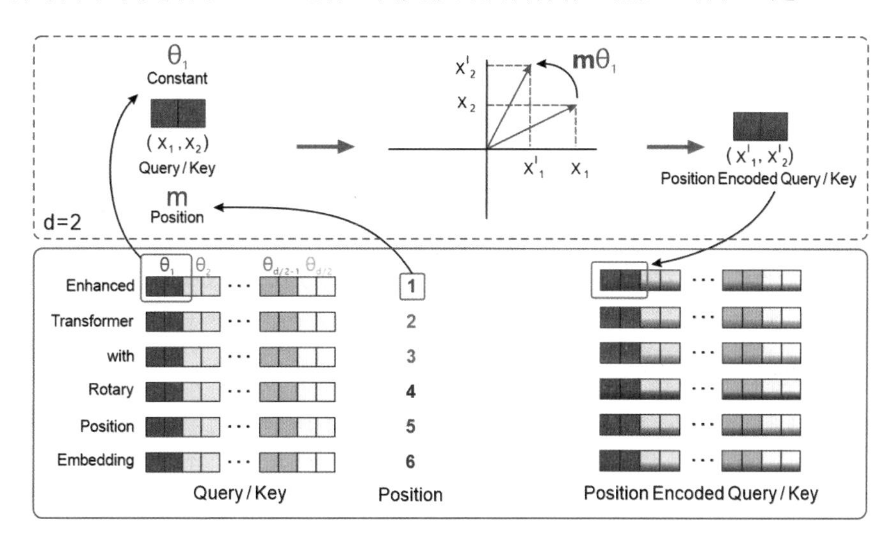

图 10-12　旋转位置编码的解释

从基于 RoPE 的预训练模型 RoFormer 的结果来看，RoPE 具有良好的外推性，应用到 Transformer 中体现出较好的处理长文本的能力，即预测时的输入文本长度是训练时输入长度的若干倍，模型仍然可以正确处理，从而提升了模型在处理长文本或多轮对话等任务时的效果。

10.6 本章小结

ChatGPT 是 AI 领域具有革命性和划时代意义的里程碑技术，本章首先介绍了 ChatGPT 大语言模型的定义和背景、ChatGPT 的发展历程，重点概述了 GPT-1、GPT-2、GPT-3 三代模型的原理。GPT-1 的目标是学习一种能够轻微调整就能迁移到一系列任务的通用表示。GPT-2 的目标是希望往更通用的模型转变，可以执行各种下游目标任务，适用于各种场景，无须为每个任务构建标注训练数据集。GPT-3 的目标是实现人类的小样本学习能力（人类可以从只有几个例子的说明中执行新的自然语言任务）。

接着介绍了 ChatGPT 的实现原理，包括大模型的微调技术、能力来源、预训练和微调，ChatGPT 中的各项能力包括文本生成、基础世界知识、上下文学习、代码理解和生成、推理能力、零样本泛化、响应人类指令、多轮对话等，其中文本生成、基础世界知识和上下文学习的能力来自于预训练，代码理解和生成、推理能力来自于结合代码数据的预训练，零样本泛化和响应人类指令的能力来源于指令学习，多轮对话的能力来源于 RLHF。

然后阐述了 ChatGPT 的应用，包括提示工程、应用场景和优缺点，最后对开源大模型 ChatGLM、LLaMA 大模型的原理进行了介绍，重点介绍了 ChatGLM、LLaMA 大模型的技术创新点。

10.7 习　题

1. GPT-1、GPT-2、GPT-3 三代模型的参数量和训练数据量分别是多少？
2. GPT-2 相比 GPT-1 在哪些方面进行了改进，GPT-3 相比 GPT-2 在哪些方面进行了改进？
3. GPT-2 模型为什么在 Zero-Shot 下游目标任务上有良好的效果？
4. 大模型的微调技术有哪些，它们之间有什么差别？
5. ChatGPT 相比 GPT-3 在哪些方面进行了改进，具体实现分为哪几个步骤？
6. 在 ChatGPT 的具体实现中，微调 SFT 模型的 PPO 算法的原理是什么？
7. ChatGLM 模型中的基座 GLM 模型有哪些技术创新点？
8. LLaMA 基座模型的架构与标准的 Transformer 架构有哪些具体的区别？

10.8 本章参考文献

[1] 陈巍 . ChatGPT 的技术详解和产业未来 . 2023.

[2] 张义策 . GLM: 基于空格填充的通用语言模型 . 2022.

[3] Du Z, Qian Y, Liu X, et al. Glm: General language model pretraining with autoregressive blank infilling[J]. arXiv preprint arXiv:2103.10360, 2021.

[4] https://blog.csdn.net/v_JULY_v/article/details/129880836.

[5] https://swarma.org/?p=39426.

[6] https://chatglm.cn/blog.

[7] https://github.com/THUDM/ChatGLM-6B.

[8] https://blog.csdn.net/v_JULY_v/article/details/129709105?spm=1001.2014.3001.5502.

[9] Su J, Lu Y, Pan S, et al. Roformer: Enhanced transformer with rotary position embedding[J]. arXiv preprint arXiv:2104.09864, 2021.

[10] Radford A, Narasimhan K, Salimans T, et al. Improving language understanding by generative pre-training[J]. 2018.

[11] Radford A, Wu J, Child R, et al. Language models are unsupervised multitask learners[J]. OpenAI blog, 2019, 1(8): 9.

[12] Brown T, Mann B, Ryder N, et al. Language models are few-shot learners[J]. Advances in neural information processing systems, 2020, 33: 1877-1901.

[13] https://zhuanlan.zhihu.com/p/616975731?utm_id=0.

[14] https://zhuanlan.zhihu.com/p/643894722.

[15] https://blog.csdn.net/qq_27590277/article/details/129253077.

[16] https://cloud.tencent.com/developer/article/2303774.

第 11 章 行业实践案例

本章主要介绍智慧政务、公共安全、智慧应急等多个行业的文本分析和知识图谱方面的实践案例，每个案例会介绍具体的案例背景、解决方案、系统架构和实现，最后进行案例总结。

11.1 智慧政务实践案例

11.1.1 案例背景

自从数字经济赋能传统产业的“智能＋”概念被写入政府工作报告之后，人工智能正逐步成为国家战略的基础设施，持续为各行各业赋能，推动传统产业改造升级，最终影响人们的生产与生活方式。以电子政务公共服务领域为例，人工智能技术的应用不仅提升了决策的科学性，也改善了服务的主动性、针对性和及时性，有效解决了政府公共服务领域紧张的人力资源问题，提高了公共服务的效率。同时，人工智能技术的应用帮助公共服务标准化、规范化、有效化，改善了与用户之间的交流沟通体验，使人民群众有更多获得感、幸福感和安全感。

在近几年的政府工作报告中，“智慧政务”这个概念被多次提及。“AI+ 政务”的方式让群众享受到了新时代下更加便捷、优质的服务体验，搭建了更加高效的沟通桥梁。同时，智慧政务也让政府、企业的工作和服务更加智能、高效。以政府统计工作为例，人工智能技术的应用促进了传统统计方式的改革创新，有助于提高统计数据质量，提升统计服务效率，加快了现代化统计体系的建设。智能问答技术属于人工智能技术分支之一的自然语言处理领域，其在近些年取得了较大进步，给人们的生产生活带来了便利。例如，面对互联网上的海量信息，以及用户越来越精细化和多样化的查询需求，基于关键词组合或者浅层语义分析的检索系统越来越难以满足用户需求，而智能问答系统利用结构化的知识，基于自然语言处理技术对用户问题进行解析，能够快速、准确地查到用户想要的信息；传统的客服工作由人工来完成，往往面临人力成本高、人员易疲劳等问题，通过构建智能问答系统可以部分代替人工工作，有效缓解人力问题；随着数据在各行各业中扮演越来越重要的角色，人们希望能够快速探索数据，查询关心的信息，洞悉数据规律，基于语义解析的智能问答系统将自然语言转成数据库查询语言，让用户仅仅通过自然语言就可以和数据交互，使用更友好、方便。

海淀区统计局在线填报智能咨询平台是智能问答在“AI+ 政务”中的典型尝试，包括两个场景：企业填报咨询平台和七人普在线填报答疑。

- 场景 1：海淀区是北京市开展科技创新与建设的重点辖区，企业总量增长速度快、升规入统企业增长率达到 20%。企业统计数据上报是统计部门的一项重要工作，每到年底，全区有 2 万余家企事业单位会通过北京市统计联网直报平台进行数据上报，在填报过程中，企业存在大量的咨询需求，需要统计部门提供实时指导。传统方式大多通过电话进行人工指导，而咨询时间往往过于集中，统计部门面临人手不足的困境，加之数据庞大、涉及领域广、种类繁多，导致统计业务压力剧增。
- 场景 2：第七次全国人口普查工作是对我国国情的一次重大调查，它将为完善人口发展战略、制定社会发展规划，提供最全面、准确和科学的统计信息提供支持。第七次全国人口普查是在中国特色社会主义进入新时代开展的重大国情国力调查，将全面查清中国人口数量、结构、分布、城乡住房等方面的情况，为完善人口发展战略和政策体系，促进人口长期均衡发展，科学制定国民经济和社会发展规划，推动经济高质量发展，开启全面建设社会主义现代化国家新征程，向第二个百年奋斗目标进军，提供科学准确的统计信息支持。在开展人口普查工作的过程中，普查人员和受普查对象针对人口普查工作会有一些问题需要解答。由于普查对象人数众多，这些问题的解答会占用普查人员较多时间，增加普查人员的工作量，同时人工解答在一定程度上会降低解答的规范性。希望通过公众号和小程序等支持海淀区统计局开展人口普查的宣传、培训、考试、答疑，实现了“人机交互”的智能化服务。通过开展智能问答服务，一方面能够提升统计系统普查人员的工作效率，有助于统计普查人员运用专业知识更好地优化工作流程、规范填报内容。另一方面，能够为普查对象提供系统化、多方位的应答内容，协助其更好地理解人口普查的意义，完成人口普查的工作。统计局人口普查智能问答项目通过利用自然语言处理、深度学习等技术构建灵活的智能问答系统，通过公众号、小程序等方式对外提供服务，满足普查员和普查对象针对第七次人口普查常见问题的咨询需求，如图 11-1 所示。

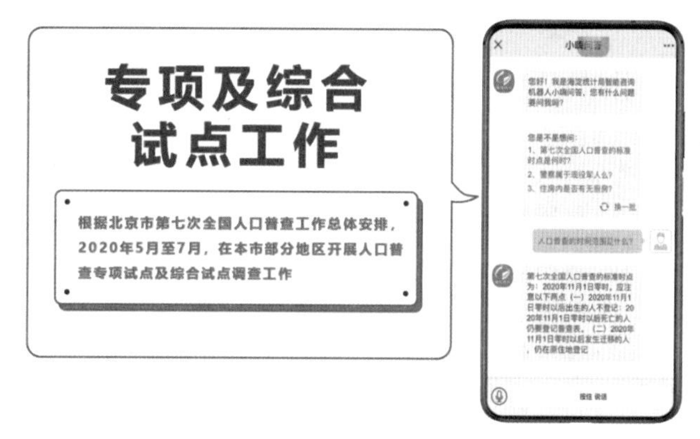

图 11-1　人口普查交互服务

11.1.2 解决方案

第七次全国人口普查预计 240 万人选择自主填报方式完成普查登记。预计普查期间（10~12 月）每月咨询量不少于 72 万人次，工作量空前庞大。为落实市政府开展第七次人口普查的工作要求，缓解传统普查方式及人工客服压力，北京市第七次全国人口普查领导小组办公室拟启动在线智能问答应用服务，满足调查对象咨询的需要。

我们充分利用统计局积累的人口普查常问问题和重点问题，开展人口普查智能问答项目建设，采用标准化、成熟的大数据和人工智能技术，实现人口普查问题答疑由传统型向智慧型转变。项目建设实现以下能力与服务。

- 在线智能问答服务：提供对人口普查知识类、舆情热点类、登记常识类、普查结果应用类问题的问答服务。
- 问答库构建与问答库管理服务：构建包含人口普查相关问题的问答库，提供可以对问答库进行便捷地增、删、改、查操作的管理界面。
- 问答运营服务：可以提供问答历史记录，方便对问答使用情况的统计分析，通过分析历史记录不断补充完善问答库，优化算法模型。

智能问答系统实现的主要功能如下：

- 第七次全国人口普查的在线智能机器人咨询服务：负责和北京市第七次全国人口普查领导小组办公室对接，负责为社会公众提供 7×24 小时不间断在线智能机器人咨询服务。在线智能机器人服务主要包括七人普知识库和自主填报小程序智能问答。提供专有移动渠道服务，负责“北京统计”微信公众号移动端的对接。具体解答的问题包括以下几个方面：知识类，是关于人口普查的相关知识，如什么是人口普查等；舆情热点类，是普查员和普查对象关心的一些热点问题，如普查员逐家入户登记，怎么确保普查员和住户的生命健康等；登记常识类，是涉及普查登记工作的一些常识问题，如登记时身份证号码会不会出现重号的情况等；普查结果应用类，是关于普查结果如何应用的问题，如人口普查资料如何公布和管理等。
- 便捷地对问答知识库进行运营的功能：负责在线智能机器人的专有知识更新服务。管理员通过后台的可视化界面，可以方便地进行问答库的增、删、改、查，可以灵活地调整问题的类别等信息。
- 用户问答运营分析报表的功能：为市人普办提供专有知识运营服务，包括咨询量统计、热门问题更新、答案优化训练等，并在工作日每天 18:00 提供项目运营统计报表。系统能够方便地获取用户的问答历史记录，以便于从中统计用户使用情况、用户关心的问题、未能回答的问题等。通过对问答历史的运营，使问答库越来越完善，用户体验越来越好。
- 提供驻场全响应运营服务：由两名运营专员驻场，群众问题在知识库层面没有得到满意回复时，由驻场人员提供在线咨询回复服务。

我们利用人工智能、自然语言处理和深度学习等技术，为海淀统计局搭建快速灵活、按需定制的学习成长型智能咨询平台，通过公众号、小程序等实现语音 + 文本双模态“人机交互”智能服务，为企业在线提供高效便捷的统计业务指导、咨询答疑和视频演示。

- 构建统计业务多功能闭环体系：平台依托专业的数据智能技术实现了集专管员信息查询、业务咨询、密码重置等诸多功能于一体的服务，并形成了知识库闭环体系，保证问答过程中的智能化水平，从而提升统计质量和效率。

- 持续优化平台功能，提升用户体验：通过意图识别可对用户咨询问题进行准确识别，即当用户与机器人沟通时，机器人能够根据用户提出的直接或间接的问题来快速而准确地判断用户的真实意图。除此之外，平台支持不断学习、持续演进、迭代优化，为填报企业提供更准确、更个性化的咨询服务和人机交互体验，如图 11-2 所示。
- 打造“人机交互”式智能对话平台：利用人工智能、自然语言处理和深度学习等技术搭建快速灵活、按需定制的学习成长型智能咨询平台，通过公众号、小程序等实现语音+文本双模态“人机交互”智能服务，就可以为企业在线提供高效便捷的统计业务指导、咨询答疑和视频演示。

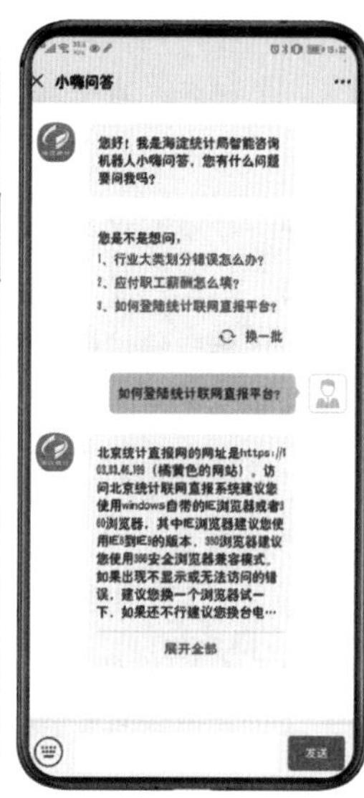

图 11-2 公众号智能问答服务

- 意图识别精准度高：通过意图识别可对用户咨询问题进行准确识别，即当用户与机器人沟通时，机器人能够根据用户提出的直接或间接的问题来快速而准确地判断用户的真实意图。除此之外，平台支持不断学习、持续演进、迭代优化，为填报单位提供更准确、更个性化的咨询服务和人机交互体验。

11.1.3 系统架构和实现

智能问答系统致力于提供一款基于人工智能技术和自然语言处理技术的、通过 Web 界面可视化，快速、灵活创建自定义问答系统的平台。问答系统提供三大意图：任务对话意图、知识问答意图、闲聊意图，知识问答意图包括基于问答对的问答、基于知识图谱的问答、基于数据库的问答。用户通过语音或文字和机器人交流，自然语言处理算法可识别处理用户输入、匹配用户意图、处理意图中断切换、多轮对话。系统拥有强大的可灵活配置的能力，客户可以根据业务需求扩展、变更机器人服务。系统拥有完备的产品运营体系催化演进，记录用户向机器人询问的问题，统计回复准确率，扩展知识库和配置，使系统不断学习，持续演进。智能问答系统的功能架构如图 11-3 所示。

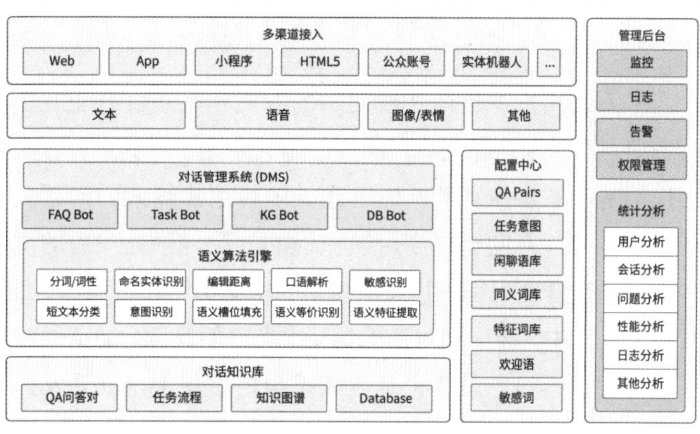

图 11-3 智能问答系统功能架构

各模块说明如下：

- 对话知识库：基于结构化数据和非结构化数据的支持，对话支持任务对话型、基于问答对的问答、基于知识图谱的问答、基于数据库的问答，对话管理系统识别用户意图和回复，执行对话流程。
- 对话管理系统：通过识别用户对话的意图来匹配处理问题的场景，并利用场景中对话流程的节点，收集回答问题需要的信息并控制对话的进行，最终实现问题回答和任务执行，支持对话中任务意图的切换和中断，支持多意图识别；对于未能识别意图的用户问话，使用安全答复回复用户。
- 语义算法引擎：具体包括中分分词和词性标注、命名实体识别、编辑距离相似度计算、口语解析、敏感识别、短文本分类、意图识别、语义槽位填充、语义等价识别、语义特征提取等算法模块。
- 配置中心：对话语料、匹配模板、同义词、口语化词等数据的配置在配置中心，这部分数据配置被中控系统使用，决定了机器人的回复准确度和知识储备。
- 人机交互方式：与用户的对话方式支持多样性，包括文本、语音、图像、表情及其他。
- 多渠道接入：支持接入多渠道，比如 Web、App、小程序、HTML5、公众号、实体机器人等。
- 管理后台：日志记录人机对话、进行会话分析等，统计机器人没有回答出的问题，对机器人迭代升级。

基于系统架构，智能问答系统的主要对话流程如图 11-4 所示。

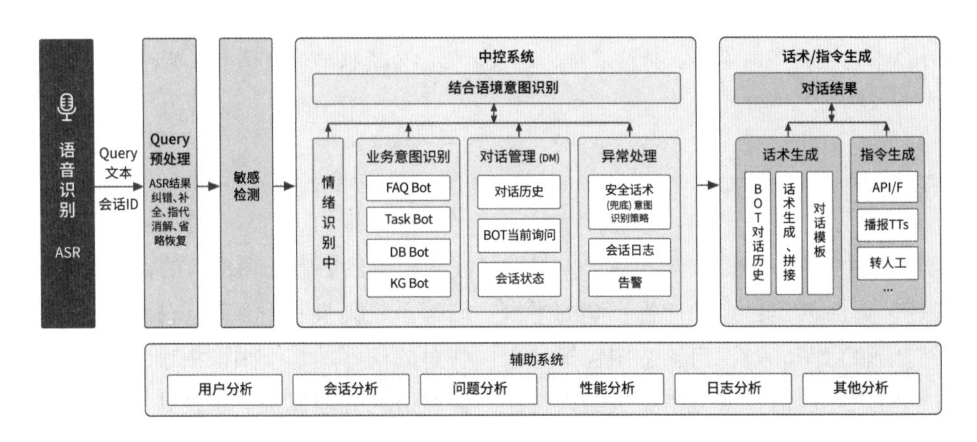

图 11-4 智能问答系统对话流程

本系统用户通过语音或文本的方式和系统进行交互，如果用户输入的是语音，则对其进行语音识别，得到问题文本。得到问题文本后，对其进行预处理，预处理包括文本纠错、问题补全、指代消解、省略恢复等，通过预处理将用户输入的问题处理成语义完整、成分明确、内容清晰正确的问题，有助于提高后续流程的效果。预处理后的文本进入中控系统，中控系统结合语境对问题进行意图识别，并根据识别的结果调用不同类型的问答服务。在问答服务进行问题解析、回答的过程中，会用到对话的历史、当前的问题、会话的状态等，这些信息由对话管理模块提供。系统会对会话日志进行记录，如果会话过程中出现异常，设计的安全话术能够进行兜底。在问答服务返回对问题的解析、处理的结果后，根据问答意图及所调用问答服务的不同，系统可能会返回问题对应的答案或者任务对应的指令等。

本系统是基于“问答对”的智能问答系统（FAQ 问答系统），FAQ 问答是智能客服系统的核心技术之一，在智能客服系统中发挥了重要作用。通过该技术可实现在知识库中快速找到与用户问题相匹配的问答，为用户提供满意的答案，从而极大地提升客服人员的效率，改善客服人员的服务化水平，降低企业客服成本。FAQ 问答系统通常有两种思路：相似问题匹配，即计算用户问题与现有知识库中问题的相似度，返回用户问题对应的最精准的答案；问题答案匹配，即计算用户问题与知识库中答案的匹配度，返回用户问题对应的最精准的答案，该思路是选择答案及 QA 匹配，我们通过相似问题匹配来实现 FAQ 问答系统，原因有以下几点：

- 问题与其语义空间是一致的，而问题与回答的语义空间可能不一致。语义空间的不一致性会极大地影响算法的选择与学习。另一方面，如果是传统手工特征，那么句法树解析出的中心节点是否相同、两句子的编辑距离大小、两句子的关键词重叠情况等特征在相似问题判断时能够更好地体现，且具有很高的可解释性（比如编辑距离越小，可能意思更相似）。而 QA Match 在特征抽取上会受到很多限制。另外，基于相似问题的匹配并不要求答案一定是文本。
- 用户的问题虽然形式和表达各不相同，千差万别，但其整体分布却呈现出一种稳定的状态。而回答则会随着业务的发展和政策的变化而不断发生变化。也就是说，对于 QA 数据而言，答案（A）会发生变化，而问题（Q）却不会发生太大变化。
- 业务回答与算法模型的解耦，把问题与回答分离，只对问题建模，可以实现算法模型的学习与业务方提供的答案充分解耦，使得不同问题与回答之间的映射更加灵活和可控。
- FAQ 系统一旦构建完成，并不是一成不变的。因为业务的持续变化和增长，用户可能会有新的频繁询问的问题，或者一些问题实际上与已有的问题重复，或者过去设置的一些问题其实是不必要的。这时就需要对系统进行迭代，比如发现新问题并去除重复的问题。要实现这一点，最需要的是学习如何对问题本身进行表示。而对问题之间相似度建模的方法，显然比问题之间相关度建模的方法更直观一些。

问答主要有以下技术难题：用户问题较为口语化，包含大量省略、指代等现象；用户问题复杂多样，基于字面信息很难精准匹配语义相同的问题；在实际产品应用中，对系统鲁棒性、整体性能要求较高。系统通过口语解析模块进行省略恢复和指代消解；使用基于 BERT+BIMPM 的模型达到精准匹配语义相同的问题；通过对问题进行文本纠错，训练模型时进行数据增强、使用 Focal Loss 损失函数和基于 FGM 的对抗训练等提高系统的鲁棒性。

智能问答系统的业务流程如图 11-5 所示。

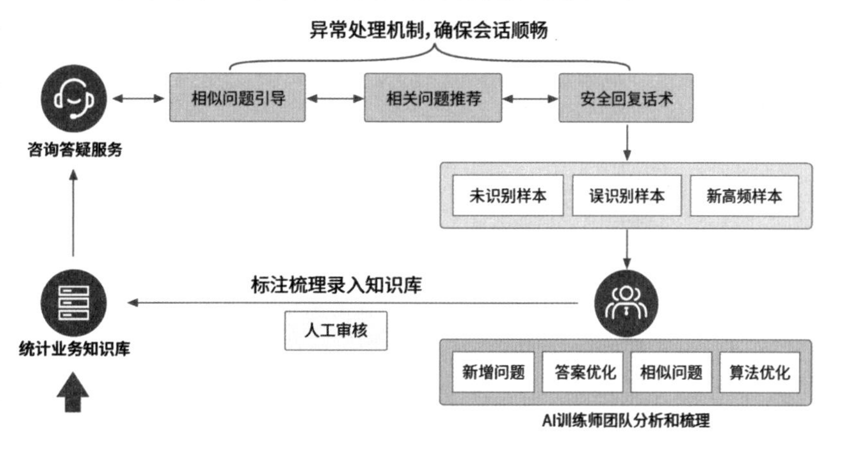

图 11-5　系统业务服务流程

首先要梳理业务知识库，然后将业务知识库接入问答系统中，在用户输入问题后，如果系统能够匹配到等价问题，则进行回答，否则进行相似问题的引导，如果没有相似问题或系统异常，则回复安全话术，对于答案为图片的，则支持回复图片。同时，AI 训练师团队通过对问答历史的分析，进行问题新增、答案优化、算法优化等工作后，更新知识库和系统。本系统针对七人普知识库相关问题主要通过文字进行回答，对自主填报小程序相关问题，主要通过图片回答，如图 11-6 所示。

系统可以方便地与“北京统计”公众号对接，具体做法是在“北京统计”公众号开设二级菜单“七人普智能问答”，然后将问答系统前端的地址与这个菜单绑定，就可以实现通过公众号单击菜单进入问答系统，如图 11-7 所示。

图 11-6 系统业务服务流程智能问答系统的效果　　　　图 11-7 问答系统与公众号对接

知识库构建的流程如图 11-8 所示，从历史问答数据、业务知识、规章制度中梳理出问答对，并按固定格式导入系统的问答库；同时，将一些领域内及通用的同义词导入系统同义词库。

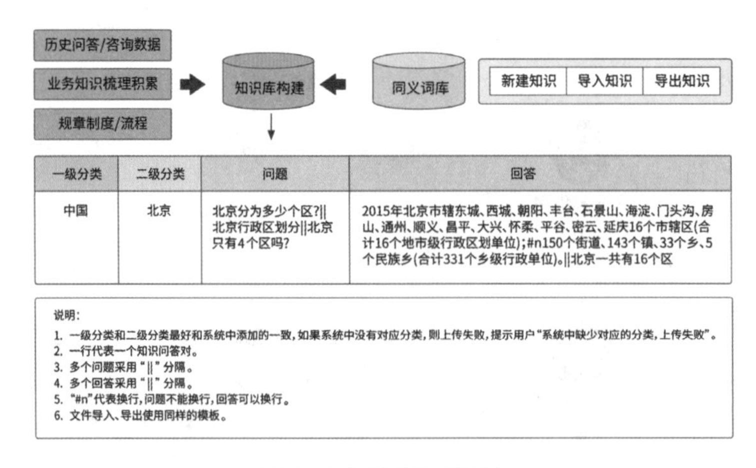

图 11-8 知识库构建流程

另外，系统也支持从问答历史记录中方便地添加问答对，从而完善知识库，如图 11-9 所示。

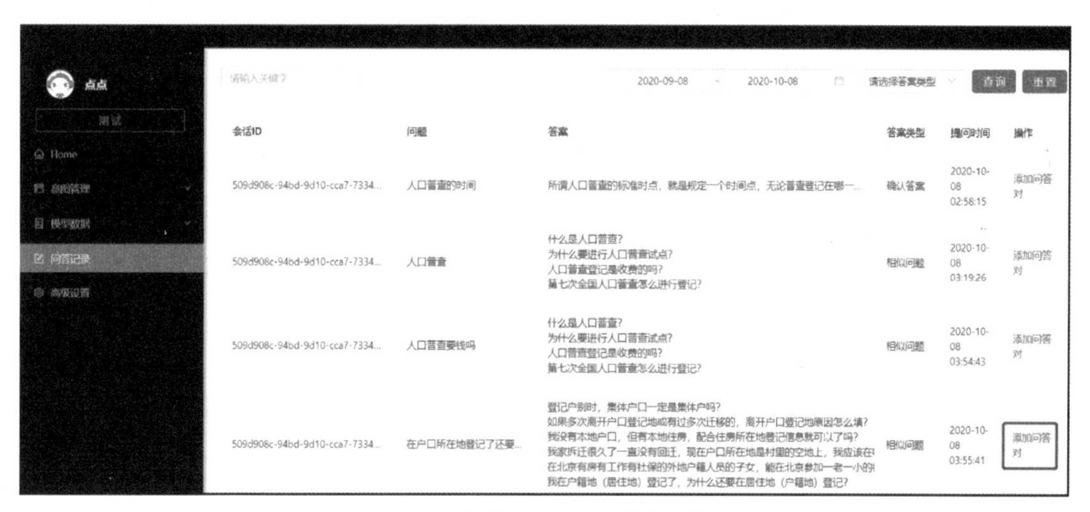

图 11-9　从问答历史记录中补充问答对

构建的问答知识库如图 11-10 所示。

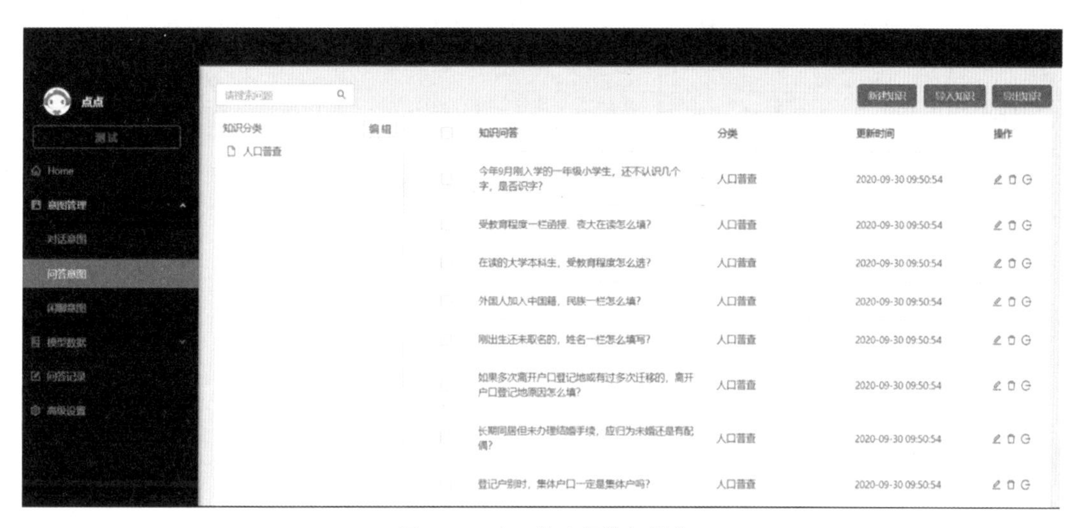

图 11-10　人口普查问答知识库

系统训练和优化流程：对于无法响应的问题，后续会进行分析，不断优化和补充业务知识库内容和算法，通过线下和线上双闭环流程，不断提升人工智能答疑服务的知识面和智能性。优化的流程如图 11-11 所示。

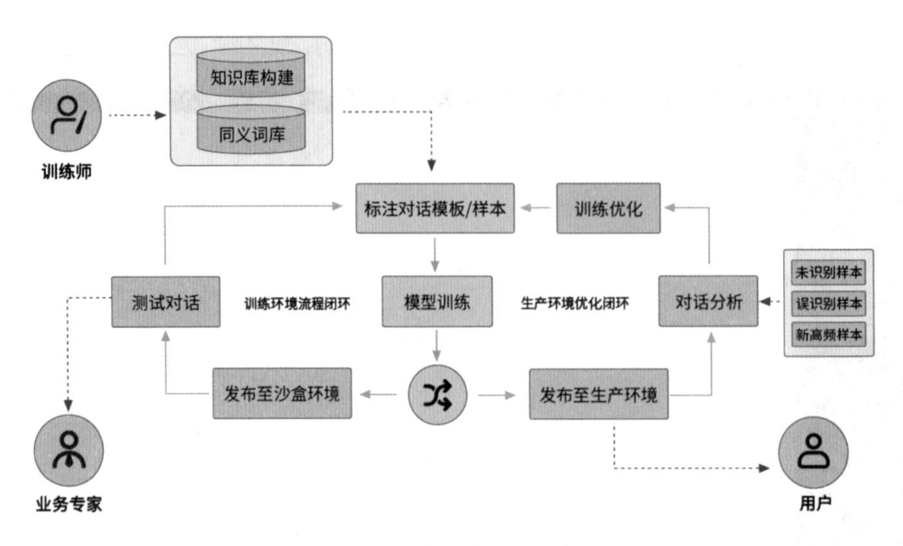

图 11-11 问答服务双闭环流程

问答系统运营流程如图 11-12 所示。

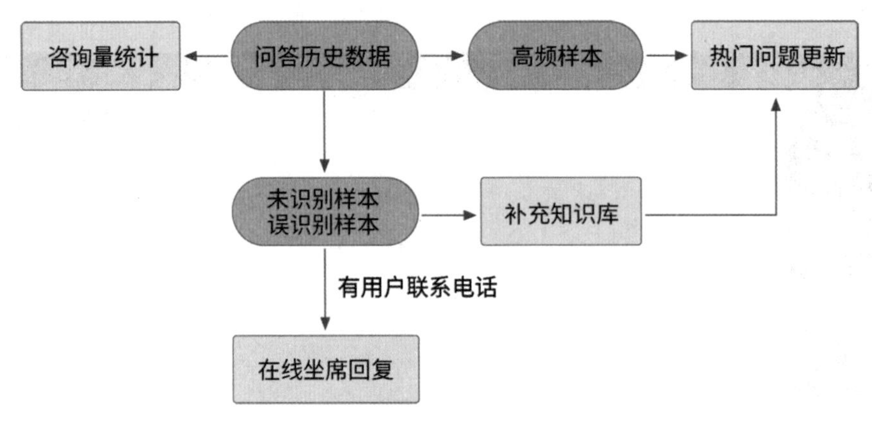

图 11-12 问答系统运营流程

具体步骤如下：

步骤 01 分析问答历史数据，获得对一段时间内咨询量的统计。

步骤 02 从问答历史中用户问到的高频样本中推荐热门问题。

步骤 03 对于问答历史中未识别或误识别的样本，一方面优化算法，另一方面将其补充到知识库中，并在用户下次进入系统时作为热门问题推荐给用户。

步骤 04 如果对于未识别或误识别的样本，客户提供了其联系电话，两名驻场的运营专员将与其电话联系，进行回复。

步骤 05 上述运营的内容会在每天 18:00 前形成运营报告，反馈给客户。

语义等价识别是问答系统中需要使用的核心语义算法模块，问题的语义等价判断是智能对话系统中的典型难题，需要模型能够真正理解其句子的语义。在 BERT 等预训练模型出现之前，语义本身的表达一般用词向量（Word Vector）来实现。为了得到句子的深层语义表达，所采用的方法往往是在上层构建网络，以 BIMPM 为例，它是一种 matching-aggregation（匹配 – 聚合）方法，通常对两个句子的单元进行匹配，经过 LSTM 处理后得到不同的 time step 输出，然后通过神经网络转换为向量，最后对向量进行匹配。BIMPM 的大体流程如图 11-13 所示。

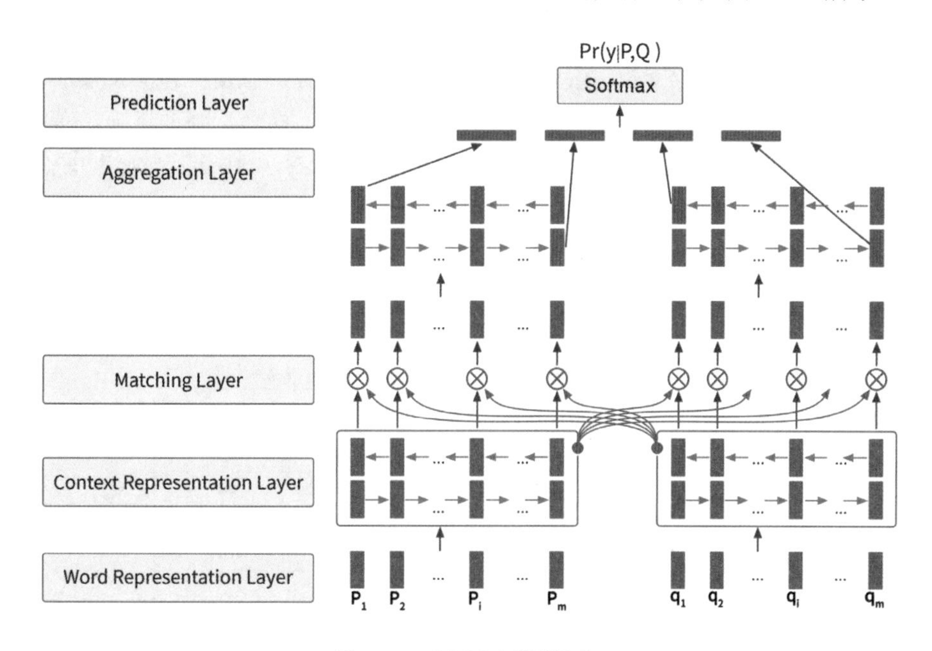

图 11-13 BIMPM 模型结构

从 Word Representation Layer 开始，将每个句子中的每个词语表示成 d 维向量，然后经过 Context Representation Layer 将上下文的信息融合到需要对比的 P 和 Q 两个问题中的每个 time-step 表示。Matching Layer 则会比较问题 P 和问题 Q 的所有上下文向量，这里会用到 multi-perspective 的匹配方法，用于获取两个问题细粒度的联系信息，然后进入 Aggregation Layer 聚合多个匹配向量序列，组成一个固定长度的匹配向量，最后用于 Prediction Layer 进行预测概率。通过 BIMPM 模型可以捕捉到句子之间的交互特征，但是这样的匹配只是比较表层特征，并不涉及深层次的特征比较。BIMPM 将每个句子中的每个词语表示成 d 维向量，然后经过 Context Representation Layer，将上下文的信息融合到需要对比的 P 和 Q 两个句子中的 time-step 表示，最终比较句子 P 和句子 Q 的所有上下文向量，但它也只是对表层特征进行匹配，从而忽略很多额外的语义特征，但是 BERT 预训练模型的流行让深层特征匹配成为现实。

我们将 BERT 模型和 BIMPM 模型结合，在具体的实现上，分别从 BERT 深层模型的最后几层中提取特征通过加法进行拼接，替代原始的字向量输入 BIMPM 模型中。除此之外，我们对 BIMPM 模型做了以下修改：首先，我们去掉了原始 BIMPM 模型中接在字向量层的 Bi-LSTM 模型，之所以这样做，其原因在于 LSTM 并没有设计机制来保证梯度能够有效地向深度模型后向传导；其次，我们用 Transformer 模型替代了 BIMPM 最上层的 Bi-LSTM 模型。这样做主要是考虑到 Bi-LSTM 能够捕捉数据中的序列特征。但是由于 BIMPM 采用多种匹配后，其序列性并不强，因此 Transformer 更适合该模型。

我们提出的问题层次匹配模型在公开的 Quora 数据集达到了目前的最高水平（State-of-the-art），这个数据集总共有超过 400 000 个问题组，专门用来研究两个句子是否语义等价的二分问题。因为该数据集的标注质量非常高，它经常用来测试语义理解的模型效果。我们按照 7:2:1 的比例来分配训练集、验证集和测试集。为了进行对比，第一个结果为 BERT 单模型的结果，第二个、第三个则分别为 BERT 和 ABCNN、BERT 和 BIMPM 的结果。在配对深度方面，我们选择了 BERT 预训练模型的表面一层、表面两层和表面三层，随着层数的增加，我们应用了横向合并和纵向合并。如图 11-14 所示，BERT 和 BIMPM 的结合已经比两个单模型的表现要出色。在 BIMPM 中，我们先去除了 Bi-LSTM，其模型的表现降低到了 88.55%，如果在配对层之后继续去除 Bi-LSTM，其模型的表现会降低到 87.8%。还可以看出，在预训练模型中增加上层模型可以提升几个点的表现，随着层数的增加，可以得到更高的 F1 值和准确率。

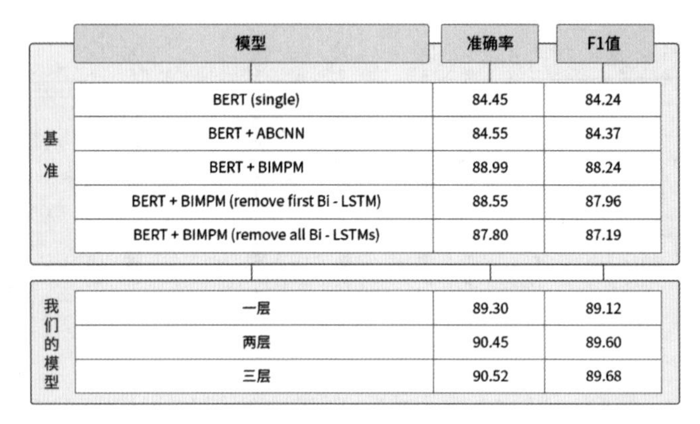

	模型	准确率	F1值
基准	BERT (single)	84.45	84.24
	BERT + ABCNN	84.55	84.37
	BERT + BIMPM	88.99	88.24
	BERT + BIMPM (remove first Bi - LSTM)	88.55	87.96
	BERT + BIMPM (remove all Bi - LSTMs)	87.80	87.19
我们的模型	一层	89.30	89.12
	两层	90.45	89.60
	三层	90.52	89.68

图 11-14 新模型在 Quora 数据集上的效果

为了确保实验结论的有效性，除 Quora 数据集外，我们还采用了 SLNI 数据集中包含句子等价性的数据集，该数据集包括 55 万条训练集和 10000 条测试集。很多学者都用了这些数据来测试他们的模型效果，对比这些模型，我们的准确率有将近两个点的提升，结果如图 11-15 所示。

模型	准确率	F1值
BERT(single)	80.31	80.23
BIMPM	86.90	-
BERT+BIMPM	87.70	-
我们的模型(一层)	89.19	89.21
我们的模型(两层)	89.41	89.38
我们的模型(三层)	88.63	88.67

图 11-15 新模型在 SLNI 数据集上的效果

在语义等价识别任务上，我们除考虑模型的准确率、F1 值等指标外，也要考虑模型的鲁棒性。在基于问答对的问答系统实际使用中，用户问的一个问题可能和知识库中的问题语义等价，但用户的问题表述方式和用词多样，有的会出现不影响理解的多字、少字、错字、语气词、停顿等；

有的问题则和知识库中的问题字面上很相近，但由于关键信息不同，二者语义并不完全等价。如果针对第一种情况，系统仍然能判断为等价，第二种情况能判断为不等价，则能较好地保证用户的使用体验。将上面两种情况下的样本称为对抗样本，为了达到上述目的，采用的方法有数据增强、样本纠错、使用 Focal Loss 损失函数和基于 FGM 的对抗训练等。

数据增强的方法有以下几种：方法一，音近字替换、形近字替换、同义词替换、词序调整。用开源的音近字、形近字、同义词词典，以一定比例对问题中的字或词进行替换，同时限制一组问题中替换的总字数小于 3。以一定比例对问题中的词语词序随机调整，限制最远的词序调整，两个词汇间隔不超过两个词；方法二，反义词替换，增加或删除否定词。以一定比例将问题中的某个词替换为反义词，增加或删除问题中的否定词，如“未”“没有”“无”“非”，并修改样本标签；方法三，用开源的错别字校正工具对问题进行校正，校正结果的校正错误率接近 100%，但错误校正只影响 1~2 个字，不影响对问题的理解，故可以用这种方式生成对抗样本。通过上面的一种或几种方式进行数据增强，训练的模型与不进行数据增强相比，在最终测试集上的宏 F1 值有约 1.5~2 个百分点的提升。

当训练集中正负样本的比例不平衡的时候，适合采用 Focal Loss 作为损失函数。Focal Loss 公式如下：

$$FL(p_t)=-\alpha_t(1-p_t)^{\gamma}\log(p_t)$$

通过设定 α 的值来控制正负样本对总的 loss 的共享权重。α 取比较小的值来降低多的那类样本的权重。通过设置 γ 来减少易分类样本的权重，从而使得模型在训练时更专注于难分类的样本。实验表明，使用 Focal Loss 相比于不使用 Focal Loss 作为损失函数，验证集预测结果的宏 F1 值有约 0.5 个百分点的提升。

对抗训练采用的是 Fast Gradient Method（FGM），其目的是提高模型对小的扰动的鲁棒性。扰动添加在 BERT 模型的字向量上。对于分类问题，具体做法就是添加一个对抗损失：

$$-\log p(y\mid x+r_{adv};\theta)\text{where } r_{adv}=\underset{r,\|r\|<\epsilon}{\operatorname{argmin}}\log p(y\mid x+r;\hat{\theta})$$

上式表达的意思是，对样本 x 加入扰动 r_{adv} 可以使得预测为分类 y 的损失最大，r_{adv} 的定义如下：

$$r_{adv}=-\epsilon g/\|g\|_2 \text{ where } g=\nabla_x \log p(y\mid x;\hat{\theta})$$

在具体训练时采取的损失是原始损失与对抗损失的组合。实验表明，使用 FGM 训练的模型和没有使用模型相比，验证集的宏 F1 值能有约 0.5~1 个百分点的提升。

11.1.4 案例总结

海淀统计局智能咨询平台知识库共覆盖九大领域、1000 多条业务填报知识，由智能问答机器人按照统一标准回复，问答的准确率超过 95%，累计服务数十万次，显著降低了人工客服的工作量，推动了政府统计工作提质增效。自上线以来，在线处理北京市海淀区数万条统计业务咨询，满足了 2000 多家企业的业务咨询需求，改变了传统人工指导的工作方式，使统计工作效率大幅提升。

同时，以关注公众号的方式提供咨询服务，为填报企业提供了便捷的信息获取途径和实时响应的交流环境，形成了良好的用户体验，进一步提升了统计局的整体服务质量。

11.2 公共安全实践案例

某地级市公安机关和各警种部门充分利用物联网、云计算、大数据采集积累、汇聚了海量的数据资源，如何快速、准确地从警情信息数据蕴含的蛛丝马迹中提取重点人员、案件要素，提升对警务信息的处理和应对能力，以应对“信息研判不深入、信息预警不及时、信息共享不充分”的矛盾，是新时代公安信息化建设的核心问题。

该地级市公安机关利用自然语言处理技术从警情信息中自动抽取涉案人、事、地、物、组织知识，并借助知识图谱融合构建为属性、时空、语义关联的关系网络，在更深度、更广度的范围辅助警情信息的深入研判、智能决策，实现对风险的被动处置向主动预防转变，推进警情信息处理体系转型升级，创造一种结合公安业务经验和人工智能的“公安大脑”。

11.2.1 案例背景

云计算、大数据、物联网、移动互联网、人工智能等新一代信息技术的发展，正加速推进全球产业变革并且不断集聚创新资源与要素，快速推动城市、政府、社会、公安建设的转型升级和变革，全新的数字政府治理模式正在到来。在这个背景下，“智慧公安”也成为新一轮公安信息改革与发展的潮流，构筑智慧公安理论体系，搭建智慧公安技术架构，谋划智慧公安战略对策，汇聚智慧公安实践经验，因此数据支撑、创新驱动已经成为新时代推进警务改革的生命线。

我国东南某地级市公安机关一直重视公安信息化建设，将其作为科技兴警的重要途径。经过多年的积累，已建成人力、数据、技术、网络、勤务等多个警情采集、分析、研判的系统平台，在实战中发挥了重要作用，如图 11-16 所示。随着经济社会的快速发展及人、财、物的大量流动，该地级市警务工作急剧增加，以 2017 年为例，该地级市实有人口约达 1400 余万，其中流动人口超过 700 万，但公安机关全年接警数数百万，警力配比不足万分之十。给该市公安机关带来了前所未有的考验与挑战。

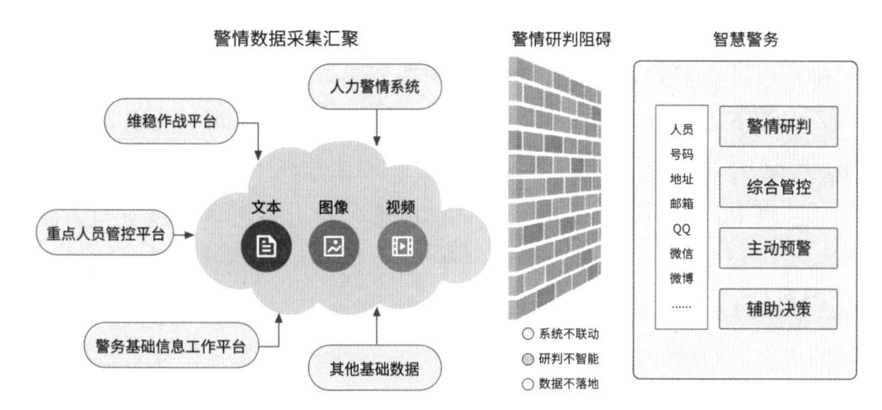

图 11-16　某地级市公安机关警情研判现状

因此，在新形势下，该地级市公安机关和各警种各部门工作体量增大，管理链条加长，维护政治安全、社会稳定和打防管控任务十分繁重且工作难度加大，日益凸显出系统不联动、研判不智能、数据不落地等警情研判能力瓶颈问题。为切实服务好全局中心工作，警情信息处理工作亟需换挡升级，构建“警情研判、综合管控、主动预警、辅助决策”的智慧警务新模式。

11.2.2 解决方案

我们提供的智慧警务解决方案以大数据、云计算、人工智能、物联网、移动互联网等先进的信息技术为支撑，以“打、防、管、控”为目的，以综合研判为核心，打通信息壁垒，共享资源数据，融合业务功能，构建全维感知、全能运算、全域运用的公安智慧化的支撑平台，促进公安业务部门协调运作，实现警务信息“强度整合、高度共享、深度应用”为目标的警务发展新理念和新模式。如图 11-17 所示，智慧警务生态中包含上游数据感知、中游智慧认知和下游智慧应用等角色。

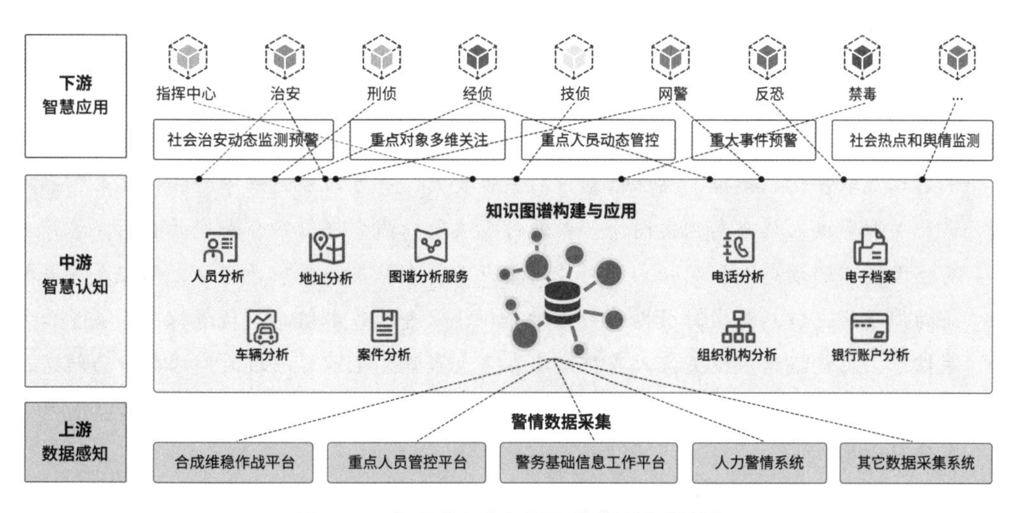

图 11-17　智慧警务中知识图谱系统关联关系

数据感知层包括运营商、上级机关、政府部门、全警、辅警、网格员、基层信息员等泛在数据感知平台（通过人力警情采集、合成维稳作战平台、重点人员管控平台、警务基础信息工作平台、人力警情系统接入数据），汇聚不同网络、不同来源的警务数据，为上层服务提供数据基础。智慧认知层基于业务专家、算法专家构建知识图谱并开展人员、地址、车辆、案件、电话、电子档案、组织机构、银行账户的图谱分析及应用，构建研判分析服务，为案件预测、警力部署、案件分析提供依据。智慧应用层提供社会治安动态监测预警、重点人员动态管控、社会热点舆情监测等应用服务，辅助公安机关 / 各警种部门按照虚实结合、情报主导、体系制胜的理念，构建全息情报合成作战平台，实现对各类风险从被动应对处置向主动预防转变。

上述基于知识图谱的智慧警务解决方案侧重于利用自然语言处理技术对难以处理的海量警情信息提取整合高价值警情信息，采用基于高性能预训练语言模型的文本分类、命名实体识别、关系抽取、属性抽取、事件抽取、知识融合、知识消歧技术提取人、事、地、物、组织等警情要素知识并有序组织成要素之间的关联关系，挖掘背后隐藏的规律、特点、关系、异动，解决长期以来靠人力难以解决的社会风险感知、预测、预警问题，实现警情挖掘、共享、落地全面整合。知识图谱在该地级市的智慧警务的应用主要包括重大事件预警及监测、人员全息档案与重点人员动态管控、重点对象多维关注、“情指行”一体化模式等。

- 场景 1：重大事件预警及监测。该地级市日均接报警情上万起，采用警情信息分类、警情要素抽取可对各类警情信息精准分类，减轻人工核警的工作量，从而释放警力。基于自然语言处理技术的重大事件预警通过从特定时间内的警情信息提取出敏感关键词（或主题词），挖掘分析重要事件发生的概率、形态、时段等，自动生成预警提示信息。重大事件监测则是对舆情信息、重大人员、重点区域、重大节日、异常事件进行实时捕获，基于自然语言处理技术的信息抽取形成警情、案件、涉警人员、警情空间点位、虚拟身份、涉警物品、警情热词等全要素关联信息，为重大事件预警分析和决策提供有效、及时的信息，进而控制重大事件的发生和发展。
- 场景 2：人员全息档案构建与重点人员动态管控。如图 11-18 所示，通过自然语言处理技术自动提取警情、接报、指令信息中的关键要素，并可与专题库中的相关实名信息及资源进行关联形成人员全息档案图谱，以便对各类警情线索进行融合和串并分析。基于人员全息档案图谱的动态人员管控，利用涉稳重点人员在旅店、航班、卡口、网吧及相关特种行业的海量历史信息与实时数据进行比对分析，核查其基本信息、轨迹信息、关系信息、通联信息，自动描绘出被关注人或机动车在重大事件发生前后一段时间内的行为轨迹，挖掘人与人、人与组织、组织之间的关联，一旦发现其涉及重大事件便可采取必要行动，防止事件的发生。

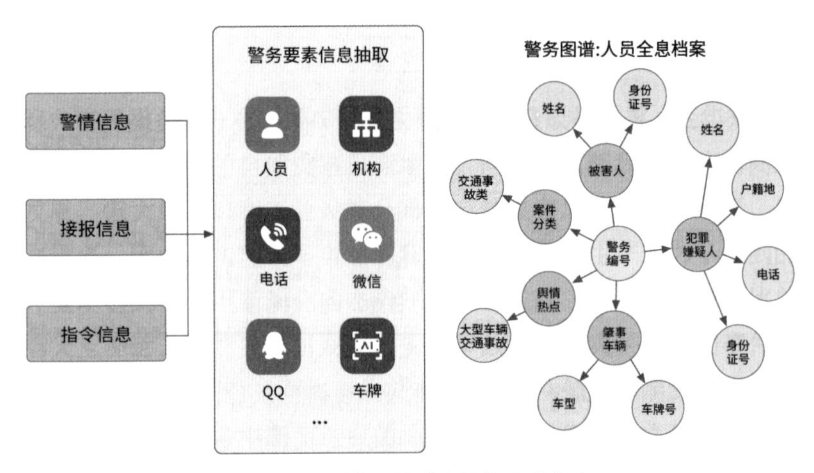

图 11-18 重点人员动态管控图谱构建

- 场景 3:“情指行”一体化模式应用。“情指行”一体化为综合应用场景。所谓“情指行”一体化，就是统筹协调警情、指挥、行动等警务工作，以打防管控、联动合作为重点，通过对现行高发类警情开展多点打击、快侦快破，从而有效提升社会治安掌控度。该地级市公安依托知识图谱建立智慧警务应用，统筹预警接收、指令发布、调度指挥、合成处置等工作，形成“情指行”一体化能力，对全市各重点区域进行空中布防，并与路面巡防警力相互协同、紧密衔接。基于知识图谱建立知识分析模型，可向警情接报、指令交办、指令反馈、反馈评价等警情合成作战各个流程节点推荐警情处置信息，包括在接报阶段自动核查情报文本，在指令交办阶段自动推荐最近人员轨迹，在指令反馈阶段自动推荐人员关联信息（关系人、其他指令等），在反馈评价阶段自动比对核实信息是否准确，从而提升“情指行”一体化信息流转效率。

基于知识图谱实现该市公安工作“主动打、立体防、集成管、精准控、便捷服、全面督”，精塑出智慧警务的新样本，最大限度地以机器换人力、以智能增效能，创造一种结合公安业务经验和人工智能的“公安大脑”。该地级市公安机关基于知识图谱技术对各警务要素进行关联融合、深度挖掘形成情报信息，用信息流驱动业务流，构建支撑“信息研判、综合管控、主动预警、辅助决策”的多警种业务应用，警情信息处理效率提升 10 余倍，决策准确率提升 30% 以上，深化了知识图谱的实战应用，实现从信息力到战斗力的转换，推动和引领了智慧警务示范性应用。

11.2.3 系统架构及实现

我们的智慧警务知识图谱解决方案基于“数据资源 + 服务支撑 + 业务应用”的设计理念，利用知识图谱、认知智能技术搭建了面向警务文本数据挖掘分析和应用创新的平台。在技术架构上采用了大数据和人工智能融合技术，包括数据采集与管理层、认知智能挖掘分析层、智慧业务应用层，完全契合了警务要素进行关联融合、用信息流驱动业务流的内涵，顺应了以数据驱动向知识驱动的人工智能应用趋势。各层说明如图 11-19 所示。

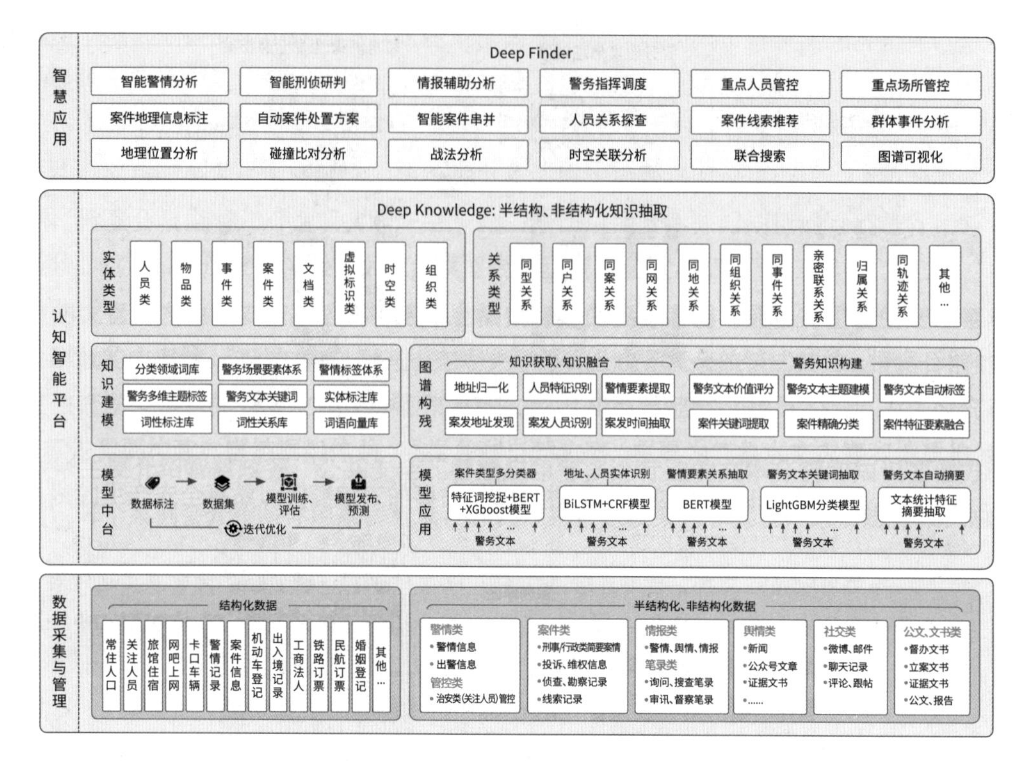

图 11-19 警务知识图谱解决方案功能架构

1. 数据采集与管理层

数据采集与管理层提供深度、广度的警务数据采集与数据治理能力，重点对海量警务文本数据进行采集、清洗、整合，建立规范、统一、完整的文本数据资源，为上层警情知识图谱构建应用、分析提供高效的支撑。

警务文本数据可以分为两大类型：第一类是需要依赖认知智能技术进行处理、挖掘的半结构化、非结构化数据；第二类，是来源于公安内部、政府部门及行业业务系统的结构化数据。前者为多源异构文本数据，按业务类型分为警情、情报、社交、笔录等八大子类，后者以针对警务业务实战的需求为出发点，整合、汇聚分布在各警种、各部门和各行业具有分析价值的结构化数据。

2. 认知智能挖掘分析层

认知智能挖掘分析层提供警务知识图谱的知识定义、知识获取、知识融合及知识应用模型开发功能。该层的核心能力依赖于模型中台，模型中台提供数据标注、模型开发、模型训练、模型管理功能，可高效训练知识获取、知识融合的相关自然语言处理模型。

知识图谱构建流程简要描述如下：

第一步，针对业务需求，以警务专家知识经验为主构建领域知识库，包括知识图谱本体建模、警情信息分类标签体系、警情信息要素体系；第二步，融合领域业务知识，运用模型中台开发的警情信息关键词挖掘、警情要素抽取、警务文本自动摘要、地址归一、实体对齐、文本分类模型从海量非结构化警情信息数据资源中抽取高价值的结构化信息；第三步，构建结构化的警务知识图谱，采用知识消歧、知识融合技术形成整体统一的知识关联网络。

认知智能挖掘分析层通过知识融合、加工技术形成两类知识。第一类，实体类知识：结构化文本数据汇总为人、事、地、物、组织、虚拟身份等不同实体，并构建人员类、物品类、事件类、案件类、文档类、虚拟标识类、时空类和组织类知识；第二类，关系类知识：分析实体之间的属性、时空、语义、特征、位置关联，构造关系类图谱，主要包括同行关系、同户关系、同案关系、同组织关系、同事件关系、同轨迹关系等关系类知识。

利用认知平台的图谱构建详细描述如下。

1）知识建模

知识定义的过程是知识图谱构建的基础，本体模型需构建概念分层分类体系及其子领域实体－关系－属性模型。可采用自顶向下的方法，在构建知识图谱模式时首先由业务专家人工定义概念分层分类体系，逐步细化形成知识结构科学合理的分类层次结构，其中每一大分类下进行二级分类，每一个二级分类下建立对应的主题领域词库，领域词库中包括该主题下相应的文本特征词或特征短语，领域词库支持人工调整和模型算法挖掘。在警情信息分类时使用该分类体系对警情信息从不同维度打上警情关注标签实现信息标签化处理。

构建完成的警情信息的事件类型包括社会安全类、事故灾难类、网络舆情类、治安和刑事案件类、公共卫生类等十大类。事件类型还可根据警情业务进一步细分为子类型，例如社会安全类可分为社会安全事件、涉稳事件、涉外事件、恐怖主义事件等五小类，如图 11-20 所示。

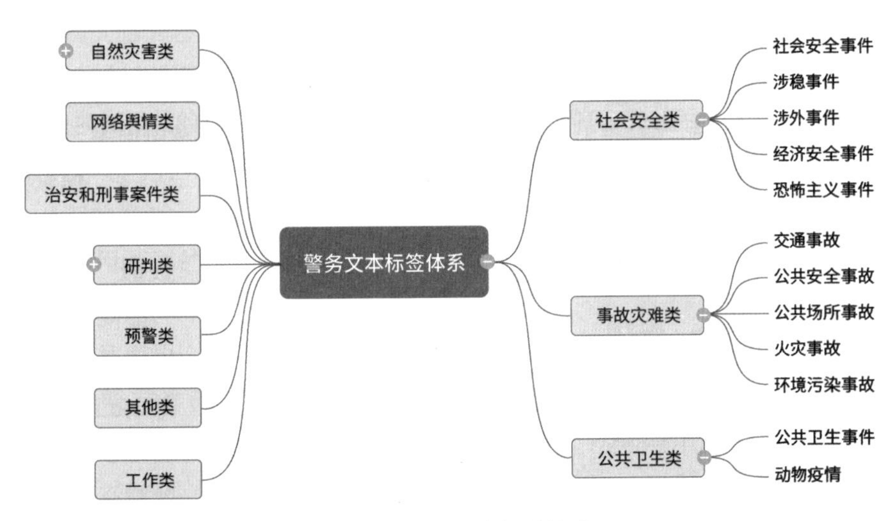

图 11-20　警务文本标签体系

2）知识抽取

警情涉及的与业务分析和研判相关的案发场所、嫌疑人特征等核心要素，通常可转换为自然语言处理中的实体识别问题。业务中有研判价值的实体通常包括姓名、地址、组织机构、联系方式、公民身份证号、时间等。由于警情文本数据关注的是以人为核心的实体，因此当文本中出现一个以上的人员及其相关实体信息的时候，需要梳理清楚人员实体之间的对应关系或从属关系。

简而言之，应建立人员实体与其对应的地址、公民身份证号、联系方式、性别等人员属性，可以表示为五元组 < 姓名 , 性别 , 公民身份证号 , 手机号 , 关联地址 >。五元组知识采用基于规则的方法及基于 BERT+CRF 序列标注模型进行抽取，对简要警情信息抽取的结果如图 11-21 所示。

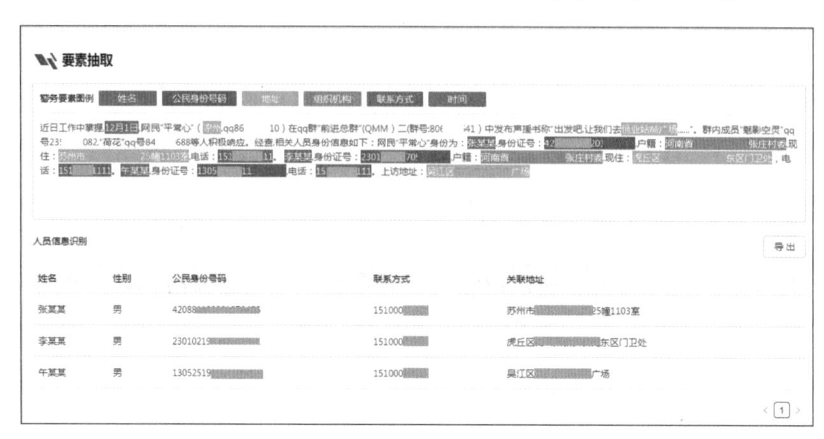

图 11-21 警情文本信息抽取结果实例

警情涉及的与业务分析和研判相关的案件事件识别与抽取也是构建知识图谱的重要环节，应从非结构化警情信息中识别出描述事件的句子，并从中提取出与事件描述相关的信息（事件元素、因果关系），最后以结构化的形式存储。事件抽取采用触发词识别、触发词事件分类、事件论元提取、论元角色分类等方法。如图 11-22 所示，从案件文本中构建“盗窃类”事件的知识首先识别触发词“家门被撬”，然后判别事件类型为盗窃案件，最终抽取出事件论元及角色实现文本结构化分析，得到报案时间、作案特征、作案手段、案发时间、案发地址等要素信息。

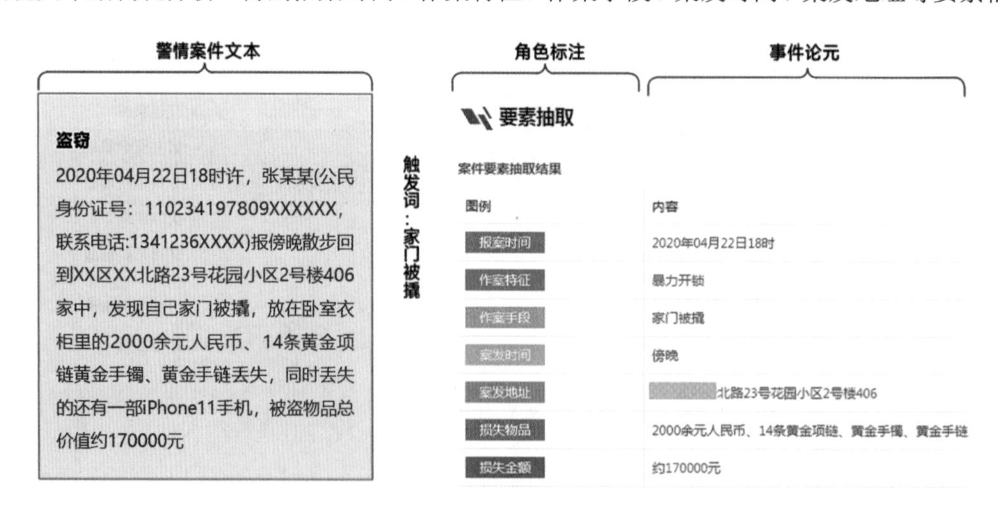

图 11-22 警情案件事件论元抽取例子

3）知识融合

知识融合技术的目的在于使得从不同知识源、以不同方式获得的知识信息，能够在统一的知识图谱中将同一个含义的实体进行异构数据整合，从而能够得到高质量的知识库。针对警情信息知识图谱构建，主要有地址归一、实体对齐、文本分类。

- 警情信息地址归一：一个规范的中文地址应包含完整的行政区划，并按照行政区划（省 / 市 / 县 / 乡 / 村）、路街、牌号、建筑、户室的次序来表达，但非结构化警情信息中包含的中文地址描述方式不规范、表述混乱与模糊，难以确定该地址所表达的地理位置，并且普通的中文分词算法无法很好地解决不规范的中文地址分词问题。以地址要素层级模型为核心的地址归一算法，以地址具有级别属性的特点来构建模型，基于分级地名库的层级结构，按照地址要素的等级进行迭代处理，匹配过程是逐级匹配的；同时，基于地址要素识别机制的地名地址分词算法，采用最大正向匹配算法，增加了基于地址要素的识别机制，提高了地址分词的准确度。基于地址归一算法，对结构化、非结构化数据中的地址数据进行批量标准化处理，在此基础上开展信息抽取、规范化表达、地址相似性比对、地址经纬度解析、距离计算等分析应用，打通时空数据，为上层基于空间的数据关联分析提供能力。
- 警情信息实体对齐：从不同类型的警情信息中抽取得到的警情要素构建成实体图谱和关系图谱，不同图谱之间需要经过实体对齐，实体对齐是知识融合中的关键步骤，通过解决不同知识图谱之间实体指向同一实体对象的问题，有效融合多个现有知识库，并从顶层创建一个丰富统一的警情知识图谱。以知识嵌入方法为基础，利用两个知识图谱之间的预对齐实体集作为训练数据，得到实体的向量表示，然后计算待对齐实体与其候选实体的相似度，选择最相似的作为对齐实体。知识嵌入部分直接采用 TransE 模型对每个知识图谱的实体和关系进行表示学习，对齐部分使用先验对齐的实体集作为监督信息，以一个线性转换矩阵作为不同知识图谱向量空间的变换，将实体向量嵌入统一的语义空间下，然后就可以在这个联合语义空间中通过计算它们的距离来进行实体对齐。
- 警情信息分类：警情信息（例如警情 / 案件文本）的分类是在给定类别分类标准的前提下，根据案件文本内容自动判别文本最细类别的功能。采用基于特征词挖掘 +BERT+XGBoost 的案件类型多分类器，使用预训练语言模型 BERT 作为多分类器，BERT 因其能够抽取上下文敏感的语义级特征是当前最佳的文本分类器。但不同类型的警情信息样本分布极度不均衡，因此进一步采用基于业务专家自定义特征词库 +TF-IDF 等算法挖掘构建的文本特征词库来计算每一个分类词频，提高小样本类型警情信息的准确率。分类词频结合 BERT 分类的输出作为 XGBoost 的输入，再进行最后警情信息的多分类，可有效提升警情信息分类的准确率。

3. 智慧业务应用层

智慧业务应用层基于知识图谱，综合运用图谱可视化分析技术、场景化战法模型、协同作战平台，实现对线索的准确研判及高效共享的分析系统。提供应用场景如下：

- 警情信息实体对齐：警务上图－地理信息标注——自动分析案情信息，做到提取案发地址特征，依据地址经纬信息库获取地址经纬度信息，并结合 GIS 系统进行地理信息标注，在案件研判、案件串并分析工作中，提供了案发地点的地理信息研判依据，有效保障案件研判。

- 群体挖掘：基于强大数据挖掘模型和图计算引擎，可根据海量数据进行特定团伙的挖掘和可疑行动预测，在实战中帮助公安干警高效发现犯罪行为，如图 11-23 所示。

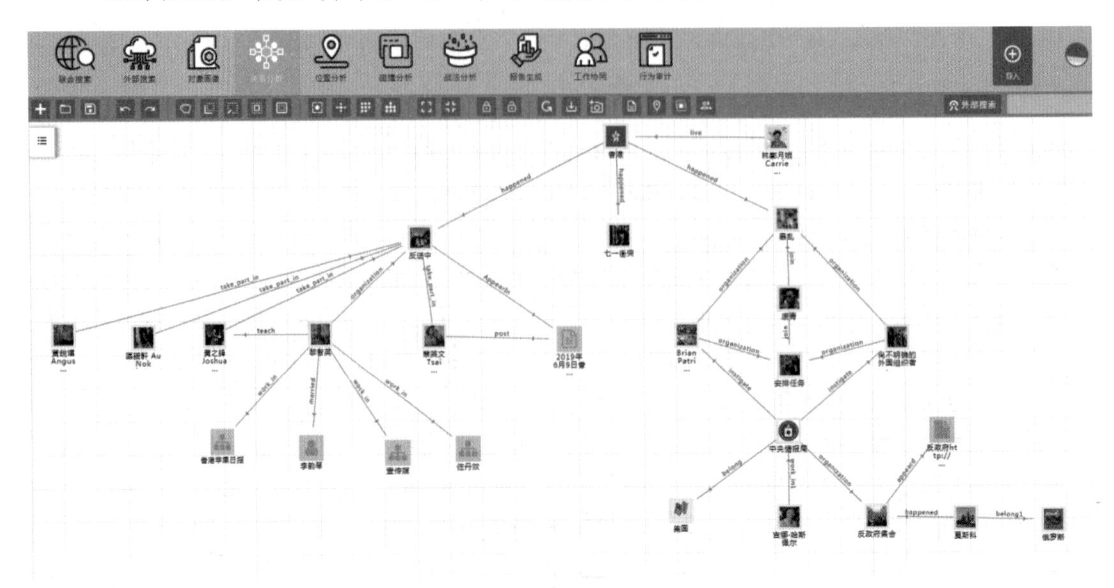

图 11-23 群体挖掘效果示意图

- 行为轨迹追踪：公共安全事件中事前的预测预警及事后的合成研判聚焦点为重点人、关注人，基于人及属性的轨迹跟踪、时空碰撞能力可以大大提升预测预警、合成研判业务能力。针对人、车、银行卡及网络虚拟身份的行为轨迹进行离线、在线计算，形成各类实体的位置、轨迹、团伙、伴随等业务应用。
- 串并案分析：通过案件的各种基本元素发现案件之间的公共元素，如时间、地点、作案工具，通过分析将数据以图形化的方式展示（见图 11-24），并基于这些要素提供串并案线索。案件串并模块支持自动串并案、案件续串以及更细粒度特征匹配的引导式串并机制，为警务人员在案件分析串并工作中提供有力支撑。

	主案件	串并案件 1 案件比对	串并案件 2 案件比对	串并案件 3 案件比对
案件编号	A2019120479081	A2019120199033	A2019110533016	A2019120199033
简要案情	2019年12月04日23时许，吴某某(身...	2019年12月01日21时许，张某某(身份...	2019年11月05日04时许，单某某(身份...	2019年10月25日02时许，程某某(身份...
报案时间	2019年12月05日	2019年12月02日	2019年11月05日	2019年10月25日
案发时间	2019年12月04日23时许	2019年12月01日21时许	2019年11月05日04时许	2019年10月25日02时许
作案手段	暴力开锁	暴力开锁	暴力开锁	暴力开锁
作案特征	暴力撬门	暴力撬门	暴力撬门	暴力撬门
损失物品	现金、项链、手镯、玉环	现金、项链、手镯、玉环	现金、黄金、手机	现金
损失金额	170000元	170000元	60000元	2000元
住宅类型	公寓式住宅	公寓式住宅	公寓式住宅	公寓式住宅
案发地址	怡馨花园28幢802室	富康新村13-505	新铜新苑东区86栋102室	枫桥丽舍28幢802室

图 11-24 图谱串并案分析效果示意图

- 重点场所管控：重点场所的安全防护是各级公共安全部门的重要职责，重点场所管控能力可基于时间（敏感时期）、空间（重点场所）等维度进行实时预警。平台聚合以人为核心的车辆卡口、电子围栏、虚拟身份等信息，并结合实体关系及战法进行关联挖掘，对在重点场所周边经常出现的重点人、关注人进行实时预警。

- 警务预警：针对各类重大事件按照地域范围、事件规模、聚集场所、核心组织者制定多维模型进行阈值预判，形成实体及事件的危险度、紧急度、聚集度、关联度等多维度积分框图，实时侦测实体事件及互联网情报信息源，按照阈值积分进行实时预警推送，并基于预警进行战术分析，通过对警务数据进行文本分析和结构化统计，警务工作人员可以从多个维度对警务工作有更全面的量化控制。基于已有建设的知识沉淀，警务人员可以从事后控制转换为事前发现。化被动为主动，及时发现重点、重要、重大的警情信息，从而将社会危害扼杀在萌芽状态。

11.2.4 案例总结

基于知识图谱实现该市公安工作“主动打、立体防、集成管、精准控、便捷服、全面督”，精塑出智慧警务的新样本，最大限度地以机器换人力，以智能增效能，创造一种结合公安业务经验和人工智能的“公安大脑”，案例示范意义如下：

- 敏捷大数据管理平台实现警务数据统一治理与管控：管理平台将来源庞杂的数据通过数据清理、集成、变换、归约、融合等手段进行处理，支持对结构化、半结构化、非结构化海量数据的整合，使其达到可分析状态。在数据规模可扩展的基础上，兼顾数据分析实时性与灵活性，实现海量批处理和高速流处理。
- 创新的动态知识图谱技术促进海量信息的高效挖掘：通过动态本体技术将海量数据资源抽象成实体、事件、文档、关系及属性，构建多节点、多边关系的动态关联知识图谱，提供全域数据搜索能力，支持按时间、空间、事件、人物等维度进行聚合关联检索，实现信息的高效挖掘。
- 可视化时空分析与关联分析辅助业务人员精准决策：具有成熟的知识图谱存储、计算、可视化分析技术，综合运用可视化分析技术、场景化战法模型、协同作战平台、动态知识图谱，实现对线索准确研判及高效共享的分析系统，提供交叉比对分析、关联分析、地理位置分析、非结构化数据标注与提取、多用户协同分析及地图、卫星图、热力图的人机协作的可视化分析能力。基于可视化分析技术、地理信息系统技术，以多维透视交互方式展现数据对象之间在宏观与微观、时间与空间等维度的关联关系，帮助分析人员快速实现多维筛选，排除干扰信息，聚焦关键线索。

知识图谱在智慧警务中的应用生命周期历经知识建模、知识表示、知识获取、知识融合、知识融合等环节，而智慧警务中知识图谱的应用总结起来包括语义搜索、智能问答、可视化辅助决策分析等场景。知识图谱在智慧警务中的落地流程虽然清晰，但仍然难以在该行业大规模推广应用，图谱构建应用主要存在以下问题：

- 本体构建专业程度较高，严重依赖行业专家。
- 数据、知识、模型标准化程度较低，可复用性较差。
- 图谱应用构建周期长，技术开发人员业务学习成本高昂。
- 图谱应用辅助决策智能化深度不够，业务人员感觉不解渴。

对于上述问题，我们下一步的工作重点从两个方面开展，一是加强智慧警务知识中台建设，二是推进行业知识图谱标准落地应用，整体工作内容如图 11-25 所示。我们通过智能融合大数据分析平台，引入中台设计理念，抽象出智慧警务项目中沉淀下来的各种能力，包括数据、知识、模型、算法、功能模块，开发成可复用、支持快速构建的组件。在知识建模阶段，预先构建符合国标、行业数据标准的本体模型；在知识表示和知识获取阶段，充分使用行业语料构建预训练语言模型，支持跨项目复用；在知识融合阶段，将行业专家定义的本体融合规则、实体融合规则固化成算法组件，可重复利用；而在知识应用阶段，进一步使用图计算和图卷积神经网络技术挖掘图谱的使用价值。

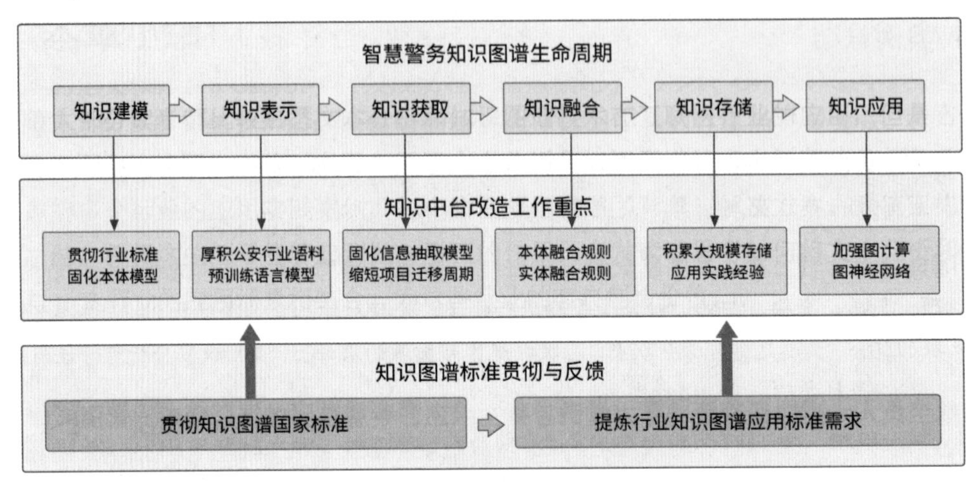

图 11-25 知识图谱工作重点示意图

另外，我们从贯彻国家标准的角度努力提升智慧警务知识图谱的建设质量。2020 年，我们积极参与中国电子技术标准化研究院牵头的《信息技术人工智能知识图谱技术框架》标准编制。在未来知识图谱产品平台研制、实践应用服务的过程中，积极贯彻标准规范，重点工作是将知识图谱技术框架规定的数据安全性、可靠性、可用性等安全保障技术框架融合到产品研制中，提升产品安全性能；另外，针对尚未规范化的、紧迫需要规范和统一的公安行业的知识图谱元数据、知识表示、交换格式，在应用中提炼具有行业普适性并结合技术发展趋势的标准草案，联合电子四院等科研机构组成标准起草组共同研究标准内容。

11.3 智能应急实践案例

应急灾害链分析和预警应用系统是百分点研发的行业领域知识图谱服务系统。通过自然语言分析处理能力建立情报分析模型与语义分析模型框架，对系统接入的灾害事故新闻数据进行结构化处理和灾害事故链构建。以图谱形式展现灾害事故的历史数据关系，构建灾害事故链知识体系，通过对灾害事故链的数据分析和知识沉淀，对预报类信息的发生、发展的趋势给出事态发展的预警信息。基于灾害链图谱的预警辅助，有助于各地区各部门在灾害发生时及时了解灾害事故演变情况，采取“断链”处置及早斩断灾害演变，控制损失，在应急行业很有推广价值。

11.3.1 案例背景

我国的自然灾害种类多，分布地域广，发生频率高，造成损失重。近年来，我国气候异常，极端天气事件频繁，由此造成的自然灾害日渐增多。同时，随着我国经济的高速增长，各类工业均得到快速发展，但大量人口和工业设施分布在自然灾害风险较高的地区，自然灾害导致的事故灾难也越来越多。因此，实现人与自然的和谐相处是安全生产致力于达到的一种境界。由于各种灾害事件呈现链式结构不断演化的态势，使得其造成的危害和影响远比单一灾害事件造成的危害和影响大且深远。自然灾害引发生产安全事故作为多灾种耦合的事件，其影响是多方面的，人们在遭受自然灾害的同时又面临事故灾难的危险，从健康影响到环境退化（如汶川地震）影响，再到由于资产受损和业务中断而造成的地方或区域一级的重大经济损失影响。在某些情况下还会产生全球性连锁影响，如 2011 年日本地震和海啸过后导致日本汽车、电子、石化、冶金等产业停产，全球相关原材料和成品货物短缺；2005 年美国卡特里娜和丽塔飓风破坏了墨西哥湾海上基础设施导致全球油价上涨。

因此，从灾害链的角度对灾害风险进行研究，可以更加有效地进行灾前准备和灾中处理，以减少由灾害连锁效应带来的损失。通过研究自然灾害引发生产安全事故的灾害链，可以使灾害链在综合监测、风险早期识别和预报预警能力建设方面得到提高，具有重要的科学意义、普遍的现实需要和广泛的应用前景。从 1987 年开始，国内外的学者都对灾害链进行了相关的讨论与研究。国内目前多数学者把灾害链看成由原生灾害引发次生或衍生灾害的关系。总的来说，灾害链由两部分组成：前半部分由孕灾环境中的致灾因子开始作用于承灾体到灾害高潮期，称为灾害发生链；由灾害高潮期到灾害后果完全消退的后半部分称为灾害影响链。因此，研究灾害链的目的在于探索针对其关键环节或薄弱环节的断链减灾对策。

国际上对由自然灾害引发的生产安全事故事件定义为 Natech 事件，由英文 Natural and Technological Disasters 简写而来。Natech 事件是自然灾害诱发的事故灾难，既可以看作灾害的一种链式反应，也可以看作一种多米诺现象。近年来，Natech 事件在全球范围内越来越多地发生，造成了严重的人员伤亡、经济损失和环境破坏。国内外 Natech 事件的种类有许多，例如自然灾害引发建筑物火灾、化工厂容器爆炸、有毒气体意外释放、化学液体泄漏等，也包括自然灾害造成的全国范围内停电、生命线系统中断、溃坝、煤矿淹井以及其他一些事故灾难等。例如，2004 年导致 22 万 3 千多人死亡的印度洋海啸，2005 年美国的卡特里娜飓风，2008 年中国南方的冰冻灾害和汶川地震，2011 年日本地震和海啸导致的大范围的核污染事件，2013 年厄瓜多尔山体滑坡导致的跨界污染事件，以及 2017 年飓风“哈维”在美国德州造成的多起石油泄漏和化学物质泄漏事故。通过汇总从 1992 年开始出现 Natech 概念至今国外学者的相关研究，总结出以下三类现有的 Natech 事件主要研究思路。

- Natech 事件损失模型：以地震和洪水为例，通过 ARIPAR 软件用个人风险和社会风险曲线刻画灾害耦合的后果，对由自然灾害引发的化工设备损坏的概率后果进行 Natech 事件定量风险评估。
- Natech 事件评估指标体系：考虑城市不同系统之间的关联关系，如物理设施（工业、生命线、关键设施）、社区（人口暴露）、自然环境（生态、水域）、风险和应急管理（结构和非结构性措施）等，对脆弱性和风险的因素进行分析，采用 1999 年土耳其地震诱发炼油厂火灾的数据验证方法的可行性。这一快速评估方法的核心是制定 Natech 事件评估的指标体系。

- Natech 事件预警时间指标：一种针对关键工业设施的基于时间的 Natech 事件分析方法，如火山或海啸灾害的长期预警和地震灾害的短期预警，以便做出快速评估来减轻灾害可能造成的损失，指导人员疏散和调配应急资源。

自然灾害引发生产安全事故灾害链以自然灾害为主要或者诱导原因，引发生产经营单位发生次生事故的灾害链。这些灾害之间有一定因果联系，组成了复杂的链式结构。根据目前的研究，易引发生产安全事故的自然灾害主要有气象水文灾害和地质地震灾害两大类。为了研究事故灾害链，首先需要构建灾害链框架体系：根据各种自然灾害（主要为气象水文灾害和地质地震灾害）容易引发的生产安全事故，构建对应的事故灾害链框架。具体说明如下。

- 地震灾害链：地震容易引发崩塌、滑坡、泥石流、火灾、水灾以及一系列后续的洪灾、交通阻断等事故，形成地震灾害链。
- 滑坡灾害链：滑坡经过暴雨、地震、冰雪融水、崩塌等诱导因素的激发，滑坡形成后，容易造成洪灾、交通阻断、生产工程破坏、生态环境破坏等后续事故，形成滑坡灾害链。
- 寒潮灾害链：如寒潮—暴风雪、寒潮—冻雨、寒潮—大风—翻船、寒潮—龙卷风等，往往影响工业、农业、交通等生产和生活，形成寒潮灾害链。
- 冰雪灾害链：冰雪带来的灾害包括次生灾害（如灌讯设施破坏、山林植被破坏、建筑物结构破坏等），以及由次生灾害引起的交通中断、生活物资缺乏、社会大众恐慌、社会公共安全事件等衍生灾害，从而形成冰雪灾害链。
- 台风灾害链：台风具有很强的破坏力，它能够直接吹倒树木、房屋、电线杆等大型设施，摧毁农作物造成粮食减产甚至绝收，威胁人的生命健康和安全，同时还会引发一系列的链发性灾害，如风暴潮，从而形成台风灾害链。
- 雷电灾害链：雷电对人类生命财产安全有重大的影响，它可以引起森林火灾等自然灾害，同时对一些工业企业的生产经营造成极大威胁，形成雷电灾害链。

11.3.2 解决方案

为了构建具体的事故灾害链，可以应用知识图谱技术生产各种知识抽取模型，从文本中抽取出各种自然灾害事件和安全生产事故、事故的要素（包括时间、地点、承灾体等）以及灾害和事故之间的关系，具体包括数据管理、本体管理、数据标注、模型管理、知识抽取、图谱管理等功能。

结合实际数据构建灾害链图谱：实际的数据包括各种新闻和事故灾害报告文本数据，需要从这些数据中构建出灾害链。首先系统接入各种应急新闻和事故灾害报告文本数据，支持这些数据的持续增量接入。然后通过调用上面构建的语义模型，从这些文本数据中抽取出各种自然灾害事件和安全生产事故、事件要素以及事件之间的关系等，从而形成应急灾害链图谱。根据上面构建出的应急灾害链图谱提供一系列应用功能，支持用户进行事故预警以及情报分析，具体包括灾害链搜索、灾变孕育预警、灾害情报分析等功能。

基于知识图谱技术构建应急事故灾害链，难点和关键问题在于系统对接入的文本类灾害事故新闻数据进行灾害事故链信息抽取，通过灾害事故事件聚类、分析，构建灾害事故事件链路，从而对历史数据进行结构化、图谱化的数据构建。根据构建出的应急灾害链图谱，系统提供一系列应用功能，支持用户进行灾害链搜索、灾变孕育预警、灾害情报分析等功能。系统通过提供灾害事件语义模型的构建工具（语义模型训练中心），支持用户在系统使用过程中通过数据标注、模型训练的方式持续沉淀数据资产和扩展语义模型构建工具的能力。

- 灾害链知识图谱构建：系统基于事故灾害语义模型的信息抽取能力，对接入的灾害事故新闻数据进行灾害事故链的信息抽取和相关灾害事故新闻的关联分析，从而构建对应具体事件的灾害事故图谱。
- 灾害链搜索：用户输入事故灾害的查询条件，例如自然灾害的关键词、查询时间段、地区等，返回相关的灾害链以及链条中事故出现的频次、概率等，进行可视化展示，并且支持各种排序功能，例如按照出现的概率进行排序，支持用户撰写灾害链分析报告。
- 灾变孕育预警：根据增量接入的自然灾害新闻，结合灾害链图谱进行灾变孕育预警，具体的思路是结合灾害造成各种安全事故的概率，如果满足一定的规则条件（例如概率高于设定的阈值），则发送报警提示（例如在系统中提示、发出邮件或者短信、微信报警等），需要引起高度重视，制定孕源断链减灾的应急措施。
- 灾害情报分析：根据用户输入的事故灾害的查询条件，对搜索结果支持分组对比显示，例如搜索结果按照年 / 季度 / 月对比显示，或者按地区对比显示，进行情报分析，例如地震造成的房屋倒塌概率按年的结果显示，如果概率逐年降低，则说明房屋的质量在逐年提升。
- 语义模型训练中心：为应急管理图形分析定制化开发情报分析模型与语义分析模型框架，内置通用的灾害事故抽取语义模型。训练中心支持扩展灾害事故识别能力和持续优化识别效果，用户可通过批量上传标注数据和反馈标注组件持续积累模型语料，来训练、发布更优的抽取模型。

整体来看，知识图谱在应急行业的事故灾害链场景的应用中，要解决的关键重点问题和其他行业的知识图谱落地基本是一样的，主要是解决文本中的实体和关系抽取问题，然后基于抽取后的知识进行各种具体应用。

11.3.3 系统架构及实现

基于应急知识图谱的灾害链分析及预警系统，建立灾害事故分析模型框架，提供基于知识图谱的构建工具。以图文可视化界面形式表现灾害事故链，并根据灾害事故发生发展的趋势给出事态发展的预警信息。

1. 知识建模（表示）

通过自然语言处理技术进行信息抽取模型训练，为系统提供隐患、灾害、事故、灾害事故损失、人员伤亡、时间、地点 7 类信息实体的抽取服务，将文本数据中的关键信息点进行标签化处理，具体如图 11-26 所示。

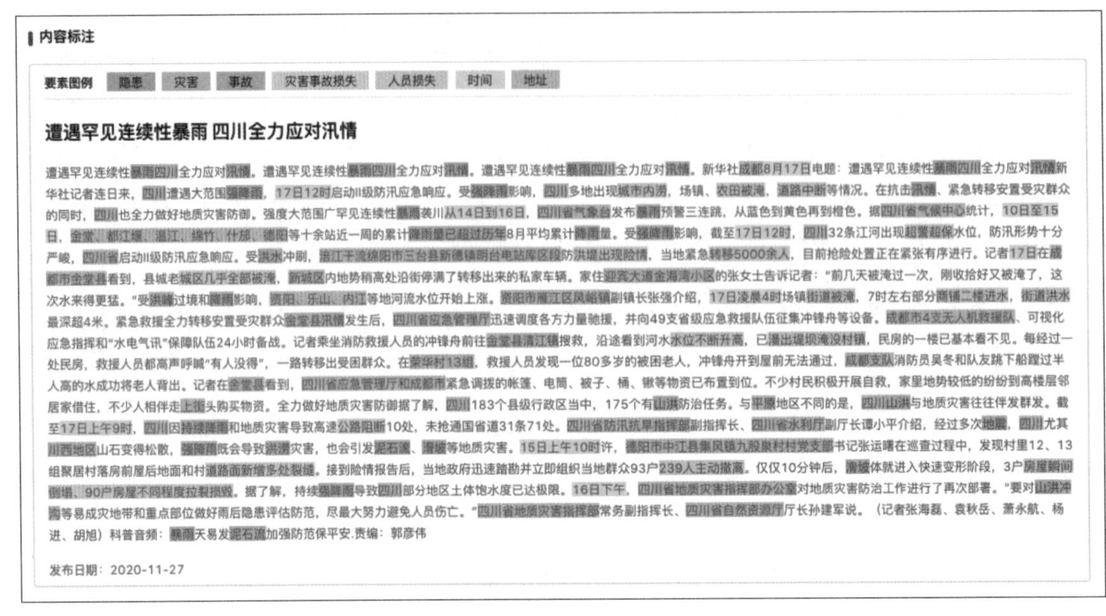

内容标注

要素图例　隐患　灾害　事故　灾害事故损失　人员损失　时间　地址

遭遇罕见连续性暴雨 四川全力应对汛情

遭遇罕见连续性暴雨四川全力应对汛情。遭遇罕见连续性暴雨四川全力应对汛情。遭遇罕见连续性暴雨四川全力应对汛情。新华社成都8月17日电题：遭遇罕见连续性暴雨四川全力应对汛情新华社记者连日来，四川遭遇大范围强降雨，17日12时启动II级防汛应急响应。受强降雨影响，四川多地出现城市内涝，场镇、农田被淹，道路中断等情况。在抗击汛情、紧急转移安置受灾群众的同时，四川也全力做好地质灾害防御。强度大范围广罕见连续性暴雨袭川从14日到16日，四川省气象台发布暴雨预警三连跳，从蓝色到黄色再到橙色。据四川省气候中心统计，10日至15日，金堂、都江堰、温江、绵竹、什邡、德阳等十余站近一周的累计降雨量已超过历年8月平均累计降雨量。受强降雨影响，截至17日12时，四川32条江河出现超警超保水位，防汛形势十分严峻，四川省启动II级防汛应急响应。受洪水冲刷，涪江干流绵阳市三台县新德镇明台电站库区段防洪堤出现险情，当地紧急转移5000余人，目前抢险处置正在紧张有序进行。记者17日在成都市金堂县看到，县城老城区几乎全部被淹，新城区内地势稍高处沿街停满了转移出来的私家车辆。家住迎宾大道金海湾小区的张女士告诉记者："前几天被淹过一次，刚收拾好又被淹了，这次水来得更猛。"受洪峰过境和降雨影响，资阳、乐山、内江等地河流水位开始上涨。资阳市雁江区风峪镇副镇长张强介绍，17日凌晨4时场镇街道被淹，7时左右部分商铺二楼进水，街道洪水最深超4米。紧急救援全力转移安置受灾群众金堂县汛情发生后，四川省应急管理厅迅速调度各方力量驰援，并向49支省级应急救援队伍征集冲锋舟等设备。成都市4支无人机救援队、可视化应急指挥和"水电气讯"保障队伍24小时备战。记者乘坐消防救援人员的冲锋舟前往金堂县清江镇搜救，沿途看到河水水位不断升高，已漫出堤坝淹没村镇，民房的一楼已基本看不见。每经过一处民房，救援人员都高声呼喊"有人没得"，一路转移出受困群众。在荣华村13组，救援人员发现一位80多岁的被困老人，冲锋舟开到屋前无法通过，成都支队消防员吴冬和队友跳下船蹚过半人高的水成功将老人背出。记者在金堂县看到，四川省应急管理厅和成都市紧急调拨的帐篷、电筒、被子、桶、锹等物资已布置到位。不少村民积极开展自救，家里地势较低的纷纷到高楼层邻居家借住，不少人相伴走上街头购买物资。全力做好地质灾害防御据了解，四川183个县级行政区当中，175个有山洪防治任务。与平原地区不同的是，四川山洪与地质灾害往往伴发群发。截至17日上午9时，四川因持续降雨和地质灾害导致高速公路阻断10处，未抢通国省道31条71处。四川省防汛抗旱指挥部副指挥长、四川省水利厅副厅长谭小平介绍，经过多次地震，四川尤其川西地区山石变得松散，强降雨既会导致洪涝灾害，也会引发泥石流、滑坡等地质灾害。15日上午10时许，德阳市中江县集凤镇九股泉村村党支部书记张运曙在巡查过程中，发现村里12、13组聚居村落房前屋后地面和村道路面新增多处裂缝。接到险情报告后，当地政府迅速踏勘并立即组织当地群众93户239人主动撤离。仅仅10分钟后，滑坡体就进入快速变形阶段，3户房屋瞬间倒塌、90户房屋不同程度拉裂损毁。据了解，持续强降雨导致四川部分地区土体饱水度已达极限。16日下午，四川省地质灾害指挥部办公室对地质灾害防治工作进行了再次部署。"要对山洪冲沟等易成灾地带和重点部位做好雨后隐患评估防范，尽最大努力避免人员伤亡。"四川省地质灾害指挥部常务副指挥长、四川省自然资源厅厅长孙建军说。（记者张海磊、袁秋岳、萧永航、杨进、胡旭）科普音频：暴雨天易发泥石流加强防范保平安.责编：郭彦伟

发布日期：2020-11-27

图 11-26 信息要素示例

通过知识图谱构建引擎进行信息消歧、节点融合、关系识别等一系列模型运算，将单文本中提到的灾害事故信息构建成具有发展变化关系的灾害事故链图谱（碎片级图谱），具体如图 11-27 所示。

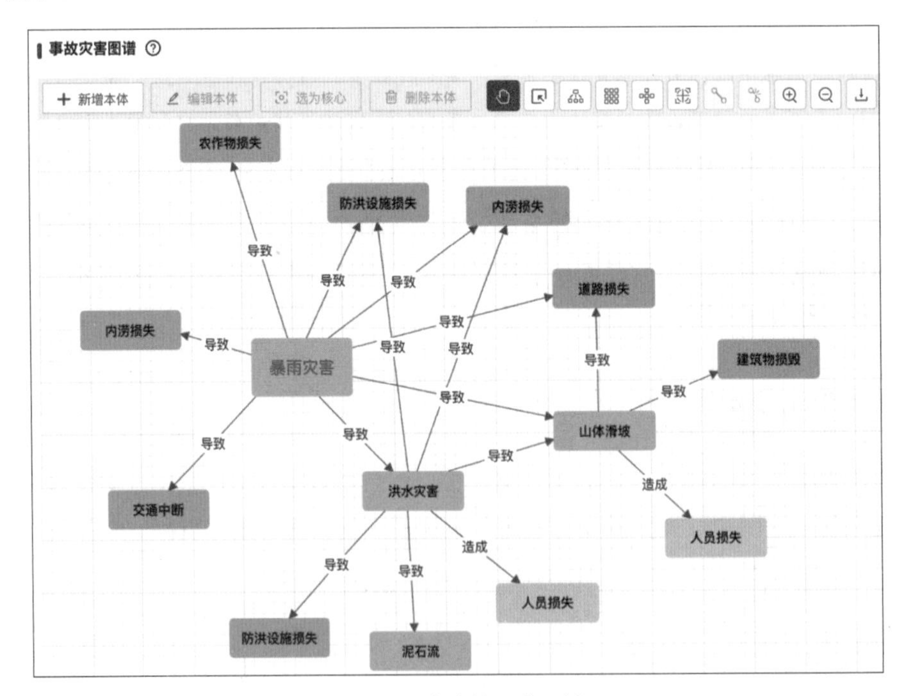

图 11-27 灾害链图谱示例

2. 系统架构

1）技术架构

系统整体架构图如图 11-28 所示，采用 B/S 架构的方式进行开发，模块与功能基于 REST 接口服务架构进行设计与构建。系统包括数据接入层、数据存储层、模型层、业务层，由下到上对数据进行接入、存储、知识抽取和服务应用。

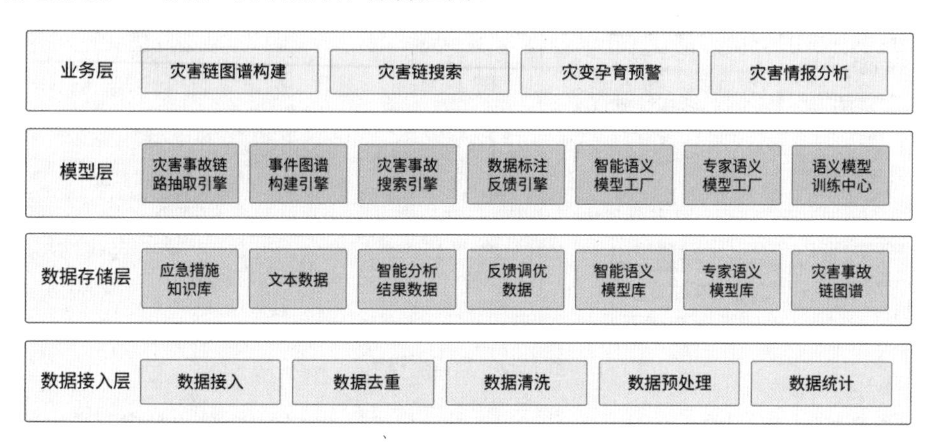

图 11-28 系统架构设计

- 数据接入层：通过统一数据接口对接外部数据，包括灾害事故新闻类数据和灾害事故预报类数据。系统间约定采用 T+1 形式进行数据传递，数据接入层通过对外数据接口监听数据接入请求，并对接入数据进行去重、文本分析预处理等工作。
- 数据存储层：向下支持对系统接入数据的存储、管理，向上支持知识抽取结果的存储、反馈数据的记录及算法模型的持久化服务。数据存储层作为整个系统的数据核心和性能关键，采用多种数据库进行存储支撑，包括 MySQL、图数据库、ES 文本引擎、Redis 等。
- 模型层：系统的智能核心层，支撑灾害链路抽取、事件图谱构建、灾害链路图谱搜索等系统核心服务，是系统的智能核心和价值核心。语义模型训练中心模块为整个智能层的服务能力提供了扩展与迭代的支撑，它能够支持数据标注、灾害事故识别能力扩展、模型训练、模型服务等智能化闭环能力。
- 业务层：面向用户提供业务服务能力，通过对灾害事故新闻的结构化、图谱化构建从而实现对数据的图谱搜索与分析，基于知识图谱的预警提示等智能应用场景。

2）数据流程设计

数据流程如图 11-29 所示，主要包括新闻数据的知识抽取、灾害事故链图谱的搜索和分析、预报预警服务、本体模型扩展与迭代。

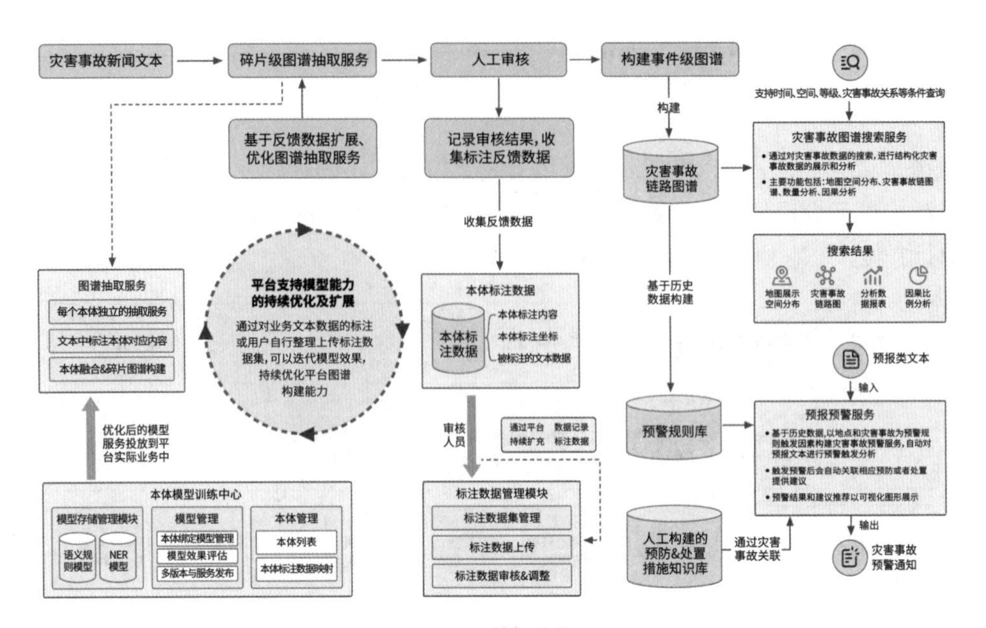

图 11-29 数据流程图

- 新闻数据的知识抽取：系统主要通过知识图谱构建能力对输入系统内的灾害事故新闻文本进行碎片级的知识图谱构建（支持人工调整、管理）。系统在碎片信息的基础上，通过事件图谱构建引擎自动挖掘出相关事件的新闻文本，并对灾害事故事件的全部相关碎片知识图谱进行融合，构建反映事件全貌的事件级知识图谱。
- 灾害事故链图谱的搜索和分析：以事件级知识图谱数据为基础单位，系统收集、整理为灾害事故知识图谱，可通过对时间、空间、等级、灾害事故关系等条件的查询获取地图空间分布、灾害事故链图、数量分析、因果分析等结果。
- 预报预警服务：基于灾害事故链图谱提供的搜索和分析能力，系统支持人工设置预警规则和相关处置知识库，用于在系统接入的预报文本数据中进行预警监听。当自动处理的预报文本数据触发预警规则时，系统会推送相关预警信息，并提供预警信息图谱，提示包括潜在灾害事故链概率与预防、处置措施。
- 本体模型扩展与迭代：平台支持模型能力的持续优化及扩展，通过对业务文本数据的标注或用户自行整理上传标注数据集，可以迭代模型效果，持续优化平台图谱构建能力。

3）系统功能设计

系统功能分为后台和应用两大模块，分别面向管理员用户和普通用户，如图 11-30 所示。

后台模块主要负责用户管理、数据管理、灾害链路图谱管理、本体模型训练中心等数据管理、图谱构建和能力扩展等相关工作，由具备管理员权限的用户进行操作。

- 数据管理功能：新闻数据管理，对系统接入新闻数据的增、删、改、查处理和灾害事故链路图谱的抽取与编辑服务，保证新闻数据的质量和灾害链路图谱的准确性，支持对灾害链路图谱进行人工调整和对应本体的标注数据调整。预报数据管理，对系统接入的预报数据进行增、删、改、查管理和对应预警触发的编辑操作。

- 预警管理：预警规则管理，基于已构建的灾害链路知识图谱对历史数据进行分析，并参考分析结果构建预警规则。预防 & 处置措施知识库，通过人工知识构建方式建立相应灾害事故的预防和处置措施，对目标灾害事故可建立多条处置措施数据，相关处置措施会在预警触发时通过目标灾害事故本体自动关联，并提示给系统用户。
- 本体模型训练中心：提供灾害事故图谱识别能力，并支持用户通过数据标注和模型训练来扩展和迭代系统模型能力。

应用模块主要负责对系统接入的灾害事故数据进行查看、搜索、分析及相关预报数据的预警信息查看。

- 事故灾害图谱：提供基于灾害事故链路图谱的数据搜索服务，搜索结果可提供多维度的展示和分析，地图分布提供直观的地图坐标点展示；灾害事故链路通过图谱可视化形式展现灾害事故链路间的关系，辅助研究人员进行灾害事故链的分析；数量分析和因果分析，分别从灾害事故数量和灾害事故关系两个层面提供图标展示能力。
- 事故灾害新闻数据：提供新闻数据的列表和详情查看，针对具体的新闻展示相关灾害链路图，对新闻数据进行聚类分析，从而关联展示相关新闻和整体事件图谱。
- 预报信息：提供预报信息详情展示和相关预警提示，预警信息支持图谱和文字双形态展示，预警图谱会关联预防和处置措施，为应急处置提供支持。
- 预警通知：针对触发的预警信息进行站内信推送，通知可以链接到对应预报详情数据。

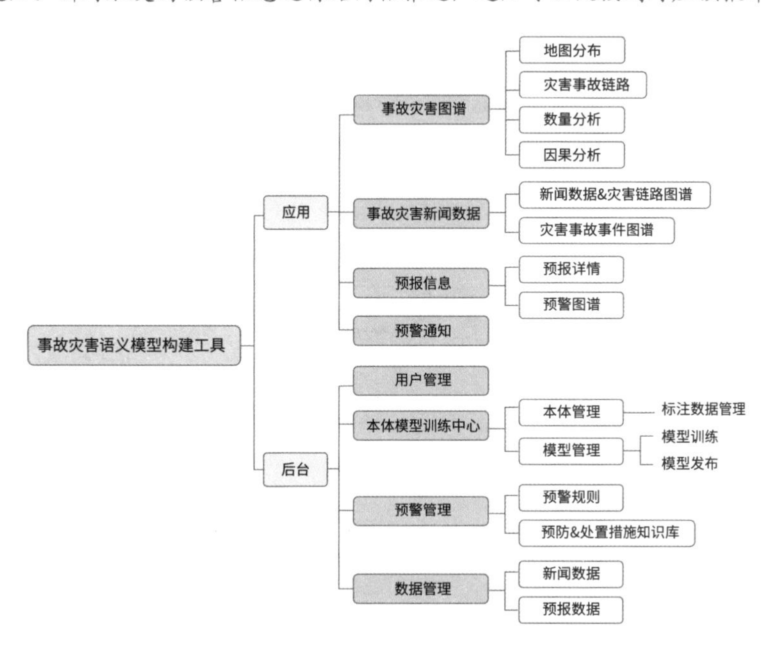

图 11-30　功能模块设计图

数据管理功能包括两个主要功能模块：事故灾害数据管理（新闻数据管理）和预报信息数据管理。事故灾害数据管理对系统接入新闻数据的增、删、改、查处理和灾害事故链路图谱的抽取与编辑服务，保证新闻数据的质量和灾害链路图谱的准确性，支持对灾害链路图谱进行人工调整和对应本体的标注数据调整，如图 11-31~ 图 11-33 所示。

图 11-31 事故灾害数据编辑页

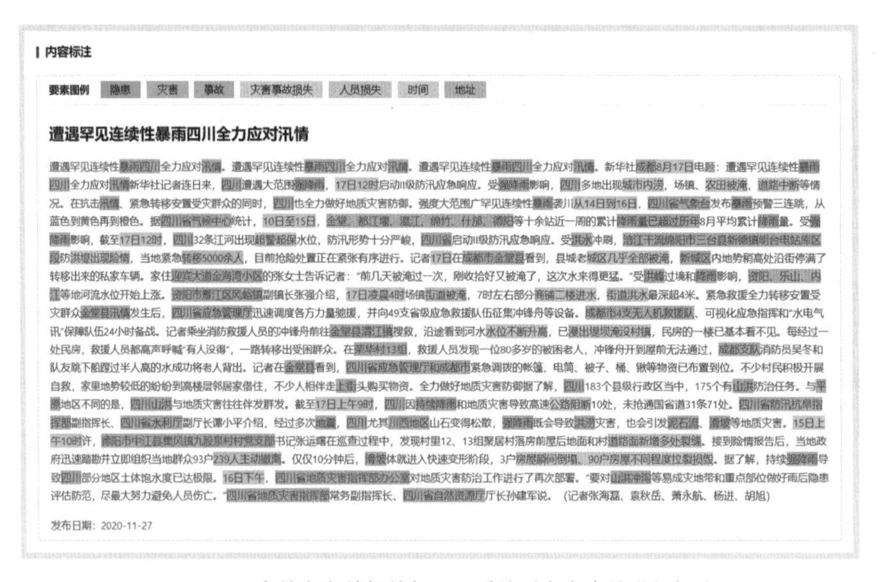

图 11-32 事故灾害数据编辑页 - 系统对灾害事故进行标注

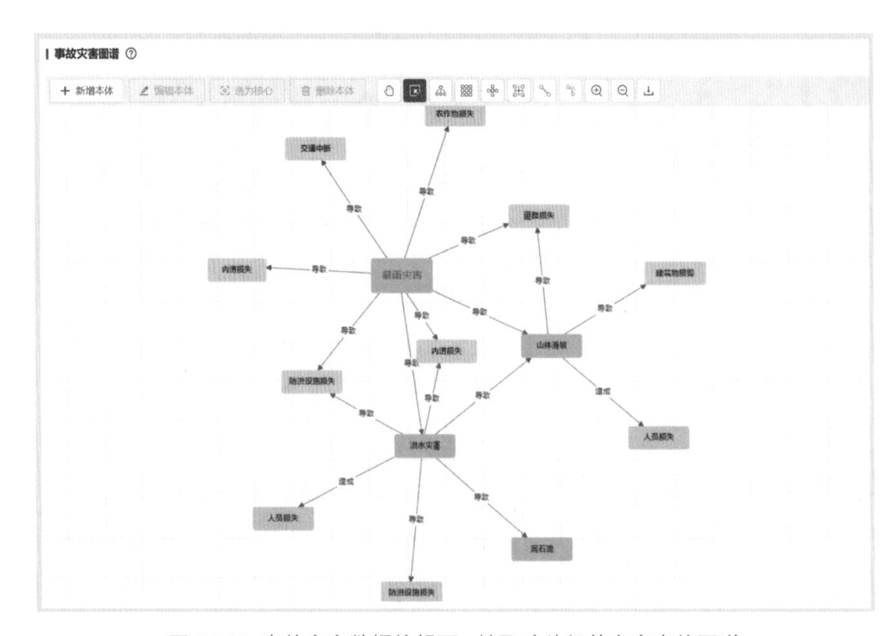

图 11-33 事故灾害数据编辑页 - 抽取碎片级的灾害事故图谱

预报信息数据管理的功能是针对系统接入的预报数据进行增、删、改、查管理和对应预警触发的编辑操作，具体页面如图 11-34 和图 11-35 所示。

图 11-34　预报信息编辑

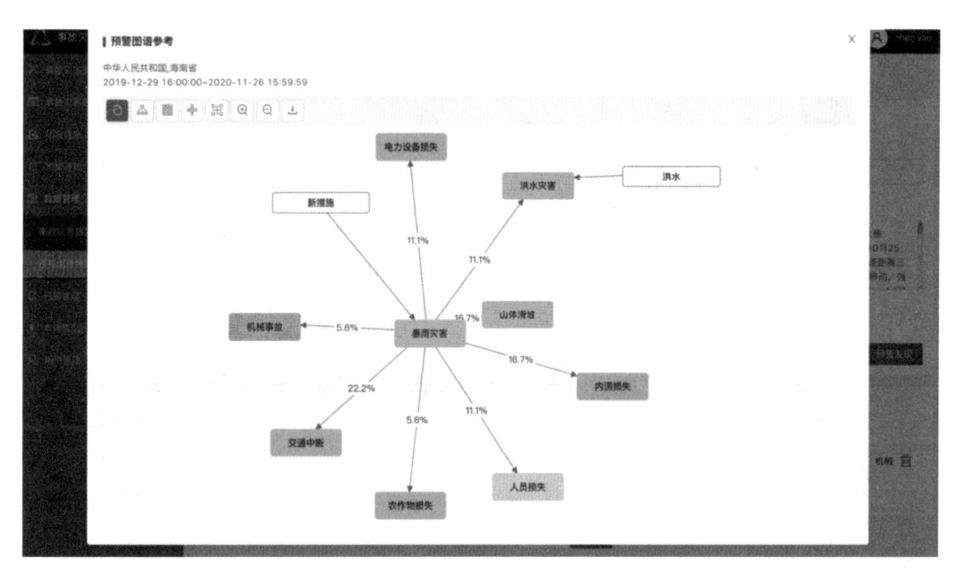

图 11-35　预报信息触发的预警图谱

预警管理包括预警规则管理和预防 & 处置措施知识库两部分。预警规则管理基于已构建的灾害链路知识图谱对历史数据进行分析，并参考分析结果构建预警规则。预防 & 处置措施知识库通过人工知识构建方式建立相应灾害事故的预防和处置措施，对目标灾害事故可建立多条处置措施数据，相关处置措施会在预警触发时通过目标灾害事故本体自动关联，并提示给系统用户。

预报信息服务提供预报信息详情展示和相关预警提示，预警信息支持图谱和文字双形态展示，预警图谱会关联预防和处置措施，为应急处置提供支持，如图 11-36~ 图 11-38 所示。

图 11-36 预报信息列表

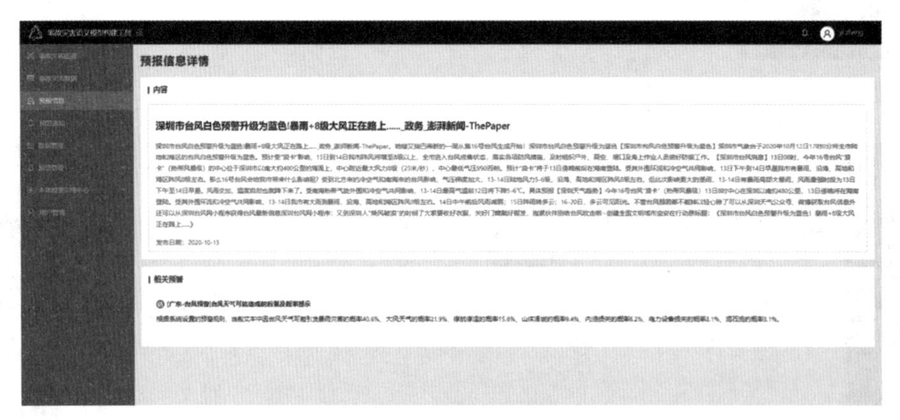

图 11-37 预报信息详情

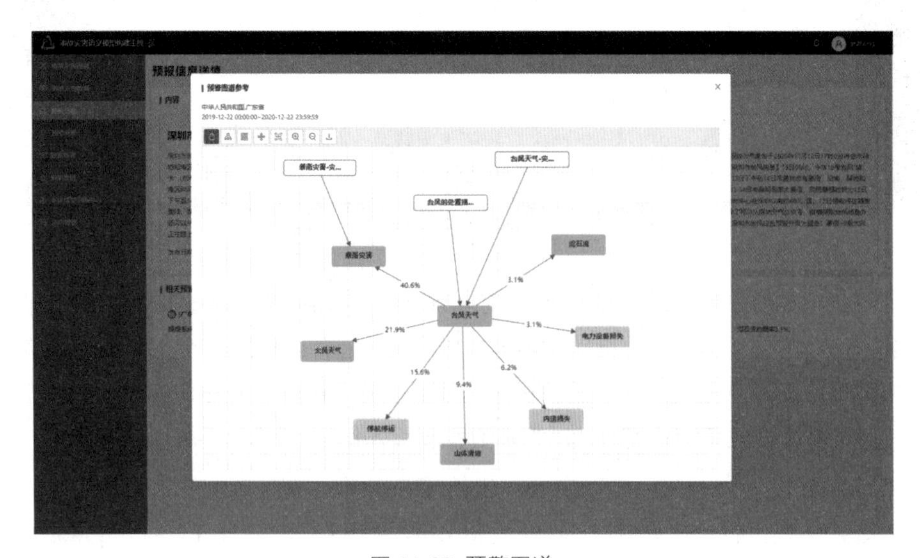

图 11-38 预警图谱

事故灾害新闻数据提供新闻数据的列表和详情查看，针对具体的新闻展示相关灾害链路图，对新闻数据进行聚类分析，从而关联展示相关新闻和整体事件图谱，如图 11-39~ 图 11-41 所示。

图 11-39 事故灾害数据列表

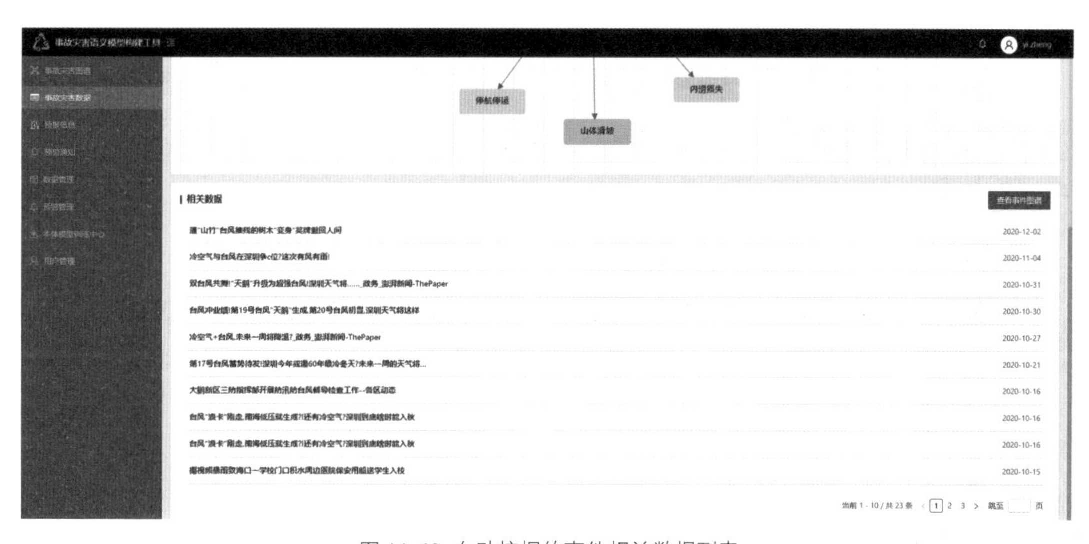

图 11-40 自动挖掘的事件相关数据列表

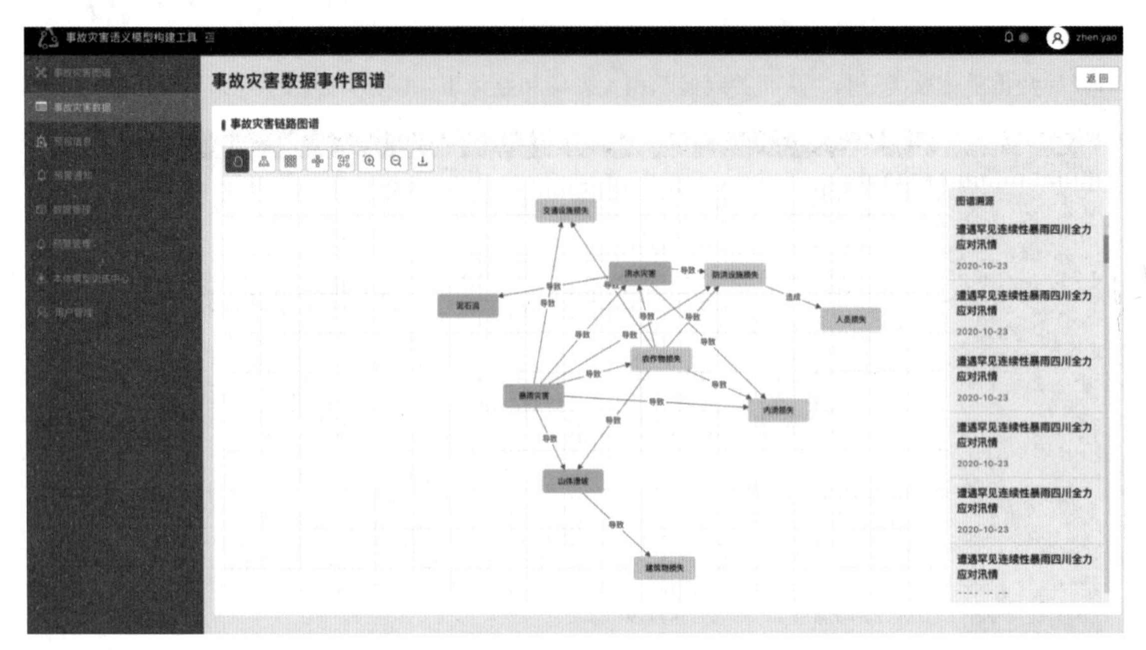

图 11-41 灾害事故事件图谱

事故灾害搜索服务提供基于灾害事故链路图谱的数据搜索服务，搜索结果可提供多维度的展示和分析，地图分布提供直观的地图坐标点展示；灾害事故链路通过图谱可视化形式展现灾害事故链路间的关系，辅助研究人员进行灾害事故链的分析；数量分析和因果分析，分别从灾害事故数量和灾害事故关系两个层面提供图标展示能力，如图 11-42~ 图 11-44 所示。

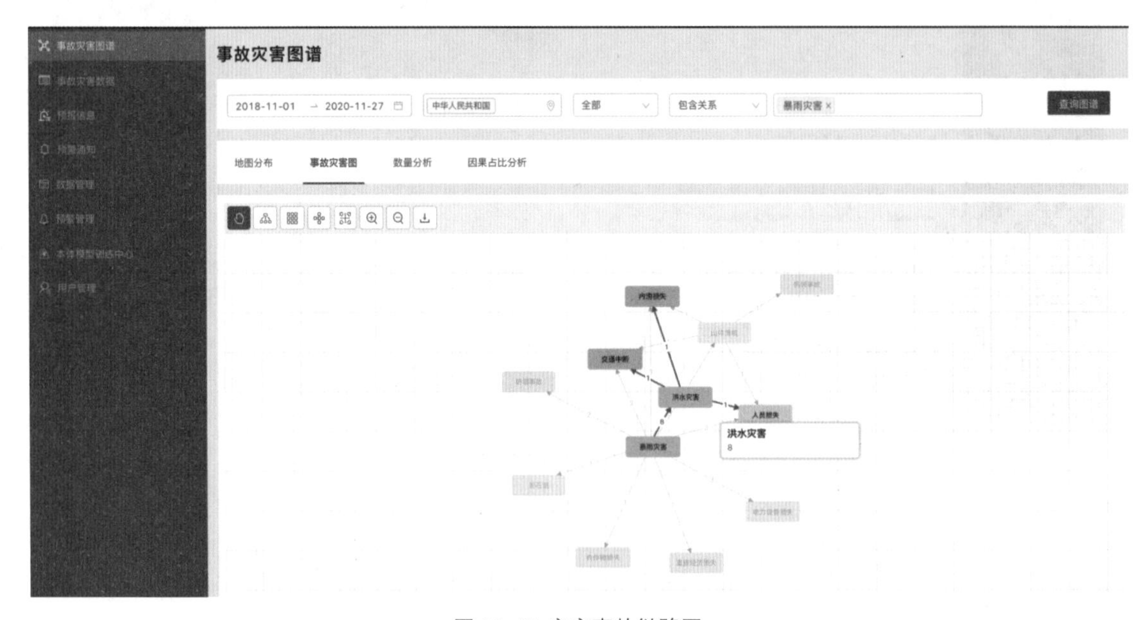

图 11-42 灾害事故链路图

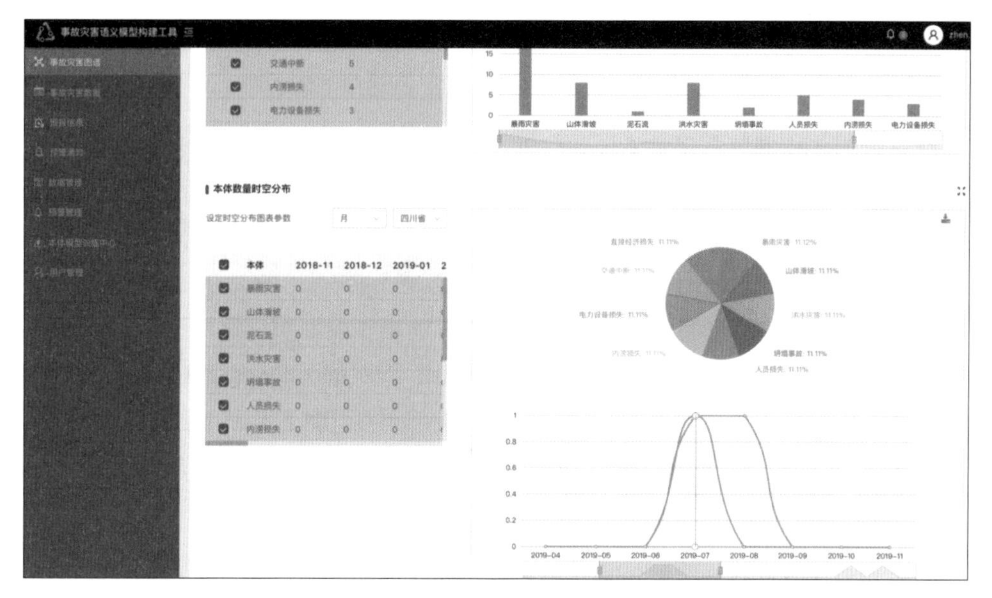

图 11-43　分析数据报表

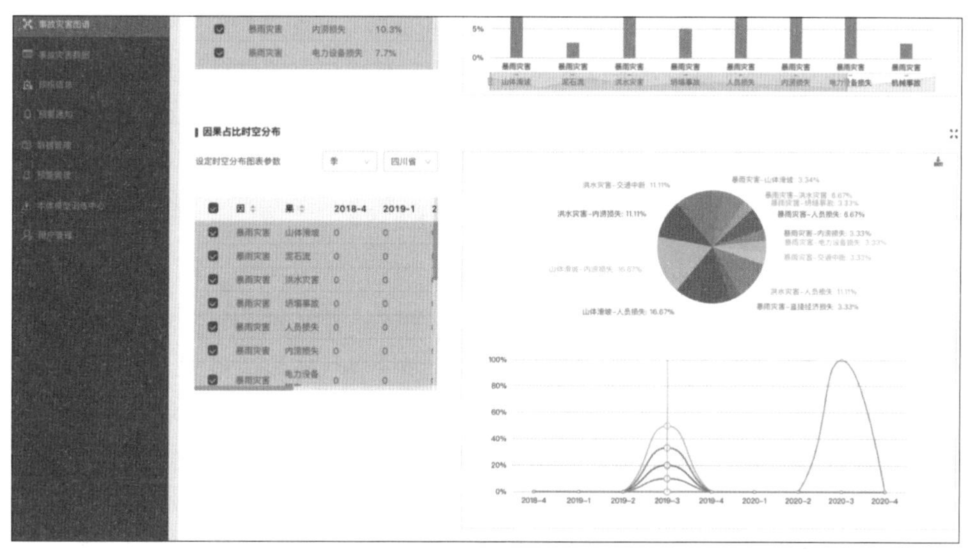

图 11-44　因果比例分析

3. 案例中的关键技术

1）实体抽取

本项目中用 BERT+BiLSTM+CRF 模型完成实体抽取任务，通过 BiLSTM 网络学习特征，避免人工提取特征的复杂性，利用 CRF 层考虑前后句子的标签信息，使实体标注抽取不再是对每个单词独立的分类，实体抽取更为准确、高效。BERT+BiLSTM+CRF 模型分为三层，首先是输入层，其次是隐藏层，最后是标注层。输入层主要负责将窗口的词通过 BERT 模型生成增强语义向量；隐藏层实现自动获得句子特征，将 BERT 模型输出的字增强语义向量作为双向 LSTM 网络每个时间点的初始输入值；CRF 是标注层，也叫逻辑回归层，进行语句序列标注。

2）关系抽取

本项目将预训练模型用在了关系抽取任务上，考虑实体和实体位置在预训练模型中的结合方式，可以通过在实体前后加标识符的方式表明实体位置，代替传统位置向量的做法。模型整体分为几个部分：输入、预训练模型、输出整合。输入的句子在送入预训练模型之前，它将受到以下处理：开头添加 CLS 符号，第一个实体的前后添加 $ 符号，第二个实体前后添加 # 符号，两个实体前后添加特殊符号的目的是标识两个实体，让模型能够知道这两个词的特殊性，相当于变相指出两个实体的位置。此时输入的维度为 [batch_size ,max_length,hidden_size]。除利用句向量外，方案中还结合了两个实体的向量。实体向量是通过计算预训练模型输出的实体各个字向量平均得到的，最后把这些向量连接起来得到一个综合向量，输入线性层并进行 Softmax 分类。

3）实体归一

本项目采用有监督的方法，需要预先标注部分实体匹配与否作为训练数据，使用训练数据的比较向量作为特征向量代入进行计算来训练分类模型，然后使用训练好的模型对未标注的数据进行分类，典型的模型可以采用 SVM、LR、XGBoost 等。一个典型的监督机器学习的分类方法有三个步骤：首先选择合适的分类技术和分类模型，使用训练数据对模型进行训练，并通过自动或手工的方式调节其中的参数；其次使用同样格式的测试数据对训练出来的模型进行评估，如果评估结果达不到要求，则需要调节参数或者修改模型，同时要注意测试数据的过拟合问题；最后将测试好的模型应用于实际数据进行分类。

4）事件图谱构建

事件图谱构建是指将多个不同文本数据中抽取出的碎片级灾害事故图谱进行碎片图谱融合，进而构建出可反映事件整体全貌的事件图谱。现实世界中的灾害事故报道通常呈现持续性和多源性，灾害事故的整体过程一般包括发生、发展、救援、结束，时间上呈现持续性，同时由于会有多个新闻源进行报道，在文本数据上就会呈现多源性（同一个事件多家媒体的多篇新闻会描述相同信息）。因此，一个事件的相关报道是由大量文本数据（新闻报道或现场反馈）构成的一个文本集合，这些相关文本数据中的信息通过相互修正和关联最终会形成反映事件全貌和准确信息的事件图谱。

事件图谱构建引擎通过对碎片图谱的信息进行核心节点识别，将各个碎片图谱信息提炼为核心节点。在提炼核心节点的基础上，将海量文本数据依据对应特征进行事件图谱聚类挖掘，事件图谱的核心节点通过属性比对和语义相似性计算技术进行核心节点碰撞，从而基于核心节点构建出相关事件文本集合，并通过知识图谱融合技术将碎片图谱融合，构建成事件图谱。

11.3.4 案例总结

本案例基于开源情报数据和知识图谱技术进行灾害事故报道中的灾害事故链构建，形成灾害链知识图谱辅助应急分析和灾害预警，十分契合应急部委在灾害链业务上的诉求。具体而言，通过自然语言处理技术进行信息抽取模型训练，为系统提供隐患、灾害、事故、灾害事故损失、人员伤亡、时间、地点 7 类信息实体的抽取服务。通过对灾害链数据的挖掘为传统的定性分析提供了量化数据，对灾害研究工作提供了有效支撑。自动挖掘灾害链的能力也有助于发现新型灾害事故关系，加强应急研究时效性。基于灾害链图谱的预警辅助，有助于各地区各部门在灾害发生时及时了解灾害事故演变情况，采取“断链”处置及早斩断灾害演变，控制损失，在应急行业很有推广价值。

在项目推进过程中，需求沟通是一个非常重要的环节，由于基于知识图谱技术进行应急事故灾害链分析在行业属于首创，没有可以参考借鉴的系统，因此是完全从零开始设计的，为了避免开发出的系统与客户需求产生偏离，我们首先根据和客户沟通的想法进行原型设计，然后基于原型与客户进行需求确认，客户会提出意见，经过多次修改和调整，最终定下终版原型。然后基于此原型，进行知识图谱系统开发，这样开发出来的系统与客户需求的匹配度就会比较好。

灾害事故文本描述形式复杂，导致实体的抽取以及各种实体之间相互关系的识别较为困难。考虑到需要支持搜索、统计等上层应用，需要构建标准化的实体和属性的结构体系，如本体结构树、时间、地址等标准层级体系。实体之间潜在关系对太多，如何在有限计算量下进行高效的关系对挖掘？实体之间跨句子的关系对如何进行有效识别？同时考虑是否进行句子切割？这些都是实体和关系抽取中需要进一步优化的地方。除事故灾害链的分析和预警外，未来知识图谱在应急行业还有如下业务场景可以继续发力和攻关。

- 应急智搜：利用知识图谱涵盖法律法规、预案库、案例库等信息的应急管理知识体系，通过智能搜索、智能推荐、智能问答等交互形式满足不同部门和不同层级用户的需求，实现个性化、场景化、高维度、跨领域的知识推荐。通过预置分析模型辅助决策，实现智能化、预见类推荐。
- 应急预案库建设：通过文本分析技术对编制依据、组织体系、应急响应程序等应急预案的要素进行知识抽取，并进一步将组织机构、职责、负责人、联系方式、值班值守等信息关联，形成应急预案知识图谱。基于此构建更智能、更精细的数字化预案和预案知识库，并实现预案推荐、预案辅助决策等创新应用，提升应急事件处置的效率和应急管理决策的科学性。
- 安全生产事故语义分析：基于知识图谱的可解释性，可对灾害事故的原因、结果进行分析和解释，在此基础上结合风险评估、隐患排查、事故报告等，即可构建全面的主动防控体系。例如，依据事故报告建立“起因物→致害物→伤害性质”的分析链路，可支撑构建针对性的“风险、隐患、事故”一体化主动防控体系。
- 危险化学品全生命周期管理：基于危化品数据、危化品运输车辆、运单数据、GPS 轨迹、时空数据等危化品全生命周期数据构建危化品全流程的知识图谱，可实现对危险化学品的全流程管理，有效解决信息不透明、责任不明确、行业监管难等问题，实现责任可追、状态可控、去向可查。
- 全维度的安全风险画像：基于企业库、人员库、物资装备库、灾害风险库等基础信息库，通过自然语言处理技术挖掘不同数据源中人员的全维度信息，形成基于知识图谱的人员全息画像，在此基础上可对人员的资质、作业能力和安全行为等进行全面的分析和评估，从而对安全生产领域相关人员进行监察和管控，实现安全风险的科学管理。

- 应急指挥调度：基于知识图谱的应急联动指挥系统，通过建立各类实体之间、事件之间的实物关系、空间关系、时间关系及扩展关系等，可在应急处置过程中自动关联匹配历史相似案例。当发生重大风险事件时，能够提高应急救援的反应能力和救灾的科学性，推进应急管理由应急处置向全过程风险管理转变，为应急指挥提供智能决策支撑。

11.4 本章小结

相信大部分读者都比较熟悉文本分析和知识图谱技术在互联网行业的应用，但是它们在 to B 行业的应用会比较陌生一些。本章介绍了文本分析和知识图谱技术在智慧政务、公共安全、智能应急等多个行业的应用实践案例，每个案例分别讲述了背景、解决方案、系统架构实现以及案例总结，希望这些例子能够起到抛砖引玉的作用，启发读者思考如何将文本分析和知识图谱技术与 to B 行业的应用场景相结合，为这些行业的客户创造价值。

11.5 习　题

1. 智慧政务和智能问答系统在实践中可能遇到哪些难点和挑战？如何解决这些问题并确保系统的稳定与可靠性？

2. AI+ 政务如何与人工智能的发展趋势和技术创新相结合，推动政府工作的现代化和数字化转型？

3. 知识图谱在智慧警务中的应用主要包括哪些方面？请举例说明。

4. 简要介绍一下自然语言处理技术在智慧警务中的应用，并说明它的作用。

5. 在智慧警务中，为什么数据支撑和创新驱动成为新时代推进警务改革的生命线？请提供你的观点。

6. 请解释知识图谱在应急灾害链分析和预警应用系统中的作用，并举例说明其在实际应用中的价值。

7. 请描述灾害事故链知识体系的构建过程，并解释如何利用该知识体系进行预警信息的生成。

8. 在应急灾害链分析中，如何利用 NLP 技术进行关联分析？请举例说明一种方法。